文明的融合

近代科技简史

王元庆 著

清华大学出版社

北京

内容简介

本书通过大量历史史料,明确地揭示了中华文明在西方近代科学发展中的作用,包括中华文明在内的欧亚古文明的成果,填补了欧洲数学发展的断崖,促进了欧洲思想解放,直接和间接地推动了近代科技的发展。对西方近代科学发展的再认识,对于了解中华文明的伟大贡献、正确认识近代中国科技落后的根本原因、理性思考中国未来的科技发展,具有重要的正面意义。

图书在版编目(CIP)数据

文明的融合:近代科技简史/王元庆著.—北京:清华大学出版社,2022.7
ISBN 978-7-302-61060-1

Ⅰ.①文… Ⅱ.①王… Ⅲ.①自然科学史－世界－近代 Ⅳ.①N091

中国版本图书馆 CIP 数据核字(2022)第 099525 号

责任编辑:文　怡
封面设计:王昭红
责任校对:郝美丽
责任印制:丛怀宇

出版发行:清华大学出版社
　　　网　　址:http://www.tup.com.cn,http://www.wqbook.com
　　　地　　址:北京清华大学学研大厦 A 座　　　邮　　编:100084
　　　社 总 机:010-83470000　　　邮　　购:010-62786544
　　　投稿与读者服务:010-62776969,c-service@tup.tsinghua.edu.cn
　　　质量反馈:010-62772015,zhiliang@tup.tsinghua.edu.cn
　　　课件下载:http://www.tup.com.cn,010-83470236
印 装 者:天津安泰印刷有限公司
经　　销:全国新华书店
开　　本:185mm×260mm　　　印　张:23.75　　　插　页:1　　　字　　数:582 千字
版　　次:2022 年 9 月第 1 版　　　印　　次:2022 年 9 月第 1 次印刷
印　　数:1～2500
定　　价:99.00 元

产品编号:092243-01

序：科学与数学的融合
——人类科技文明的一曲壮丽情歌

科学和数学，犹如一对青梅竹马的少男少女，在各自成长的道路上，从幼稚爬向懵懂、从懵懂走向青涩，彼此相望、各自蹒跚，终于谛视眇目、眸光脉脉。

这个故事，以喜马拉雅山脉为界。雪域绵延五千里，犹如地球上的一扇高墙，把亚欧非相连一体的大陆分割成东西两厢。

高墙的东方，华夏乾坤，锦绣山川直向东海，神州大地世代繁衍。从天山巍峨，长风万里达东海鲸波；从草原悠扬，一马平川至八桂莺唱。东方原生文明的数学、科学早于西方千年而呱呱坠地，带着中华民族的纯洁基因跋涉前行。无数先贤如切如磋、如琢如磨，三千年观天察地、孜孜矻矻、玉汝于成、博大精深。

高墙的西方，南亚次大陆、中东、欧洲大陆、非洲大陆，陆海交错、烟波浩瀚，从风云跌宕的德干半岛到偏居一隅的大不列颠群岛，从四季宜人的黑海之滨到碧蓝明净的尼罗河畔。三大洲广袤无垠的土地上，数学、自然哲学①横贯古埃及、古巴比伦、古印度的千年时空，日月星辰、跋山涉水，多元相骈合、凋落又萌生。

回首五千年，四大文明古国，无一处不曾是烈火炎炎、洪波渺渺，在铁骑之下被反复蹂躏，数学与科学就在这刀兵交错之中筚路蓝缕、风雨兼程。

西方，三大帝国金戈铁甲，在三大文明流域反复扫荡，古国无存、文明犹在，数学、自然哲学在古希腊、古埃及和美索不达米亚平原之间传播、交融，吮吸着中华文明的营养，继而北上滋养欧洲次生文明。终于，在东方华夏文明的雄厚积淀之上，新生代物理②带着全新的血液与古风典雅的数学结合。从此，数学、自然哲学，西方这对秋海棠琴瑟调和、比翼双飞，佳气郁葱长不散，画堂日日是春风。

东方，巍巍珠峰挡住了亚历山大的脚步，也保护了东方免于奥斯曼帝国、罗马帝国的践踏。在风云变幻、朝代更迭之中，战马嘶嘶、旌旗猎猎，数学和物理保持着绵绵三千

---

① 自然哲学：近代之前，欧洲人将关于自然界的最基本规律的学问归为哲学范畴，称之为"自然哲学"（希腊文 Φυσική φιλοσοφία，英译 Natural philosophy）；近现代之后，改称之为 Physics（源自希腊文"自然"（Φυσική）的音译 Physica，中文译为"物理学""物理"）。随着对自然界认识广度的扩大，Physics 成为 Science（"自然科学""科学"）的一个分支。

② 物理：早在战国时期，中国人将关于自然界的最基本规律的学问称为"物理"，泛指万物之理或"大物理"，有时寓有自然规律之意。中国古代的"物理"一词的内涵应当对应于 Science（"自然科学""科学"）一词，但被误用作"Physics"的汉语翻译。

年的前进步伐,同根同源、一脉相承。东方的数学翻越珠穆朗玛、渡过马尔马拉,他乡远嫁。东厢身旁垂鬓,相伴而未生恋、携手而无情缘,终究天长地久有时尽、此恨绵绵无绝期。

且看,好一曲千古绝唱

悲喜交织、长歌咏叹

身后,往事如烟

余音如缕

2020 年 6 月 21 日,新冠居家隔离·东紫园

世纪的迷思

近代科学是指 16—19 世纪的自然科学（又称"近代实验科学"），现代科学是指 19 世纪末—20 世纪的自然科学。中国从 20 世纪开始参与世界现代科学的发展，并且贡献度也越来越高。但是，中国对于近代科学的直接贡献，却似乎为"零"。

近代科学为什么诞生在欧洲而不是中国？百年来，这个问题，在无数人脑海里盘旋，也有无数的答案。中国的科技发展历史悠久，数学、物理、天文、地理等都比欧洲早很多年。但是，近代科学却诞生于欧洲而不是近代中国，这是为什么呢？

1915 年，中国近代科学的先驱、中国科学社的创始人任鸿隽，在《科学》杂志的创刊号上发表了一篇文章，题为《说中国之无科学的原因》，"东方学者驰于空想，渊然而思，冥然而悟，其所习为哲理。""吾国则周秦之间，尚有曙光。继世以后，乃入长夜。沉沉千年，无复平旦之望何。"

1921 年，在美国哥伦比亚大学攻读博士学位的冯友兰，在系会上宣读了一篇文章，题为《为什么中国没有科学——对中国哲学的历史及其后果的一种解释》，此文于次年正式发表于美国的《国际伦理学杂志》。

1954 年，英国学者李约瑟（Joseph Needham）在他的《中国科学技术史》和《东西方的科学与社会》中问道："尽管中国古代对人类科技发展做出了很多重要贡献，但为什么科学和工业革命没有在近代的中国发生？"，这就是著名的"李约瑟之问"。这类问题犹如一道道咒符，缠绕了中国人许多年，平添了诸多烦恼。

托比·胡弗（Toby E. Huff）在《近代科学为什么诞生在西方》中认为：近代中国缺乏法律制度、教育制度这两个形成科学精神气质的要素，是法律、文化、宗教革命促使西方萌生了科学的精神气质，正是这种精神气质使西方产生了独一无二的近代科学。

理查德·尼斯贝特（Richard E. Nisbett）在《思维版图》中认为：中国人没有发明科学，其部分原因是中国人缺乏好奇心，但不管怎么说，对自然没有概念就阻碍了科学的发展。该书中文译本的再版封面，由中国人设计的图画似乎在传达着某种暗示。

1953 年，爱因斯坦在给斯威策的书信中说："西方科学的发展以两个伟大的成就为基础：希腊哲学家发明的形式逻辑体系（可见于欧氏几何学），以及（在文艺复兴时期发

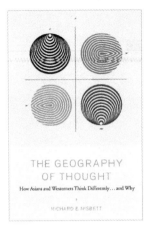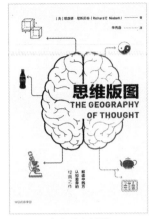

英文版封面　　　　　　中文译本封面

《思维版图》封面

现的)通过系统实验寻找因果关系的方法。我的观点是,中国的贤哲没有走上这两步,不足为奇;要是有了这些发现,反倒是令人惊奇的事。"显然,他认为形式逻辑理论和系统实验方法是近代科学得以在西方产生的两个重要基础,而中国传统科学文化中缺乏形成这两个基础的社会条件,因而根本不可能产生近代科学。这封信在西方世界影响很大,被人们不恰当地用于宣传欧洲中心论。对此,李约瑟曾提出过严厉批评,指出:"爱因斯坦对于包括中国在内的东方古代科学文化知之甚少,因此在裁决欧洲文明与亚洲文明孰优孰劣的法庭上,爱因斯坦仅仅以其崇高名声,不应当被提作证人。"

探索问题的新视角:非社会学角度

其实,这个问题的答案不是唯一的,不同的人有不同的答案,源自每个人不同的观察视角:例如社会制度、经济制度、文化教育、认知方式、思维方式、科研机制、地理环境、宗教信仰等。有人认为是实用技术的推动,也有人说是中国强势的封建制度遏制了科学发展,甚至有人认为中国的传统文化拖累了科技的进步。总之,几乎全部是从社会学的角度寻找答案。

社会学的因素是科技发展的外部因素,它可以加速或者延缓科技的发展,但无论如何,不可能拖延几百年甚至上千年;科技发展的内部因素,终究是决定科技进步的根本原因。我们不妨从科技发展的自身规律、科技发展的相互关系的角度出发,探究近代科技到底是如何突飞猛进的。

我们与其思考"近代科学为什么没有诞生在中国",不如反过来思考:"近代科学为什么诞生在欧洲"。

古代,西方特别是欧洲,其数学、哲学、自然哲学的发展远落后于中国。中世纪,自公元476年西罗马帝国灭亡之后,经历了近千年的"黑暗世纪",思想禁锢、政教纷争,数学、哲学、自然哲学停滞不前;而此时的东方,中国自南北朝至明朝,数学快速发展、哲学从未停歇、自然哲学稳步前进。但是,黑暗的中世纪末期,猛然觉醒的近代欧洲,突然像开挂了一样,无论哲学思想、还是数学与自然哲学(科学)都突飞猛进,像乘坐运载火箭一样直线上升,迅速赶超中国,一跃成为近代科技的诞生地、产业革命的发源地,创造了富有生命活力的近代欧洲文明。

西方的科技史家在论述西方科技起源方面,总是以古埃及、美索不达米亚、古希腊、古罗马的环地中海地区的历史为考察对象。甚至有人更为直接地判断:"为了不使资料漫无边际,我忽略了几种文化,例如中国的、日本的和玛雅的文化,因为他们的工作对于数学思想的主流没有重大的影响"。

在人类的发展历史中,文明的发展总是渐进式的,科技文明也不例外。近代科技诞生的欧洲地区,包括环地中海地区,大大小小的战争肆虐、极端宗教势力横行。当那里的人们渐渐苏醒时,看到的是思想、文化、科技的一片荒芜;当欧洲人希望在恶劣的周边环境和激烈的竞争中站起来时,仅仅依靠他们自身的科技文明积累,并不足以支撑起科技腾飞的梦想;至少,既往的积累与近代科技的飞速发展速度极不相称。

而事实上,近代欧洲的科学实现了飞跃式发展,它的基础在哪里?

欧洲迅速崛起的工业,它的原始积累从哪里来?

水滴石穿

让我们先从一个新的历史视角来观察。

法国植物学家、作家布封在《自然史》中写道:"必须承认我们只能片面地判断自然的变化,必须承认我们无法判断那些偶然性的变化。"但是,我们有义务在既往的历史长河中,寻找历史转折的因素,哪怕那是一种偶然。我们更希望借鉴历史以开辟我们的未来。科技的发展有其外部因素和内在因素两方面。作为内在因素,科学发展的内在规律决定了科技发展的趋势和程度,例如数学的作用、科学的方法等,它们是决定性的因素;作为外部因素,社会学因素决定了科学发展的时间与速度,例如传统文化、教育制度、产业需求等,它们是促进性的因素。

数学是科技发展的决定性的内在元素,符号表达与符号逻辑是数学发展的转折点,数学化描述自然规律是近代科学诞生的原始触发点。符号化带来数学的简约表述和演绎推理,推动了数学的快速发展。

欧洲人不经意之间打开了符号化数学的大门,由此撞进了近代科学百花盛开的森林。用数学描述自然现象开辟了近代的科学方法,以符号描述自然现象的各种参量,用符号归纳它们之间的关系(即公式)。物理与数学相结合,推动物理学科的高速发展。物理学科的发展带动相关学科(如医学、生物学、化学等)的连锁反应式发展。

四大文明古国的数学、自然哲学、实践经验的积累,为欧洲新生文明的发展奠定了基础,特别是中国、印度、阿拉伯的数学成就成为中世纪后期的欧洲文明发展的最强大的推动力,欧洲人站在历史巨人的肩膀上,快速完成了科技文明大厦的基础建设。

在中华文明等原生文明成就和哲学思想的推动之下,欧洲从"百年向东""中国典籍翻译"等运动中实现了思想的巨大解放,唤醒人们冲破黑暗世纪的思想禁锢、追求全新的文明发展。欧洲由此历经文艺复兴、启蒙运动的开化,迈步走进轰然打开的近代科技大门。

数学的进步、科学的方法、文明的交融、思想的解放,这是科技发展的内在因素。从这四个维度追溯西方科技文明的发展历程,梳理近代科技发展的脉络,我们不难发现文明融合对于近代科技发展的作用,不难发现这一段辉煌的历史画卷背后中华文明灿烂光辉的照耀。

水滴石穿,功劳不仅仅属于最后一滴水。

拉开历史舞台的帷幕,且看那科技文明融合的笛色七调、文武四功。

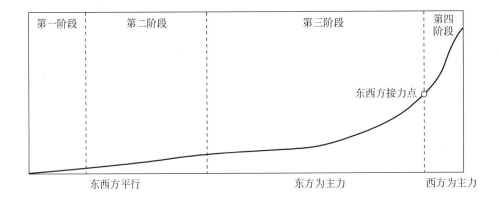

本书有一部分数学知识、数学推导或者细节描述的内容，以楷体字与正文区分。为了保持正常的阅读速度，你不必关注这部分的细节；它只是辅助正文的结论，不影响对正文的理解。

本书结构与逻辑关系：

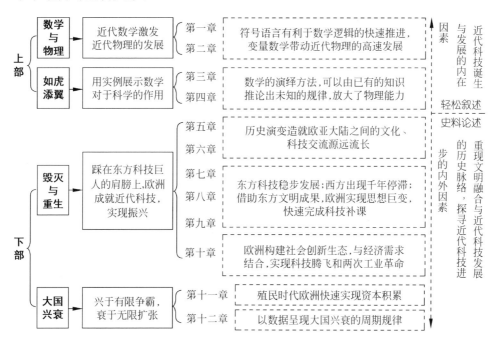

本书以喜马拉雅山脉为界，从地理和历史的概念划分"东方"和"西方"，讲述东西方文明融合的历程。为了不妨碍理解，依然采纳一些传统的表述，例如"西方近代科技""西方科技""西方物理""西方数学""西方民主制度"等，其"西方"的范围更多地狭义指向欧洲。

本书配有电子影像资料，可辅助课堂教学，扫描下方二维码即可下载使用。

课件

目 录

第四篇　大国兴衰

第一篇

数学与物理

第一章

符号语言诞生　数学渐入佳境

数学不是自然科学，把数学比喻成自然科学的工具，非常恰当。

数学的正确性并不是通过实验来检验的，因为数学是先验的。也就是当你确定公理之后，所有的数学结论就已经确定了，你不需要做实验，不需要验证。不是科学的数学，却成为近代科学发展的强大引擎，为近代科学的发展提供了强劲的动能。

对比研究中西方数学的发展历程，是一件有意义、有价值的事情。

我们问题的答案就在其中。

平行时空：跨越千年的回荡

山万叠、水千重，东西方文明却不谋而合

喜马拉雅山脉犹如一条历史的回音壁，东方的古代学者们每一声成果捷报，都会在数百年甚至上千年之后，隐约听到一个相同的声音从西方传来。

相差千年，形似孪生

科学离不开数学，世界的数学发展，以中国古代数学为先，成果也最为丰富。

长达千年的时间里，中国的数学历经漫长的循序渐进式的发展。回顾数学的历史，不难看到，中国的各类数学成果都比西方早发现很多年。但是，后起的西方高速地完成了数学的基础积累，快速地赶上中国、超过中国。

让我们对比中西方数学，看看到底发生了什么。

以几何学为例，中国的各种几何学知识的提出，比西方都要早 500～1000 年。

1. 圆周率

中国古代："密率，圆径一百一十三，圆周三百五十五"，也就是说，圆周率为（355/113＝3.14159292），至少精确到了小数点后 8 位。

西方近代：π＝3.141593。也就是说，给圆周率取了一个名字（即符号 π），然后约定一个符号"＝"，代表"等于"，阿拉伯数字表示计算出来的值 3.141593，注意这个小数点的符号"．"，表达得非常简洁。

2. 勾股定理

中国古代："勾股各自乘，并而开方除之，即弦"，或者"故折矩，以为勾广三、股修四、径隅五"的实例式描述。

西方近代：$a^2+b^2=c^2$，或者 $c=\sqrt{a^2+b^2}$，即三个变量的符号化描述。

中国的"勾、股、弦"，西方用 a、b、c 表示；"勾股各自乘"，西方用 a^2 和 b^2 表示；"开方除之"，西方用 $\sqrt{a^2+b^2}$ 表示；"即弦"，西方用"＝"表示"即"，用"$c=$"表示"即弦"。

3. 圆的面积

中国古代："径自相乘，三之，四而一"。

西方近代：$S=\pi\times d^2/4$。

"径自相乘"，就是 d^2，d 代表直"径"；"三之"即"$\pi\times$"，"四而一"，就是"/4"。

类似的例子还有很多，例如计算立方体的体积，见中国古代与西方近代的立方体体积计算对照表。

中国古代与西方近代的立方体体积计算对照表

序号	名　　称	中　国　古　代	西　方　近　代
1	方堡墩（正方体）	方自乘，以高乘之	$V=abh$
2	圆堡墩（圆柱体）	周自相乘，以高乘之，十二而一	$V=\pi R^2 h$ 或 $V=(2\pi R)\cdot(2\pi R)\cdot h/12$
3	方亭（四棱台）	上下方相乘，又各自乘，并之，以高乘之，三而一	$V=h(a^2+b^2+ab)/3$
4	圆亭（圆柱台）	上下周相乘，又各自乘，并之，以高乘之，三十六而一	$V=h\pi(r^2+R^2+rR)/3$ 或 $V\approx\dfrac{1}{36}\big[(2\pi r)^2+(2\pi R)^2+2\pi r\cdot 2\pi R\big]h$
5	方锥	下方自乘，以高乘之，三而一	$V=\dfrac{1}{3}a^2 h$
6	圆锥	下周自乘，以高乘之，三十六而一	$V=\dfrac{1}{3}\pi R^2 h$ 或 $V\approx\dfrac{1}{36}(2\pi R)\cdot(2\pi R)h$

领跑的中国古代数学

最晚到春秋末年（距今至少2500年），中国古人已经掌握了完备的十进位计算，谙熟九九乘法表、整数四则运算，并使用了分数。2400年前开始，中国古代先后出现了大量数学著作，举其荦荦大者：

《孙子算经》，约公元前400年，杰出成就：算筹计数。

《周髀算经》，约公元前100年，杰出成就：勾股定理、分数运算、等差数列、圆周长求法、一次内插法。

《九章算术》，约公元前100年，杰出成就：分数运算、比例问题、"盈不足"算法、面积计算、体积计算、一次方程组解法、开平方、开立方、一般二次方程解法。

《海岛算经》，263年，杰出成就：相似三角形测量方法（重差法是测量数学中的重要方法）。

《张丘建算经》，466—485年，杰出成就：最小公倍数的应用、等差数列各元素互求以及"百鸡术"（不定方程）。

《数书九章》，1247年，杰出成就："大衍总数术"（一次同余组解法）与"正负开方术"（高次方程数值解法）。

《测圆海镜》，1248年，杰出成就：系统介绍"天元术"、列方程、解方程。

《算数启蒙》，1299年，杰出成就：四则运算、开方、九归除法。

《四元玉鉴》，1303年，杰出成就："四元术"（解四元高次方程与消元解法）、"垛积法"（高阶等差数列求和）与"招差术"（高次内插法）。

……

这些著作中的算术和数学理论，比西方多则早一千年、少则早几百年。在此，我们略举一例。

魏晋时期（约3世纪，即1700多年前）数学著作《海岛算经》中记录了"窥望海岛"，这是中国古代跨区域测量远处目标高度和距离的方法，与现代卫星摄影测量一模一样，都采用三角测距的原理。

窥望海岛的基本数学原理源自《海岛算经》，这是刘徽①的著作，但据刘徽《九章算术注》自序，《海岛算经》是《九章算术注》第十卷《重差》，而东汉末郑玄《周礼注》引郑众注周礼"九数"（约公元5年）语云"今有重差、夕桀、勾股也"。可见刘徽《海岛算经》的前身乃是汉时的"重差术"，如果把《海岛算经》测高远之法具体分析，可见重差之法由来已久。

窥望海岛

《周髀算经》中，有一段描述与《海岛算经》中"今有望海岛"的第一题是一样的。

《周髀算经》：

"周髀长八尺，夏至之日晷一尺六寸……正南千里，勾一尺五寸；正北千里，勾一尺七寸……从此以上至日，则八万里。"

《海岛算经》第一题：

"今有望海岛，立两表齐，高三丈，前后相去千步，令后表与前表参相直。从前表却行一

---

① 刘徽（约225—约295），魏晋时期伟大的数学家，中国古典数学理论的奠基人之一。在中国数学史上做出了极大的贡献，其杰作《九章算术注》和《海岛算经》是中国最宝贵的数学遗产。

百二十三步,人目着地取望岛峰,与表末参合。从后表却行一百二十七步,人目着地取望岛峰,亦与表末参合。问岛高及去表各几何。"

这说明,中国的三角学和三角测量术比西方的同类数学发展要早数百年,因为西方数学史将托勒密的《天文学大成》视作西方三角术的开始,这是公元 150 年的著作;而《周髀算经》,是公元前 100 年的著作,领先《天文学大成》250 年之久。

《海岛算经》的英译者、美国数学家弗兰克·斯委特兹认为"在测量数学领域,中国人的成就,超越西方世界约一千年"。西方直到 14 世纪之后的文艺复兴时代,也未能完全达到《海岛算经》水准;17 世纪初,意大利传教士利玛窦和中国徐光启合著的《测量法义》的十五题,也未能达到《海岛算经》的水平。

吴文俊院士认为:"《海岛算经》使中国测量学达到登峰造极的地步。在西欧直到 16、17 世纪,才出现二次测量术的记载,到 18 世纪,才有了三四次测量之术,可见中国古代测量学的意境之深,功用之广。"刘徽《海岛算经》的测量术,比欧洲早 1300～1500 年。

"乘法口诀",古时称"九九表""九九歌""九九乘法表"等,是古往今来进行乘、除、开方等运算的基本规则,至今已沿用三千多年。2002 年夏天,在湘西里耶古城挖掘出大量秦代简牍,其中有一枚保存十分完整清晰的"九九乘法表",它是目前全世界发现最早的"乘法口诀

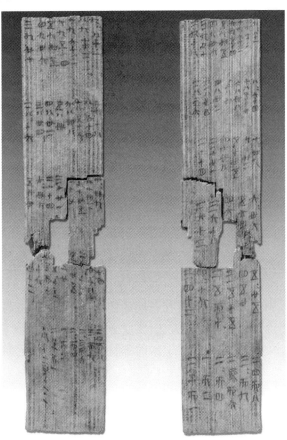

出土的 2200 多年前的乘法口诀表

(图片源自里耶秦简博物馆)

表"实物,可以改写世界数学历史。中国在春秋战国时期就已经熟练掌握了四则运算、开方等复杂运算,从木牍的文字来看,其中"二半而一"的意思是"二乘以二分之一等于一",这说明中国早在秦朝就已经有了分数的概念。

1975 年,《数学学报》杂志刊登了一篇文章,题为《中国古代数学对世界文化的伟大贡献》,署名作者顾今用(吴文俊院士当时的笔名)。作者断言,近代数学之所以能够发展到今天,主要是靠中国的数学,而非希腊的数学,决定数学历史发展进程的主要是中国的数学而非希腊的数学。文章中,吴文俊院士发表了一份表格,对比了中西方算术代数成就的时间。

	中　　国	西　　方
十进位值制记数法	最迟九章时已十分成熟	印度最早在 6 世纪末
分数运算	周髀已有,九章时已成熟	印度最早在 7 世纪
十进位小数	刘徽注中引入,秦九韶时已通行	西欧 16 世纪始有之,印度无
开平方、开立方	周髀已有开平方,九章中开平方、开立方已成熟	西欧在 4 世纪末始有开平方,但还无开立方,印度最早在 7 世纪
算术应用	九章中有各种类型的应用问题	印度 7 世纪后的数学书中有某些与中国类似的问题与方法
正负数	九章中已成熟	印度最早见于 7 世纪,西欧至 16 世纪始有之,所谓 3—4 世纪丢番图有正负数规则之说是有问题的
联立一次方程组	九章中已成熟	印度 7 世纪后开始有一些特殊类型的方程组,西欧迟至 16 世纪始有之
二次方程	九章中已隐含了求数值解法,三国时有一般解求法	印度在 7 世纪后,阿拉伯在 9 世纪有一般解求法
三次方程	唐初(7 世纪初)列方程法,求数值解已成熟	西欧至 16 世纪有一般解求法,阿拉伯 10 世纪有几何解
高次方程	宋时(12—13 世纪)已有数值解法	西欧至 19 世纪初始有同样方法
联立高次方程组与消元法	元时(14 世纪初)已有之	西欧甚迟,估计在 19 世纪

表中所列是依据两位竭力为印度数学辩护的印度数学史家 Datta 以及 Singh 的说法,这些说法即使不考虑中国的因素,也是大有疑问的。

作者进一步认为,中国古代数学家"在长期的实践过程中,创造与发展了从记数、分数、小数、正负数以及无限逼近任意实数的方法,实质上完成了整个实数系统。特别是自古就有了完美的十进位的位值制记数法,这是中国的独特创造,是当时世界其他古代民族都没有的。代数学无可争辩地是中国的创造,从九章以至宋元的秦九韶与朱世杰发展的线索甚为分明,甚至可以说在 16 世纪以前,除了阿拉伯某些著作之外,代数学基本上是中国一手包办了的"。

但是,中国古代数学的成就绝不止于算术与代数方面,在本书的后续章节,将看到更多令人惊艳的中国古代数学成就。

中西方数学的要素比较

志高望远也必须面向经济、社会发展的需要

原始动机

从事数学或者自然科学的探索，无一不是为了生计的需要，古今中外、概莫能外。科学研究的动机，最初并不是为了满足某种好奇心或者探索自然奥秘的精神那么高大上。研究者不是武侠小说中的武林高手，终日游走江湖，无需劳作也不会为生计所困，别在腰上的钱袋中总是有掏不尽的银子。

数学启蒙时期，研究数学的原始动机是因为需要养活全家，恰好自己的能力或者兴趣又在于这种抽象思维。研究过程中全家的生活需要有保障，作为一家之主，没有收入如何养家糊口，除非你腰缠万贯、家境殷实；研究本身就是很耗费时间和金钱的事情，而且只出不进，再大的家产也会被败光。从事研究工作，"为了生计"也是为了更好的生活，面向社会的当前或未来需求而开展。

列昂纳多·姆洛迪诺夫出版的《几何学的故事》，描绘了欧几里得、笛卡儿、高斯、爱因斯坦与威腾等人的研究经历，他们分别处于古代、近代、现代三个时期，分别开创了抽象化逻辑思维证明、解析几何、非欧几何学、狭义及广义相对论、弦理论。与中国古代一样，西方对几何学问题的探索，也是因为生产的需要——丈量土地、水利施工，这是原始的农业社会的生产过程中两个最基本的需要。

古代的政府管理者需要有客观的、可量化的度量方法，以便准确掌握土地以及土地所带来的财富，并且越准确越好。但是，由于大地表面高低起伏、江河湖海、山川丘陵等自然因素以及人类活动的因素，土地的分布是复杂多样的，田地的形状是奇形怪状的，这就促使人们动脑筋去研究，如何能够把这些复杂形状（包括平面和立体）准确地丈量出来，最终，形成了关于尺寸、面积、体积等的各种计算方法。丈量土地催生了平面几何学，水利施工催生了立体几何学。

随着知识积累得越来越多，渐渐地形成了一套完整的系统，直至形成了一种专门研究形状的科学。这种最初源自土地测量与绘画的知识，希腊语称作"γεωμετρία"，由表示"土地"的前缀"γεω-"和表示"测量"的后缀"-μετρία"组成，直接词义是"测量土地技术"。阿拉伯人用"الهندسة"命名这种技术，意思是测地术，即土地的测量方法。根据拉丁语的发音，英语直接音译为"geometria"。中国人在翻译《几何原本》时，取名为"几何学"，有人分析认为徐光启和利玛窦可能是根据 geo 的发音而译为"几何"，而"几何"二字汉语的意思是"多少"，例如"对酒当歌，人生几何""年几何矣""于将军度用几何人而足"。而度量几何，又何尝不是因为生活需要？用"几何"音译"geometria"这个词，音义兼顾，甚是绝妙。

其实，无论科技发展到什么时代、什么水平，现实需求永远是推动数学发展的动力之一。

除非你衣食无忧,不需要通过你的智慧养活你的身体;这种情况也是有的,你的智慧就可以完全着落于你的兴趣之上,脱离短期应用而研究纯粹数学。需要说明的是,最基础的问题也是很有价值的,它看似是一种数学游戏,却可以推动数学的进步,犹如哥德巴赫猜想可以推动解析数论的进步一样。

所以说,从数学发展的原动力和研究的终极目的来讲,中西方是一样的。

逻辑思维

吴文俊院士认为中国古代数学与西方数学的差异之处在于:

(1) 中国古代数学并没有发展出一套演绎推理的形式系统,但另有一套更有生命力的系统。刘徽《九章算术注》序中说"析理以辞、解体用图",刘徽《海岛算经》本来有注有图,"注以析理、图以解体",只是已失传而已,这是古代数学用于分析矛盾、解决矛盾的一种辩证思维方法。

(2) 中国古代的劳动人民向来重视实际,善于从实际中发现问题、提炼问题,进而分析问题、解决问题,在深入广泛实践的基础上再拔高、提升,建立了世界上最先进的中国古代数学。中国的数学是牢牢扎根于广大劳动人民之中的,是建立在劳动人民长期实践经验的基础之上的,这有别于希腊几何学脱离实际、脱离群众、走纯逻辑推理的形式主义道路。

有人认为,中国的数学是机械化思想所对应的算法式数学,重于实用与计算,着重解方程、计算、解决各式各样的问题。而西方的数学是公理化思想所对应的推演式数学,注重公理的推演,根据假设条件进行推断,采用"定义-公理-定理-证明"演绎系统,取公理而代之的是几条简洁明了的原理。这个观点有一定的道理,但过于偏颇。公理化演绎方法,中国古来有之。本书第七章将详细介绍中国古代的公理化演绎方法,第八章将详细介绍中国古代的逻辑推理哲学思想。

无论东西方,数学的发展总是和实际应用相结合的,也就是现实的生产、生活的需要促使人们去思考解决的办法,最终归纳形成一套演算方法。因此,"着重计算、解决各式各样的问题",并不是中国古代数学所独有的,西方的古代数学研究亦复如是;而另一方面,"注重公理的推演,根据假设条件进行推断",也不是西方古代数学所独有的,中国古代的数学同样有推演的过程和公理化的思想。

勾股定律的证明就是一个典型的推理过程,赵爽[①]在公元222年深入研究了《周髀算经》,并做了详细注释,其中包括勾股定理,给出了勾股定理以及基于"出入相补原理"的证明。

定理:"勾股各自乘,并之,为弦实。开方除之,即弦。"

证明:"按弦图,又可以勾股相乘为朱实二,倍之为朱实四,以勾股之差自相乘为中黄实,加差实,亦成弦实。"

定理中的"勾股各自乘,并之,为弦实。开方除之,即弦",明确了勾、股、弦三者的关系,即"勾股各自乘,并之,为弦实",或者说"勾×勾+股×股=弦的面积";"开方除之,即弦",

---

① 赵爽(182—250),东汉末至三国时期吴国人。

明确指出：

$$弦＝\sqrt{勾\times勾＋股\times股}$$

最精彩的是证明部分，证明中的"按弦图，又可以勾股相乘为朱实二，倍之为朱实四，以勾股之差自相乘为中黄实，加差实，亦成弦实"这段话的目的是找出弦图中绿色虚线条的直角三角形中三个边（勾、股、弦）的定量关系。

与绿色线条的三角形一模一样的三角形有 4 个，填充红色（"朱"就是红色），三角形的面积为"朱实"；4 个三角形围着的是中间的那个正方形，即填充黄色的部分，正方形面积为"中黄实"。

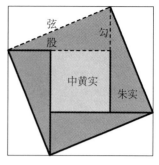

中国古代的勾股定律
证明中的"弦图"

我们用运算式来分解翻译这段话之后，就不难看出中国古人严谨的推理逻辑思维方式。这个过程如果符号化，其推理过程就更直观了。为了更清楚地对照说明这个过程，我们把原文的推理过程分解成 5 个步骤，以表格列出。

步骤	原文推理过程	中文简化表述	符号化表述[1]	逻 辑 层 次
1	按弦图，又可以勾股相乘为朱实二	勾×股＝2×朱实	$a\times b＝2\times S_1$	4 个三角形面积
2	倍之为朱实四	2×（勾×股）＝4×朱实	$2\times(a\times b)＝4\times S_1$	
3	以勾股之差自相乘为中黄实	（勾－股）×（勾－股）＝中黄实	$(a-b)\times(a-b)＝S_2$	1 个小正方形面积
4	加差实	中黄实＋4×朱实＝弦×弦	$S_2+4\times S_1＝c\times c$	大正方形面积＝4 个三角形面积＋1 个小正方形面积
5	亦成弦实	（勾－股）×（勾－股）＋2×（勾×股）＝弦×弦，因此，勾×勾＋股×股＝弦×弦	$(a-b)\times(a-b)+2\times(a\times b)＝c\times c\rightarrow a\times a+b\times b＝c\times c$ 或者 $a^2+b^2＝c^2$	结论

[1]设：勾＝a，股＝b，弦＝c，朱实＝S_1，中黄实＝S_2。

这段论述中的开场白"按弦图"，就是"根据弦图所示"的意思，这也是现代数学中一段论述的通行开场白，一般使用"如图所示""根据图示"，英文即 As the figure，Considering figure，As shown in the figure，Illustrated in figure 等。

可见，勾股定理的证明过程是一个完整的推理过程。类似的具有严谨的逻辑推理的思维，在中国古代数学著作中不乏其例，例如《九章算术》中的体积计算，就是一个层次分明的推理过程。

中国的数学也是演绎推理的过程，只是由于没有使用符号化表达，而是使用"自然语言"，推理过程看起来不直观、过程显得晦涩；而西方数学的演绎推理过程，因为使用符号化表达，即"符号语言"，推理过程看起来直观，过程中规避了复杂表达上的干扰，集中于推理的思考之中。由此带来的好处是，传承与创新更加高效，更容易与自然科学相结合。

所以说，从数学的逻辑思维方式来讲，中西方是一样的。

语言表述

从前面的分析可以看出,中西方数学解决问题的思路相同、逻辑推理的思维方式相同,但是从形式上的语言表达,很直观地就可以看出,两者存在很大的差异。

我国古代与西方近代的数学语言都采用了"自然语言""符号语言""图形语言",其中,中国古代数学的自然语言的使用比例极高,即主要使用文字叙述的方式;西方近代数学的自然语言、图形语言的使用比例较高。

各种形态的数学语言各有其优越性。自然语言的特点是严密准确、完整规范,有益于概念、定义的表达。图形语言的特点是直观明了、有助记忆、有助思维,有益于问题的解决。符号语言的特点是指意简明、书写方便、信息量大,以符号表达的公式将数学关系融于形式之中,有助运算、便于思考。

数学的符号语言脱胎于自然语言,是自然语言的简明表达,比自然语言更加便于逻辑推理层面的沟通交流。自然语言虽然为数学符号的产生提供了最基础的条件,但是它的缺陷也是明显的,这促使人们探索用简明的符号来表达数学概念和数学关系,中国和西方的古代数学家同样有这样的尝试。

从当今时间点回眸审视数学语言,我们很容易明白,数学语言作为数学理论的基本构成成分,必须具有严密的逻辑性(科学)、高度的直观性(简洁)、应用的广泛性(通用)。其中,逻辑性是基本的要求,无论是什么语言,用于数学的描述必须具有逻辑性;而简洁直观、广泛通用,这两个特性则是数学这门学科得以快速发展、继承与传播的重要特质。

西方对符号的使用相对较早,例如毕达哥拉斯[①]的《数学讲义》、欧几里得[②]的《几何原本》,已经有了以单个字母标注的情况,不过,主要还是以大段自然语言进行表述。

有一个例子比较有意思,我国清末的数学家李善兰[③]在翻译西方数学著作时,用汉字符号代替西方的数学符号。下面是李善兰与艾约瑟合译的《圆锥曲线说》的其中一页,原稿是查尔斯·赫顿的《数学教程》(*A Course of Mathematics*)卷 2 中的"Conic Sections"的其中一页,与英文原稿相比,内容几乎完全一致、定理先后排序一样、个数几乎相等、特有的细节相同。李善兰的《圆锥曲线说》将原稿中的数学符号一并翻译成了汉语,例如"A、B、C、D、…"翻译成"甲、乙、丙、丁、…","}"翻译成"并之","sim"(similar,相似)翻译成"等势","tri"(triangle,三角形)翻译成"三角形"。

这样一来,原本以符号语言表述的句子:

若:$BD \perp LN$

则:点 G、F 重合于点 D

　　$CG \times CF = KC$

就变成了自然语言:

　　若乙丁正交卯丑

　　则庚己二点俱合于子点

　　而丙庚乘丙己即为子丙方矣

---

① 毕达哥拉斯(Pythagoras,约公元前 580—前 500),古希腊数学家、哲学家。

② 欧几里得(Euclid,Ευκλειδηs,约公元前 330—前 275),古希腊数学家,被称为"几何之父"。

③ 李善兰(1811—1882),清末浙江海宁人,数学家、天文学家、力学家、植物学家。

Τῇ ἄρα δοθείσῃ εὐθείᾳ τῇ ΑΒ ἀπὸ τοῦ πρὸς αὐτῇ δοθέντος σημείου τοῦ Γ πρὸς ὀρθὰς γωνίας εὐθεῖα γραμμὴ ἦκται ἡ ΓΖ· ὅπερ ἔδει ποιῆσαι.

makes the adjacent angles equal to one another, each of the equal angles is a right-angle [Def. 1.10]. Thus, each of the (angles) DCF and FCE is a right-angle.

Thus, the straight-line CF has been drawn at right-angles to the given straight-line AB from the given point C on it. (Which is) the very thing it was required to do.

βʹ.

Ἐπὶ τὴν δοθεῖσαν εὐθεῖαν ἄπειρον ἀπὸ τοῦ δοθέντος σημείου, ὃ μή ἐστιν ἐπ' αὐτῆς, κάθετον εὐθεῖαν γραμμὴν ἀγαγεῖν.

Proposition 12

To draw a straight-line perpendicular to a given infinite straight-line from a given point which is not on it.

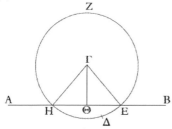

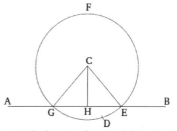

Ἔστω ἡ μὲν δοθεῖσα εὐθεῖα ἄπειρος ἡ ΑΒ τὸ δὲ δοθὲν σημεῖον, ὃ μή ἐστιν ἐπ' αὐτῆς, τὸ Γ· δεῖ δὴ ἐπὶ τὴν δοθεῖσαν εὐθεῖαν ἄπειρον τὴν ΑΒ ἀπὸ τοῦ δοθέντος σημείου τοῦ Γ, ὃ μή ἐστιν ἐπ' αὐτῆς, κάθετον εὐθεῖαν γραμμὴν ἀγαγεῖν.

Εἰλήφθω γὰρ ἐπὶ τὰ ἕτερα μέρη τῆς ΑΒ εὐθείας τυχὸν σημεῖον τὸ Δ, καὶ κέντρῳ μὲν τῷ Γ διαστήματι δὲ τῷ ΓΔ κύκλος γεγράφθω ὁ ΕΖΗ, καὶ τετμήσθω ἡ ΕΗ εὐθεῖα δίχα κατὰ τὸ Θ, καὶ ἐπεζεύχθωσαν αἱ ΓΗ, ΓΘ, ΓΕ εὐθεῖαι· λέγω, ὅτι ἐπὶ τὴν δοθεῖσαν εὐθεῖαν ἄπειρον τὴν ΑΒ ἀπὸ τοῦ δοθέντος σημείου τοῦ Γ, ὃ μή ἐστιν ἐπ' αὐτῆς, κάθετον ἦκται ἡ ΓΘ.

Ἐπεὶ γὰρ ἴση ἐστὶν ἡ ΗΘ τῇ ΘΕ, κοινὴ δὲ ἡ ΓΘ, δύο δὴ αἱ ΗΘ, ΘΓ δύο ταῖς ΕΘ, ΘΓ ἴσαι εἰσὶν ἑκατέρα ἑκατέρᾳ· καὶ βάσις ἡ ΓΗ βάσει τῇ ΓΕ ἐστιν ἴση· γωνία ἄρα ἡ ὑπὸ ΓΘΗ γωνίᾳ τῇ ὑπὸ ΕΘΓ ἐστιν ἴση. καὶ εἰσιν ἐφεξῆς. ὅταν δὲ εὐθεῖα ἐπ' εὐθεῖαν σταθεῖσα τὰς ἐφεξῆς γωνίας ἴσας ἀλλήλαις ποιῇ, ὀρθὴ ἑκατέρα τῶν ἴσων γωνιῶν ἐστιν, καὶ ἡ ἐφεστηκυῖα εὐθεῖα κάθετος καλεῖται ἐφ' ἣν ἐφέστηκεν.

Ἐπὶ τὴν δοθεῖσαν ἄρα εὐθεῖαν ἄπειρον τὴν ΑΒ ἀπὸ τοῦ δοθέντος σημείου τοῦ Γ, ὃ μή ἐστιν ἐπ' αὐτῆς, κάθετον ἦκται ἡ ΓΘ· ὅπερ ἔδει ποιῆσαι.

Let AB be the given infinite straight-line and C the given point, which is not on (AB). So it is required to draw a straight-line perpendicular to the given infinite straight-line AB from the given point C, which is not on (AB).

For let point D have been taken at random on the other side (to C) of the straight-line AB, and let the circle EFG have been drawn with center C and radius CD [Post. 3], and let the straight-line EG have been cut in half at (point) H [Prop. 1.10], and let the straight-lines CG, CH, and CE have been joined. I say that the (straight-line) CH has been drawn perpendicular to the given infinite straight-line AB from the given point C, which is not on (AB).

For since GH is equal to HE, and HC (is) common, the two (straight-lines) GH, HC are equal to the two (straight-lines) EH, HC, respectively. And the base CG is equal to the base CE. Thus, the angle CHG is equal to the angle EHC [Prop. 1.8], and they are adjacent. But when a straight-line stood on a(nother) straight-line makes the adjacent angles equal to one another, each of the equal angles is a right-angle, and the former straight-line is called a perpendicular to that upon which it stands [Def. 1.10].

Thus, the (straight-line) CH has been drawn perpendicular to the given infinite straight-line AB from the

欧几里得的《几何原本》

　　李善兰和西方传教士合作，将西方经典科学著作翻译过来，共出版译著 8 部（104 卷本），为中国清末科学发展做出了开创性的贡献。但是，李善兰将原稿中的符号语言全部转换为自然语言，使原稿中原本以符号语言表达的简洁直观变为自然语言表达的晦涩难懂，同时，也破坏了符号语言的广泛通用性。李善兰倾注大量心血的数学译著最终没有得到传承和流广，我们在为李善兰感到特别惋惜的同时，也领教了数学语言的简洁、直观的重要性，这是李善兰用惨痛的教训告诉我们的道理。

　　这个现象其实在当时并不奇怪，著名科学家徐光启翻译的《几何原本》，也和李善兰一样使用了自然语言替代符号语言。

　　倘若反过来，李善兰、徐光启将中国古代的数学著作翻译成英文，并且将古籍中必要部分的自然语言叙述转换成符号语言叙述，那或许对于推广中国古代数学、提高中国数学在世界数学史上的地位，将起到极为巨大的作用。但是，历史不可假设，也没有时间机器让历史重新来过，一切的美好假设，也只能停留在隐隐的遗憾之中。

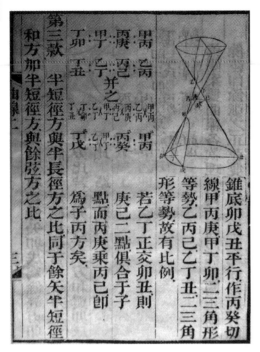

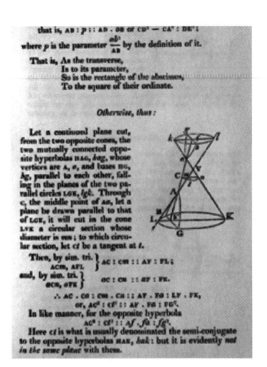

李善兰译《圆锥曲线说》原稿中的"双曲线"

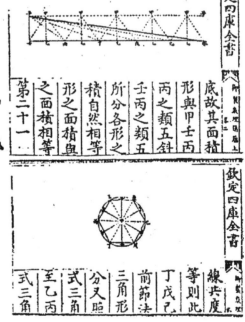

徐光启译《几何原本》

符号语言改变数学的面貌

符号语言使思维更敏捷、逻辑更分明

早在中世纪,数学相对发达的阿拉伯就在尝试使用数学符号。大数学家阿尔·花拉子米曾用"3/4"表示 3 被 4 除。阿拉伯人还使用"—"作为除号,使用":"代表"比"的意思。古印度人则是把两个数字写在一起表示加法,而把两个数字写得分开一些来表示减法。

到了文艺复兴时期(14—16 世纪),欧洲的一些数学家不约而同地认识到引进符号的简洁性,因此很多人在数学符号方面不断探索。起初,各有各的方法,最终形成了公认的固定符号。

1. 数学的灵魂:相等符号

雷科德[①]在《砺智石》中,使用"="表示两个量的相等关系,"为了避免枯燥地重复 is equal to(等于)这个词语,我认真地比较了许多的图形和记号,觉得世界上再也没有比两条平行而又等长的线段,意义更相同的了。"但":"没有被广泛采用。笛卡儿在 1637 年出版的《几何学》一书中,用"∝"表示"相等"。直到 17 世纪,德国的数学家莱布尼茨,在各种场合大力倡导使用"=",由于他在数学界颇负盛名,等号渐渐被世人所公认。古希腊数学家丢番图(Diophantus)用"l"(有时用"u")表示相等,古印度人用相当于 ह 的字母表示相等。

2. 数学的武器:四则运算符号

最初,数学家曾用单词的首字母代替符号,许凯[②]、塔塔利亚[③]、帕乔里[④]等曾以 p(plus)表示相加、以 m(minus)表示相减。

斐波那契[⑤]首次使用"+",最初他把"3 加 4"写成"3 et 4",其中"et"是拉丁文,最后逐步简化:et→e→t→+。

1489 年,魏德曼[⑥]在《商业速算法》中正式应用了符号"+"和"-",他发现用横线增加一竖可表示增加之意;而从"+"拿去一竖,就可表示减少的意思。因此他用"+"表示加,用"-"表示减。

直到 1514 年赫克[⑦]才分别应用"+"和"-"表示加减运算符号。经过韦达[⑧]等数学家的大力宣传和提倡,这两个运算符号才开始普及,至 17 世纪已获得公认。

莱布尼茨认为,"×"有些像拉丁字母"X",反对其作为乘法符号,而赞成应用"·"表示乘号。他还提出用"∩"表示相乘,该符号现应用于集合论。哈里奥特[⑨]用"·"表示乘号。

---

① 雷科德(Robert Recorde,约 1510—1558),英国第一代数学教育家。
② 许凯(N. Chuquet,1445—1488),法国数学家。
③ 塔塔利亚(Tartaglia,1500—1557),意大利数学家。
④ 帕乔里(L. Pacioli,1445—1517),意大利数学家。
⑤ 斐波那契(L. P. Fibonacci,1170—约 1240),意大利数学家。
⑥ 魏德曼(J. Widman,1462—1498),德国数学家。
⑦ 赫克(E. Hoecka,1877—1947),荷兰数学家。
⑧ 韦达(F. Viète,1540—1603),法国数学家。
⑨ 哈里奥特(T. Harriot,1560—1621),英国数学家。

在欧洲,"÷"曾作为减法符号,如里斯[①]在 1522 年出版的《商业算术》中即是如此。英国人威廉·奥特来德于 1631 年首先在著作中用"×"表示乘法,后人沿用至今。

1630 年,在英国人约翰·比尔的著作中出现了"÷",应用符号"÷"表示除号,应归功于雷恩。1659 年,雷恩出版了《代数》,其中第一次应用"÷"作为除号,得到莱布尼茨的赞誉。

现在绝大多数国家用"+""−"来表示加与减。而"×""÷"却没有普遍使用,有些国家用"·"代替"×",而在俄罗斯和德国一般用":"来代替"÷"。

3. 数学的内涵:阿拉伯数字

阿拉伯数字实际上发源于古印度,后来被阿拉伯人掌握、改进,并传到了西方。

到公元前 3 世纪,印度出现了整套的数字,但在各地区的写法并不完全一致,其中最有

古印度的数字符号

代表性的是婆罗门式:这一组数字在当时是比较常用的,其特点是从"1"到"9"每个数都有专字,但还没有出现"0"(零)的符号。

笈多王朝[②]时期,数学著作《太阳手册》中已使用"0"的符号,当时只是实心小圆点"·",后来,小圆点演化成为小圆圈"0"。这样,一套从"1"到"0"的数字就趋于完善了。

逻辑演绎:数学的惊世绝技

符号语言武装的数学,更容易与自然科学结合,使自然科学所向披靡

符号语言带来符号逻辑的诞生

数学其实是一种逻辑,以符号表达的数学,就创造了一柄叫作"符号逻辑"的"倚天长剑"。借助于符号表达,进而演化为公式,这些公式本质上也是一种符号的表达,"符号逻辑"这柄"倚天长剑"从此横扫天下。

参数化描述之后,数学就成了符号化的逻辑语言。既然是逻辑,自然具有逻辑学的所有特性。逻辑是关于思维的学问,包含三种基本形式:概念、命题和推理。逻辑推理可以用语句表达,也可以用图形表达(图形本身就是一种全球通用语言)。

演绎推理是严格的逻辑过程,一般表现为大前提、小前提、结论的三段论模式:即从两个以上真实的判断中,可以得出新的判断。请回忆一下,数学证明题,是不是采用"因

---

① 里斯(A. Riese,1489—1559),德国数学家。

② 笈多王朝(Gupta Dynasty,320—550),古代印度摩揭陀国的第一个封建王朝,统一了印度大部。印度历史自此始有明确纪年。

为……,所以……(∵……,∴……)";"如果……,则……(if…,then…)"的形式。

以代数几何学为例:计算圆内的正方形面积,可以用圆周率、勾股定律、圆的面积三个公式推理,因为这三个公式都是正确的,只要符号代表的意义相同,就可以相互替代,这就是演绎。用公式的相互迭代,即符号的逻辑演绎,可以得出问题的答案,这就是推理。而这在符号化之前,是不可能做到的。

为了便于理解这个问题,我们可以认为数学实际上是逻辑推理,既可以用文字表述这种逻辑,也可以用符号表述这种逻辑。而用符号表述这种逻辑,打开了数学逻辑的天堂之门,那里有更强大的倚天长剑在召唤。这柄长剑就是所向披靡的演绎推理!

美国人 R. 柯朗和 H. 罗宾在《什么是数学——对思想和方法的基本研究》中认为,"尽管逻辑分析的思想趋势并不代表全部数学,但它却使我们对数学事实和它们相互间的依赖关系有更深刻的理解"。

英国哲学家罗素和他的老师怀特海合著的《数学原理》主要是想要说明:所有纯数学都是从纯逻辑前提推导的,并且只使用可以用逻辑术语定义的概念。

符号表达的数学逻辑

数学其实是一种逻辑,最自然的方式就是用自然语言表达这种逻辑关系,而用符号表达之后,就产生了一种新的数学语言——符号语言。以符号语言表达数学思想,使得数学变得极富表达能力,演绎推理的过程也清晰明了。由此,数学开创了"符号逻辑"。

演绎推理的主要形式是三段论,即大前提、小前提和结论。

大前提——已知的一般原理;

小前提——所研究的特殊情况;

结论——根据一般原理,对特殊情况做出的判断。

例如:

大前提:一切奇数都不能被 2 整除;

小前提:因为($2^{100}+1$)是奇数;

结论:所以($2^{100}+1$)不能被 2 整除。

例如:

命题:等腰三角形的两底角相等。

已知:如图,在△ABC 中,$AB=AC$,

求证:∠$B=$∠C。

证明:作∠A 的角平分线AD,

则∠$BAD=$∠CAD,

又因为 $AB=AC$,$AD=AD$,

所以△$ABD≌$△ACD,

因此,∠$B=$∠C。

由一个已知条件"$AB=AC$",推导出∠$B=$∠C。

数学中常用的证明方法如下。

等腰三角形两底角相等

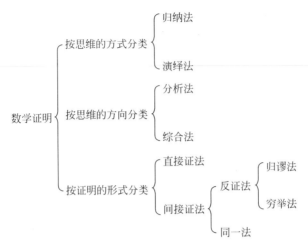

同样是勾股定律,《几何原本》中的逻辑推理过程,与中国的勾股定律证明过程的思维方式完全一致,其证明过程如下:(∵代表"因为",∴代表"所以"。如果对这段证明比较困惑,只需要浏览逻辑推理过程。不理解个中的含义,也不影响对本文的理解。)

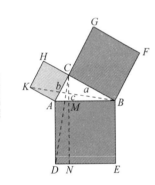

1. 命题

已知三角形 ABC 为直角三角形,且 $BC=a$,$AC=b$,$AB=c$,证明 $a^2+b^2=c^2$。

2. 证明

(1)预热动作:以直角三角形的三边 a、b、c 为边作三个正方形,即三个彩色的正方形 $CBFG$、$ACHK$、$ABED$。

(2)第一阶段推理:作辅助线 CD、KB、CN($CN \perp DE$、与 AB 相交于 M)。

逻辑推理 1:因为 $\triangle ABK$ 与正方形 $ACHK$ 有相同的底 AK,且 $\triangle ABK$ 的高等于 AC

所以 $S_{ACHK}=2S_{\triangle ABK}$

逻辑推理 2:因为 $\triangle ACD$ 与矩形 $ADNM$ 有相同的底 AD,且 $\triangle ADC$ 的高等于 AM

所以 $S_{ADNM}=2S_{\triangle ACD}$

逻辑推理 3:因为 $AK=AC$,$AB=BA$,$\angle BAK=\angle CAD$

所以 $\triangle ACD \cong \triangle ABK$

所以 $S_{ACHK}=S_{ADNM}$

第一阶段推理,就是证明这两个黄色形状面积相等($S_{ACHK}=S_{ADNM}$)。

(3)第二阶段推理:连接 CE、AF。

逻辑推理 1:因为 $\triangle CEB$ 与矩形 $NEBM$ 有相同的底 BE,且 $\triangle CEB$ 的高等于 NE

所以 $S_{NEBM}=2S_{\triangle CEB}$

逻辑推理 2:因为 $\triangle ABF$ 与正方形 $CBFG$ 有相同的底 BF,且 $\triangle ABF$ 的高等于 BC

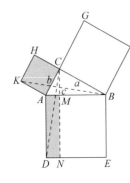

所以 $\qquad S_{CBFG}=2S_{\triangle ABF}$

逻辑推理 3：因为 $BF=CB,AB=BE,\angle CBE=\angle ABF$

所以 $\qquad \triangle CEB\cong\triangle ABF$

所以 $\qquad S_{NEBM}=S_{CBFG}$

第二阶段推理，就是证明这两个红色形状，面积相等（$S_{NEBM}=S_{CBFG}$）。

（4）结论阶段推理：因为 $S_{ADEB}=S_{ADNM}+S_{NEBM}=S_{ACHK}+S_{CBFG}$

所以 $\qquad a^2+b^2=c^2$

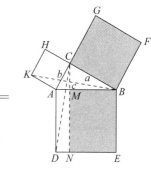

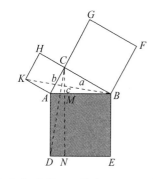
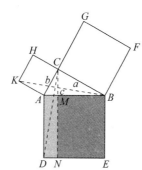
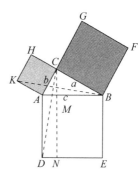

结论阶段推理，蓝色面积＝黄色面积＋红色面积（$S_{ADEB}=S_{ADNM}+S_{NEBM}$）。

可以看出，中西方的数学思维方式一模一样，都是通过形状的构造，引出结论。唯一的不同是自然语言与符号语言的差别。基于符号语言的数学叙述，很快展现出基于逻辑的强大功能——复杂的演绎推理！

《几何原本》最引人瞩目的是它的公理体系。公理化是一种数学方法，以它们为基础，从而导出一切结果。而公理化体系在中国古代数学中也同样在运用，但是很少为人们所关注。

第二章

数学铺就坦途　物理高速奔腾

从数学与物理的关系这个角度讲，科研范式的改变有两个阶段：以数学描述物理现象，即"自然数学化"；基于物理现象研究数学，即"物理驱动式"。

哥白尼、伽利略、开普勒、笛卡儿分别对第一个阶段的过程做了细化，牛顿则将数学与物理的结合推向了第二个阶段。

符号语言在物理学中的引入，在西方近代物理学发展中具有重要的里程碑意义。而西方近代物理学家为什么会用符号语言描述物理现象，为什么又将物理学中的符号概念与数学的演绎推导联系起来呢？从历史学的角度看，这是一个值得研究的话题。

跨越千年的对话：物理

相较于西方，中国的"自然哲学"领跑千年

东西方的物理

物理在中国诞生的时间很久远了。

公元前 10 世纪之前（殷末周初，距今 3000 多年），中国人就对世界和宇宙进行探索，形成了五行和阴阳学说。公元前 400 年之后（自墨子的时代开始），我国在物理学方面陆续形成了许多重要的成就，包括时空、光学、力学、声学、电学、磁学、热学、计量等，几乎涵盖了西方近代物理学的绝大部分领域，基于这些物理认识的发明，也是不计其数，远远早于西方的物理学认知。例如：

1. 光学方面

中国的墨子[①]做了世界上第一个小孔成像的实验，《墨经》中这样描述小孔成像："景到，在午有端，与景长。说在端。""景。光之人，煦若射，下者之人也高；高者之人也下。足蔽下光，故成景于上；首蔽上光，故成景于下。在远近有端，与于光，故景库内也。"

英国的牛顿[②]比墨子小 2100 多岁，他也观察到了小孔成像的现象。牛顿试图以符号的方式描述小孔成像中物距与像距的关系，他通过假设-实验-推理-验证等过程，最终发现物距与像距其实和透镜的焦距相关，并给出了一个物像关系公式：$1/l_1 + 1/l_2 = 1/f$。

中国古代的光学成就很多，包括平面镜、球面镜、潜望镜、放大镜、大气色散、极光等。

2. 力学方面

王充[③]在《论衡》中描述了大量的物理学现象，在《论衡·状留篇》中有："车行于陆，船行于沟，其满而重者行迟，空而轻者行疾""任重，其取进疾速，难矣"。说的就是"惯性的大小与物体的质量有关，质量越大，惯性越大；在一定的作用力下，质量大则惯性大，质量小则惯性小"。

同样是牛顿，他也观察到了这种运动的现象，通过反复实验，发现与物体运动相关的因素有四个：位移、时间、外力、质量，他首先给这四个变量取了符号：位移（S）、时间（t）、外力（F）、质量（m）。通过数据分析，发现它们之间有一个规律：$F = m \times S/(t \times t)$，接下来，牛顿创造了一个新的物理量：加速度（$a = S/(t \times t)$）。牛顿得出了一个伟大的物理定律——牛顿第二定律：

$$F = ma$$

---

① 墨子（约公元前 480—前 390，距今 2400 多年），中国古代思想家、教育家、科学家、军事家。
② 牛顿（Isaac Newton，1643—1727），英国物理学家、数学家。
③ 王充（27—97），东汉思想家。

中国古代的力学成就很多,包括惯性、杠杆(如杆秤)、应力、回旋效应(如陀螺)、往复运动(如鼓风、水车)、浮力、大气压强、表面张力等。曹冲称象的故事也和阿基米德洗澡这类故事一样,家喻户晓。

3. 声学方面

中国古代在声学方面的研究成就巨大,几乎近代物理学中声学部分的所有知识,中国古人都有观察或研究成果。仅以共振为例:

中国古人将共振现象描写为"声比则应""同声相应","声比"指固有频率成整数比或简单分数比的两个物体的共振,"同声"是指固有频率相等的两个物体的共振。

11世纪,沈括做了世界上第一个弦线共振的实验,并记载之:"琴瑟弦皆有应声:宫弦则应少宫,商弦则应少商,其余皆隔四相应",其中,"宫与少宫""商与少商"之间的频率比为1:2的共振,"隔四相应"的频率相差2/3。

《墨子·备穴》中"穿井城内……下地,得泉三尺而止。令陶者为罂,容四十斗以上……,使聪耳者伏罂而听之",意思是埋于地面的陶罂在受声波作用时,小口短颈内空气振动,可以监听地面传播的声音,这个陶罂其实就是共振腔。

1862年,亥姆霍兹[①]在书中描述了一个可以在复杂声音环境中分辨出特殊频率的装置,称为亥姆霍兹共振器。

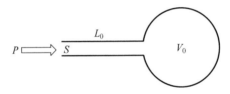

亥姆霍兹共振器

共振器对频率有极强选择性,其共振频率 f_0 为

$$f_0 = \frac{c}{2\pi}\sqrt{\frac{S}{V_0 L_k}}$$

式中,c 为声速;S 为颈口面积;V_0 为空腔体积;L_k 为颈长的修正值。

浩如烟海,中国古代自然科学典籍

中国古代人民以高度智慧和辛勤汗水,取得了大量的科技成就。这些成就的一部分融入了国家安全、社会生产、人民生活之中,一部分以著作的形式存世。所著数量之众,以"浩如烟海"形容也不为过。例如《墨经》《考工记》《天工开物》《梦溪笔谈》《论衡》《革象新书》《正蒙》《正蒙注》《营造法式》《水经注》《农政全书》《齐民要术》《徐霞客游记》《本草纲目》《皇极经世书-观物内篇》《甘石星经》《黄帝内经》《禽经》《镜史》《武经总要》等。

我们不妨择其若干典籍做简单了解。

1. 墨子《墨经》,公元前388年,战国时期

《墨经》是《墨子》中一部分内容的合称,包括《经上》《经说上》《经下》《经说下》《大取》《小

取》六篇。在研究和传授中已运用了观察、分析和科学实验的方法,取得了光学、力学、简单机械学、几何学、物理学、工程技术等学科的知识精华。例如:

(1) 几何学理论雏形:提出的几何学概念与古希腊欧几里得的提法基本一致,有许多几何命题,如两条平行线之间等距、三点共一直线、同圆的半径相等、矩形四角皆为直角等。

(2) 近代力学知识:①力是使物体开始运动或加快运动的原因,"力,刑(形)之所以奋也";②物体的重量也是一种力,"力,重之谓。下,与(举),重,奋也";③等臂杠杆和不等臂杠杆的平衡条件,即杠杆的平衡,不但取决于两物的重量,还与"本""标"的长短有关,"挈,长重者下,轻短者上"。

(3) 近代光学知识:①光的直线传播原理,提出影与光、物之间的关系;②光线投影,本影、半影、影子的大小与光源、物体的关系;③小孔成像及其原因,"景到,在午有端,与景长,说在端"①;④反射镜成像规律,包括平面镜、凹面镜、凸面镜,"低,景一小而易,一大而正,说在中之内外"(凹面镜可以生成一个倒立缩小的实像,或一个正立放大的虚像,原因在于人在球面中心和焦点之外还是之内)。

(4) 物质组成学说:物质由基本的东西构成,并且是无间隙的,"端,体之无厚而最前者也""端,无间也"("端"是物的起始,把物体分割到"无厚",便分割到最后的质点),这可以说是原子论的萌芽②。

2. 王充《论衡》,公元 88 年,东汉时期

(1) 力学:观察到①相对运动、角视差、力和运动的关系(类似于"牛顿第二运动定律");②内力不能改变物体运动状态,"天行已疾,人去高远,视之若迟。盖望远物者,动若不动,行若不行""任重,其进取疾速,难矣"。

(2) 声学:①声音是空气振动产生的;②振动的传播以空气为媒质。"生人所以言语呼吁者,气括口喉之中,动摇其舌,张歙其口,故能成言""今人操行变气远近,宜与鱼等,气应而变,宜与水均"。

(3) 热学:①热传递与距离远近相关、近温远微;②雨、露、霜、雪都是地面上水蒸发所致。"气之所加,远近有差也""云雾,雨之征也,夏则为露,冬则为霜,温则为雨,寒则为雪,雨露冰凝者,皆由地发,不从天降也"。

(4) 电磁学:①解释摩擦起电的原因;②认为雷电是一种物理变化。"顿牟拾芥,磁石引针,皆以其真是,不假他类,他类肖似,不能摄取者,何也? 气性异殊,不能相感动也""温寒分争,激气雷鸣"。

3. 沈括《梦溪笔谈》,1089 年,北宋

《梦溪笔谈》共分 30 卷,有 17 目,凡 609 条,内容涉及天文、数学、物理、化学、生物、乐律、气象、医药、地理、地质等学科门类,堪称"中国科学史上的里程碑"。略举几例:

---

① 1611 年,近代光学奠基者开普勒研究了针孔成像。发表《折光学》,提出光线表示方法,从几何光学的角度加以解释,认为光的强度和光源的距离之平方呈反比;分析了望远镜原理,把伽利略望远系统中的目镜由凹透镜改成凸透镜,构成所谓的开普勒望远系统。

② 与此类似的是,早在古希腊时代,西方就认为原子是物质结构的基本粒子。这种观点经过几个发展阶段,直至 19 世纪初,英国道尔顿建立化学原子论,成功解释了物质的各种变化,确定了原子论的地位。

（1）天文：沈括兼提举司天监，改革历法，提出"实考天度"的主张，重视实际天文观测数据，"非袭蹈前人之迹"地改进观测仪器、浑仪，新制浮漏、铜表。取得了极为先进的观测成果：①观测"天极不动处"，得出"天极不动处远极星三度有余"的科学结论；②取得了夏至日与冬至日不等长的重要研究成果，并正确地指出造成这一现象的原因是冬至太阳走得快、夏至太阳走得慢；③提出一些日月食的规律，日全食从西边开始，月全食从东边开始，这与现代的理论和实际完全相符；④提出黄道和白道有一个交角，交点不断后（向西）退，每月西退一度多，249 个交点月西退一周，与现代天文学上测出的数字（每月西退 $1°5'$，18.6 年西退 $1°$）相符。

（2）磁学：①对指南针在不同支撑体上做了多种试验，比较分析，指出它们各自的特点，体现出实验研究的科学方法；②在实验中已发现了磁偏角，"方家以磁石磨针锋，则能指南，然常微偏东，不全南也"。

（3）光学：①做了许多光学观察和实验，理论总结日食、月食成因，并用实验验证月亮圆缺理论；②解释凹面镜成像和针孔成像的道理，对光的直线传播、光的折射现象和虹的形成进行研究和解释；③通过凹面镜成像实验，明确指出物在凹面镜焦点之内时得正像，在焦点和中心之间看不到像，而在中心之外时得倒像；④对透镜成像原理进行探讨①，即"阳燧照物皆倒，中间有碍故也"。

（4）声学：①包括乐律、古琴制作、传声、共鸣等，记载了若干实验，例如其设计的共振实验（这比英国人诺布尔和皮戈特使用类似的方法演示共振现象要早约 6 个世纪）、证明弦线基音与泛音共振关系实验、科学地解释生活中与此有关的种种现象。

4. 赵友钦《革象新书》，13 世纪末，宋元时期

《革象新书》主要内容有数学、天文学和光学的研究，共 32 篇，论述了中国传统天文学的32 个问题。

（1）"日之圆体大，月之圆体小"的创新思想：否定了日月等大、体积相同的传统天文观念，更好地解释了日月食的原理，"日道之周围亦大，月道之周围亦小。日道距天较近，月道距天较远"。

（2）"同时参验"的恒星测量思想：①恒星观测思想方法十分先进和科学，曾绘制过大型星图。②创造性地提出测定恒星入宿度和去极度的两种极为先进和科学的新方法——"经星定躔"与"横度去极"，不用大型复杂的浑仪或简仪，便可观测星象；为了避免误差，提高测量的精确度，必须进行多次测量、以平均值来计算恒星赤经差，"须当再验三四夜，以审定焉"。

（3）"小罅光景"光学思想：实验研究了小孔成像，总结分析其规律："凡景近窍者狭，景远窍者广。烛远窍者景亦狭，烛近窍者景亦广；景广则淡，景狭则浓。烛虽近而光衰者，景亦淡，烛虽远而光盛者，景亦浓。由是察之，烛也，光也，窍也，景也，四者消长胜负，皆所当论者也。"

---

①　透光镜可能在西汉时代已能制作，最早记载于隋唐之际王度的《古镜记》中，该书说透光镜"承日照之，则背上文、画、墨入影内，纤毫无失"。

近代科学的早期启蒙

数学方法与自然哲学的牵手，其路漫漫而修远、其径幽幽而淖泞

数学方法

英文"method"（方法）来源于希腊语"μετοδ"，该词由"μετα"（沿着）和"οδοs"（道路）两部分构成，因此，原意更贴近于"路线"。汉语中与"科学方法"一词类似的表述最早出现在《墨子·天志》中，如"量度方形之法""知行之法"等。

数学语言本身就是自然的语言，物理规律也是。因此，科学研究的本质就是将一种自然语言翻译成另一种自然语言，将一种语言符号转变成另一种语言符号。公元前 5—前 2 世纪，古希腊的毕达哥拉斯、柏拉图、阿基米德等首先提出自然界的规律可用数学把握的观点，提倡用数学解释万物。阿基米德首次把实验的经验研究与演绎推理结合，上升为科学理论或定律，建立了杠杆定理、浮力定律。托勒密、伽利略、牛顿、莱布尼茨分别将数学方法在物理学的应用推向新的层级，最终引发了近代科学的产生。

柏拉图[①]，客观唯心主义者，认为世界由"理念世界"和"现实世界"两部分构成。理念世界是真实存在、永恒不变的世界，现实世界是理念世界微弱的影子，由人类感官所接触到的现象所组成，而每种现象随着时空等因素而发生变动。柏拉图指出，知识是固定的和肯定的，是我们可以运用理智来了解的形式或者理念；那些变换的、流动的事物，我们不可能有真正的认识，只有意见或看法。数学的对象就是数、量、函数等数学概念，作为抽象一般或"共相"，数学概念客观地存在于一个特殊的理念世界里。这种真理性要靠"心智"经验来理解，人们只有通过某种"数学直觉"才能达到独立于现实世界之外的"数学世界"。柏拉图主义在西方近现代数学界有相当大的影响，一些数学巨匠如康托尔、罗素、哥德尔、布尔巴基学派基本上都持这种观点。

亚里士多德[②]，重视观察、蔑视实验、拒绝数学，他的观念是：一切自然地发生的才是自然的，实验是没有必要的。这里的自然哲学（natural philosophy）思考的是人类与自然界的哲学问题，包括自然界和人、人造和原生自然、自然界最基本规律等，自然哲学一直沿用两千多年，当代称理工类博士学位为 PhD，全称就是 Doctor of Philosophy（哲学博士），历史的渊源就是"自然哲学"。

阿基米德[③]，静态力学和流体静力学的奠基人，被誉为"力学之父"。阿基米德曾说过一句醉酒式的狂言："给我一个支点，我就能撬起整个地球。"他最大的贡献不是杠杆原理和浮力称重，而是开创了数学与物理的结合。这位研究圆锥数学的古希腊人对杠杆原理的

---

① 柏拉图（Plato，公元前 427—前 347），古希腊哲学家。
② 亚里士多德（Aristotle，公元前 384—前 322），古希腊哲学家、科学家、教育家。
③ 阿基米德（Archimedes，公元前 287—前 212），古希腊哲学家、科学家、数学家。

数学描述与欧几里得的几何学一样准确。同样地,他的流体静力学、特别是他发现的重力,都是给出数学形态,然后采用数学描述和处理,所产生的数学结论回过来解释物理意义。

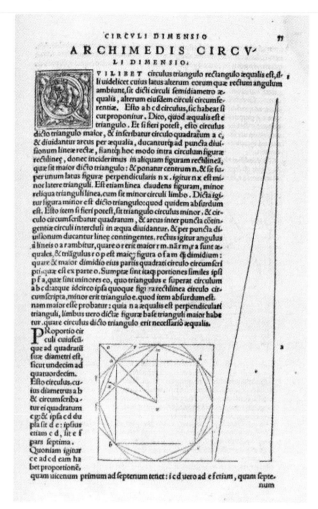

阿基米德的著作
（图片源自斯旺画廊网站）

托勒密[①]在 2 世纪提出了宇宙结构学说——"地心说"。他全面继承了亚里士多德的地心说,并利用前人积累和自己长期观测得到的数据,以数学方式计算天体位置。这个不反映宇宙实际结构的数学图景,却较为完满地解释了当时观测到的行星运动情况,并取得了航海上的实用价值,从而被人们广为信奉。

托勒密将他的思想总结成几篇科学著作,其中三篇对后来的拜占庭、伊斯兰和西欧科学有着较大的影响。最具影响的一篇是《天文学大成》,最初被称为《数学论文》。

数学是研究事物性质的一种中立的工具,而不是事物性质的一种先天的决定因素。数学与自然哲学的结合,到了托勒密时期,也只是停留在用数学描述自然现象,但如何客观反

———————————

① 托勒密（Ptolemy,约 90—168）,希腊数学家、天文学家、地理学家。

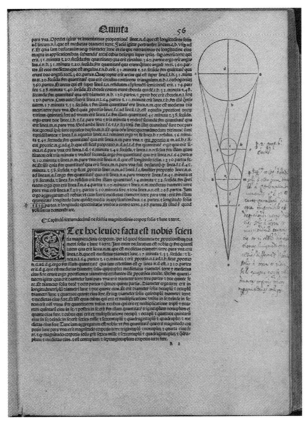

托勒密的著作

（图片源自美国数学协会网站）

映自然现象，并没有明确的步骤或方法。托勒密试图用最朴素的观测、演算和推理方法，发现天体运行的原因和规律。但他本人甚至明确指出，他的数学体系只是一个计算天体位置的数学方案，不具有物理的真实性。

科研范式，数学描述自然的朴素建模时代

从数学与物理的关系这个角度讲，科研范式的改变有两个阶段：以数学描述物理现象、基于物理现象研究数学。

第一个阶段称为"自然数学化"，即用数学的形式描述自然现象；通过观察、归纳、演绎，形成一个可以解释某个自然现象的数学描述，而这个数学描述又能够被这个现象所验证。哥白尼、伽利略、开普勒、笛卡儿分别把第一个阶段的过程做了细化。

第二个阶段称为"物理驱动式"的数学研究，即根据物理问题的提出，发现新的数学理论；而这种数学理论是普适性的，不仅能解决起初所要解决的物理问题，还可以解决其他物理问题。牛顿将数学与物理的结合推向了第二个阶段。

新科学中的实验"要求制约大自然，强使自然在那种没有人的有力干预便不会出现的条件下显示自己"，而不再把自然现象当作看上去的理所应当。为了能够定量地描述那些未曾被普通感知观察到的自然现象，近代实验科学发明和运用了大量人工制造的科学仪器。

哥白尼①在 1542 年的《天体运行论》中认为地球是球形的,它绕着自己的轴自转,并绕着太阳公转;天体的运动要么是圆周的和匀速的,要么是圆周和匀速运动的合成。他认为一切行星轨道都是完美的圆周曲线,所提出的天体系统第一次解释了季节的变化和行星视运动的原因。

哥白尼的可贵之处在于,他完全用数学(几何学)推导天体运动。这是一次特别有意义的尝试,因为他改变了科学研究的范式:以数学解释物理学的现象。这就改变了学术上的思维习惯,数学的价值不只是用来表述物理规律(以便更好地表述),数学可以推导物理学现象!②

尽管哥白尼将天体运动看成完美圆周运动的观点是存在缺陷的,但是,他从地心学说到日心学说的认识跨越,是相当了不起的。伽利略基于哥白尼的思想做进一步研究,发现太阳系天体的真实轨道是椭圆的,修正了哥白尼日心学说的瑕疵。两人的研究过程中,数学都发挥着极大的作用。

伽利略③被誉为近代科学之父,倡导将实验与数学相结合。他认为,哲学写在宇宙这本大书里,为了懂得这本书,人们必须首先读懂它的语言和符号。它是以数学的语言写成的,人若不具备这方面的知识,就无法懂得宇宙。

他对物理现象进行实验研究并把实验的方法与数学方法、逻辑论证相结合,开创了近代科学研究的有效方法,被自然科学研究者广泛使用。

(1) 提取出从现象中获得的直观认识的主要部分,用最简单的数学形式表示出来,以建立量的概念;

(2) 基于此关系式,用数学方法导出另一易于实验证实的数量关系;

(3) 通过实验来证实这种数量关系。

实验过程中,把研究的事物"理想化"(其实就是"简化"或者增加约束条件),就可以更加突出事物的主要特征,化繁为简,易于认识其规律。伽利略的这一自然科学研究新方法,有力地促进了物理学的发展。

虽然伽利略也意识到数学的重要性,不过,他并没有将数学方法运用彻底。只是尝试将几何的应用扩大到质量、速度和时间等可测的量,即依靠几何的论证来证明他的力学命题。

开普勒④是与伽利略同时代的学者,他将几何学的方法运用到天文观测中,最终提出了行星运动的三大定律,判定行星绕太阳运转沿着椭圆形轨道、不等速运行。

开普勒在他的老师第谷⑤留下的 750 多颗星观测数据的基础上,运用数学知识与方法开始了天文观察和研究。开普勒发现运用哥白尼的匀速圆周运动模型对数据的分析结果总是与实际观测数据存在 0.133° 的微小差别,幸运的是,他并没有把这当成误差,而是设想行星的运动轨道为椭圆,太阳就处在椭圆的一个焦点上。再经过大量的仔细观测,最终计算结果与观测结果几乎完全相同。

---

① 尼古拉·哥白尼(Mikołaj Kopernik,1473—1543),波兰天文学家、数学家。

② 从公元前 1 世纪的《周髀算经》,可以看出中国古代同样也依靠数学来描述宇宙结构;78—139 年张衡所著的《浑仪》,对浑天学说的解释同样也采用数学的手段描述和解释宇宙结构。姑且不论地心学说与日心学说的正确性,从对数学的运用这个角度看,中国古代研究者的尝试比西方更早。

③ 伽利略(Galileo Galilei,1564—1642),意大利天文学家、力学家、哲学家。

④ 开普勒(Johannes Kepler,1571—1630),德国天文学家、物理学家、数学家。

⑤ 第谷·布拉赫(Tycho Brahe,1546—1601),丹麦天文学家。

在 1609 年的《新天文学》和 1619 年的《世界的和谐》中,开普勒提出了行星运动的三大定律,判定行星绕太阳运转是沿着椭圆形轨道进行的,而且这样的运动是不等速的。

开普勒把原型观与数学和物理相统一,根据天文观察和数学计算,试图寻找行星运动的物理机制背后的和谐数学关系,论述和谐性得以确立的运动。开普勒又为它寻找出一种物理机制,既能定性地分析距离与速度的关系,又能定量地研究行星的物理运动。他的研究结论表明,物理世界的机械运动规律就是数学的和谐,有着数学上的一致性。

笛卡儿[①]在科学上的贡献是多方面的,最重要的贡献是理性主义思想,认为数学具有绝对确定性。

笛卡儿继承了开普勒、伽利略等前人的思想,形成了独立的数量世界和普遍的数理方法。他认为人类应该使用数学的方法进行哲学思考,并基于他对逻辑学、几何学和代数学研究的体会,在《谈谈方法》中总结出"四个原则、三条规则":

(1)发现问题:凡是没有明确、清楚认识到的事情,决不能当作真的去接受。

(2)分解问题:将每个问题分成若干个简单的部分,分步骤加以分析。

(3)思考问题:从简单到复杂,从具体到抽象。

(4)检查问题:反复进行彻底检查,是否达到全面/完整,确保没有遗漏任何部分。

笛卡儿的"四个原则"既有数学的确定性,又能解决数学以外的问题。他的思想可应用在各个领域的科学研究中,以寻求对自然现象的精确描述。同时,笛卡儿提出了三条"道德规则",以帮助树立具有行动导向功能的世界观:

(1)树立榜样:以周围最明智的人为榜样来约束自己,遵奉他们被广泛接受的最合乎中道、最不走极端的意见。

(2)建立信心:在行动上尽可能坚定果断,一旦选定某种看法,就把它当作最正确、最可靠的看法,毫不动摇地坚决遵循。

(3)克服自己:对自身以外的事情尽了全力之后,没有办到的,不必奢望。

相比于伽利略,笛卡儿的数学在自然哲学的应用更彻底。他率先将数学引入力学的分析中,开创了研究方法的一种新程序:从不可怀疑的和确定的原理出发,用类似数学的方法进行论证,就可以把自然界的一切显著特征演绎出来。

逻辑方法

自然哲学研究的另一个重要方法——逻辑方法,初始于公元前 6—前 3 世纪。古希腊泰勒斯、德谟克利特、亚里士多德、欧几里得等运用演绎推理,从经验观察上升到理论认识。

基于科学假说的观察和实验、归纳和演绎、分析和综合等科研方法分为两个发展阶段,由亚里士多德、莱布尼茨、黑格尔等提出的"朴素科学方法",再由伽利略、开普勒、笛卡儿补充完善,形成"系统科学方法"。此方法将事物联系起来,系统地、动态地考察,从整体上考察复杂系统,将定量方法引入各个学科,使科学研究方法产生了质的飞跃。

17 世纪之前,欧洲的逻辑学的发展经历了两个阶段:第一阶段即"古代逻辑",从亚里士多德开始到 12 世纪,亚里士多德在总结前人的基础上创建了西方第一个逻辑演绎系统;第二阶段即"经院逻辑"(亦称作"中世纪逻辑"),从 5 世纪末西罗马帝国灭亡,至 15 世纪文

---

① 笛卡儿(René Descartes,1596—1650),法国哲学家、数学家、物理学家。

艺复兴前,经院逻辑坚持先验主义思想路线,把从一般原理到特殊事物的演绎法作为其唯一的理论工具。

亚里士多德的三段论学说

亚里士多德全面、系统地研究了人类的逻辑思维问题,在西方建立了第一个相对完整的逻辑系统。他把推理分为四种,对其中的三种推理(证明的推理、辩论的推理、强辩的推理)的论述,分别得出了三种理论,即三段论学说、四谓词理论、关于谬误的理论。

亚里士多德逻辑的中心内容是推理,他的《工具论》中关于推理(特别是"三段论")的理论,在西方思想史上产生了深远的影响。在他看来,三段论是狭义的推理、推理是广义的三段论,他为"推理"和"三段论"给了相似的定义。

"推理是一种论证,其中有某种事物被陈述了,则从中就必然引出与此不同的其他事物。"——《论辩篇》

"三段论是一种议论,其中有某种事物被陈述了,则被陈述的事物以外的某种事物必然因此产生。"——《前分析篇》

亚里士多德认为自己的主要功绩在于发现了三段论。所谓"三段"即三个命题,"论"即推理,三段论分为两部分,一部分是规定下来的命题,另一部分是推出来的命题。他详细论述并证明了三段论的 3 个格、14 个有效的式(称作 14 个"有效的三段论"),并可以通过换位法、归谬法、显示法来完成推理证明过程。他认为,一切演绎推论如果加以严格的叙述便都是三段论形式,以此推理的结果可以避免可能的谬误。

科学知识是反映事物的本质的,具有普遍性和必然性,它们不能通过感觉经验去获得,必须通过理性的推理和论证。"论证"可证明事物必然具有的本质属性,本质属性通过三段论揭示出来。对于三段论来说,"真实前提"与"正确推论"是不可分割的、缺一不可的。前提必须是真实的,是不证自明的、第一性的、直接的。任何科学,除一些最原始的基本原理外,都需要有严格的证明,尤其是数学。亚里士多德指出,不能借助感性知觉来证明。

实际上,亚里士多德的"证明的三段论"是一个初级的演绎系统,就像几何证明中所应用的那种三段论推理,表现出一种公理化的倾向。在西方科学史上,亚里士多德是第一个使用公理化方法并且提供了典范的思想家。

所谓公理化方法就是从少数不加定义的原始概念和少数不加证明的公理出发,运用逻辑推理的规律和规则推证一系列定理。运用这种方法,便可以把一个特定领域中的所有正确的命题处理成一个演绎系统。欧几里得所建立的几何学便是一个公理系统,他从少数不加定义的原始概念和少数不证自明的公理出发,运用严格的推理规律和规则推证出几何学的一切定理和真命题。

培根的归纳逻辑

文艺复兴后,欧洲的实验科学逐渐兴起,渐渐地对探索自然的方法论也有了新的要求。17 世纪初,培根[①]发表他的逻辑学著作,对传统逻辑作了批判。

他认为:经院逻辑脱离实际,满足于对上帝的抽象证明,脱离了自然和科学实验,不能获得新的知识、更不能检验真理;亚里士多德的三段论演绎法仅仅是为了争辩,由辩论建立

---

① 弗朗西斯·培根(Francis Bacon,1561—1626),英国散文家、哲学家、实验科学近代归纳法的创始人。

起来的公理是不能作为新发现的,公理系统只是靠虚构和想象才发现的。在批判的基础上,培根提出了"科学发现的方法"——"科学归纳法"逻辑,认为只有对经验材料进行仔细观察、严密分析,才能抽象概念、形成命题,建立推理。他希望用归纳逻辑"解释自然",通过探寻和判明事物的客观因果的必然联系,做出关于事物"第一性原理"的结论性认识。

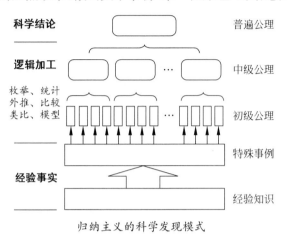

归纳主义的科学发现模式

　　培根的"科学发现的方法"的基本原则:"用理性方法整理感性材料。以消化借鉴经验为背景,在观察和实验的基础上,通过分析、比较、拒绝、排斥,把公理从感觉与特定事物之中引申出来,然后不断上升,最后获得最普遍的公理。"大致可以分为四个步骤:收集材料并观察和实验,整理、分析和比较(三表法),消除不相关因素(排斥法),提出"假说"。

　　培根归纳主义的科学发现模式,可以概括为根据"经验事实",进行"逻辑加工",得出"科学结论"的三个环节。"经验事实",即收集材料;"逻辑加工",即对经验事实进行整理和分析;"科学结论",即根据足够数量的反面事例和正面事例,最终得出结论。其中,"逻辑加工"环节可以应用枚举、统计、外推、比较、类比、模型等方法,概括起来就是"三表法"与推除法的结合。比较具有显著特点的是三表法,即"本质和具有表"、"差异表"(近似物中的缺乏表)、"程度表"(比较表)。通过三表为"真正的归纳法"做准备,进而用排除法证伪,检验三表的正确性,排除三表中一些非本质的性质。

　　从公理层次的角度观察,研究的终极目的是获得普遍公理,其过程中将形成初级公理、中级公理,循序渐进。其步骤为:

　　(1) 基于感官认知、经验知识,从若干实例中引出"初级公理";

　　(2) 从"初级公理"逐步而无间断地上升至"中级公理";

　　(3) 经过初级公理和中级公理的逻辑加工,获得"普遍公理"。

　　三个层次的公理"唯有中级公理是真正的、坚实的和富有活力的","因为最低的原理与单纯的经验相差无几,最高的、最普遍的原理是概念的、抽象的、没有坚实性的"。最低的公理过于简单,最高公理又过于概括、抽象而不可信赖。所以,"中级公理"值得信赖和依靠,它起到承上启下的作用。

　　培根巧妙地运用了"三表法""排斥法",把归纳推理推向了一个新的阶段——科学归纳推理,并且把归纳与观察、分析、实验、寻求因果联系的方法紧密结合起来,使得归纳法不再是简单枚举法的归纳法,而是科学的归纳法。培根认为,以他的归纳法为研究的起点,要比演绎法更接近根源。他认为,在研究事物的本质时,无论是小命题或大命题,普遍都要用归纳法,因为归纳法这种解证形式可以扶助感官、接近自然。培根归纳理论的提出,在自然科学和方法论上产生了巨大的影响,大大地促进了自然科学的发展。

莱布尼茨的逻辑数学化

在莱布尼茨看来,旧逻辑还无法与数学并列,因此,需要把一般推理的规则改变为演算规则,建立一种与代数学相媲美的逻辑。他系统地提出和初步论证了通用符号和逻辑演算的思想,为符号逻辑的发展奠定了基础。通过逻辑的数学化,莱布尼茨构建了符号逻辑体系,以期给各学科建立统一的表达,从而更准确地解释世界、认识世界。

他倡议建立一套普遍的"科学语言"或"通用语言",在这种普遍的科学语言中,每一种复合概念都可以用基本的表意文字的组合来表示。也就是说,简单概念用相应的符号表示,复合概念则可以用简单概念相互结合加以表述。这种有意识地运用符号逻辑的思想,对于近代科技的发展是非常重要的。在现代科学中,这种逻辑应用已经很常见了,例如,认识化学元素符号及其反应关系符号的读者,通过符号而不是自然语言就可以读懂化学方程式所要表达的含义。

莱布尼茨注意到逻辑学的词项、命题、三段论式与代数的字母、方程式、变换等有某种形式的相似,他试图把逻辑学加以数学化,使其表现为一种演算,成为一种"通用数学"。他试图借助少数的基本概念通过组合而构建概念体系,借助逻辑演算形式构筑演绎逻辑,即通过书写符号的联结和代换完成演绎过程。这是"一种比传统逻辑更广泛的、同一和包罗的演算逻辑体系,是一种以中国表意文字系统有所改善的新文字系统"。

莱布尼茨认为,符号的科学是这样的一种科学,它通过符号及符号的组合排列来表达一些思想或者一些思想之间的关系。一个表达式是一些符号的组合,这些符号能表达被表示的事物;表达式的规律是:如果被表达的某一事物的概念可以由一些事物的概念组合而成,那么这一事物的表达式(Y)也可以由这些事物的符号(X_1、X_2、X_3、$\cdots$)组合而成。

使用符号来表达事物,也就是符号化地描述自然,这是自然科学发展的重要因素之一。由以往的无意识的符号化描述变成有意识的、自觉的行为,将自然语言表述的逻辑推理转换成符号逻辑的演绎推理,这是一个巨大的跨越。它对近代科技发展的贡献,用什么样的溢美之词赞扬,都不为过!

驯致其道　传承弘扬

为解决自然哲学问题而研究数学,这是牛顿的最大贡献

扬帆起航,面向自然哲学研究数学

从中国与西方的数学、物理学认知与描述的比较中不难看出,中国使用的是"自然语言"和图形,而西方使用的是"自然语言""符号语言"和图形。

也许是因为数学与物理都是使用自然语言,除了天文学外,中国的数学与物理学没有形成有机的结合;符号语言使得西方的物理学直接与数学相结合,进而在物理现象的自然语言描述的基础上,发展为物理现象的符号化描述。

符号语言在物理学中的引入,在西方近代物理学发展中具有重要的里程碑意义。西方近代物理学家为什么会用符号语言描述物理现象,为什么又将物理学中的符号概念与数学的演绎推导联系起来呢? 这是一个值得研究的历史学话题。

有一个有趣的现象,西方近代物理学家,绝大多数都是数学家,例如,牛顿、阿基米德和高斯,并列为世界三大数学家,而他们同时又都是物理学家。通过前面的介绍,读者对阿基米德已经有所了解。高斯[①]在电磁学领域颇有建树,他发明了磁强计,后人用他的名字命名磁感应强度单位——高斯(Gs);他在数学领域发现了质数分布定理、最小二乘法和标准正态分布函数(后人命名为“高斯分布”),并在概率计算中大量使用。

同一个人既研究抽象的数学,又研究具象的自然现象,熟悉数学的符号语言,用符号语言来描述物理现象并不奇怪;相反,熟悉符号语言并且深知符号语言益处的人,如果不用符号语言描述,反倒显得很奇怪。因为,符号语言便于交流,记录与书写也很方便。研究工作要想发布,被人认可,以简洁明了的方式表述观点,当然是十分重要的。

当物理学家面对一个他感兴趣的自然现象或者新发现时,首先想到的是如何描述它。第一次物理学的重大革命,其标志就是引入数学对力学现象与规律进行描述。历史上,物理和数学就这样产生了十分深刻的联系,符号语言则成为物理学的通用语言。也许恰恰因为西方近代物理学家同时精通数学、甚至是数学泰斗的缘故,自然而然地,物理学的符号语言不仅仅是停留在“描述”这个层面,而是将这种符号语言与数学联系起来,使得符号语言成为物理学与数学之间的沟通工具。

要知道,数学本来就是描述现实世界的空间形式和数量关系的,即使是纯数学理论,也是定量描述现实世界所有物质的共性关系。17 世纪之前,数学大都局限于此,即研究计算、度量和形状问题。

牛顿在研究万有引力问题时,发现初等数学不能解决这么复杂的物理问题,于是他探索采用新的数学方法来描述和推演这一复杂运动问题,他把这种新的数学方法称为“流数术”(Fluxionary calculus)。1664—1665 年在剑桥大学学习时,他在研究笔记《流水账》手稿中记述了当年发现微积分原理的过程,以及力学、光学等理论。

1665—1666 年是英国的瘟疫年,但是,近代科学史必须要从另一个全新的角度记住这一伟大的时间点。“这是我的发现最鼎盛的时期,思考数学和(自然)哲学问题比任何时候都多。”1666 年,牛顿写了一篇短文介绍一种数学方法,即“流数术”,后来称作“微积分”,其初衷是为了更好地描述三大运动定律、万有引力定律和光学成像问题。这篇短文是一个划时代的标志,牛顿改变了数学的意义,为数学启动了一个全新的开端——研究运动、变化、空间的问题。从此之后直至现在,数学在研究自然现象并不断诞生新的数学理论的同时,成为物理学研究与发展的强大工具。

那一年,牛顿刚刚获得学士学位,准备留校任教。1665 年夏天暴发的伦敦鼠疫,迫使牛

---

① 约翰·卡尔·弗里德里希·高斯(Johann Carl Friedrich Gauss,1777—1855),德国数学家、物理学家、天文学家、几何学家、大地测量学家。

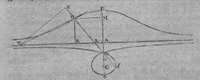

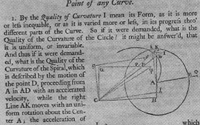

《流数术方法》

（图片源自美国数学协会网站）

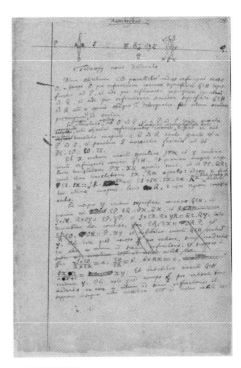

牛顿手稿（Waste Book）页面照片

（图片源自剑桥大学数字图书馆）

顿离开暂时关闭的剑桥大学,到母亲的农场住了一年多。牛顿对三大运动定律、万有引力定律和光学的研究,从这一年开始取得了一个个划时代的成果,建立了牛顿力学体系。随后,立足于牛顿力学的经典物理学和经典自然科学逐渐发展起来,它们主要研究自然事物、自然属性、自然过程和自然规律的知识,取得了大量的研究成果。

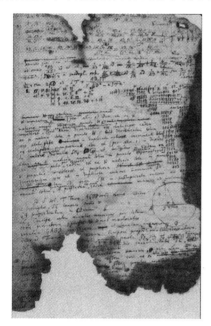
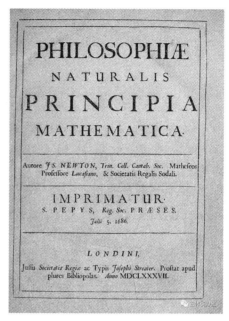

牛顿研究笔记的原稿,以及著作《自然哲学的数学原理》

笔者认为,牛顿对近代科学发展的最大贡献不是他的力学、光学、数学方面的成就,而是他把数学与物理结合得如此紧密。牛顿之前的先驱将数学成功地引入物理,用以描绘自然现象、建立数字模型;而牛顿则为自然哲学而研究数学,**基于物理问题探索的需要,研究数学的解决手段,进而发现新的数学理论**。牛顿的"物理问题导向式"或者"物理驱动式"的数学研究方法,在现在的科学研究中依然是有效的。如果说牛顿的经典物理学理论是一座座丰富的金矿,那么面向"自然哲学中的数学原理"则是开采金矿的工具。从此,物理学深深地扎根于数学的沃土,在数学铺设的高速公路上飞速前进。

巨人的肩膀

牛顿提出了级数、微积分理论,发现了万有引力定律和经典力学,提出了光学成像理论,小时候还做过小板凳、小箱子、小桌子、小风车等,他是一位生命不止、折腾不息的"大牛"。

他曾经很谦虚地评价自己的成就:"如果说我看得比别人更远些,那是因为我站在巨人的肩膀上。"是的,牛顿对力学、万有引力的思考,不是因为树上落下的苹果砸到了他聪明的脑袋,而是他站在了人梯的最顶端,看到了篱笆后面的力学世界。人梯下方是一群声名赫赫的科学家:亚里士多德、毕达哥拉斯、阿基米德、伽利略、开普勒、笛卡儿⋯⋯他们一代一代地接力开拓,终于在亚里士多德之后的 2000 多年,近代科学的大门被牛顿轰然推开。

抬头仰望的天空、俯首极目的大地,这个周而复始的世界,吸引了多少智者贤达,孜孜不倦地探究日月星辰到底如何运转。我们不妨先把目光放在西方,看看一众璀璨夺目的历史巨星,了解力学研究的历史轨迹。

毕达哥拉斯提出了毕达哥拉斯定律(勾股定理)、数论、黄金分割等一系列数学成果,毕达哥拉斯及其信徒巴门尼德、柏拉图等组成的"南意大利学派"是古希腊自然哲学的四个主要流派之一,他们关于宇宙起源的学说属于数学家的物理学,相信数学是真实世界的基础,自然的构成遵循于数学,宇宙按照数学秩序建造,因此,宇宙的奥秘应该在数量关系和几何结构中寻找。

亚里士多德在公元前330年就开始研究运动与力,但只研究"自然哲学"(即"物理学")、不使用数学。他和他的信徒们组成了"逍遥学派",认为数学只涉及数量的方面,并不是建立自然之科学理论的优先方案,只是描述事物的十大范畴(实体、数量、性质、关系、场所、时间、姿势、状态、动作、承受)之一。逍遥学派把主要力量集中在物理学和第一哲学上,通过观察现象,得出结论。例如:

(1)"力是维持物体运动状态的原因""物体受到力的作用,才能运动;不受力,物体就静止不动"(不要小看这句常识性的话,这可是牛顿第一定律的基本思想)。

(2)"物体下落的快慢是由它们的重量大小决定,物体越重,下落得越快"(亚里士多德的这个错误结论,直到近两千年之后,才被伽利略挑战)。

(3)关于数学:这个时代最大的问题是拒绝使用数学。

尽管亚里士多德一生成就卓越,开拓了科学研究的新时代,但是由于只凭观察、推理,过分夸大了形式逻辑的作用,忽视了实验验证这一重要手段,导致了许多错误。

伽利略使用数学记录自然现象,通过实验,得出结论:

(1)力不是维持物体运动状态的原因。

(2)力是改变物体运动状态的原因。

(3)无论轻重物体,只要受重力作用,从同一高度同时由静止开始下落,结果同时落地。

笛卡儿发展了伽利略的运动相对性的思想,认为运动与静止需要选择参照系,主要的贡献有:

(1)惯性定律:只要物体开始运动,就将继续以同一速度并沿着同一直线方向运动,直到遇到某种外来原因造成的阻碍或偏离为止。这里他强调了伽利略没有明确表述的惯性运动的直线性。

(2)加速度定律:主要分析加速度的原因,即运动体所受的外力(重力)。尽管笛卡儿对加速度的认识并不完善,但是将加速度的原因归结为力的作用而不是速度,突破了伽利略思想上的束缚,在牛顿第二定律的门口瞥了一眼。

(3)笛卡儿实现了几何学的代数化,并用代数方程去表示几何图形,而代数具有解决质量和运动问题所需的灵活性和普适性。

正是受到笛卡儿的启发,牛顿和莱布尼茨才想到用代数方程来描述一个几何点运动的规律,进一步用代数方程描述几何图形,从而发明微积分,实现近代数学上的革命。

开普勒是在数学理论应用方面卓有成就的学者,最突出的贡献是发现了行星运动三大定律,消除了以往人们对太阳的偏见,支持了哥白尼的学说,为牛顿万有引力定律的发现铺平了道路。

(1)行星的轨道是椭圆的,太阳居其焦点之一。

(2)在相等的时间内,行星与太阳的连线所扫过的面积相等。

（3）行星公转周期的平方与轨道半长轴的立方呈正比。

根据天文观察和数学计算，开普勒发现了行星运动三大定律；不久，这三大定律全部被后来的数学物理学家表达为相应的数学方程（这里暗示了自然规律可以用数学表达）。

开普勒还是微积分学的先驱者之一，他这样描述无穷大和无穷小的概念："圆是由无数个顶点在圆心的三角形构成，圆周是由这些三角形的无穷小底边构成。"

牛顿在前人的研究基础上，进一步提出了牛顿三大定律，从而开启了基于经典物理的近代科学之门。

（1）牛顿第一定律：如果物体处于静止或做匀速直线运动，那么只要没有外力作用，它就仍将保持静止状态或匀速直线运动状态。

（2）牛顿第二定律：速度的时间变化率（即加速度 a）与力 F 呈正比，与物体的质量呈反比，即 $a=F/m$ 或 $F=ma$。

（3）牛顿第三定律：两个物体的相互作用力总是大小相等而方向相反。

牛顿批判地继承了笛卡儿的思想，建立起了新的自然哲学。在自然的数量化和运动的机械化过程中，笛卡儿首先建立了独立的数量世界；牛顿将此自然观与物理学联系起来，在力学领域取得了巨大成就。

在开普勒行星运动三大定律的基础上，牛顿发现了万有引力定律，至此人类才算比较全面科学地了解了宇宙的结构及运动规律。

古希腊时期的自然哲学以天文学为先头学科，继而衍生出几何光学和静力学（包括流体静力学），这三门学科统一于数学的框架内，组成了古典物理科学，即"古典科学"。自然数学化运动把亚里士多德的自然哲学转变为数学化的新物理学，填平了古希腊物理学与数学之间的鸿沟。哥白尼革命实现了从封闭世界到无限宇宙的转变，伽利略和笛卡儿实现了空间的数学化，牛顿的绝对空间概念成为现代物理学的基础。

俄罗斯科学史家亚历山大·柯瓦雷（Alexandre Koyré）在《从封闭世界到无限宇宙》中认为，16、17 世纪的和谐整体宇宙学说的解体和宇宙空间几何化引发了一场思维框架和模式的革命。"和谐整体宇宙"是古希腊和中世纪奉扬的有限封闭、秩序井然的宇宙（Cosmos），直到 17 世纪逐步被取代，演变成为一个全新的宇宙观——均一而无限的宇宙（Universe）。

奔驰在数学的康庄大道

物理使用符号语言描述自然现象，其形式与数学完全一样。物理学家通过细致观察自然现象、详细记录实验数据、客观分析实验结果、探索数据之间可能存在的关系，最终抽象、提炼出数据之间的关联性。用符号、表达式、图形对某个具体的自然现象进行表达，是最简洁的方式。而符号语言的运用，无形之中将物理现象或者内在规律推向抽象的数学层面。用现在的语言来讲，这个过程就是建立数学模型（Mathematical Model）。

以现在人类对科学的认识水平，人们已经认识到，符号语言的重要性，它是将数学作为工具的前提，也是不同学科之间相互联系的桥梁。例如材料、化学、电学、光学等，符号语言使这些不同学科之间的交流得以畅通，从而使交叉学科的研究成为可能。

我们再回到本节讨论的主题上来，以万有引力定律来说明物理与数学结合后的巨大价值。

1687 年，牛顿在《自然哲学的数学原理》中提出了著名的"万有引力定律"：任何两个物体都是相互吸引的，引力（F）的大小与这两个物体的质量（M、m）呈正比，与它们之间距离（r）的平方呈反比，也就是：

$$F = G\frac{Mm}{r^2}$$

其中，常数 $G = 6.67 \times 10^{-11} \text{N} \cdot \text{m}^2/\text{kg}^2$。

牛顿对万有引力的实验研究过程，其实就是建立数学模型的过程。

因为地球是一个质量巨大的物体，所以当你扔一块石头出去时，地球和石头之间的万有引力就会吸引石头靠近地球，很快就落地了。被扔出的速度越快，石头落地距离也就越远，这是人们常识性的经验认知。想象一下，当扔出的速度无穷大时，这块石头是否就不会落到地面，飞出地球了？想想也觉得是这样的。

那么，是否存在一种恰当的速度，使得这块石头既不会落回地面、也不会飞出地球，而是绕着地球运动呢？这是一个大胆的猜想，让我们根据万有引力公式推导一下，看看是否存在这样的速度：

设地球质量为 M，石头质量为 m，石头绕行地球的半径为 r。

假设石头的线速度为 $v = \dfrac{l}{t} = \dfrac{2\pi r}{T} = 2\pi rf$

绕行地球的向心力为 $F = m\omega^2 r = m\left(\dfrac{2\pi}{T}\right)^2 r = m\dfrac{v^2}{r}$

由于万有引力提供向心力，因此有 $G\dfrac{Mm}{r^2} = m\dfrac{v^2}{r}$

计算得 $v = \sqrt{\dfrac{GM}{r}}$

理论推导表明，如果这块石头扔出去，在距离地球为 r 处的速度 v 满足上述公式，那么，这块石头就会绕着地球转动而不会掉下来、也不会飞出地球。

根据上述四条演绎推理，可以从万有引力（已知的自然现象）推导出一个从来没有发生过的事情（未知的结果）。也就是说，通过数学层面的演绎推理，可以由"已知的规律"推论出"未知的结论"，根据这个结论，我们可以预知一个新的物理现象。

数学层面的推导，犹如一种抽象的游戏，给它一些基本的已知知识、已知条件、已知参数，便可以通过各种演算，形成一个完全没见过的新结果甚至新知识，这就是数学的神奇之处。比如刚刚那个扔石头的设想，从假设性的奇思妙想开始，通过数学推导，可以计算出 $v = 7.9 \text{km/s}$ 这个数值。并且，只要已知的知识正确、推导过程无误，全新的知识就一定正确！

数学：连接着理念世界中的存在

数学犹如一个知识加工厂，"物理层面"的已知知识和已知参数通过"数学层面"的一系列演算、推导之后，出来的数学结果就是"物理层面"的一个耳目一新的结果。"物理-数学-物理"的过程中，在数学层面的逻辑推导甚至可以完全不用考虑物理的现实意义，你可以设定各种边界条件、假设条件、简化条件,最终总会得出一个数学层面的结果。然后,再回到物理层面,只要在物理意义上能够满足数学的逻辑推导过程中的每一个边界条件、假设条件、简化条件,这个数学逻辑所演绎出来的新结果,在物理层面上就一定可以实现!

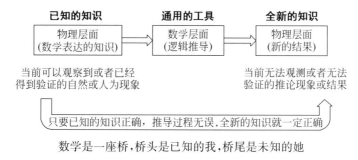

数学是一座桥,桥头是已知的我,桥尾是未知的她

也就是说,只要已知的知识正确、推导过程无误,全新的知识就一定正确。这就意味着,我们可以从当前已经观察到或者得到验证的自然或人为的现象中,推导出当前无法观测或者无法验证的推论现象或结果。

问题的关键是:数学的逻辑游戏,回到物理层面真的能够实现吗?

回答是肯定的!

前文中,我们推导的那个速度 $v=7.9\mathrm{km/s}$,就是第一宇宙速度,根据这个数学演算,人类实现了人造地球卫星的重大创举。现在,每天围绕着地球运转的人造卫星不计其数,带来了无数学科的巨大进步,例如天文、气象、通信、侦察、导航、测绘、环保、勘探等,由此可见,数学逻辑为自然科学赋予了惊天动地的力量,这个力量就是:

(1)根据已知的知识,可以推论出新的知识;或者说通过已知的自然规律,可以推论出我们所未知的自然规律。

(2)只要数学推导是正确的、描述物理现象的数学模型是正确的,在数学层面演绎的每一步,在自然界都会成为现实。

(3)数学层面上可以创造新的知识,再将新的知识映射回到物理层面,一定可以找到真实的物理存在。

(4)数学的符号语言可以作为自然科学的通用语言,能将不同的学科相互联系起来,纵贯连横人类所认知的全部知识,构建一个完整的体系。数学在不同学科之间的穿插飞越过程中,又可以不断创造更新的知识系统。

从上述意义上讲,数学之于自然科学的价值,用"如虎添翼"来形容,都显得词汇很苍白了!

第二篇

如虎添翼

3

第三章

神奇数学魔术　精彩傅氏变换

"傅氏变换"全称为"傅里叶变换"，这是一个具有典型代表意义的例子，纯数学的知识，却像魔术一样神奇。它可以告诉人们，数学武装后的自然哲学有多么强大。

为了加快阅读速度，你可以直接忽略书中的数学公式，只看过程中的阶段性结果，串在一起就能明白数学过程的意义；接下来的任务就是把数学的结论映射到物理层面，审视物理上发生了什么。其实，大部分科学研究的过程也就是按照这样的程序。

下面开始变换了。

一首数学的诗：傅里叶变换

任何一首诗，都可以由一定数量的恰当的词汇组合而成

傅里叶变换是一个纯数学问题，我会尽量介绍得简明易懂。

辩证唯物主义哲学家恩格斯将数学家傅里叶[①]与哲学家黑格尔[②]相提并论，"傅里叶是一首数学的诗，黑格尔是一首辩证法的诗"（恩格斯《自然辩证法》）。如果从柏拉图主义的角度来看，傅里叶变换这个数学工具将现实世界与理念世界的存在相互连接了起来。也就是说，虽然你已经知道某一个存在，但你并不知道这个存在背后所隐藏的另一些真实的存在到底是什么样子；现在，通过一个数学的工具——傅里叶变换，可以帮助你揭示出那个隐藏的存在。

在介绍傅里叶变换之前，请大家看看下面这幅图。左边是接收信号，杂乱无章，像是一种随机的、无规律的噪声。右边是实际信号，干净、有规律。这两个信号之间，看上去没有任何关系，即便有关系，至少我们肉眼看不出来。

接收信号　　　　　　　　　实际信号

傅里叶变换具有这样的能力，它能在杂乱无章的接收信号中发现隐藏的实际信号，并将它提取出来。

傅里叶变换的基本概念

我们来看看诗一般的傅里叶变换，到底是怎么一回事。

傅里叶变换是一个数学演算过程，感兴趣的话可以了解一下它的过程，也可以跳过以下的文字，直接看傅里叶变换的结论。

傅里叶说："任何连续周期信号都可以由一组适当的三角函数组合而成"，这句话看起来不好理解。我们不妨用硬币支付来类比，深入浅出地解释傅里叶变换。

如果给你所有面值的硬币（例如，1元、3元、5元、7元、9元、11元、……），并且硬币的数量足够多，你是否可以组合出任意数额的付款？当然没问题，并且都可以豪横地套用傅里叶的那句话："任何数额的付款可以由一组适当面值的硬币组合而成"。

---

① 傅里叶（Fourier，Jean Baptiste Joseph，1768—1830），法国数学家。
② 黑格尔（Georg Wilhelm Friedrich Hegel，1770—1831），德国哲学家。

傅里叶的意思就是这样："一组适当的三角函数"（$e^{jm\omega_0 t}$），可以"组合""任何连续周期信号"（$f(t)$）。怎么"组合"呢？相互加起来就行了。即

$$f(t) = \frac{1}{2\pi}\sum_{m=-\infty}^{+\infty} F(m)e^{jm\omega_0 t}$$

其中，$m\omega_0$ 表示的是三角函数的频率，$m = 0, \pm1, \pm2, \pm3, \pm4, \pm5, \cdots$。

当 $m\omega_0$ 很小（接近无穷小）时，上式的级数形式可以改写为积分形式：

$$f(t) = \frac{1}{2\pi}\int_{-\infty}^{+\infty} F(\omega)e^{j\omega t}\,\mathrm{d}\omega$$

我们用表格列举一个具体的实例，表明付款与信号组合之间的相似性。

连续周期信号	$f(t)$						
三角函数	$e^{j0\omega_0 t}$	$e^{j1\omega_0 t}$	$e^{j3\omega_0 t}$	$e^{j5\omega_0 t}$	$e^{j7\omega_0 t}$	$e^{j9\omega_0 t}$	$e^{j11\omega_0 t}$
$F(m)$	0	1	2	1	4	2	1

付款额度/元	33.00						
硬币面值/元	0.00	1.00	3.00	5.00	7.00	9.00	11.00
硬币个数/个	0	1	0	1	1	1	1

我们用付款额度类比连续周期信号，$F(m)$ 相当于硬币个数。既然用不同面值的硬币数量能够组合出某个付款额度，那么不同频率的三角函数也可以组合出某一连续周期信号。

现在的问题是，每一种频率的三角函数，取值多少，也就是 $F(\omega)$ 取多大？我们不可能用穷举法来慢慢地试吧。不着急，傅里叶给了计算方法：

$$F(\omega) = \int_{-\infty}^{+\infty} f(t)e^{-j\omega t}\,\mathrm{d}t$$

这个公式就称为傅里叶变换公式。

同样的原理，如果已知信号的频率信号 $F(\omega)$，也可以恢复出这个信号的时域信号 $f(t)$，这个过程称为傅里叶逆变换：

$$f(t) = \frac{1}{2\pi}\int_{-\infty}^{+\infty} F(\omega)e^{j\omega t}\,\mathrm{d}\omega$$

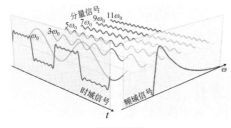

傅里叶变换

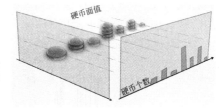

支付面额举例

从前面介绍的过程，我们知道了，任意一个连续周期信号，可以用不同频率的三角函数来组合：①每一个频率的三角函数（又称作"频率分量"）是否需要；②需要的强度是多少，这就是傅里叶变换的任务——求解不同频率分量的强度值 $F(\omega)$。换言之，通过傅里叶变

换,可以计算出一个连续周期信号的频率分量,而这才是傅里叶变换在物理层面上最有价值之所在。时域上的连续周期信号("时域信号"),它在频域上有多少频率分量,每一个频率分量("分量信号")的功率多大,都可以通过傅里叶变换得到,即频域信号。

同样地,也可以通过傅里叶反变换把频域信号变换为时域信号。

上述的两个公式只是简单的数学表达,傅里叶变换的推导过程要比其复杂得多。不过,其复杂过程不是我们关注的重点,只需要了解其本质就可以了。我们再通过一个实例来理解:

例如,有频率分量 1、频率分量 2、频率分量 3、频率分量 4、频率分量 5,它们的频率分别为 ω_1、ω_2、ω_3、ω_4、ω_5,功率分别为 2、1、2、4、1。这 5 个分量构成的时域信号为 $f(t)$。傅里叶变换之后,它的频域信号 $F(\omega)$ 就可以看出,有 5 个频率点,可以得到每个频率点的功率分别为 2、1、2、4、1。

请注意接下来的描述,这是一个结论性的表述(你只需要记住这个结论就可以了,前面的那些公式和解释可以忽略)。

通过傅里叶变换,由时域信号 $f(t)$ 可以得到频域信号 $F(\omega)$,在频域上可以观察出信号的频率特征;通过傅里叶反变换,由频域信号 $F(\omega)$ 可以恢复时域信号 $f(t)$。

傅里叶变换是一种纯数学的验算,它有什么用处呢? 我们可以通过几个应用实例来了解。

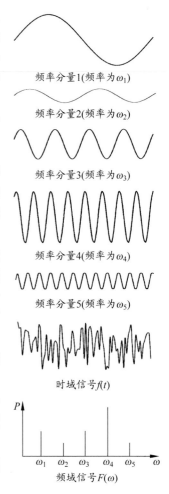

信号去噪

在无线通信领域中,干扰和噪声是不可避免的,因为信号的发射端与接收端可能有很长的距离,信号的强度随着通信距离的增加而逐渐减弱,同时噪声与干扰随着距离的增加而快速增大。你可以想象一下这样的场景,运动场上坐满了人,每个人都在贡献着自己的声音:聊天、打电话、背诵诗词、哼小曲、拍掌做游戏、打掼蛋赢了之后歇斯底里的欢笑等。可想而知,运动场是多么的嘈杂。现在你要和你的朋友讲话,如果他在你的身边,勉强可以相互听见对方的声音。现在,你的同学距离你远一点、再远一点……,你就完全听不到他的声音了,

接收信号 $f(t)$

更远一些当然更不行啦。我们的无线通信过程就是这样的处境，四周都是噪声，而可怜的信号就要穿越这些噪声，从发射端传给接收端。接收到的信号就是这副模样，一片噪声——"嗡嗡嗡"的声音。

而这些讨厌的噪声和干扰，从来不顾及别人的面子，永远自顾自地随心所欲。我们在通话呢，能不能安静一点？安静一点！安静一点啦！！

谁都不理你，你接收到的依旧是这样嘈杂的"嗡嗡嗡"的声音。

怎么办？

不着急，我把傅里叶介绍给你，他有办法。

傅里叶首先对这个接收信号做傅里叶变换，然后在频域上观察信号的特征。频域信号如图中的左图。我们看到的频域信号要有规律一些，有 5 个突出的峰，再加上一些小的波动。

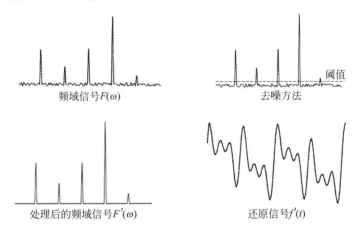

频域信号 $F(\omega)$　　　　　　去噪方法　阈值

处理后的频域信号 $F'(\omega)$　　　　　还原信号 $f'(t)$

其实，这 5 个位置的峰就是信号所在的位置，其他那些布满于整个频域的波动就是噪声。在频域上观察，不难发现，在任意的频率上，噪声的功率总是小于信号的功率。既然知道了噪声的性质，就可以找到"去噪方法"。例如，我们在频域上设置一个功率阈值，功率大于阈值的保留原信号功率，小于阈值的除掉这个功率（置 0）。这样，我们就得到了"处理后的频域信号 $F'(\omega)$"，这就干净多了。

接下来，使用傅里叶反变换，把频域信号 $F'(\omega)$ 再变换到时域上去，便得到了"还原信号 $f'(t)$"。这时的还原信号就是单纯的原始信号，噪声完全消除了。

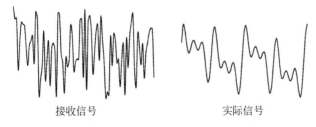

接收信号　　　　　　实际信号

再回到本节开篇的那个问题，这幅图的接收信号，杂乱无章；实际信号，干净、有规律。这两个信号之间，其实存在着相互的联系，但是，我们肉眼看不出来，通过傅里叶变换，我们知道了，实际信号上叠加了强大噪声，就成了杂乱无章的接收信号。这个实际信号犹如一只漂流瓶，漂浮在噪声的无垠大海上，我们把它从波涛之中寻找了出来，寻找它的那只小船就是"傅里叶号"。

同一首诗：可以抒发不同的情怀

"除却巫山不是云"不只是写景，也可以用来抒情或叙事

傅里叶的伟大之处不仅仅在于发现了傅里叶变换的数学方法，而且为科学研究提供了两条可行的道路，为人们研究自然哲学和数学指引了可行的方向。

（1）物理量可以在两个不同的域（维度空间）中观察，在某个维度空间它是无规则的，把它映射到另一个维度空间，它的特征表现或许是不一样的。

（2）如果把数学与自然现象紧密联系起来，可以在这种联系中发展数学。这就从自然科学的角度证明了柏拉图主义的哲学判断是合理的，即宇宙中的一切只有用数学描述才是精确的、本原的。

事实上，傅里叶开创的这两条科研道路，在后来的科学发展中都得到了验证，我们考察傅里叶之后的近现代科学中的新发现，例如麦克斯韦方程[1]、流体动力学理论[2]、相对论[3]、卡尔曼滤波[4]、盲信号分离[5]、压缩感知[6]、深度学习[7]等，这些数学工具，无一不是从数学的角度描述自然现象，并且有些直接就是数学家面向自然现象的研究成果，或者数学家与自然科学家相互合作的成就。尽管许多科学家或数学家不一定是有意识地按照傅里叶的道路行走的，但是，在同一条道路上走成功的人多了，就确认了这条道路是完全行得通的，而傅里叶是开拓这条道路的先锋。

我们还是围绕傅里叶变换再举两个更为直观的例子，看看数学之于物理的价值。

图像处理

首先我们看一幅图片，显然这是一幅很糟糕的图片，是隔着半透明网格拍摄的照片，网格将后方的场景遮挡得很严重，已经几乎不能观看了，只能隐隐约约地看出，后面是一个花园的场景。

---

① 麦克斯韦方程由麦克斯韦于 1865 年提出，是电磁学与经典电动力学中的开山之发现。

② 流体动力学理论于 19 世纪中叶到 20 世纪中叶逐步形成，包括斯托克斯定理、汤姆逊定理、亥姆霍兹定理等。

③ 相对论由爱因斯坦分别于 1905 年、1915 年提出，是关于时空和引力的基本理论，是量子力学的数学基础和两大支柱之一。

④ 卡尔曼滤波由卡尔曼（Rudolf E. Kalman，1930—2016）提出，1958—1964 年他在 Research Institute for Advanced Studies（RIAS）做数学研究期间取得了此项成果。

⑤ 盲信号分离由 Herault 和 Jutten 在 1985 年提出，是指从多个观测到的混合信号中分析出没有观测的原始信号。

⑥ 压缩感知由 E. Candes、T. Tao、D. Donoho 于 2006 年联合提出，引起学术界广泛关注，在信息论、图像处理、地球科学、光学、微波成像、模式识别、无线通信、大气、地质等领域均有应用，并被《美国科技评论》评为 2007 年度十大科技进展。

⑦ 深度学习是一种人工神经网络的机器学习概念，2006 年，Hinton 等提出受限玻耳兹曼机（RBM）网络权值及偏差的 CD-K 算法以后，RBM 就成为增加神经网络深度的有力工具，引发使用广泛的 DBN 等深度网络的出现。

让我们试试看,傅里叶变换能否做些什么。

我们分成三步走:

(1) 对原始信号(即带网格的图片)做傅里叶变换,分析变换域(频域)上的特性;

(2) 在变换域做适当处理;

(3) 做傅里叶反变换,将处理后的变换域信号逆变换回到原始域。

经过上述数学层面的三步操作,我们就得到了这样一幅图片,一幅花园的美丽画面展现在我们的面前。原先的网格消失了!

那么,这三步变换,到底发生了什么呢? 我们分步骤地分解来看一看。

透过网格拍摄的照片,场景被网格完全遮挡　　　　经过傅里叶变换处理后的图像

(1) 第一步,对原始信号(即带网格的图片)做傅里叶变换,就得到了图(a)的结果,分析变换域(频域)上的特性不难发现,图中存在 4 个明亮的小圆点,这 4 个很突兀的小亮点,就是原图像中网格在变换域的表现。

(2) 第二步,在变换域做适当处理。我们把这 4 个明亮的点,其灰度值设置为 0,这样成了图(b)的样子,原先 4 个亮点的位置就变成了 4 个小黑点。

(a) 原图片在频域的变换结果　　(b) 做适当处理后的频域结果

(3) 第三步,做傅里叶反变换。对图(b)的频域信号做逆变换,就可以得到一幅干净的图像,很完美地消除了网格引起的缺陷。

红外光谱分析

"红外光谱分析"这个概念的解释,首先要从光学的波长开始。

波长与光谱

我们依靠光线的照明才能看到这个世界。阳光是没有颜色的,我们称之为"白光"。红色的灯笼发出的光,是红色的;蓝色的灯珠发出的光,是蓝色的。不同颜色的光,可以用一个参数来定量地描述它,这个参数叫作"波长"。

彩虹包含无数的色彩,从紫色到红色

我们看到的阳光简称"可见光",阳光是由不同颜色的光组成的,或者说由不同波长的光组成,这些光的波长为 380~780nm。1mm＝1000000nm。780nm 大约是多长呢? 女性头发的直径为 60000~90000nm,也就是说,1 根头发的直径范围内,可以容纳大约 100 个波长(780nm)。

除了可见光之外,还有两种光是人类的眼睛看不见,但是它们是客观存在的:紫外光和红外光。紫外光的波长小于 380nm,红外光的波长大于 780nm。尽管人类的肉眼看不见它们,但是有仪器可以测量到,所以它们是真实存在的。

紫外(UV)	可见光		近红外(NIR)	红外(IR)	远红外(FIR)
200	380	780	2500	25000	200000

单位:nm

现在我们再来看看材料"光谱"是什么意思。

这幅向日葵的照片,阳光从它的背后投射过来,透过向日葵的花瓣之后,黄色的花瓣显得特别明亮,这是我们眼睛的生理视觉的映像。为什么我们看到的花瓣是黄色的呢?

从物理意义上讲,阳光穿过花瓣之后,只有黄色的光透过了花瓣,其他颜色的光全部被花瓣吸收了。所以,我们看到的花瓣是黄色的,不同颜色(波长)的光,透过花瓣时,花瓣对光的透过程度不同,我们可以用一条曲线表示。

首先设定一个坐标,纵坐标是透过率,横坐标是波长。可以看出,这条曲线在黄光的位置透过率特别高,我们称之为"峰"。

我们把这条曲线叫作"光谱曲线",它反映的是物质对于不同光波长的吸收程度。物体的光谱曲线,可以通过测量得到。如果需要测量的光谱曲线,其波长范围在红外光的波段,我们称之为"红外光谱"。

红外光谱分析

红外光谱分析由三部分构成:光学干涉仪、数据采集模块和数据处理系统,其中数据处理系统就是采用傅里叶变换的算法完成的。为了理解傅里叶变换在红外光谱分析中的作用,

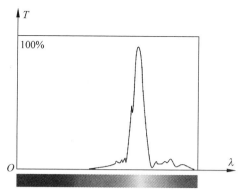

向日葵花瓣的可见光光谱曲线

需要对光学干涉仪、数据采集模块两部分做简单介绍。

　　干涉仪有两路，一路是测量干涉仪，另一路是基准干涉仪，两者之间共用一个振镜。在振镜的作用下，两路干涉仪分别输出两路光强随时间变化的信号，其中基准干涉仪的输出光强是标准的正弦波，测量干涉仪的输出光强与样品（被测量的材料）的光谱特性有关。

　　红外光经过测量干涉仪之后，光波的特性发生了变化，这个变化与红外光中不同波长的光有关系。如果我们设置一个参数"m 数"，并且，$m=\lambda_i/\lambda_0$，则红外光中波长为 λ_i 的光波分量，其调制频率 $\omega_i=m_i\times\omega_0$。利用振镜的调制作用，我们将红外光中的不同波长的光按照调制频率区分了出来。

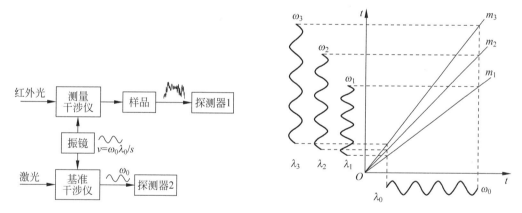

　　当这些调制后的红外光穿过样品时，样品对不同波长的光具有不同的透过率，但是，由于所有的波长的光混叠在一起了，所以我们还是无法看出样品的光谱特性。

　　接下来，就该傅里叶变换出场了——我们对透过样品的时域上的光进行傅里叶变换，就可以分解出每一波长下的能量值，从而获得样品的光谱曲线。

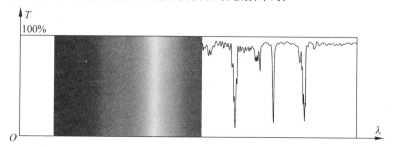

傅里叶：荒野中孤独斩棘的侠客

不愿放下那份执念，径自寻觅心中的倚天长剑，策马扬鞭、绝尘而去

　　他做过官，官至总督；当过兵，远征埃及；皈依教会，差点做了神父；研究学问，径自成了院士。他是教师、政治犯、秘密警察、埃及总督、行政长官、拿破仑的朋友、科学院的院士。

　　他成果卓著，热传导分析的研究工作改变了科学家思考这类问题的方式，成功开启了固体热传导的定量化研究方向。

　　他为人正直，对许多年轻的研究者给予无私的支持和真挚的鼓励，从而得到他们的忠诚爱戴，并成为他们的至交好友。

　　他为了梦想而努力，咬住目标而追求。

　　他坚信数学是解决实际问题的最卓越的工具，按照自己的理念坚持不懈，哪怕清贫一生。主张数学紧密联系一切自然现象，并在这种联系中发展数学。

　　傅里叶找到了内心的期待，为后人留下千古绝唱。

波 谲 云 诡

　　1830 年 5 月 16 日，法国巴黎的气温已经转暖。63 岁的傅里叶了然一身，在埃及工作期间落下的心脏动脉瘤越来越严重，时常胸闷、呼吸困难。12 天前病情恶化，他爬楼梯时，强烈的咳嗽致使他失足从楼梯摔下来。他的病情加重，全身发冷，无人照应。他关上所有的门窗，穿上厚厚的衣服，打开壁炉，慢慢地感觉舒服多了，壁炉的温暖通过空气辐射溢满整个房间，渐渐地周围暖和起来。

　　海上的迷雾在消散，渐渐地，光亮起来、透明起来。

　　7 月初的地中海南岸，气温转暖。一轮朝阳从新月沃地的西海岸升起，阳光穿过弥漫的晨雾、懒洋洋地洒在亚历山大港内成排的战舰上。

　　一望无际的地中海，昔日的繁华不再，随之消散而去的，是战争的硝烟。欧洲列强争夺的战场已经从环地中海转移至欧洲内陆和北欧地区，自新大陆发现、新航线建立以来，欧洲各国围绕着三角贸易通道和东方利益的争夺，开始进入白热化阶段。率先开展工业化革命的英国占尽先机，在全球范围内快速扩张、原始资本积累迅速膨胀。英吉利海峡，满载财富的舰队源源不断地从东方驶回英国。英国的黄金船队在法国西海岸来回穿梭，每天成吨的金银财宝不断从东方运回英国。海峡东岸的法国望着这一片繁荣景象，嫉从心中起，怒从胸中生。法国和英国，这对在 14 世纪爆发过百年战争的老冤家，围绕着殖民地的财富，展开了多次激烈的大战。英法两国的争夺，目标都集中在富饶的东方。

　　18 世纪中期，英法引爆了持续 7 年的战争，最终 10 个欧洲列强卷入其中。战争的结果是法国被迫在《巴黎和约》上签字，将加拿大割让给英国，并撤出整个印度，成就了英国的海外殖民霸主地位，开始了它的日不落帝国的传奇。

要想取得战略性突破，开辟更便捷的航道是最佳的选择方案，拿破仑正在实行的挺进埃及的行动，正是他的宏伟而绝密的计划——开凿苏伊士运河。

挺 进 埃 及

与英国海军驻扎地中海的霍雷肖·纳尔逊少将隐蔽周旋过后，拿破仑的近400艘舰船巧妙地从亚历山大港登陆，3.5万大军潮水般涌进埃及。接下来面对的是埃及的马穆鲁克的武装，一场场大型的杀戮即将展开，拿破仑胸有成竹。

"不仅仅是占领。这是一次'文化之旅'，我们的目的是彻底了解埃及，考察埃及的文化、熟悉埃及的风俗、理清埃及的生物、了解埃及的历史、挖掘埃及的资源。"拿破仑扫视着眼前的几位学者，并转向他的左侧，"还有一项重要的任务，贝尔蒂埃将军，你介绍一下。"

贝尔蒂埃[①]习惯性地揸了一下墨绿色军装的袖口，"你们的任务之一是测量河口地形，研究开凿运河的可能性。18世纪，科学家莱布尼茨提出开凿苏伊士运河的设想，总司令认为这是非常有战略价值的建议。运河连通地中海与红海，直抵东方。一旦成功，我们的远东航线将比英国缩短7000千米，伟大的法兰西帝国将摆脱英国对好望角航道的控制，获得远东的海上运输优势，牢牢掌握远东贸易的垄断权！"

"公元前1874年，埃及法老森乌赛特三世提出开凿苏伊士运河。3700年前啊！多么睿智而宏大的构想。埃及这个古老的国度，值得我们深挖它的文明。在座的各位学者，你们的任务很重。"拿破仑转身面向着一位30出头的金发小伙子，"蒙日教授，这是您推荐的小伙子，他叫什么名字？"

没等蒙日教授开口，小伙子紧张地站起来，扯开嗓子喊道："让·巴普蒂斯·约瑟夫·傅里叶，先生！"

"好，傅里叶，……，很好！"拿破仑若有所思，心中闪念，蒙日是自己的知己，他推荐的应当是不错的人选。他略带微笑地说，"加斯帕尔，你推荐的年轻人很精干啊！"

拿破仑站起身来，极目远眺，朝霞下远方的金字塔若隐若现，呈现出诱人的黄金般的色彩。"先生们，随我同行的是一支专家随军团，你们是165位学者和科学家的代表，要带领大家开展广泛的研究，速战速决。"拿破仑停顿了一下，抬头指向远方，提高了音量，"先生们，在金字塔的尖顶上，40个世纪正看着你们！"

1798年，法国大革命之后，拿破仑掌握军权，埃及成为法国挑战英国世界霸主地位的主要棋子。拿破仑率领远征军挺进埃及，随大军而行的有一支特殊的队伍——"埃及科学和艺术法国考察团"，傅里叶担任拿破仑的科学顾问，积极参加拿破仑的军事行动。

经过"金字塔之战"，埃及军队像韭菜一样被收割掉，守将穆拉德贝退往西奈半岛，拿破仑长驱直入，没有遇到任何反抗，于7月22日征服了埃及都城开罗，把司令部设置在穆拉德贝位于尼罗河河岸的行宫里。

在法国军队向埃及纵深推进的同时，考察团也在紧锣密鼓地开展各项工作。拿破仑命令设立埃及研究院，由著名科学家、法国科学院院士蒙日任院长，拿破仑自己任副院长。傅里叶担任研究院秘书，并从事许多外交活动。研究院分数学、物理、政治经济、文学艺术四个部，并附有设备先进的实验室和藏书众多的图书馆，还定期出版一份学术刊物。傅里叶在研

---

① 　贝尔蒂埃（路易斯·亚历山大·贝尔蒂埃，Louis Alexandre Berthier），法国元帅。

究院的职责是收集、整理所有的科学和艺术发现,同时继续从事自己感兴趣的数学研究。

在大军进驻开罗一周之前,一支小分队发现一块刻有工整文字的黑色石碑。石碑被送到开罗的埃及研究院,供科学家们研究分析。

"罗塞塔石碑? 这个命名好!"端坐在椅子上的克莱贝尔,头上缠着包扎,斜眼看着远处角落里静静矗立的残破石碑。一个月前,他在亚历山大港战役中头部受伤,脸色略显苍白,但是依旧显得那么威风凛凛。

"是的,据门努瓦指挥官报告,这是他们在罗塞塔的郊外挖出来的。"将近四个月时间的接触,傅里叶和几位军官已经混得很熟了,说话已不再那么拘谨和严肃。

"听说你参加过大革命? 还坐过牢?"克莱贝尔突然转移话题,其实,他今天来研究院找傅里叶,主要目的就是想了解一下傅里叶的过去。因为他已经知道,他将与傅里叶长期共事。

"是的,吉恩。93 年①,我参加了我们老家奥塞尔的革命委员会,主要负责地方事务。因为替一位受害者申辩而被捕入狱,被送到奥尔良监狱。"

"哦,93 年,我印象深刻。那一年美因茨防御战,我受伤被俘,获释后马索将军把我升为准将。"克莱贝尔表现得特别有兴致,继续着他们的闲聊,"你是怎么参加革命的?"

"说来话长了,将军。"傅里叶有些犹豫,试探着回答。

"没事,科学家的过去,我很感兴趣。"

"是这样的,吉恩。"傅里叶呷一口掺了柠檬的甘草水,8 月的开罗,酷暑难当,傅里叶喜欢这样的降暑饮品。

"80 年我进入欧塞尔的皇家军事学校学习,起初我对文学有着极大的兴趣。后来发现,我其实对数学特别感兴趣。86 年毕业的时候,我的老师有意让我留下工作,可是我更想成为炮兵或工程兵。"傅里叶说话间,脑海里浮现出当年读书时的场景,他收集蜡烛屁股的蜡油,积攒起来晚上点着学习数学,没日没夜地阅读,在 1 年的时间里,读完了裴蜀的六卷《数学教程》。

"参军也是很好的啊,而且,你的数学和文学才能在炮兵和工程兵中都能用得上。没想到你还有从军的经历,你的年龄不大啊?"

"没有。他们拒绝了我,因为我的家庭原因。我的父亲是一名裁缝。"想起此事,傅里叶还是有些愤愤不平,尽管已经过去 10 年了。

"真是岂有此理,我们的革命就是要打破人分三级的腐朽社会结构。人本来生而平等,何来地位贵贱之分。裁缝难道注定卑微,连儿女都无出头之日!"出身建筑师家庭的克莱贝尔倔强戆直,他切身体会过这种社会结构的无奈。"我和你一样,从慕尼黑军校毕业后,我加入奥地利军队,我发现我的平民出身很难在奥军中获得晋升,他们同样注重门阀。所以,83 年我从奥军中退役了。"

"是的,更不平等的事情还在后面,吉恩。"

克莱贝尔睁大眼睛,认真地聆听着。

"所以我很生气,第二年离开了学校,进了圣贝努伊特②修道院,准备在这里边工作边继

---

① 指"1793 年"。对话中的时间表述,均采用此格式。
② 圣贝努伊特(St. Benôit-sur-Loire),卢瓦尔河畔的圣贝努伊特修道院。

续数学研习。两年后,我离开修道院前往巴黎,希望到巴黎寻得更优越的环境继续我的研究。很巧的是,刚好皇家科学院有一篇关于代数公式的论文我特别感兴趣,我就找到科学院数理委员会,想留下来做科研。你知道他们怎么说吗? 吉恩。"

"应当会考察你吧?"

"不是,我和你一样都想错了。他们认为我出身卑微而拒绝了我。"

克莱贝尔完全没有想到,简直不可思议。"真是岂有此理,太令人气愤了,做学问也要讲究门阀! 这个可恶的等级社会,人性完全扭曲了!"

"那一年是 87 年吧,我索性到巴黎的一座修道院任职。两年后,即将被委任为神父的时候,大革命爆发了。我又离开修道院回到了我的母校,在那里谋了一个数学教师的职位。"

"你好像在回避大革命啊,让。"

"是的,吉恩。起初我只想有一个安静的环境做我的研究。可是,那时候的革命如火如荼,我难免不受到感染,也慢慢地对政治感起了兴趣。我开始梦想着从皇权和王权的管制中解放出来,因为显然我也是它的受害者。"

傅里叶抬头望了一眼窗外的景色,棕榈枝繁叶茂,在撒哈拉沙漠吹来的热风中,无精打采地轻轻摇动着宽大的叶子。傅里叶无奈地说,"出狱后,我又一次被捕入狱,差一点被处以极刑。"

"啊?!"

"93 年我出狱后,再次回到家乡继续教书。第二年 7 月再次被捕,宣判斩首!"

"无论是雅各宾派专政、还是吉伦特派统治,都是法国的恐怖统治时期,暴力镇压大革命力量。"克莱贝尔有点疑惑,但很快有所明白,"明白了,发生了热月政变,雅各宾派政府首脑罗伯斯庇尔被处死了,你也就安全了"。

"是的,年底我被释放。"傅里叶停顿了一会儿,接着问克莱贝尔:"说说你的故事吧,吉恩。"

"嗯,好啊。谢谢你介绍你的过去……哦,想起来了,我今天来是想告诉你,波拿巴总司令很器重你,他对你的工作很满意。而且,你我将要留在埃及,相互配合开展工作。你明白我的意思吗? 让。"

"哦,是吗,我明白,而且我也料到是你了。和你共事,是我的荣幸。"傅里叶长长地舒了口气,"吉恩,是这样,我计划在埃及建立一些教育机构,在数学、自然哲学、考古等方面加强人才培养,这对我们今后在埃及的社会工作有益。"

"是一个好主意,我们来谈谈未来的工作吧。"

荣 归 故 里

傅里叶和克莱贝尔都没有想到,在他们聊天的当天,1798 年 8 月 1 日,英国海军少将霍雷肖·纳尔逊带领英国舰队突然袭击尼罗河河口,几乎摧毁了法国的全部舰队,只有两只舰船冲进茫茫的地中海才侥幸逃生。

送走克莱贝尔之后,傅里叶还没有从回忆中回过神来,往日的故事在他的脑海中飞快地划过。

出狱之后的傅里叶进入巴黎师范学校的教师培训机构学习,虽为期甚短,傅里叶的数学才华却给人以深刻印象。接受培训期间,他学习了很多著名教授的课程,包括数学家、物理学家拉格朗日,数学家、物理学家拉普拉斯,数学家、化学家蒙日。

完成课程学习后,他留校任教,但不久到新成立的巴黎中央公共工程学院①工作,担任拉格朗日和蒙日的教学助理。这一年他还讽刺性地被当作罗伯斯庇尔的支持者而被捕,经同事营救获释。但不管怎么说,傅里叶总算有了理想的环境,可以安心地做学问。他要研究固体中的热传导问题,同时,几次入狱的傅里叶,对政治有了本能的敏感,他也密切关注着法国的政治局势变化。

1794年,法庭公开审判化学家、生物学家拉瓦锡,认为他犯有税务欺诈罪,判处极刑。很多人都无法接受这个结果,著名数学家拉格朗日痛心地说:"你们可以一眨眼就把他的头砍下来,但他那样的头脑一百年之内都不会再长出来。"然而,狂热的大多数人根本不在意少数人的理智,甚至有人公然喊出了"共和国不需要科学家"的狂言,这对傅里叶刺激很大。

傅里叶很佩服拉瓦锡为科学献身的大无畏精神。据说,拉瓦锡甚至在临终之前还要做最后一次实验,拉瓦锡的助手请求刽子手帮忙,砍下拉瓦锡的头颅之后,计数拉瓦锡的眼睛眨了几下。最终据刽子手所说,拉瓦锡不停地眨眼11次,由此证明人的头颅离开躯体之后还会有意识残留。

法国革命的浪潮给法国带来亢奋和混乱的同时,也极大地震撼了周围国家的政权,他们开始围剿法国,企图把共和国扼杀在摇篮里,至少将影响压缩在法国境内。浊浪滔天之时,力挽狂澜的政治明星应运而生,他就是拿破仑。1796年3月,督政府任命26岁的拿破仑为法兰西共和国意大利方面军总司令。拿破仑远征意大利,取得重大胜利,迫使对方签订了停战条约。拿破仑成为法兰西共和国的人民英雄,他的威信越来越高。

⋯⋯⋯⋯⋯⋯

转眼之间,1年过去了。

埃及的局势基本得到控制。尼罗河河口之战,法国海军丧失殆尽,与本土的联络中断。但是,登陆埃及的法国军队作战勇猛,屡战屡胜,从未失手。在埃及的各项工作有条不紊地推进,一切都很顺利。寻找古代列国开凿运河遗迹的工作也终于有了结果,发现了一条古运河的遗迹,这说明在地中海与红海之间开凿运河是可行的。

拿破仑信心大增,召集科学家和将军们在司令部开会,准备前往苏伊士地峡,实地勘察。

穆拉德贝行宫坐落在尼罗河西岸,被成片的大树包围,遮蔽得严严实实,现在是拿破仑的司令部。司令部东面的尼罗河,南起赤道、向北奔流,泥沙俱下地冲到地中海,连绵7000千米,是世界上最长的河流。碧蓝的湖面泛着微波,河岸边绿色灌木茂盛丛生,绿洲后方远处的沙丘连绵不断,裸露的金黄色土壤似乎在默默地告诉你6000多年的厚厚的文明记忆。

眼前的景色,让傅里叶百感交集。与故土迥异的非洲风情他已有所习惯,一年多来,在埃及的工作终于有了重大进展,令人欣慰。

傅里叶没有想到的是,他参加的这次会议,是拿破仑在埃及的最后一次会议。会议的气氛很凝重。

"各项工作都很好,你们不愧是法兰西的精英,请继续努力。接下来,克莱贝尔将军将为你们继续创造良好的工作环境。"拿破仑声音低沉,表情凝重地认真倾听着军政报告,这不该

---

① 随后更名为巴黎综合理工大学,École Polytechnique。

是面对重大好消息应有的神情。

拿破仑瞟了一眼桌面上的几份报纸，目光慢慢地扫视着每一位正襟危坐的军官，"就在刚刚，我得到最新版《法兰克福报》，一年多来，国内局势变化极大，不容乐观。"

"保王党人东山再起，内战一触即发；反法联盟再次纠集，蠢蠢欲动、屡屡犯我边境。更严重的是，意大利丢了，军队在莱茵地区一败再败！"拿破仑紧紧地握起拳头，"一群笨蛋！我的一切胜利果实都丢了！"

会议室瞬间沸腾起来，将军们咬牙切齿，专家们长吁短叹。傅里叶注意着拿破仑的一举一动，从来没有见过拿破仑如此愤怒。拿破仑放任着会议室的嘈杂，双眼仿佛烈焰喷发，随时能灼烧眼前的报纸。

拿破仑猛然抬头，低声而有力地命令，"贝尔蒂埃、冈托姆，两位将军随我来。其他人，散会！"

1799 年 8 月 22 日，拿破仑带领四五百名官兵，趁着夜色的掩护，登上护卫舰米隆号，贴着埃及北岸航行，然后看准时机转舵向北，急速驶向撒丁岛以南，避开英军的严密监控，秘密回国。

傅里叶随大部队留在埃及，继续不间断他的数学、物理方面的研究。同时，他积极收集整理埃及的各方面的资料，形成了著作初稿，其中包括插图、地图、学术文章以及详细的索引等。

1801 年，傅里叶回到法国，继续他在巴黎综合理工大学的教授职位。因拿破仑赏识他的行政才能，任命他为伊泽尔地区首府格勒诺布尔的行政长官。傅里叶虽然并不情愿，但又不敢拒绝。

1802 年，拿破仑授权大规模出版随军学者们收集到的关于埃及的资料和考察成果，于是，著名的《埃及记述》①问世。这是一部不朽的多卷巨著，包括傅里叶所整理的资料在内，傅里叶为这套丛书写了一篇关于古埃及文化的长长的序。该书出版后备受欢迎，在后拿破仑时代的波旁复辟王朝时期又发行了第二版。

功 成 名 就

傅里叶原本只是想做他的研究，安心地把他的热传导的学问做得扎实一些。但是命运总是这样的不可捉摸，他的人生行途之中，常常在不经意间的转弯处，突然就遇见了完全不同的生命画风。就这样，在学问的海洋里不断地与时代的大潮相遇，不得不暂停一切去驾驭政治的浪涌。宦海驰骋，傅里叶力有余而心不甘，他最大的兴趣还是追逐自己的学术理想，从政期间，傅里叶继续埃及学和热力学的研究。1804 年，他开始了热传导实验的研究。

1807 年年底，傅里叶在巴黎科学院发表论文《固体热的传播》，推导出著名的热传导方程，提出解函数可以由三角函数构成的级数形式表示，并推论任意函数都可以展开成三角函数的无穷级数，由此建立了傅里叶级数（即三角级数）、傅里叶分析等理论。从现代数学的眼光来看，傅里叶变换是一种特殊的积分变换，它能将满足一定条件的某个函数表示成正弦基函数的线性组合或者积分。在不同的研究领域，傅里叶变换具有多种不同的变体形式，如连续傅里叶变换和离散傅里叶变换。

傅里叶变换的基本思想首先由傅里叶提出，以其名字来命名以示纪念。他的贡献还有：

---

① 法语：Description de l'Égypte，又译《埃及志》。

最早使用定积分符号,改进了代数方程符号法则的证法和实根个数的判别法等。

1808 年,由于政绩卓著、声名远扬,傅里叶被拿破仑授予男爵称号。

1814 年,久经沙场的拿破仑被第六次反法同盟军战败,被迫签署退让诏书,放逐厄尔巴岛。波旁王朝复辟,对于傅里叶来说,法国政治形势一夜间翻天覆地,他被迫同拉普拉斯一道投靠路易十八。

1815 年,年近 50 岁的傅里叶辞去爵位和官职,返回巴黎以图全身心投入学术研究,用余生坚守自己最初的梦想。但是,世态炎凉,政治名声的落潮带来的困惑何止是失业和贫困,这时的傅里叶处于一生中最艰难的时期。

傅里叶昔日的同事和学生对他十分关心,为他奔走,最终谋得塞纳河统计局主管职位。这份职位的事情不多,但收入足以维持生计。生活有了保障,傅里叶得以继续从事他的学术研究。

1816 年,傅里叶被提名为法国科学院的成员,他的任职得到了拉普拉斯的支持,却受到泊松的反对。一波三折之后,傅里叶最终还是被选为法国科学院院士,其声誉随之迅速上升。

1822 年,他被选为科学院的终身秘书,这是极有权力的职位。同年,在他的代表作《热的分析理论》中解决了热在非均匀加热的固体中分布传播问题,成为分析学在物理中应用的最早例证之一,对 19 世纪的理论物理学的发展具有深远的影响。他用微分公式的形式描述二维物体中的热传导,这个成果成为后来的傅里叶级数的理论基础。

19 世纪 20 年代,傅里叶从事"温室效应"的研究,7 年后提出观点认为地球的大气就像保温层一样保持地球的热量。当年,他被选为法兰西学院院士,被英国皇家学会选为外籍会员。

1830 年,当选为瑞士皇家科学院外籍会员。

雁过留声

回想一生,学术生涯随着政治的波浪而起伏,时而掀上浪尖、时而跌到低谷。

傅里叶内心澎湃、兴奋异常。他又回到了他熟悉而又遥远的非洲,回到开罗的埃及研究院,置身于明亮的大厅中央。他年轻的时光和最精彩的青春在这里度过,在刀光剑影中寻求真理、在沙漠绿洲中探索远古。时光如此短暂而又精彩、生命如此跌宕而又绚丽。

傅里叶激动得甚至有些喘不过气来,他想呼吸、想呐喊。大厅的门窗猛然被风吹开,滚滚的热浪夹带着巴旦杏烤熟的香味扑面涌来。白日当空,炎热的阳光灼烧着傅里叶的皮肤,他紧闭双眼,期待着烈日对疾病的驱赶。周围一片通红,一生研究热传导的傅里叶,在热能的海洋中升腾、升腾,直达天际……

傅里叶,他的名字刻写在埃菲尔铁塔的东南角,铭记在世界科学的史籍中。

这一连串的姓名,让我们想起一位叫傅里叶的人。他一生为人正直,无私地支持和真挚地鼓励年轻人的成长:

奥斯特(Hans Christian Oersted),丹麦物理学家,电流磁效应的发现者。

狄利克雷(Dirichlet),德国数学家,解析数论的创始人之一。

阿贝尔(Niels Henrik Abel),挪威数学家,近代数学发展的先驱者。

斯图姆(Charles-Francois Sturm)，法国数学家，射影与几何光学建树卓著。

············

"树的方向由风决定，人的方向由自己决定。"傅里叶取得了非常巨大的成就，他提出的理论迄今还在助力着科技的发展。

这一连串的术语，以他的名字命名，以示纪念！每当我们用到它们，总是会想起有一位名叫傅里叶的人：

傅里叶变换(Fourier transform)；

傅里叶理论(Fourier's theorem)；

傅里叶-摩兹金消去法(Fourier-Motzkin elimination)；

傅里叶代数(Fourier algebra)；

傅里叶除法(Fourier division)；

傅里叶热传导定律(Fourier's law of heat conduction)；

傅里叶系数(Fourier number)；

傅里叶光学(Fourier optics)；

傅里叶变换光谱学(Fourier transform spectroscopy)。

（本节中傅里叶小传的内容，系以史料为基础的艺术化叙述）

第四章

争论千年不息　立体视觉之谜

以"色"为首,大千世界的信息75％以上通过视觉感知;而信息化时代,人类获取的外界信息,90％源自视觉。

立体视觉是人类与生俱来的生理功能。"它的机理是什么",这个问题伴随着人类自然哲学的萌芽如影随形到现代——到底是单目视觉还是双目视觉。

最终,数学解决了微观世界的观察问题,将人们的研究思路引向大脑的机制。立体视觉的准确认识,带动了诸多领域的发展,影响着我们的生活。

回顾立体视觉的发展历程,可以从一个侧面了解数学与物理结合的价值。

对立体视觉的初步认知

两只眼睛到底是感知立体世界不可缺少的，还是仅仅多一只备份

直观的认识——双眼视差

亚里士多德出身名门，成就卓著。说他出身名门，因为柏拉图是他的老师，苏格拉底是他的师祖；说他成就卓著，单单看他培养出了什么人（亚历山大是他的学生），就可以了。亚里士多德是一位百科全书式的学者，他观测自然、记录自然、思考自然，几乎对每个学科都感兴趣。

光是人类观察世界的基本外部因素，亚里士多德认为白色是最纯的光，我们所见到的各种颜色的光是因为某种原因而发生变化的光，是不纯净的，直到 17 世纪人们都对这一结论坚信不疑。牛顿通过三棱镜折射实验，把白光分解成了赤、橙、黄、绿、青、蓝、紫等多种颜色，改变了人们对光的认识：白光是由这七种颜色的光组成的，彩色的等光可能是纯净的。

通过对天空的观察，亚里士多德提出一个概念——"视差"（parallex），也就是不同远近的物体，当观看角度不同时，它们的相互位置会发生变化。基于这种相对位置的变换，可以观测星空，了解星星的空间相互位置关系。1577 年，第谷利用恒星视差（stellar parallax）概念，测量出了一颗彗星相对地球的距离，并断定这颗彗星已穿过遥远的行星所环绕的太空，它不是地球大气层的一种现象（因为当时普遍这样认为）。不过，因为星体实在是太远，视差也实在是太小了，所以，第谷的测量方法并不准确。在望远镜没有发明之前，他利用这种方法实现了在当时而言最为精确的天体观测；他的观测为后来的研究者（例如开普勒）提供了关于行星运动的至关重要的数据，从而推动了日心学说的诞生。

让我们做一个简单的实验，了解什么是视差：

向前伸直你的右臂，竖起拇指。闭上左眼、睁开右眼，注意你的拇指与远处物体之间的位置（最好让拇指与远处某个物体重叠）；再闭上右眼、睁开左眼，注意你的拇指与远处物体之间的位置（拇指与远处某个物体一定不再重叠）。左右眼睛观看到的图像不一样，是因为双眼处在不同的位置，拇指与远处物体有距离。物体的距离不同、观看的角度不同，就形成了"视差"。物体远近分布不同的世界，就是"**立体世界**"，你能够观看到立体世界的感觉就称作"**立体视觉**"。

人的双眼与生俱来地处于不同的位置，相互之间有 60～65mm 的间距，双眼从不同的位置观看世界，给大脑提供带有"视差"的影像。那么问题来了，双眼获得的带有视差的图像，对于人类视觉有没有意义？人们观察立体世界，为什么需要双眼？一只眼睛看到的世界与双眼有什么不同吗？直至今日，依然有人认为单眼具有立体视觉，甚至包括一些视觉研究者。

第一种观点，称之为"单眼体视"观：直觉告诉我们，单眼看到的世界也是立体的，通过

一只眼睛同样可以分辨出物体的远近(即"空间形态")。所以,"单眼体视"观认为,对于观看立体世界而言,双眼获得的视差图像没有意义,因为单眼也有立体视觉。

另一种观点,称之为"双眼体视"观:认为人的立体视觉是通过双眼获得的,单眼没有立体视差、无法判断空间形态。

这两种观点,就是双眼立体视觉和单眼立体视觉之争,两千多年来一直在争论,没有停歇。

但是,科学发现的天平,渐渐地倾斜于"双眼体视"观;而人的直觉始终支持自己——单眼可以判断立体形态。

归纳分析——单眼深度线索

研究者认为,单眼能够感知空间形态,主要是一种经验的积累。对空间形态关系的判断,是人类视觉学习过程中形成的先验知识。根据单眼视觉的特点,研究者归纳总结出了六种单眼深度线索(depth cue),分别是:

成像大小(relative size);

线性透视(linear perspective);

位置遮挡(interposition);

光照和阴影(light and shade);

纹理梯度(texture gradient);

空间透视(aerial perspective)。

宋代张择端的《清明上河图》是采用"散点透视"构图的巨幅长卷,画卷把古代汴京东郊以虹桥为中心的城郭、街市、树木、桥梁、人物、船只等丰富内容的立体场面,利用单眼深度视觉原理——表现在一幅平面图画上。这幅画是单眼看到的典型景象,包含了单眼深度暗示的所有类别的线索。例如,远近不同的人、树木、建筑物等,它们的尺寸总是近处大于远处,这就是相对尺寸的单眼深度线索。

清明上河图:单眼深度线索例图

1. 成像大小

这是基于对已知物体大小认知的深度暗示。同一尺寸的物体近大远小,这是眼睛成像的物理层面的结果,视网膜上像的大小与物体的大小呈正比,与物体的距离呈反比。图中尺

寸等于 h 的物体,在不同的距离上,相对于眼睛的张角不同,近物张角 α_2 大于远物张角 α_1,张角大的物体在视网膜上所成的像较大。这种物理层面的成像结果得到人们在视觉认识上的认知,并慢慢形成一种对物体远近判断的知识。例如《清明上河图》中左下角近处的人和右上角远处树林的树干几乎有相同的高度,但我们由常识可知,人比那些树矮得多,基于这种认识我们可以判断树比人远。

2. 线性透视

线性透视原本是绘画艺术中的概念,它是把立体三维空间的形象表现在二维画面上的绘画方法。但人们在日常生活中同样能感知线性透视现象的存在,例如图中相同宽度的高速公路路面、相同高度的路边护栏和相同高度的高速铁路支架,由近及远,人们会看到它们逐渐汇聚于一个焦点。这种现象早已被人类发现,并在中外绘画作品中得到应用。

成像大小

线性透视
(青银高速陕西段照片)

线性透视仍然是物理层面的概念,它是视网膜成像大小的物理现象的延伸,体现的是物体之间的远近关系,这便是基于线性透视的深度暗示。

3. 位置遮挡

自然场景中,物体的相互遮挡,是人眼判断物体相互之间前后位置关系的因素之一,被遮挡的物体一定要比遮挡物远。图(a)中的树木遮挡了小楼,人们自然就可以判断出小楼远于前方的树木。这种前后关系靠的是位置遮挡做出的判断,试想,如果位置遮挡线索消失,如图(b)所示,那么,小楼与树木之间前后位置关系也就无法判断。

(a) 常规照明条件下的场景

(b) 逆光照明条件下的场景

位置遮挡(山西平遥古城)

4. 光照和阴影

光照和阴影是一种与照明有关的深度线索,它分亮度和阴影两方面。同样光照度下的物体,距离近,看起来显得明亮清晰;距离远,就显得灰暗。图中(光照与阴影)如果光源来自图片上端,那么,图中的上半部分为一些凸出的鼓包,下半部分则是一些凹陷的小坑,在同样光照条件(照明亮度、光源位置等)下,不同的物体的光照表现是不同的。光照和阴影可以使人们看出场景的层次感,在图中(图纹理梯度),近处的沙丘要比远处的沙丘明亮、清晰一些,而阴影则提示沙丘群的高低起伏和远近分布。

亮度随物体远近变化的另一种情况是颜色变化,同样色彩的物体在同样照明条件下,远处的物体其色彩偏向于暗淡,而近处的物体其色彩则鲜艳明快。

5. 纹理梯度

同样形状、尺寸和分布的纹理在近处清晰可见、远处相对模糊,这种深度暗示线索叫作纹理梯度。所谓"远人无目,远水无波,远山无皴"[①],说的就是这个意思。图中,近处沙丘的沙波纹纹理清晰,而随着沙丘远去,沙丘波纹渐渐致密、模糊,甚至无法区分。

光照和阴影   纹理梯度(宁夏沙坡头)

6. 空间透视

近处的物体色彩趋于本色,远处的物体色彩会趋于蓝色调。很远处的物体,比如远处的山峰,看起来很模糊,而且偏蓝。这是光线在大气中传播散射的结果。基于这一经验认识,也可用于判断物体的远近。图中(空间透视),同样的青山,近、远一目了然。

单眼深度暗示很多都是基于经验的,是一种纯粹的心理学问题,人类需要根据生活经验形成视网膜图像大小和实际物体远近的关系,所以一定程度上是大致的深度估计。这些单眼深度暗示的作用距离各不相同,利用眼睛的调焦来判断物体远近的作用距离最近,其他的六种基于图片信息的深度判断手段,作用距离可延伸至无穷远。

单眼深度暗示在绘画作品中是常用来表达深度的技巧,很早就为人类所认知。早在旧石器时代,古人类的洞穴绘画中就已经有了单眼深度暗示的表现,利用遮挡和透视来表现前

①   清代王士禛《香祖笔记》。

空间透视

（黄河壶口陕西侧照片）

Chauvet洞穴画(迄今30000年)　　　Lascaux洞穴画(迄今15000年)

旧石器时代的洞穴壁画

后深度的不同；中国古代的魏晋南北朝(3 世纪)、西方文艺复兴时期(14—16 世纪)的绘画作品中不难看出这些技巧的成熟运用。在绘画艺术的早期，大多数画家的目标是创造出与现实情形相逼近的可信画面。如何在二维的画布上重铸三维的现实世界，是艺术家们的首要任务。

莫高窟壁画　　　　　　　顾恺之(348—409)的洛神赋图

埃及冥神奥西里斯与法老王　　　　　　乌切罗作品

中外古代绘画作品

突破直观信念

人们总是习惯于凭直觉看问题，改变观念是漫长而艰难的

立体镜的发明：只是为了证明自己

有两位相同时期的科学家，他们在探究人眼的立体视觉机制的过程中，不约而同地想到要制作一种实验装置，以证明单眼和双眼观看图像的差异。惠斯通[1]和布儒斯特[2]先后发表文章，讨论人眼的立体视觉问题；同时，他们设计了一种立体视觉光学装置，即"立体镜"（stereoscope）。他们关于单眼视觉与双眼视觉机制的分析并没有引起很大的反响，不过，立体镜倒是引起了公众的注意。

1838 年，惠斯通发明的立体镜的结构不是太复杂，但的确很巧妙，他用一对夹角 90° 的反光镜 A′ 和 A 将双眼的视域分开，分别引导到左右两侧。左右两侧有两块立板 E′ 和 E，分别放置一对立体照片。所谓的立体照片是指照相机从两个不同的位置对同一个场景拍摄两张图片，相对处于左侧的相机拍摄的图片叫作"左图像"，相对处于右侧的相机拍摄的图片叫作"右图像"。

在立体镜中，左图像置于立板 E′ 上，右图像置于立板 E 上。当观看者的眼睛接近 90° 反光镜观看时，左眼和右眼分别通过反射镜 A′ 和 A，各自独立地观看到 E′ 和 E 平面上的图片。这样的光路设计，实现了左眼只能看到左图像、右眼只能看到右图像。这时看到的图像就是立体的。惠斯通立体镜的巧妙之处在于，左右立板的距离可以随意拉大，使得眼睛与立体图片的距离大于人眼的明视距离（300mm）。这种结构的优点在于，立体图片的尺寸不受瞳孔间距的限制，因此，图片尺寸可以做得足够大，视觉效果更精美。

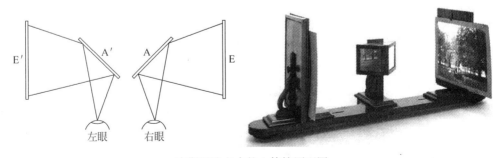

惠斯通论文中的立体镜原理图

---

① 惠斯通（Charles Wheatstone，1802—1875），英国物理学家。

② 布儒斯特（David Brewster，1781—1868），英国光学家，爱丁堡大学教授、校长。

　　惠斯通当年制作立体镜,主要是为了证明人的双眼视觉与单眼视觉是不一样的。在制作出立体镜之前,他的研究结果认为,双眼观看的立体图像与单眼观看的图像是不同的,单眼没有立体视觉。惠斯通为此申请在英国皇家科学院演讲,介绍他的研究成果。但是,他的论文在讲述一半时,就被台下的科学泰斗们轰了下来。因为,在他们看来,这位 37 岁年轻人的观点太荒唐,简直是在胡说八道,玷污了神圣的学术讲台。

　　惠斯通并没有气馁,他苦苦思考该如何演讲才会得到人们的信服。经过努力,他再次申请在英国皇家科学院演讲,并获得了批准。这次,惠斯通做了一套演示装置,就是前文介绍的立体镜。这个实验装置放在讲坛入口处,请每位进场的人观看。透过立体镜,人们看到的立体图像的确具有极强的震撼力,因为以前从来没有看过这样的立体图像。

　　这一次演讲,惠斯通大获成功。

　　1844 年,布儒斯特在惠斯通立体镜的基础上设计了新的立体镜结构,对光路做了进一步改进,构成一种简单方便的立体镜。布儒斯特的立体镜的左右图片相对并行排列(即“边到边”排列格式,side-by-side)。

　　布儒斯特立体镜的结构巧妙之处在于,用两只偏心的透镜作为放大镜,这样的光学元件既有放大的作用,又有光学偏折的作用,从而解决了小尺寸情况下如何观看到大幅立体图像的问题,结构变得小巧又实用。

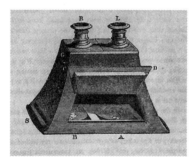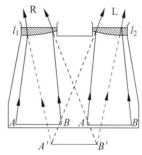

布儒斯特立体镜

　　布儒斯特在英国伦敦和伯明翰都没有能够说服眼镜商来加工生产他的立体镜,也没有能说服拍摄立体照片的摄影师,所以他回到了法国,1850 年访问巴黎,在艾伯·穆瓦尼奥[①]的帮助下,结识了巴黎眼镜商弗兰考斯·索雷尔(François Soleil)和帮他打理眼镜生意的女婿朱尔斯(Jules Duboscq)。经过交流,双方一拍即合,朱尔斯当即决定生产布儒斯特设计的立体镜,在巴黎生产和销售各种样式的立体镜,木质外壳打造得精美豪华、外形设计得科技感十足。双眼透过成像质量良好的一对目镜,可以看到大幅面的立体图像,画面中的人物栩栩如生。用这种立体镜观看的图像立体效果,要比现在流行的 VR 头盔(虚拟现实头盔或虚拟现实眼镜)观看到的图像立体效果更加具有视觉冲击力。1851 年,在伦敦万国博览会上,维多利亚女王对立体镜很感兴趣。那个年代,立体镜风靡欧洲,在贵族家庭的客厅,摆放一款精美的立体镜供客人观赏。客人进屋可能首先瞄一瞄主人家的立体镜在哪里,内心隐隐期待观看到一些新颖的立体画。就像现在的客人到你家做客,首先问你家 Wi-Fi 密码是

　　① 艾伯·穆瓦尼奥(Abbe Moigno,1804—1884),法国数学家、物理学家,柯西的学生,19 世纪中叶,提出不定式的数学概念。

多少，一样一样的，因为要刷抖音，省流量啊。

随机点立体图

立体镜的发明已经让人们认识到双眼视觉与单眼视觉是完全不同的，双眼与单眼的区别就是：双眼可以获得视差信息，单眼无法获得视差信息。但是，单眼是否具有立体视觉的疑问一直以来被一代又一代的研究者提起，特别是心理学界流行的观点认为，立体视觉离不开单眼对深度的识别。因为，不能排除这样的假设，即双眼观看立体图像时，单眼的深度线索在发挥着什么样的作用。或者说，除非双眼观看到的是没有单眼深度线索的图像；否则，心理作用的因素无法排除，也就无法证伪。

精美的立体镜

朱尔斯[1]在贝尔（Bell）实验室任职时，该实验室的立体电视的研究已经进行了很多年，开始转向从事立体航测数据处理的研究。朱尔斯处理的航测影像其实就是成对的航拍立体图片，使用立体镜，左右眼分别观看这对航拍图片，就可以观看到地面的立体影像。他注意到从立体图像中很容易发现伪装目标，由此他进一步思考这样一个问题：立体图像所产生的效果，到底是心理学的单眼立体线索的原因，还是双眼立体视觉的原因呢？朱尔斯用计算机设计了有视差的随机点立体图对[2]，如图所示。这是一对结构几乎完全相同的黑白随机点图，只是局部区域在水平方向上做了相对的平移，单独一张图片不能得到任何深度知觉的印象。这两张随机点图的中央部分有一个方块区域，如图（c）、（d）所示四个小直角勾勒出来的部分，这个随机点区块相对地左右移动了一定的距离，除此之外，图片的其余部分完全相同。依靠单眼视觉是无法觉察这种差异的。

在立体镜下观看，左右眼分别看图（c）和图（d），就可以形成交叉视差的立体图像。观看者两只眼睛分别观看对应的一张随机点图，当图像融合后，便会看到图像中有一个方形平面从背景中浮现出来。

这个方形平面的浮现就是立体图像或立体视觉，产生立体图像的唯一条件是左右图像

---

① 朱尔斯（Bela Julesz，1928—2003），匈牙利籍，美国计算机工程师。

② 随机点立体图对（Random Dot Stereogram，RDS）。

之间的方形平面存在着视差。在没有任何单眼深度线索暗示的条件下，人眼视觉系统仍然可以从随机点立体图中观看到立体图像。因此，可以认为视差是产生立体视觉的充分条件，从而证明深度感知的神经机制发生在对形状感知之前。这一现象说明了一个问题，那就是人眼立体视觉是双眼的共同作用，而不是人的心理作用引起的单眼立体视觉。

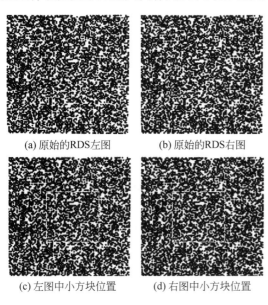

(a) 原始的RDS左图　　　(b) 原始的RDS右图

(c) 左图中小方块位置　　　(d) 右图中小方块位置

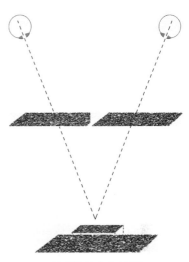

观看随机点立体图

1964年，37岁的朱尔斯将研究成果撰写成一篇文章，投稿到《美国光学学会会刊》，被审稿人奥格尔拒稿了，因为奥格尔的研究结论认为，立体视觉是双眼立体与单眼共同作用的结果，即生理与心理的共同作用。幸运的是，朱尔斯得到了贝尔实验室的支持，他的论文在实验室的杂志上发表。这一研究成果的问世，震惊了学术界，改变了人们对立体视觉理论的认识，至少为立体视觉的研究开辟了一条新的路线。他的研究工作最终整理成一本著作出版。

随机点立体图后来成为检查人眼立体视觉功能的一种有效方法，在军事、医学等专业应用领域发挥着极大的作用。例如，航空母舰的战机飞行员，必须具有良好的立体视觉，才能够成功地从空中降落到不停晃动的航母甲板上。没有立体视觉或者立体视弱的人，是不能够成为飞行员的，至少不能成为一名合格的舰载机飞行员。因此，美军等各国军队均将基于随机点立体图的立体视觉检查方法，用于招收飞行员的视力测试与筛选。

随机点立体图很快被中国科学院生物物理所的郑竺英研究员引入中国，她与海军总医院的眼科医生颜少明合作，于1985年出版了我国第一本《立体视觉检查图》，形成了中国独特的"颜氏标准"。二十年之后，颜教授和他的团队核心成员曹向群博士，与南京大学王元庆教授（中国最早从事裸眼立体显示技术研究者）合作，共同开展数字化立体视觉检查技术的研究，成功研制了数字立体视觉定量检查系统。

数字立体视觉定量检查系统

数字立体视觉定量检查系统通过光学成像、自动控制、人工智能多学科技术相结合，形成了一种独特的立体图像显示方案，观看者无须佩戴任何辅助工具，肉眼就可以在屏幕上直接观看到超高清的立体检测图案，并具有实时随机生成测试图像、数据记录与分析的功能。

系统经过眼科临床应用，并连续多年应用于某特种飞行员的综合视力评测，取得了良好的成效，引起了国内外相关领域的关注。

一场集体穿越的聚会：逼近真理

科学的真理就在那里，扫清了外围的误区就是对真理的逼近

单眼还是双眼，立体视觉是这么的简单，也是这么的复杂。谓之简单，是因为与生俱来的视觉感觉人人皆知，这种自然现象就在身边，无须科学家特意去揭示。谓之复杂，是因为两只眼睛的存在迷惑了追求问题本质的科学家。

立体镜和随机点立体图，这两种技术组合在一起，得出了一个结论，单眼看画面和双眼看画面是不同的。那么，为什么不同？物理学家从光学成像的角度分析，认为双眼从不同的位置观看，画面是有差异的，这种差异称为视差(parallax)。因为左右眼看到的画面不同，所以有立体视觉；但是，这种解释并没有触及视觉的本质。实际上，人的视觉系统包括眼睛和大脑视皮层，两者相互配合才形成视觉，立体视觉也不例外。仅从双眼和单眼的角度考虑显然是不够全面的。

立体视觉(stereopsis)，难道只有亚里士多德、惠斯通和布儒斯特对它感兴趣吗？当然不是，如此神秘的、有争议的话题，吸引了物理学、生理学、心理学等"各路诸侯"的浓厚兴趣，我们熟悉的和不熟悉的人物都要讲两句，这是必须的！

1871年，一场"学术研讨会"开始了，与会人员的出生时间跨越将近2200年。以下是会议记录。

欧几里得[①]：我们知道，一切实物都可以几何化。我的观点是，人眼内部会向外发光，光线投射到物体表面，视觉也就被限制在光线所形成的立体锥内。我们可以从空间光的几何学来解释人眼的知觉，大角度的物体知觉也较大，这是几何学可以计算出来的。大家都见过黑夜中的猫咪吗，那小眼睛亮闪闪的，不就是眼睛向外发光嘛。我把这个理论叫作"外射说"。

---

① 欧几里得(公元前330—前275)；托勒密(90—168)；盖伦(Galen，129—216)，解剖学家；海赛姆(Alhazen，965—1040)，阿拉伯物理学家、数学家；达·芬奇(Leonardoda Vinci，1452—1519)，发明家、画家；唐伯虎(1470—1523)，中国明代著名书画家；波尔塔(Porta Giambattista della，1535—1615)，意大利光学研究者；开普勒(1571—1630)；沙伊儿(Christoph Scheiner，1575—1650)，德国物理学家；笛卡儿(1596—1650)；奥尔良(Cherubin d'Orleans，1613—1697)，1671年设计了体视显微镜；莱克莱雷(LeClere，生卒年不详)，透视绘画教师；牛顿(1643—1727)；亥姆霍兹(1821—1894)。

接下来,我们按照出生的时间顺序发言,请大家尽可能简短一些。

托勒密:我距离欧老先生最近,就恭敬不如从命了。欧老先生刚刚给我们定了个基调。嗯……我做过实验研究,我的结论支持欧老先生的观点。而且我发现,人的双眼具有交叉和非交叉视差的差别。我认为,视觉是一种客观的现象,大家都见过地平线的太阳和月亮比空中的大吧,那是因为光线折射的原因。

盖伦:我对眼睛做了详细的解剖,系统分析了眼睛的结构,可以把眼睛想象成中国的铃铛的形状,神经束就像铃铛上的红绳子。更有意思的是,两只眼睛各自的神经束,分别按照一定的通道各自达到大脑;并且,进入大脑之前,两眼的神经束有一处发生交叉。影像进入大脑前,左右眼互相交换了什么?

海赛姆:视觉不是眼睛的过程,而是发生在大脑中的过程。视觉和知觉一样是主观的,物体上反射的光线直射进入人的眼睛,然后就到了大脑。视觉科学研究一直是心理学的范畴,大家看看这两张图,是不是感觉图片在动呢?实际上,图片没有动。什么原因呢,我认为是人的心理作用引起的。例如,地平线的太阳和月球比空中的大,是因为心理作用,立体视觉也是。(瞟了一眼托勒密,结束发言)

形成视觉幻觉的图像

达·芬奇:(放下手中的画笔,他好像正在画一个带有翅膀的东西)我的实验结果表明,视场中只有中央区域是清晰明确的,离开这个区域,人眼看到的只是大概的轮廓,所以双眼观看物体时,需要眼睛相对移动。单眼具有立体线索(depth cue)这一点,对于画家而言不是什么新鲜事,我估计 14 世纪艺术家们就总结出这些知识了,并用于绘画之中。

唐伯虎:单眼立体线索是绘画的基本技巧,10 世纪,中国的五代十国时期,艺术家们就谙熟此道。这是五代时期的北宋画家李唐的作品,这幅山水画的透视、纹理、尺寸等深度线索一目了然。另外,在"透视"技巧方面,中国画常用散点透视法,又称"移步换影",利用多视点的散点透视法,绘制大型宽幅长卷。

达·芬奇:我们只知道"焦点透视",一幅作品只能有一个固定的焦点。伟大的东方古国,是欧洲文艺复兴时期敬仰和学习的榜样,作品幅宽有多长?

唐伯虎:最长的是 16 世纪中期明代《汉宫春晓图》,宽 0.37 米,长 20.4 米。

达·芬奇:中国人什么时候掌握这种技巧的?

唐伯虎:4 世纪,中国东晋画家顾恺之的《洛神赋图》,宽 2.7 米、长 5.7 米,画面飘逸浪漫、诗意盎然,是诗歌与绘画的统一。

五代李唐的山水画

达·芬奇：真是太神奇了！那么，中国……

欧几里得：（敲一敲桌面，咳咳）两位艺术家，你们的这个话题可以私聊，我们接着开会。后面的专家接着讲。

波尔塔：各位专家，我的观点是一山难容二虎，两只眼睛相互之间不会和平共处，它们是相互竞争的。我向很多画家、透视学教师做过调研，大家都有一个一致的结果，每只眼分别看比双眼同时看更清楚，所以，双眼睁开的情况下，任何时候只有一只眼睛在工作。

开普勒：1611年，我曾经提出一个观点，物体发出的光通过眼睛的玻璃体投射在视网膜上形成倒像，玻璃体对光线有折射作用。学术讲究自由嘛，欧老先生，我的观点和您的"外射说"正好相反，不是眼睛向外发光，而是外面的光线进入眼睛，我把我的观点称作"射入说"。

（会场一片哗然，大家议论纷纷）

欧几里得：大家安静，我们讲究学术自由，科学研究的观点有冲突是很正常的。

托勒密：开普勒先生，你的假设，需要证据支撑。

沙伊儿：开普勒说的是对的。1625年，我做过实验，把牛的眼球摘出来，切除巩膜和脉络膜，在视网膜上可以看见倒置的景物。这说明玻璃体的确把光学折射后投影到了视网膜上。我支持开兄的"射入说"。

（再次一片哗然）

笛卡儿：既然两眼神经束在达到大脑之前相互发生了交叉，那么可以假设双眼的信息应当是相互融合的，不会是相互竞争的。

莱克莱雷：（举手）我能发言吗？

奥尔良：（举手，迫不及待）我能发言吗？……我说啦！我设计了世界首台体视显微镜，左右眼可以同时看到显微图像，但是，我发现两只眼睛看反而不舒服、不自然，不过，我认为双眼视觉还是优于单眼视觉的。

莱克莱雷：我反对，不同意奥尔良和笛卡儿他俩的观点，我们画透视图时，虽然两眼得到的图像来源于同一个物体，但是由于透视的原因两者并不相等。我反对笛卡儿的双眼融合论，也反对奥尔良双眼优于单眼视觉的说法。甚至……奥尔良先生，你这是在为你的产品做广告！

欧几里得：我补充几句，按照顺序，这个时候应当是惠斯通和布儒斯特两位先生发言的，他们从光学的角度分别研究了单眼和双眼立体视觉问题，对比了两者的差异。更重要的是，他们发明了立体镜，证明了人类的单眼视觉和双眼视觉的确不一样。

亥姆霍兹：我重申我在1868年提出的假设，脑皮层的两幅平面图像是否有这样的可能，其中一幅是深度透视图像，另一幅是二维平面图像；两者合在一起形成单幅的立体图像。基于这个推论，我认为，这两种感知信息合并，形成关于外部世界的感知图像，应当是心理作用而不是生理机制。

忽然，与会者意识到了什么，大家一片沉默。

截至 1871 年，人们意识到"视觉"是大脑的反应，是以大脑的视觉作用为主的，而不是以双眼为主。眼睛通过玻璃体将外界的物体表面的光线投影到视网膜上，视网膜接受光刺激形成视觉信息，通过视神经束传输至大脑后，需要大脑的意识对图像进行翻译，包括亮度、形状、颜色、运动、视差等。

视觉感知是一种包括综合因素的结果，包括大脑的生理因素、人的心理因素，问题是人眼的结构、视神经束通路人们已经全部弄清楚了，而大脑的结构是什么样子的呢。

现在看来，物理学家之间已经无法相互说服了，因为每个人的研究成果都不是完全站得住脚的。之所以站不住脚，是因为问题的核心在于，人类视觉问题本质上是大脑的工作机制问题。

打一个比方。对于物理学家而言，大脑就犹如一间黑屋子，双眼就犹如大门左右两边的窗户，一部分物理学家说，打开一扇和两扇窗户，屋里的感觉是不一样的，你看屋顶显得亮一些了；另一部分物理学家则相反，他们立即反驳：显得亮一些又不是两扇窗户的问题，是你的感觉问题，心理作用！物理学家们无从知晓黑屋子里面到底发生了什么。人类大脑的工作机制，单眼视觉和双眼视觉到底有没有差异，所有的问题都集中成一个问题，大脑里面到底是怎么回事，两只眼睛和一只眼睛接受光照，有差异吗？

讨论到了这个时候，全场鸦雀无声，所有人的目光都转向了一个人——生物学家的与会代表。

生物学家忽然感觉不对劲，抬头观望。什么意思？你们看着我，只要你们物理学家能让我看得更微小、更清晰，我可以试试。现在，我只能看见血管、束神经和大尺寸细胞，没有办法看见大脑里面更细的物质，显微镜的清晰度不够，脑组织看起来就像中国豆腐的剖面，里面什么也没有。从目前的研究结果来看，细胞学说认为"细胞是构成一切生物结构的基本单位"，那么神经系统是否由神经细胞组成呢？

这样的无奈，是在 19 世纪末的场景。曙光很快就要来了，因为数学正在赶往这里的路上。

数学带来新的突破

乍看一片狼藉的荒凉景象，实际上充满了生物学的生机和期待

显微镜的发明

显微镜的历史可以追溯到 1590 年的荷兰眼镜工匠磨出来的镜片，但严格意义上讲，那只能算是放大镜。与现代显微镜结构相近的复式显微镜包含"物镜"和"目镜"，是列文虎克[①]于 1665 年发明的。罗伯特·胡克[②]用显微镜发现了软木塞的网格结构，称其为"细胞"（cellar）。那时候的光学系统，成像质量不高，图像不是足够清晰的。但是，它的意义在于告诉人们，世界上存在着一种肉眼看不见的微观世界，并且可以通过显微镜观察到这个微观世界。

---

① 安东尼·列文虎克（Antony van Leeuwenhoek，1632—1723），荷兰显微镜学家，微生物学的开拓者，布匹商人。

② 罗伯特·胡克（Robert Hooke，1635—1703），英国博物学家、发明家。

　　人们总是认为，光学系统之所以成像质量不高，是因为光学透镜没有磨好造成的；透镜是模模糊糊的，组合起来的光学系统成像质量自然很糟糕。所以，当时制作显微镜这样的光学系统，主要依靠好的工匠，请他们设法手工磨出质量更好的透镜。但无论怎么努力，显微镜的成像质量总是提高得极为有限。

　　1857 年，赛德尔[①]提出了三阶像差理论。他认为透镜之所以成像质量不好，是因为光线在透镜表面的折射与多种参数有关系。赛德尔从数学的角度对这种光学折射现象进行描述，最终将单色光学像差分解为五种像差，每一种像差单独用数学公式描述，通常称之为五种赛德尔像差。赛德尔的研究工作非常具有开创性，他告诉人们，透镜永远是存在像差的，可以通过透镜的结构参数、材料参数的选择，达到最优的状态。赛德尔之后，人们进一步研究，最终将透镜分解成七种像差。有了理论的指导，显微光学系统的设计就有了明确的方向。实际上，光学像差理论的发现和定量的数学表达，不仅仅对于显微镜是有价值的，对于所有的光学系统都是有价值的，例如照相机、摄像机、望远镜等。估计赛德尔也没有想到，他的数学推导结果将光学成像系统带入了新的时代，为人类的科技发展带来如此巨大的推进，例如航空摄影测量、卫星侦察、天文学（例如天文望远镜）等，数不胜数。

$$W(x,y,z) = \frac{1}{8}S_I \frac{(x^2+y^2)^2}{h_p^4} + \frac{1}{2}S_{II}\frac{y(x^2+y^2)}{h_p^3}\cdot\frac{\eta}{\eta_{max}} + \frac{1}{2}S_{III}\frac{y^2\eta^2}{h_p^2\eta_{max}^2}$$

$$+ \frac{1}{4}(S_{III}+S_{IV})\frac{(x^2+y^2)}{h_p^2}\cdot\frac{\eta^2}{\eta_{max}^2} + \frac{1}{2}S_V\frac{y}{h_p}\cdot\frac{\eta^3}{\eta_{max}^3}$$

$$+ \text{third and higher order terms}$$

where h_p is the radius of the exit pupil, and h_{max} is the maximum height of the Gaussian image. The five terms on the right-hand side of Equation are called Seidel aberrations. In order of presentation, they are the spherical aberration, coma, astigmatism, field curvature and distortion.

赛德尔像差理论

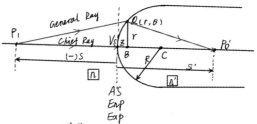

七种像差之一（球差）

　　① 菲利普·路德维希·冯·赛德尔(Philipp Ludwig von Seidel，1821—1896)，德国数学家。

1870 年,阿贝[1]发表显微光学理论,该理论可以极大地改善显微镜的成像质量。其中,分辨率极限定理认为,显微镜最小能够分辨的尺寸大于照明光源波长的一半。他的这些工作,奠定了阿贝成像原理的基础。

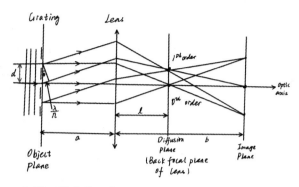

阿贝显微光学理论

根据显微光学理论,阿贝设计了水浸或油浸镜片的方案,最大限度地减少第一片透镜的像差,同时充分利用光能量,最大限度地形成大的数值孔径。在最佳条件下,通过使用紫色光和 1.4 数值孔径的光学显微镜,理论上能够实现的分辨率为 $0.2\mu m$。大脑皮层和小脑皮层内的颗粒细胞(granule cell)为圆形或卵圆形,直径为 $5\sim8\mu m$,显微镜可以很清晰地观看到。

1872 年,德国一家光学公司使用阿贝的设计方案,制造出基于科学理论计算的光学显微镜,产品的确具有极佳的光学性能。1877 年,又生产出第一台油浸物镜光学显微镜,奠定了当代几乎所有的实验室用油浸物镜显微镜的基础,明显提供更高的检测分辨率。

19 世纪 90 年代初期,这家光学公司设计生产了体视显微镜,避免了奥尔良的体视显微镜的错误(左侧图像投射到右目镜,右侧图像投射到左目镜),让左右眼都能看到正确的显微放大图像,微观世界的立体影像清晰地展现出来。体视显微镜成为整个 20 世纪的微观世界科学研究的重要工具。

数学的研究成果催生出高质量的光学显微镜,把人类双眼能够观察的范围带入极其微观的世界,人们由此发现了许多过去无从知晓的东西。显微镜诱发出许多新学科的诞生,例如生物学、解剖学、细胞病理学等,把西方医学从宏观的世界带入微观世界,促使西方在医学认识论上的转变,极大地促进了西医的快速腾飞。

争论戛然止于生物学的发现

大脑的微观认识

1873 年,高尔基[2]使用铬酸盐-硝酸银染色法将脑组织切片作染色处理(black reaction for staining neurons),成功地把脑组织中的神经元和胶质细胞的细胞体和突起染成了棕黑色,而未被染色的细胞呈无色,这一染色方法也被命名为"高尔基染色法"。尽管只能观察到神经元的细胞核和呈辐射状伸出的突起,观察到少量的神经元,但不影响高尔基提出神经网

---

① 阿贝(Ernst Abbe,1840—1905),德国物理学家。
② 卡米洛·高尔基(Camillo Golgi,1843—1926),意大利神经组织学家、病理学家。

状理论(reticular theory),他将这一发现在《意大利医学》期刊上发表。他认为不同神经细胞的突起相互融合,连接形成网状结构,类似于循环系统中的动脉和静脉,细胞学说不适用于神经系统。

1903 年(有可能早于这个时间),卡哈尔①建立了还原硝酸银染色法,能显示很细的神经末梢。借助于高清晰显微镜,可以观察出神经元之间没有原生质联系,仅有接触关系。光学显微镜下,凭借着自己高超的观察能力和绘画技艺,他完成了数百幅美观、细致的神经解剖学绘图。卡哈尔由此提出神经元学说(neuron doctrine),认为神经元的突起不是连通的,而是通过特定的结构接触。它们彼此之间不是相互贯通的,细胞学说适用于神经系统。

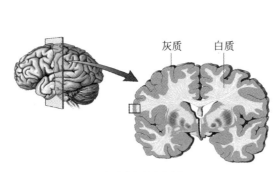

大脑剖面示意图

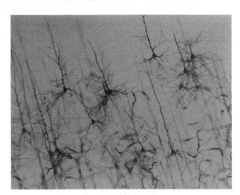

高尔基染色观察到的神经元

得益于高清晰的显微技术,科学家们终于能看清楚神经系统,并渐渐认识到,脑组织也是由细胞组成的。并且,弄清楚了神经信号的传导路线:上一神经元的轴突→树突→细胞体→轴突→下一神经元的树突。卡哈尔也提出了神经细胞是通过突触结构来划分的,即大脑也是通过大量独立细胞所组成的组织。

由此,现代神经科学诞生了!从神经网络理论到神经元学说,前后 30 年的时间内,人类对大脑神经结构系统的认识实现了飞跃。这是卡哈尔与高尔基两位研究者的共同贡献,因此,他们共同分享了 1906 年"诺贝尔生理学或医学奖"。

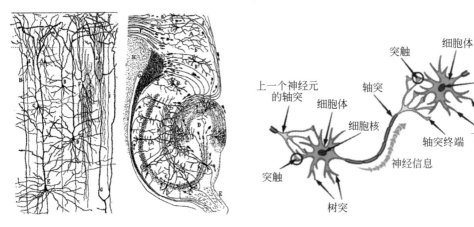

卡哈尔绘制的大脑神经环路　　　　　　　　大脑神经信号的传导路线

① 卡哈尔(Santiago Ramón y Cajal,1852—1934),西班牙病理学家、组织学家、神经学家。

大脑的宏观认识

1. 脑功能分区

1861 年,一位临床医生注意到,左半球额叶后部受损伤,患者即丧失说话的能力。这一现象引起人们的研究兴趣,因为,这是否意味着大脑的不同区域对应着不同的功能呢。

利用逆向思维,人们对大脑进行电刺激,观察动物或者人的反应,从而判断大脑不同部位的功能。但是,能定位的这些功能都是比较单纯的运动和感觉的功能,无法对人的心理功能区域定位。

1874 年,美国一位脑外科医生接诊了一位患者,患者的头骨上有一处溃烂并露出脑膜。他就在患者的大脑皮层上进行了电刺激的试探,引起患者面部的痛苦表情,臂和腿有火辣辣的不舒适的感觉。

1928—1950 年,加拿大神经学家潘菲尔德(Wilder Penfield)对大约 400 名脑手术患者的大脑皮层做了电刺激探索,叙述了他们的初步研究结果:

(1) 中央前回是运动区,控制肢体运动。

(2) 中央后回是感觉区,电刺激产生躯体上的感觉。

(3) 枕叶后部是光感区,电刺激有光、色或暗影的感觉。

(4) 颞、枕、顶之间的皮层是声音区域,电刺激时,产生音影情景回忆。

1958 年,潘菲尔德与他人合作,根据电刺激的结果,完成大脑功能分区图的绘制。人的各种行为都对应于大脑中不同区域的脑皮层,泾渭分明。不难看出,视皮层是与视觉相关的区域,在后枕部位,这与解剖学的研究结论是一致的。因此,如果研究与视觉相关的大脑活动机制,只需要重点关注视皮层所在的区域,观察这个地方到底发生了什么。

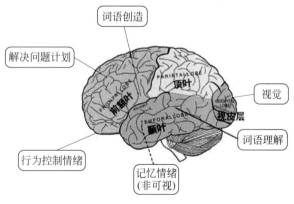

大脑功能分区图

2. 脑电的认识

1875 年,英国的一位名叫卡通(Richard Caton)的青年人在兔脑的皮质表面安放了 2 只电极,观察到电流计中有电流通过,他认为这是脑电活动,并发表了论文《脑灰质电现象的研究》。1890 年,荷兰的贝克(A. Beck)发现,用光刺激犬的眼睛,视觉皮层有较大的电流变化,发表脑电波的论文。这两篇论文的发表引起人们的注意,人类开始了对脑电的认识历程。但由于受到电流计灵敏度等电信号观察手段的限制,脑电的研究并未取得实质性成果。

直到灵敏度良好的弦线电流计出现,关于中枢神经系统的电性质的研究开始出现。

1924年,德国的精神病学教授贝格尔(Hans Berger)记录到了大脑的脑电波,但是他的论文受到了很多生理学家及神经病学家的质疑,因为这种现象与当时生理学的常识相违背。直至1933年,英国著名生理学家、诺贝尔奖获得者阿德里安(E. D. Adrian)重试并确认了贝格尔的发现之后,关于脑电信号的研究成为脑科学研究的一个重要途径。

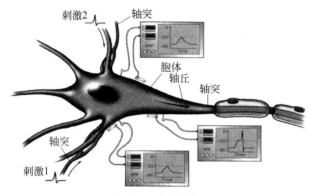

细胞生物电的测量

随着脑电信号的发现和确认,电生理技术不断提高,甚至可以记录单个细胞的反应特性。将微弱的单个细胞引出,需要微电极、放大器、示波器这三种技术。

(1)微电极:引导生物电的微电极的尖端直径小于$1\mu m$,也可大至几微米,用微电极可在细胞水平上对生物电现象进行观测和研究。将微电极插到细胞的附近,甚至插入细胞体内,就能记录少数几个以至单个细胞的电活动。

(2)放大器:电信号引出后,需要使用生物电放大器对信号放大。细胞发生的生物电的能量很低(毫伏量级),放大器需要具有极高的电路性能,这涉及电学方面的一系列理论和技术,从而使生物电能保真地放大。

(3)示波器:放大后的信号需要以可视化的形式展现出来,例如示波器,它可以记录变化很快的生物电(如神经细胞的峰形放电等),当然,示波器也涉及电学、材料学方面的一系列理论和技术。

立体视觉的细胞

好了,在数学家的帮助下,光学、电学方面的研究者已经把仪器设备准备好了;而且,大脑的结构已经清楚了,我们可以找找看,大脑里到底有没有与立体视觉相关的机制了。

细胞是大脑视觉感知的基本单元。既然人类立体视觉依靠双眼,那么在脑皮层中,是否存在支持双眼立体视觉的细胞呢?

大卫·休伯尔[①]、托斯坦·维泽尔[②]合作研究视觉系统神经学问题,并取得了重大突破,分别于1959年、1962年发表了两篇论文,他们后来获得了1981年"诺贝尔生理学或医学奖"。

---

① 大卫·休伯尔(David Hunter Hubel,1926—2013),加拿大神经科学家。
② 托斯坦·维泽尔(Torsten Nils Wiesel,1924—),瑞典神经科学家。

　　他们采用电生理技术,发现猫的纹状皮层中有一种视觉细胞,它受到双眼刺激 (binocularly-activated)的驱动,并且每一个细胞具有两个感受野(receptive field),每一个感受野对应一只眼睛。比较震撼的发现是,这种视觉细胞对光刺激的响应非常特别,每只眼睛的感受野在各自的光刺激下响应相似,双眼同时刺激时,感受野具有不同的响应。图中,左侧的黑色和白色长条,分别表示两只眼睛通光状态,黑色长条表示这只眼睛被遮挡,白色长条表示这只眼睛能够看到光刺激。其中,(a)、(b)、(c)是双眼同时的感受野分别或者同时接受"给光反应"的情况,不难看出,双眼同时接受给光要比每只眼睛单独接受给光引起的细胞反应强烈。(d)、(e)、(f)是双眼同时的感受野分别或者同时接受"撤光反应"的情况,可见,双眼同时接受撤光要比每只眼睛单独接受撤光引起的细胞反应强烈,这种对单眼和双眼感官刺激分别具有不同响应的视觉细胞,被两位研究者命名为**"双眼驱动细胞"**。

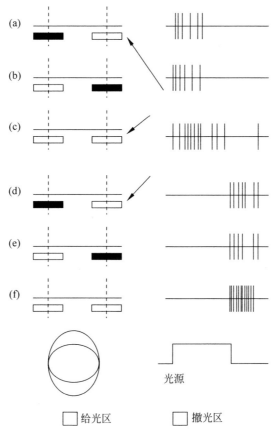

双眼驱动的简单细胞反应
("给光"即用光照射眼睛,"撤光"即关闭光源)

　　双眼驱动细胞的发现,第一次明确了来自双眼的视觉信息在传输至视皮层之前就发生汇合,也进一步暗示人们,人的立体视觉可能是由大脑的某些生理机能产生,这种机能可以感知双眼图像的视差。随后通过对人脑的视觉系统的深入研究,众多研究者发现了各种与立体视觉机制有关的细胞,例如,视差敏感性双眼神经元、水平视差敏感的细胞、双眼视差敏感的细胞、深度敏感细胞等,进一步揭示了立体视觉的机理。

神经学上的一系列发现,揭示了大脑中存在独特的细胞,这些细胞对双眼视差、远近刺激等具有独特的响应,专门来处理双眼接收的信息。这些发现,完全确定了视觉系统的双眼立体视觉是真实存在的,毋庸置疑的。

生命科学的研究总是伴随着监测手段的提高而不断进步,随着功能核磁共振成像技术(fMRI)的普及,现代功能影像学可以对众多脑区激活状态同时监控,发现了关于立体视觉的更全面的现象。

立体视觉：默默地创造着美好生活

平凡而低调，用一条条优美的曲线描绘着立体的空间

立体测绘

等高线地形图是一种比较专业的地图,它将地表高度相同的点连成线直接投影到地图平面,形成水平曲线。例如军事行动规划、城市建设规划、交通(高铁、高速公路)规划设计、通信电缆施工、水力发电规划等,都需要对地球表面进行精确的测定。利用三维地图可以高效率地分析地球表面的地形地貌、高山大川,湖泊河流的分布、体系等,规划作业人员通过对三维地形图的研读,足不出户就可以定量地分析出地形地貌,快速确定初步的规划方案。

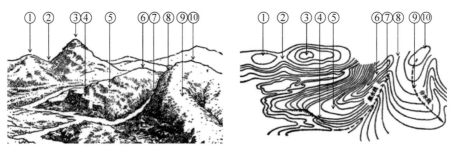

地形与等高线
(图中标号相同者对应相同的地表位置)

地形地貌的测量,需要利用摄影测量技术完成,例如航空摄影测量。在飞机上用航摄仪器对地面连续摄取相片,结合地面控制点测量、调绘和立体测绘等步骤,绘制出地形图。

立体观察设备是航空摄影测量系统中的重要装备之一,其原理是建立人造立体视觉,即将像对上的视差反映为人眼的生理视差后得出的立体视觉,它的基本原理就是双目立体视觉。

数字摄影测量技术经历了三个发展阶段(模拟立体、解析、数字),每个阶段都离不开双目立体视觉技术。

(1) 模拟立体摄影测量

真正意义上的立体摄影测图源自20世纪初的立体观测法,主要使用的是立体坐标测量

仪。20世纪30年代,为了适应三角法航空摄影测量的需要,发展了光学投影的立体测图仪和机械投影的立体测图仪。立体测图仪左右两个工作平台放置一对立体影像(从空中两个不同位置拍摄的地面照片),人眼通过光学系统观看,左右眼分别观看到对应的照片,即观看到地面的立体图像。相同时代,又出现了立体测量仪,用以测量地形高程和勾绘等高线,用单个投影器来纠正和转绘。

（2）解析摄影测量

随着计算机技术的发展和应用,20世纪50年代建立了解析摄影测量的基本理论,60年代初期,解析测图仪试制成功,它由一台高精度立体坐标测量仪和一台小型计算机组成。立体坐标测量仪左右两个工作平台放置一对立体影像,作业人员通过光学系统观察和研读地面的立体图像。在此基础上,解析测图仪联机作业的数控绘图仪被改造成计算机控制的独立输出设备,实现输出设备的共享,提高了数控绘图仪的作业效率。

立体坐标测量仪　　　　　　　　　　　　　　　解析立体测图仪

（3）数字摄影测量

数字摄影测量是以数字影像为基础,用电子计算机进行分析和处理,确定被摄物体的形状、大小、空间位置以及性质的技术。数字摄影测量处理的原始信息主要是数字摄影或数字化影像,它最终是以计算视觉代替人眼的立体观测。但是,实际上,机器视觉总是无法完全替代人的视觉功能,因此作业员的人工测图始终是数字摄影测量的主要手段。数字摄影测量系统中的立体显示器分时显示左右立体像对,作业人员通过立体显示器观察和研读地面的立体图像。早期的立体显示设备采用眼镜式的立体显示器,现在已发展为裸眼立体显示器,即量测型裸眼立体显示器。

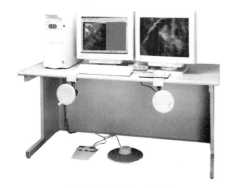

数字摄影测量工作站

量测型裸眼立体显示器

微创手术

微创手术是一种不对患者造成巨大伤口的外科手术,外科医生通过内窥镜及各种显像设备等现代医疗器械及相关设备施行手术。微创手术创伤小、疼痛轻、恢复快,微创外科使这个梦想成为现实。

1987 年,开始有微创外科手术的报道,专指腹腔镜手术,因为当时只有开腹手术能够被微创手术所取代。随着相关技术的不断成熟,微创手术已经几乎应用于所有科室,例如胸外科、消化内科、呼吸外科、耳鼻喉科、神经外科、妇科、泌尿外科、脑外科、骨科等。

以腹腔微创手术为例,患者麻醉后,医生在患者的腹壁打三四个直径 0.5cm 左右的小孔,其中的一个孔放入内窥镜;通过内窥镜将腹腔内的图像传输到显示器上。其他几个腹壁小孔则放入剪刀、钳子等手术器械,手术过程与开腹手术基本一样,只不过医生不是像开腹手术那样直接看着患者的体内操作,而是看着显示屏对病变的组织进行钳夹、切割、缝合等一系列操作。

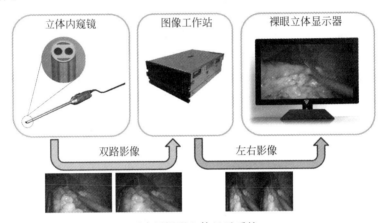

医疗用裸眼立体显示系统

相比于平面的影像,立体影像更有利于医生判定内脏器官分布、病灶位置、操作状态、组织深度位置关系,可以避免医生观察治疗时凭主观判断、造成不必要的偏差。因此,立体内窥镜(3D 内窥镜)得到快速发展,具有立体可视化图像的高清立体内窥镜和立体显示器也应运而生。

立体微创影像技术的应用,进一步降低了手术复杂度、缩短了手术时间、提高了治疗效率。由此带来的好处是,手术时间大大缩短,给患者造成的创伤进一步缩小。手术后,患者当天即可下床活动,生活基本自理;一般 2~3 天即可出院,可以正常生活,体内病灶小、创伤小的患者可以做一些轻量级劳动;7~10 天身体完全恢复,可以正常生活、正常工作。

而传统外科手术为了把有病的器官显露,要把患者皮肉切开,手术切口的大小,取决于手术种类、性质、患者胖瘦和医师经验等因素。术后切口部位常伴有疼痛、酸胀、麻木感,出血多;由于切口大、且会造成切口附近肌肉、血管和相应神经的损伤,有可能伴随某些组织感染并发症,因此患者恢复速度慢,一般住院 7~15 天才能出院。

传统外科手术对患者造成的生理和心理创伤大,因此,随着人们对生活质量的追求越来越高,微创外科手术也越来越受到患者的欢迎。这一切的进步,显然离不开科技的进步,其中包括立体视觉的科技进步。

第三篇

毁灭与重生

第五章

山川如如不动　英雄沓沓而往

战争必然带来文化与思想的强力入侵,随之出现更大规模、更高速度的侵占、动荡、更迭或融合。

巍巍群山、茫茫原野,欧亚大陆的山川湖海面貌依旧,数千年人类熙熙攘攘。自汉朝以来,黄河流域、印度河流域、两河流域的三大文明区块就直接相邻,疆域从此相接、丝绸之路开启。

疆域的动态变化为文明的交流提供了更直接和便利的条件,也引发了文明的大规模、被动的融合。三大原生古文明之间的商业往来和文明交流如影随形,再也没有中断。

滋养人类繁衍，激发人类探索：土地

大自然为它的古老居民们安排了一个平行时空

　　欧亚大陆是地球上的第一大陆地，在这片总面积5500万平方千米的土地上，诞生了三大原生文明和欧洲次生文明。在文明发展的历程中，陆地上的山川发挥着十分奇特的作用。航海技术不够发达的时期，陆地是人类生产、生活、交流等一切社会性活动的主要场所，甚至于陆地的地形地貌的分布，也决定了人类活动的外在条件，从而在历史的长河中留下一些独特的规律。

文明区块泾渭分明

　　蒂里奇米尔峰，高7690米，是兴都库什山脉与喜马拉雅山脉的交汇处的最高点。以这座山为起点，喜马拉雅山脉总体上将欧亚大陆分割成东西两侧，这座号称世界屋脊的大山造就了华夏文明的相对宁静的生存与发展环境。

　　向东，天山山脉、昆仑山脉、阴山山脉、燕山将我们的视线引导到中国的深处；向西，绵绵不断的兴都库什山脉、厄尔布尔士山脉、大高加索山脉、小高加索山脉、黑海、巴尔干山脉、迪纳拉山脉、阿尔卑斯山脉、比利牛斯山脉，断断续续一直延伸到欧洲大陆西岸。沿着东西走向的山川，古埃及、古印度、古巴比伦三大文明古国在各自的平行轨道上咿呀蹒跚、豆蔻韶华、沧海桑田、生息繁衍；也养育了欧洲的希腊文明和罗马文明。

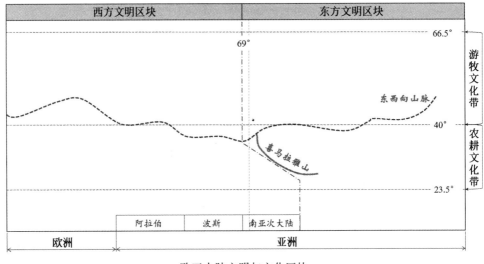

欧亚大陆文明与文化区块

　　从亚洲大陆东海岸到欧洲大陆西海岸的群山，自东向西贯穿欧亚大陆。群山脚下向南延伸，是大片的肥沃土地，黄河流域、印度河流域、两河流域、尼罗河流域，人类在这片土地上繁衍、在这片土地上劳作。北部一眼望去廓落无垠，草原茫茫。无论是南部的农耕民族、还是北部的游牧民族，无一不是因地制宜、巧妙运用土地，在他们生长的环境中生产各种生活所需。

自然的山川交织分布形成网络，切分了几个大的文明生态区，为便于叙述，我们将喜马拉雅山东面的区域称作"东方"，这里形成的文明称为"东方文明"，主要是中华文明；喜马拉雅山西面的区域称作"西方"，这里形成的文明称为"西方文明"，包括印度河流域文明、两河流域文明、尼罗河流域文明、欧洲次生文明、近代欧洲的新生文明。

（1）中华文明：由喜马拉雅山和东西向山系（天山、祁连山、阴山山脉）构成，以黄河流域为中心，中国大陆的东西向山系以南的大片土地上以农耕方式为主，以北的大片高原以游牧方式为主。

（2）古印度文明：由喜马拉雅山和东西向的兴都库什山构成，以印度河流域为中心，南亚次大陆这片土地上以农耕方式为主，兴都库什山北面以游牧方式为主。

（3）古巴比伦文明：由东面的扎格罗斯山脉、北面的高加索山脉和黑海、西面的地中海山川相互构成，以美索不达米亚为中心，幼发拉底河和底格里斯河周围以农耕方式为主，高加索山脉以北则是以游牧方式为主。

（4）欧洲次生文明：欧亚大陆最西端，是古希腊文明和古罗马文明的发源地，主要在地中海北侧，以东西山系（巴尔干山脉、迪纳拉山脉、阿尔卑斯山脉、比利牛斯山脉）为南北分界，南面这个位置区域狭小，相对于分界线北面更是面积小得不成比例。

文明的发展模式各具特点

围绕着土地，诞生科技。农耕民族一定是生活在气温和降水量都比较适合农耕的区域，而且自然条件相对稳定，适宜久居。居所的相对固定，人们自然迫切希望了解他们赖以生存的周围环境，因此，观天察地，是古代人类最基本的知识诉求。古代文明中的科技，不一定产生于安居乐业的社会里，但一定产生在居有定所的民族中。产出生活必需品的土地、劳动创造价值的人（包括农民、学者等），是两个最重要的资源。

围绕着土地，引发战争。一切财富源自土地，拥有更多的土地意味着拥有更多的财富、更意味着拥有更美好的生活乃至享乐。征服，是历代有"大志"的帝王最高的追求，战争，是实现这一"崇高"理想的唯一的快捷手段。在农耕民族与农耕民族之间，在游牧民族与农耕民族之间，就是这样周而复始，不断重复着相似的故事。匪过如梳、兵过如篦，战争带来动荡与毁灭，文明古国也不能幸免。当征服者意识到科技的重要性时，很幸运，科技就能够在被征服的土地上保存、传播、继承和发扬。

同样的土地，在相同的时间里，农耕方式所生产的价值要远远大于游牧方式，庄稼在地里生长，就交给头顶上的老天爷了。大量农闲的时间，人们闲着也是闲着，找点事情做呗，思考人生、探索自然、宗教道德、艺术娱乐、餐饮小吃，文化由此不断积累，文明的进程也发展较快。由于土地上的粮食可以年复一年地收成，不断复耕的生产方式造就了农耕社会聚族而居的生活习惯。

游牧民族逐水草而生，拥有一片水草丰美的牧地是每一个游牧部落的追求，他们在自己的草场内择地迁徙、居而不定。虽然他们不完全是衣皮食肉、俗无谷酒，但是农业和手工业欠发达，甚至无法从事农业生产；而射猎游牧的供给总是不能跟上人口不断膨胀的速度。这种情况下，游牧民族不得不向南或向西往适耕地区迁徙，或者直接向农耕地区暴力抢掠。

弓马娴熟、骁勇善战的游牧民族骑兵不断袭扰安居乐业的农耕地区，要么抢了就走、顺手掠走女人和儿童，要么强行占据农耕土地。马苏迪[1]认为，他们所具有的这些个人缺陷，都是缺少阳光的缘故。"至于北部地区的人，他们那个地方太阳距离天顶较远……因为他们距离太阳比较远，照到他们身上的阳光较弱；在他们那个地区，寒冷和潮湿盛行，冰雪接连不断，没完没了……"

文明的交流与冲突

无论是迁徙还是抢掠，对抗是免不了的。对于游牧民族，"骑"是生产的第一技能，在"骑"的生产劳动中，游牧民族显得十分敏捷和矫健。在冷兵器时代，骑兵相对于步兵，就是一种高维度的作战方式，南方农耕社会如果没有足够的智慧、毅力和集体主义精神，很难面对游牧民族的"降维打击"。例如，欧洲的历史，就是农耕民族在游牧民族的打击中不断重演着覆灭悲剧的历史。

欧洲这片区域的地域限制，决定着它的人口不可能太多，并且小族群聚居的特点决定了他们的集体主义精神不强。在它的整个文明发展历程中，北方游牧民族不断越过大山南下，以强大的攻势迅速瓦解南方农耕民族。欧洲文明区块就是这样不断征服、征服、征服，有人把这一过程归纳为："欠文明人"征服"文明人"的过程。北方欠文明人接纳和吸收南方文明的滋养，把自己变成文明人；然后，这些转化了的"文明人"又悲剧性地被新南下来的"欠文明人"再征服……周而复始。

这种文明的冲突从地中海北岸向四周蔓延，环地中海战争不断，并越过扎格罗斯山脉甚至兴都库什山脉向东蔓延。例如，北方日耳曼人的大迁徙，导致罗马体制向日耳曼体制的巨大转变。"没有文化"的日耳曼人侵入古罗马，导致旧世界的衰落和毁灭；而且，这种毁灭的速度之快，甚至不超过一个世纪。

以喜马拉雅山脉为界，山脉以东方向，"东方文明"一脉相承，发展至今；山脉以西方向，"西方文明"一直在冲突中度过，从未停歇。无论是时间维度、空间维度，还是发展模式维度，地球上就这样存在着两个平行的文明。当东方的力量发展到可以与西方沟通时，东方文明以和平的方式西向交流。"东方文明体系"以一脉相承的发展模式稳步前行，"西方文明体系"以兼收并蓄的发展模式不断递进。

直到近代，当欧洲完成了工业革命之后，西方文明的力量发展到可以投放力量到东方时，东西方两个文明体系再一次重演征服与被征服的把戏，这一次依然是好战的"日耳曼蛮族"的秉性使然。西方以暴力的方式大举入侵东方和全世界，在取得自身利益的同时，无意中给东方带来了科技革命，也带来了思想的巨大动荡。

---

[1] 马苏迪(al-Masudi，893—956)，阿拉伯旅行家、历史学者、地理学家，被誉为"阿拉伯的希罗多德"。

山川锦秀，造就代代风流

"自古以来"，中国人尽知这四个字的分量

自汉朝起，中国历代中央王朝的疆域就与阿拉伯地区、印度地区紧密相连。

疆域的相邻，带来了东西方文明之间自然而然的相互联系。就这样，中华文明与阿拉伯文明、印度文明之间的直接对话就此开始，几千年疆域的相邻状态在变动，但文明的交流从未停歇。这种文明的交流是全方位的，包括哲学、数学、科技、宗教等，当时相对发达的中华文明的数学与科技，对西方文明产生了不言而喻的影响。

一条极具特色的东西向山系

横亘在中国北部，有一条东西走向的山系——燕山-阴山山脉（太行山脉）-秦岭-祁连山脉-昆仑山脉，千沟万壑、巍峨绵长，是一条极具特点的自然地理与人文历史分界线。

首先，这条东西山系是一条极具特色的气象线，它的走向几乎与400毫米降水量的分界线吻合。受连绵的高山阻挡，从东南方向吹来的季风在山系附近徘徊，山系南北两侧的降水量也因此出现差异，而降水量的多少又决定了生产方式的差异。

其次，这条东西走向的山系是一条文化分界线，大致分割了农耕文化与游牧文化。高山阻挡了南下的寒流和北上的湿气，山脉以北降水量较少，为温带大陆性气候，形成了大面积的草原、荒漠草原、戈壁荒漠等地貌。山脉以南，大气降水相对充足而且地表水和地下水丰富，滋润着沃野千里的平原，十分利于耕种农作物。由此，山系成就了季风区的南方农耕生产方式，非季风区的北方游牧生产方式，中间区域农耕区和游牧区相交错，形成混合经济特征。

阴山山脉的北坡地势平缓，向北逐渐走低、一直延伸，毫无阻挡地形成一马平川的蒙古高原和内陆水系。南坡判若天渊，地势骤然下降，形成南高北低的局部地形，吸引着来自巴颜喀拉山脉的黄河之水，顺着贺兰山滚滚向北，一路流向阴山。河水在阴山脚下急速右转，由此90°折向东，沿着阴山南麓一路奔向吕梁山西侧后，再90°折向南。黄河一边疾行一边召唤着沿途支流的水系，渐渐地汇集成浩瀚的大河，奔腾向前。在吕梁山南面，黄河继续遵循着"水向低处流"的规律转弯向东，一路舒畅地向东、向东。黄河在此地域被这三座大山轮番"霸凌"，无意间形成一个标准而优美的"几"造型，形状似马套，故而得名"河套地区"。此处"地可二千里，大河三面环之"（《明史》），成就了河套平原这片沃土。广阔的河套平原，水资源丰富，有利于乔木生长，地势平坦，土壤层较厚，非常利于发展农业。

古代的河套地区水草丰美、气候湿润，有可利用的灌溉条件，又有可供人、畜食用的天然池盐和广袤的草原，所以是北方游牧部落和游牧民族最早活动的地域之一，也是历代游牧民族不可缺少的政治舞台和生存发展的基地之一。战争时，此处兵家必争，和平时，多民族共

同开发,经济文化相互交流,对历史的发展产生了深远影响。

河套地区西侧,祁连山是一座长达 1000 多千米、宽 100～300 千米的大型山脉,其中段有一条贯通南北的大峡谷——扁都口,长约 28 千米,最窄处不足 20 米,最宽处也不超过 200 米。从扁都口向西,沿着祁连山北侧直至千里之外敦煌地区的玉门关和阳关,这片绵延在黄河以西的窄长通道便是著名的"河西走廊"。

河西走廊位于甘肃境内黄河以西的区域,南侧祁连山脉、北侧龙首山-合黎山-马鬃山,两条山脉南北夹峙,形成东西走向的通道,从黄河一直延伸至新疆,沿途有天水、兰州、武威、张掖、酒泉、嘉峪关、玉门关、敦煌等重要城市或关隘。在中国古代,"河西走廊"关险隘要,是经略西北的军事通道,也是文化交流、商旅绵延的古道,沉淀着中国古代的大量记忆。大漠孤烟、羌笛杨柳,戍边将士、商贾驼队、文人墨客、僧侣信徒,东渡黄河、西出阳关,餐风饮露、仆仆风尘。

与中亚、欧洲相似的是,中国这样的地理环境,也是北方游牧民族、南方农耕民族的分布特点。以游牧为主和以农耕为主的两种经济类型的民族,就是我国古代历史学家所称的"行国"和"土著"。

历史上,河西走廊是中华帝王成就王霸之业、一统江山的必经要塞,历代中央王朝都是通过河西走廊进入西域;阴山山脉是东西带状地理区域分界线,农耕文化与游牧文化持续碰撞和交融,中国南方的中央王朝与中国北方的游牧民族之间的统一与分裂都是以这条分界线起承转合的。

重大工程,确保中华农耕文明一脉相承

长城:人类文明历史上的伟大工程

面对机动灵活、如风如电的游牧民族骑兵的不断袭扰,防不胜防、被动防守的南方王朝最终想出一个绝佳的办法,构筑巨大的防御工事——长城,阻挡北方铁骑的滚滚洪流。

长城修筑的历史可追溯到西周时期,目的是防御北方游牧民族猃狁的袭击,此后自秦至明,历代中央王朝都在延续着长城的修建。战国时期,北部的赵国和燕国因为直接面对北方的匈奴,分别修建了小规模的长城以防御匈奴南下。那时候匈奴占据古河套地区和阴山北部蒙古草原,这是当时中国北方自然条件最佳的两片大草原,水草丰美、兵强马壮。秦王嬴政统一中原之后,实施了大规模的长城修建工程,将燕、赵、秦等国的长城连接起来,并加以增修扩建,西起临洮、东至辽东,绵延万余里。

虽然说中华大地的东南侧土地面积巨大、自然条件优越,农耕文明富土丰粮、人民勇敢睿智,具有足够的能力和智慧抵抗北方游牧民族的入侵;但是,如果北方骑兵不断骚扰或者重创边陲经济、甚至杀入中原腹地,频繁的战争将对资源造成巨大空耗,无论农耕还是游牧生产都会被严重拖后腿,也会严重影响社会各方面的发展。因此,长城的价值是无与伦比的,它极大限度地提高了北方游牧民族南下入侵的难度、抑制了他们的战争冲动。在长城的保护下,中华农耕文明的发展最大限度地免于北方游牧民族的干扰,中华文明得以长期平稳发展、薪火相传。

长城在抑制了抢掠的同时,也促进了游牧民族与农耕民族之间的和平贸易往来,互惠互利、和平共处。游牧民族需要的生产用具、生活用品,例如药材、布匹、茶叶、粮食、马匹等,抢不到就只有通过交换才能得到。潜在的商业需求吸引着内地人口涌向边关,南北财源广进、

四季生意兴隆,慢慢地沿着长城一带,重要的关隘演变成为经济中心。长城互市、茶马古道,商业带动物流的兴起。

所以,从文明发展的角度来看,长城的历史功绩无论怎么说都不为过。这是亚洲其他两个古文明和欧洲次生文明所不具有的历史条件。

直道:人类历史上第一条高速公路

"要强国,先修路",这句口号在中国几乎尽人皆知。和平时期,道路是交通往来的重要动脉;战争时期,道路则是用兵运粮的重要通道。古代中国在道路交通建设方面已经达到相当先进的水平,从城市交通网络到都市之间的干道规划建设都十分发达。"基建狂魔"的强大基因自古有之,中国先辈们逢山劈石、遇水架桥、拦腰筑坝、开凿运河,其背后其实是由众多先进技术和改造自然的强烈追求所支撑的。

1. 城市道路

随着车辆的出现,车行道成为陆上交通新途径。早在商朝(公元前16—前11世纪)就已经掌握了夯土筑路的方法,并利用石灰稳定土壤。商朝殷墟发现了由碎陶片和砾石铺筑的路面,并出现了大型的木桥。周朝(公元前11—前5世纪)道路的建设规模和水平有了很大的发展,"周道如砥,其直如矢",道路坚实平坦如磨刀石,线形如箭一样直。

城市的道路被分为"国中"和"鄙野"两类,分别是指市区和郊区。道路规划分为"经、纬、环、野"四种,南北之道为经,东西之道为纬,都城中有九经九纬,成棋盘形,围城为环,出城为野。规定有不同的宽度,经涂、纬涂宽九轨①,环涂宽七轨,野涂宽五轨。郊区道路分为路、道、涂、畛、径五个等级,并根据其功能规定不同的宽度。

2. 大都市交通干道

周武王时的"周道"和东周各国修筑的栈道,显示了先秦时期的陆上交通已初具规模。六国统一的次年(公元前220年),秦始皇下令修筑以咸阳为中心、通往全国各地的驰道②,总里程约8900千米。

驰道以京师咸阳为中心向四面八方延伸出去,它们是中国历史上最早的"国道",类似现代的高速公路,将秦故地和原六国境内的道路连接起来。驰道宽50步(约60米),路基加厚,呈"龟背状",形成一个向路面两侧的缓坡,有利于排水。约隔三丈植一棵树,用来计算道路的里程。根据不同地域的气象土壤等情况,种植杨、柳、槐、榆等树。著名的驰道有9条,包括上郡道、临晋道、滨海道、武关道、东方道、西方道、北方道、秦栈道及秦直道。其中,秦直道是一条十分重要的边关军事通道。

3. 直道——军用高速公路

为了阻止和防范北方匈奴的侵扰,公元前212年,秦国开始修建一条重要的军事大动脉——秦直道。这条快速通道全长700多千米,南起咸阳甘泉宫(今陕西淳化县),一路向北,直达大漠深处、阴山脚下的边塞重镇九原郡(今内蒙古包头市麻池古城);向北与九原郡

---

① 轨是宽度单位,每轨宽八周尺、每周尺约合0.2米。

② 秦长城、阿房宫、始皇陵、灵渠、直道、驰道、五尺道并称"秦朝七大工程"。驰道和直道是我国古代筑路史上的杰出成就,以驰道为干线形成的道路交通网,也是世界上最早出现的具有全国规模的道路交通网之一。这一伟大创举,不仅对巩固中华民族的统一和推动社会经济进步具有重要意义,而且对后世的陆路交通也有深远影响。

北面的稒阳道相连,到达长城脚下的军事要塞稒阳城(今包头市北面 50 千米左右的固阳县),将阴山深处的长城与秦朝政治军事中心连接起来。

为了达到秦始皇对直道所要求的"下雨不能变软、永不长草",工匠们将黄土烤熟后掺入盐碱,用这种特殊的混合材料铺设路面。以"版筑法"建造,每隔六七厘米将黄土固定打硬后,再铺上一层相同厚度的黄土,然后将之打硬,道路变得非常坚实,不惧雨雪侵蚀;路面材料不具备植物的生长环境,植物无法在这种土壤上生根发芽,因此保持了道路在两千多年的时间里草木不生。

大部分路段都是依托山脊建筑,可以居高临下俯瞰敌情。沿途削平山脊、堙山埋谷,所经之处地势险恶、人迹罕至。

秦直道一出林光宫,即进入海拔 1800 米的子午岭,道路毫不回避高山,用"之"字形盘旋上山脊,再向北穿越陕北高地、黄土高原、鄂尔多斯高原。从远处观察子午岭秦直道,盘山而上。这里的道路有多少弯,有人数过吗?都说"山路十八弯",其实不用数,这里只有两个弯——不停地左转弯、右转弯。今天甘肃省境内的正宁县刘家店子(刘家店子林场)处,是子午岭主脉正脊,由此北行至黑马湾,此处的直道遗迹保存较好,路基平均宽度在 30 米以上。

秦直道平、直、宽,完全符合现代高速公路的特征,平均宽度 30 米、最宽处 60 米,类似于现在的双向八车道。秦国大将率 30 万大军,仅用了两年半的时间修筑完成,其工程之巨、时间之短,可称奇迹。这条军用高速公路确保了国家战斗力量高速输送、后勤粮草高效补给,其军事价值非凡。在这条宽阔

子午岭的秦直道遗址

大道上,从咸阳出发的兵马粮草只需三天三夜时间,就能运抵河套北部前线。

秦直道和秦长城,这两项宏大的基础设施工程与其他因素一起,组成了一套完整的防御体系,共同确保了中国古代农耕文明环境的安全,在很长一段时间里,"却匈奴七百余里。胡人不敢南下而牧马,士不敢弯弓而报怨"。

中西文明交流的陆上通道

中亚:丝绸之路上的兵家要地

中亚地区,地处欧亚大陆中心区域,属大陆性温带沙漠和温带草原气候,地势东高西低,平原广阔、内海散落,丘陵棋布、山峦峻峭,雨水欠丰、气候干燥。

中亚是欧亚大陆连接的唯一便捷通道,它恰好位于丝绸之路的中段,是和平交流的重要通道,丝绸之路从这里穿过世界屋脊以西,进入中东和欧洲。在漫长的历史岁月里,这片土地在东西方经济文化交流中肩负着重要的枢纽作用,促进着各民族之间的彼此理解,也孕育出多姿多彩的文明交流成就。

中亚长期作为东西交通要道,因其重要的战略地位、得天独厚的地理优势引来了大国的竞相争夺,自古皆是兵家必争之地。历史上,希腊、波斯、阿拉伯、突厥、蒙古等王朝或汗国先后成为这片土地的过客,中国古代中央王朝自汉朝起长期统治、经营着中亚地区的东部。

为了了解历史上的中国在中亚的统治区域,需要了解几个重要的地理坐标点:

（1）夷播海：又称作"夷播湖"，即今天的巴尔喀什湖。这个内流湖目前位于哈萨克斯坦共和国东部，在中国新疆西部、天山山脉北侧，它是中国历代中央王朝西部疆域的重要地理坐标。自汉朝以来，历朝的西域地区都是以夷播海作为边界，《新唐书·地理志》记载："又西行千里至碎叶城，水皆北流入碛及入夷播海。"以夷播海最南端为起点，与纬度线西向夹角约30°的西南方向，下800千米左右，此处是吉尔吉斯斯坦边境的最西端和塔吉克斯坦的首都杜尚别东侧，是中国历代中央王朝西部疆域的另一个地理坐标点，此处以东，皆为王土。

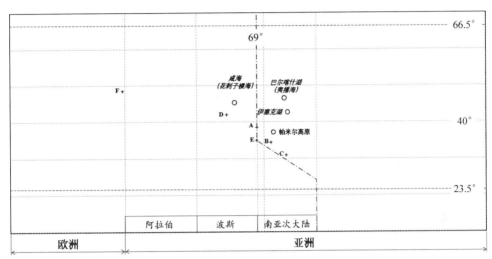

西域几个典型地理坐标

夷播海以一湖两水而著名，因东端缺少水流注入，大部分水流特别是伊犁河水从西边注入，天山下来的清澈之水稀释着西侧的湖水，导致了西边的盐分比东边低很多，因此一湖之中有一半淡水、一半咸水。历史上的夷播海区域，水面巨大，水系发达，湿地纵生、绿荫葱葱，水源充沛、水产丰富。

人字形的天山山脉，向西张开一个巨大无比的喇叭口，古代"丝绸之路"的新北道就经过此地域，著名的霍尔果斯口岸曾经是"丝绸之路"的重要驿站。此处向西是一片广阔的平原，自然条件优越，号称塞外江南。

（2）葱岭：即帕米尔高原，位于今中国新疆西部、天山山脉南侧。《山海经·大荒西经》称之为"不周山"，因为地处西北海之外，大荒之隅，有山而不合，故曰"不周"；汉代称之为"葱岭"，因山地野葱密布；清朝称之为"帕米尔"，"帕"意为塔吉克语的高寒而平坦，"米尔"意为高山。

帕米尔被称为"万水之源"，它的千山万壑之间，清洌纯净的冰川水与温泉水、矿泉水一道不断汇集于塔什库尔干河，一路悬泉飞瀑，奔向塔里木河。也被称作"万山之祖"，此处群山纵横、谷地宽阔，高山与河谷相连、高峰与山脉复隆，世界级高峰集结于此，连绵起伏、雄浑壮阔。雪山、冰川、湖泊、湿地、草原，河谷间麦田棋布、高山处牧场起伏，草甸湖泊、温泉湿地，堪称世外桃源、避乱福地。

帕米尔高原的东侧是红其拉甫口岸、西侧是瓦罕走廊，"丝绸之路"的其中一条商道就从这里经过。这个通道在历史上也是重要的文明交流通道，出瓦罕走廊西端，向南就到达南亚次大陆的北侧,即古印度文明的发源地印度河的其中一条上游河道——喀布尔河,向南一马平川、直达印度腹地。

(3)花刺子模海:即咸海,以夷播海最南端为起点向西1000千米,就是花刺子模海的东岸。花刺子模海位于欧亚大陆的腹地,全盛时期面积将近7万平方千米(接近一个重庆市的面积,夷播海水面的3.5倍),曾经是中亚第一大咸水湖,也是世界第四大湖泊。分别发源于天山山脉与帕米尔高原的两条著名内流河——锡尔河与阿姆河(中国古称"药杀水"与"喷赤河"),每年从雪山高原之上为咸海带来取之不竭的水资源。

中国古代的辽国、大元王朝的疆域西至花刺子模海,此处南下600千米左右,便是伊朗高原。伊朗高原西部便是"两河流域",自然条件相对说来比较优越,肥沃的平原,林业丰富,古巴比伦文明就是在此处诞生的。伊朗高原是欧亚大陆的交通要道,向西是阿拉伯半岛和地中海东岸,向东是今天的阿富汗和印度一带。

早在两千年前的汉宣帝时期,大汉王朝的疆域便包括了夷播海、帕米尔高原,设立了西域都护府。在此后的中国大多数中央王朝行政管辖区域中,都将中亚地区的这片土地纳入。这片疆域与南亚的印度文明、中东的阿拉伯文明区块紧密相连,成为三大古文明的交流地带。而距今800年前的蒙古帝国的疆域则向西延伸得更远,囊括宽田吉思海(今里海)、直达斡罗思海[①](今黑海)北岸,深入到了欧洲次生文明区块。

东西方文明的疆域相连由来已久

自西汉开始,中国历代中央王朝的西域疆域便深入中亚地区。尽管不同时期的西域边界发生着一些动态的变化,但总体上相对稳定,基本上都是在夷播海以西、帕米尔高原以南。结合前述的插图("西域几个典型地理坐标"),我们以表格的形式,粗略地描绘了几个重要的中央王朝西域疆域范围。表格中,"●"表示该地点处于中央王朝所管辖的范围、"○"表示该地点不处于中央王朝所管辖的范围、"◎"表示具有华夏血统的民族所管辖的范围。

历代中央王朝的西域疆域主要坐标点

朝　　代	夷播海	伊塞克湖	A	B	C	D	E	F
西汉	●	●	●	●	○	○	○	○
唐朝	●	●	●	●	●	○	○	○
宋朝(辽)	◎	◎	◎	◎	◎	◎	◎	○
元朝	●	●	●	●	●	●	●	◎
明朝	●	●	●	●	●	○	○	○
清朝	●	●	●	●	●	○	○	○

多民族大一统格局是中国历史发展的主脉,早在公元前3世纪,中国便形成了这样的历史传统和独特优势。秦汉时期,"大一统"思想成为中华民族的重要价值取向,溥天之下、率土之滨皆"合于一,然后定也"的观念成为社会共识。公元前2世纪,汉武帝开启了统一西域的进程,至公元前60年设立西域都护府,完全统一西域,管辖范围涵盖天山山脉、帕米尔、费尔干纳盆地,以及夷播湖以东、以南的广大地区,"汉之号令班西域矣"。此后的两千多年的历史中,历代中央政权都将西域视为故土,行使着对西域的管辖权;尽管偶有隔阂和冲突,

---

① "俄罗斯"在中国史籍中最早出现于元朝,称为"罗斯"或"罗刹",清代译成"斡(wò)罗斯"和"鄂罗斯"。

更多的是交流融合、团结凝聚、共同奋进,西域始终在中央政权或中华民族的管控范围。

公元前53年,汉王朝开始统一西域全境,疆域直接与印度-希腊王国北部相接;公元50年左右,贵霜帝国将领土扩展到兴都库什山以南,逐渐成为中亚的一个大帝国;魏朝时期,萨珊帝国的疆域向东挺进,与中国的疆域相接。分别代表着三大原生文明的古国疆域便直接相连,文明的交流也更加便捷和高效。

南北朝初期至明朝中期,欧洲进入一个历史的特殊时期——黑暗的中世纪,这是欧洲文明发展史上最不堪回首的漫长阶段,整个欧洲都在沉睡,思想禁锢,社会动荡,文明发展近乎停滞。但是,人类是幸运的,三大原生文明依然在不断发展,并在相互交流中螺旋式进步。

冥冥之中,这一切过程似乎是在为欧洲文明的苏醒作前期铺垫,为它的大器晚成提供知识准备和快速发展的初始动力。

东西方文明交融大舞台：西域

浩然天纵阅尽千古风流,金戈铁马独占万世潇洒

阴山北面,以蒙古高原为中心的广袤草原上,不同时期先后崛起过众多强悍的草原游牧民族,在中国北部乃至整个北亚地区的文化、经济、政治、军事、历史舞台上均扮演了举足轻重的角色,其中突出的游牧民族有匈奴、鲜卑和契丹。纵观我国北方游牧民族的发展变迁史,其总趋势有二:①绝大多数的主体向南发展融入汉族转化为农耕民族;②少部分游牧民族向西发展转化为农耕或半农半牧民族。

从春秋战国至东汉初,隋初至契丹灭亡,蒙元兴起至元亡,元亡至明末,我国北方游牧民族经历了三次农业扩张和三次农业萎缩。游牧民族的交替变化与西迁,随着这些历史演变而来的是中西之间的直接对话,它们为中西文化交流与文明融合起到了巨大的历史作用。这一幕幕史诗般的历史长歌,其重要地域概念便是张骞曾经出使的目的地——西域。

大汉王朝：首开东西文明交流之先河

公元前1600年,商汤带领着商部落灭掉夏朝,夏朝末代君王夏桀被商汤流放到了南巢①。三年后,桀逝,桀之子淳维②携家族成员和一些部众逃亡北方茫茫草原,游牧为生、生息繁衍,逐步形成一支带有中华文明色彩又具有自己独特文化的民族——匈奴③。据《史记·匈奴列传》记载:"匈奴,其先祖夏后氏之苗裔也,曰淳维。"

在遥远的漠北,匈奴远离商朝,但心向南方。直到商灭周始,匈奴的一支部族犬戎(又称"吠夷")开始南犯周朝,但势力终究不及周朝强大,被周文王击溃;后来的周武王赶戎狄至

---

① 今安徽巢湖市(巢伯之国也),"南巢,为南方之远国"。
② 淳维,亦有称"猓鬻(guōyù)"。
③ 匈奴有不少分支,比如山戎、猃狁、荤粥等。商朝时的鬼方、混夷、猓鬻,周朝时的猃狁,春秋时的戎、狄,战国时的胡人,都是后世所谓的匈奴。还有人把鬼戎、义渠、燕京、余无、楼烦、大荔等民族也归为匈奴。

洛水以北的鄂尔多斯高原,迫其进献臣服,但北方匈奴南下骚扰不断,成为中央王朝北疆的不安定因素。直至冒顿单于崛起,匈奴开始了与中央王朝的大规模较量。

公元前209年,冒顿单于[①]杀父自立,统率匈奴各部忍辱负重、厉兵秣马。强大后的匈奴开始快速扩张疆域,东吞东胡、西逐月氏、南并楼烦,又进一步向南占领了"河南地"(河套及其以南地区),向西延伸到咸海和葱岭(现帕米尔高原),向北推进到贝加尔湖。经过一系列的大征伐,冒顿单于首次统一了北方草原,草原各族臣服匈奴,庞大强盛的匈奴帝国由此雄踞大漠南北。

冒顿单于的崛起时间在中国秦朝末期、汉朝初年,当时汉朝初立、百废待兴,缺乏对付匈奴的军事实力,只得采取"和亲"政策。但是,冒顿单于纳亲受献的同时,依然不断侵扰汉朝北疆。

高祖刘邦忍辱负重、文景二帝励精图治,汉朝渐渐国力强盛、信心雄起。汉武帝刘彻继承先祖遗愿,下决心解决北方胡患、永驻北疆安宁,拉开了与匈奴的百年征战。前有卫青"寒日征西、萧萧万马",后有霍去病"封狼居胥、禅于姑衍",驰骋千里大漠,疾风骤起、狂沙飞扬。漠北决战,毕其功于一役,一雪前耻,汉匈强弱之势逆转。汉宣帝刘询即位后的次年,节制乌孙骑兵与汉军形成东西夹击的钳形攻势,匈奴大败、损失惨重。匈奴从此一蹶不振,远遁东欧,他们南下归国的长梦碎落于茫茫蒙古草原。

北方匈奴彻底消灭之后的公元前76年,西汉势力范围挺进西域、直面大月氏,以及与它相邻的安息帝国和印度诸国。安息帝国又称波斯第二帝国、安息王朝,它是一个以波斯文化、希腊文化为主构建的国家。印度诸国与大月氏相邻的有印度-塞西亚王国、印度-希腊王国。公元前60年,汉朝建西域都护府,统辖西域诸国。公元前51年,呼韩单于向汉朝俯首称臣,宣告汉匈数百年之争结束。

西汉首开与南亚次大陆直接相邻之先河。自东向西,大汉帝国、贵霜帝国[②]、安息帝国、罗马帝国,四大帝国依次相邻,分别秉承着中华文明、印度文明、阿拉伯文明和罗马文明。从此往后,历代中国中央王朝几乎再也没有停止这种疆域与西方直接相邻接触的状态,东方文明与西方文明也开始了更为直接的衔接与交流,改变世界历史的文明融合之序幕就此拉开。

首尾相望的文明连接

注:公元73年,东汉王朝与贵霜帝国相连。形成了大汉帝国、贵霜帝国、安息(帕蒂亚)帝国、罗马帝国四个不同文明之间的大连接

---

① 冒顿单于(公元前234—前174),头曼单于的大阏氏之子。头曼单于想废长立幼,欲立小阏氏之子,便算计借月氏之刀杀之,不成。冒顿鸣镝训兵,计杀其父,自立为单于。

② 贵霜帝国:由大月氏人建立的中亚古代帝国,始于公元1世纪中叶,国祚近四百年,鼎盛时期的疆域包括现今的塔吉克斯坦、吉尔吉斯斯坦西南部、乌兹别克斯坦、土库曼斯坦、阿富汗、巴基斯坦、印度北部及中部(南邻耐萨陀河(Namade),今讷尔默达河)等。大月氏人起源于我国先秦时期的一个部落(位于今甘肃西部和新疆东部),公元前5—前2世纪初,即战国、先秦时期,大月氏人游牧于河西走廊西部张掖至敦煌一带。受匈奴打击,逐步向西后迁徙到中亚地区。东汉初期,大月氏的五部歙侯中贵霜独大,建立贵霜帝国。

　　如果说张骞出使西域，促进了西域诸国与汉王朝相互了解，开辟了东西方文明交流的通幽曲径；那么，作为中国古代中央王朝之一的汉朝，统治疆域西延至中亚，为东西方文明的交流开辟了通衢大道。随后的历代王朝不间断地续写东西方文明交流之篇章，直到若干年后，除了陆地之外，还有海上通道，中西文明交流总是涓涓不壅。

　　东西方文明的交流是我们重点关注的，我们先以简短的笔墨回顾一下中国历代王朝的西域疆土变化，同时平行地联系西方帝国的变迁，以便更好地了解东西方文化交流的历史。

　　东汉以后，我国处于分裂时期，政权更迭频繁。但不管哪个政权，一经建立，西域诸国都积极与它取得联系。各中央王朝都把西域看作自己管辖区域的一部分。之所以如此，也是与东汉王朝统一西域的历史功绩分不开的。

大唐王朝：寇可往我亦能往

　　唐朝，618年开国，从620年开始，用十年左右的时间统一了全国，结束了自隋末以来的群雄割据局面；再十年消灭北方的薛延陀、骨利干，再十年（650年）灭北方的车鼻可汗、结骨。巩固了北方疆域的大唐帝国开始向西拓展疆域，与此同时，崛起的阿拉伯帝国[①]也向东扩展疆域。在东西方向两大帝国的夹击之下，西突厥迅速瓦解。

　　658年前后，东西两大帝国在中亚大地直接接壤，展开了"相爱相杀"的直接交往，直到808年之后塔希尔王朝、吐蕃帝国之间继续延续着东西两大文明的接壤。东方的华夏文明和西方文明在这里再次直接激荡碰撞、相互交融，演绎着波澜壮阔、蔚为壮观的世纪交响曲。

　　随着大唐疆域的扩张，全国设有三百多个州，为了便于管理，大唐设立了都督州县三级行政区划，在少数民族和边境地区建立都护府加强管理。在西北地区，设"安西都护府"于龟兹城，辖区实际统治的地区西囊咸海甚至里海、北括夷播海（今巴尔喀什湖），疆域包括北印度[②]、塔吉克斯坦、吉尔吉斯斯坦、乌兹别克斯坦、哈萨克斯坦南部、土库曼斯坦、我国新疆、蒙古西侧，直接与阿拉伯和印度相接壤。

　　唐朝恢复西域管辖的时候，安西都护府南部的天竺北部土地上的戒日帝国（606—647）开始瓦解。戒日王朝施行封建制度，戒日王就是帝国境内三十多个封建藩国的盟主。封建体制的宿命就是分裂，当各藩王实力壮大时，分权割据是必然的诉求。647年，戒日王去世，戒日帝国随即瓦解。

　　与唐朝安西都护府西侧接壤的是萨珊帝国（波斯第二帝国），受到来自西部的阿拉伯帝国的扩张入侵，萨珊王朝的懦弱国主跑到邻国吐火罗，萨珊帝国几近灭亡。

　　时值唐高宗李治，唐高宗勤于政事，秉贞观之遗风，群臣辑睦、百姓阜安，国力强大无比。无法抵抗大食入侵的波斯帝国请求大唐援助复国。唐高宗觉得这是一个控制中亚的难得机会，因此设波斯都督府于波斯疾陵城（今伊朗扎博勒），利用波斯国王之子俾路斯的正统地位，帮助其复建萨珊帝国，纳波斯故地于唐朝的势力范围。但是，萨珊帝国最终还是被大食消灭，大食与唐朝两大帝国的疆土相接壤。

　　八剌沙衮，是今天的吉尔吉斯斯坦托克马克市，这是一片大漠中难得的耕牧两宜的富饶

---

①　阿拉伯帝国（632—1258），唐朝称"大食"。
②　这里的"印度"是地域概念，不是今天的"印度"国家的概念，地域包括今阿富汗境内、巴基斯坦北部。

之地,它还有一个大家很熟悉的名字:碎叶城。

		69°	
	拜占庭帝国	阿拉伯帝国	大唐帝国
	阿拉伯	波斯	南亚次大陆
欧洲		亚洲	

两大帝国相接欧亚大陆,从太平洋到大西洋

唐朝时期,碎叶城是中原通向欧洲、西亚、南亚的交通要塞,源源不绝的商队从此地经过,使得碎叶城成长为一个繁荣的商贸中心。这里有两个著名人物是读者耳熟能详的:一位是高僧玄奘法师,他西行过程中经过碎叶城中转,获得物资补充和通行国书后,继续南下穿过安西都护府的南疆进入戒日帝国。另一位是诗人李白①,当年他的父亲李客作为唐朝边防军戍守于此,并生下了李白,李白在这里度过了六年的童年时光后回到了中原。

20 世纪 80 年代,托克马克市的一位农民在田地里耕作时,发现了一块石头,上面还有一段汉字。经过考古学家辨识,它是一块佛像底座,其中提到了唐代安西副都护杜怀宝。后来经过进一步考古发掘,发现了碎叶城的城墙,总共 26 千米,还挖掘出"开元通宝"的唐代钱币和其他文物。

(图片源自丝绸之路世界遗产网站)

宋朝:历史上疆域最小的中央王朝

宋朝是中国历史上大一统王朝中唯一没有管辖西域的,不过,同为中华血脉的少数民族契丹族建立的帝国,立国号"辽",有效管控了西域,并且疆域面积延伸到更西向的咸海,继续延续着世界文明的直接交流与融合。

从辽国到蒙古人建立元朝的这段历史,是北方游牧民族与南方农耕民族之间最大规模的民族竞争时期,并且涉及多个民族,即宋朝的汉族、辽朝的契丹族、金朝的女真族、元朝的蒙古族。唐朝灭亡后,中华大地由宋、辽、金、西夏、大理、吐蕃、回鹘、黑汗等分治对峙。

---

① "甲骨四堂"之一的郭沫若经过考证,否定了陈寅恪关于李白"本为西域胡人"的说法。李白是汉人,排行名叫"李十二",家境殷实但不高显,至少应有一兄一弟经商,商业范围相当宽广,在长江上游和中游分设了两个庄口(考据"兄九江兮弟三峡"——李白《万愤词投魏郎中》诗句)。

契丹族是我国古代北方草原上的游牧民族,以游牧为主,半耕半农。关于契丹族的起源,相传兴起于西拉木伦河和老哈河流域(今内蒙古通辽和赤峰一带,辽宁省西北侧),这里也是我国古代北方文明的发源地之一;有"青牛白马"的神话故事,传说天女与仙人邂逅相爱,由此开枝发叶而有契丹族人。

辽朝是契丹族建立的王朝,曾经的疆土面积巨大,雄霸北方。辽、宋并立时期,倘若两者相安无事,或许各自的日子过得都蛮滋润的。但是,辽太宗耶律德光攻取了幽云十六州(今北京至山西大同地区)之地后,以此为基地不断南下袭掠中原,直至赵匡胤称帝建立北宋后也未停止。宋、辽之间矛盾日深,冲突迭起,两者都不能休养生息。1004年达到全盛期的辽朝,战斗力极强,甚至十几万骑兵长驱直入大宋腹地澶州[①],逼迫宋朝签下澶渊之盟。

辽宋连年战争期间,起源于东北(今哈尔滨一带)的女真诸部整合力量,于1115年起兵反辽,立国号"金",并迅速崛起。在金、宋夹击的凌厉攻势下,短短十年的时间辽朝灭亡,辽朝末代皇帝天祚帝弃"南京"(今北京)而去,仓皇逃跑到阴山山脉的最深处(今内蒙古大青山,给人感觉是要打游击),留守"南京"的天祚帝堂叔耶律淳和群臣及汉官们在春季的凉风中一片凌乱。

生死存亡时刻,耶律大石[②]毅然而出,力挽辽朝于狂澜,带头拥立耶律淳为帝,并统帅苟延残喘的辽兵北抗金朝、南抵大宋,把貌似战争形势大好的北宋军队打得找不着北。但终究辽朝气数将绝,居庸关失守,金军潮水般杀将而来,耶律大石不得不率部跑到大青山投奔天祚帝。

找到组织的耶律大石被任命为都统,带大队人马与金军厮杀。但是,却与天祚帝在如何面对金兵来袭的策略上发生了分歧,耶律大石不愿意以卵击石,主张放弃抵抗,"三十六计走为上"。1124年秋,他带领亲兵200骑夜遁西北,一路逃到可敦城(今内蒙古土拉河上游),这里地处辽朝西北,并未受金军攻击,兵力尚存。1年后,轻举妄动的天祚帝被金军俘虏,降为海滨王,辽朝随之灭亡。

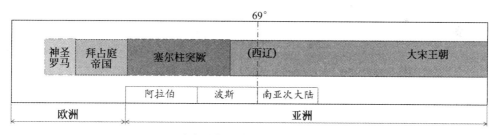

宋朝时期的多民族割据局面

(宋辽金蒙等各民族都称自己乃"中国"正统。站在"中国"这个概念的角度来说,北宋时期的"中国"绝非只有北宋,而是多民族割据、内部争夺正统的斗争;同样的原因,北宋时期割据局面并不影响东方文明与西方文明之间的交流,因为西辽的民族内核依然是中华文明)

耶律大石以可敦城为根据地,安置官吏、整顿兵马、磨砺武装、养精蓄锐,休养生息五年后,兵马已达数十万之众。1130年,耶律大石带着光复大辽的决心,带领人马向西挺进,击败尾随而至的金军,向西占领高昌回鹘,正面迎战东喀喇汗王朝(黑汗)军队,直接杀入黑汗

---

① 澶州:今河南濮阳,距离北宋都城汴京只有130千米,马匹驱步奔袭也就半天的路程。
② 耶律大石(1087或1094—1143),辽太祖耶律阿保机第八世孙,通晓契丹、汉文字,擅长骑射,西辽开国皇帝。

的中央腹地——水草丰美的叶密立①。耶律大石在这里修筑城池,建立新的根据地,很快得到周围部族的拥护,疆域逐渐扩大,东起图拉河西至叶密立河。

在西域立足两年后,耶律大石称帝,立国号辽(史称"西辽")。两年后,迁都到八剌沙衮,改其名为"虎思斡耳朵"。同时,耶律大石心怀收复故国疆土的初心,派7万骑东征金朝,行程万里。结果粮草不济,大漠荒凉,牛马死众。其实,当时新兴的大金帝国正处于事业的全面上升时期,实力大大超过西辽。同时,西域的高昌回鹘王国、喀喇汗王朝忙于内争,进入了王朝衰退的周期。

一代枭雄耶律大石复国情结满怀、凌云壮志豪迈,他或许对故国疆土之辽阔有着深深的怀念,于是把"翦我仇敌、复我疆宇"的情绪凝聚到疆域扩展之中,亲率铁骑全力西征、横扫中亚。短短的四年时间里将西喀喇汗国、花剌子模王国、塞尔柱王朝逐一征服,统一了中亚地区,成就了西域霸业。西辽疆域辽阔,东至今天的甘肃地区,与西夏接壤,西至咸海,北至今天俄罗斯的叶尼塞河流域,南至青藏高原,东南抵和阗②,西南界阿姆河。西侧与塞尔柱-土耳其人的苏丹国家为邻的西辽,成为整个中亚最强大的王国,威震中亚、名扬欧洲。有诗曰:"后辽兴大石,西域统龟兹。万里威声震,百年名教垂。"

西辽王朝,穆斯林和西方史籍称之为喀喇契丹(Qara Khitai),即"黑契丹",在西域的八十多年(1124—1211)短暂生命中,推动了中亚社会经济文化发展,也促进了这一地区多民族之间的交流与融合,把汉文化对西域的影响推向了一个新的高潮。汉、唐时期,我国汉文化对西域和中亚都产生过重大影响,西辽时期是汉唐之后汉文化在西域传播的又一高峰,对西方的影响是深刻而广泛的。

辽王朝受汉文化影响较深,耶律大石是一位汉文化修养很深的契丹贵族,不但善于骑射,精通兵法;还通晓契丹文与汉文,熟读儒家经典。29岁考取了进士,被任命为"翰林承旨",负责给皇帝起草诏书,可谓文武全才。耶律大石视西辽为辽王朝在西域的延续,保持辽王朝的传统政治制度,一律采用汉族帝王的帝号和年号,通用契丹文和汉字,其钱币上都印有汉文年号。

《辽史·历象志》载:"辽以幽、营立国,礼乐制度,规模日完,授历颁朔二百余年。今奉诏修辽史,体与宋、金拟,其《大明历》不可少也。历书法禁不可得,求《大明历》元,得祖冲之法于外史。冲之法,辽历之所从出也欤?国朝亦尝因之。以冲之法算,而至于辽更历之年,以起元数,是盖辽《大明历》。辽历因是固可补,然弗之补,史贵阙文也。"

天文历法需要运算,因此离不开数学。古书中有"契丹算法",曾被应用到各种算题中。由于在运算时,要进行两次假设,也称"双设法"③。这种算法由辽朝传入了欧洲。13世纪初,意大利的数学著作中,已有了"契丹算法"。这说明当时中国和西方在科技方面已有直接交流,东方文化的西向传播速度极快。辽朝规定五品以上官员要带算袋,说明辽人十分重视数学。

辽朝与西亚的联系更早于西辽,主要通过当时立国中亚和西亚的萨曼王朝与伽色尼王朝来实现。史书记述:天赞二年(923年),"波斯国来贡",次年"大食国来贡"。"波斯国"即

---

① 叶密立(今新疆额敏)处于东喀喇汗王朝的中心地带,与现在的哈萨克斯坦交界。
② 和阗,古名"于阗",清代改称"和阗",今新疆和田一带。
③ 又称作"盈不足术"。

伊朗古代的萨曼王朝,"大食"即阿拉伯古代的伽色尼王朝。当时辽朝与中亚、西亚已经建立了顺畅的联系,双方的经济文化联系密切。

西辽商业发达、城市繁荣,当时的斡端(今和田)、可失哈尔（今喀什）、阿力麻里(今霍城县西北,霍尔果斯口岸附近)、别失八里(今吉木萨尔)等都是重要的商业中心,西辽与内地及中亚、西欧各国均有贸易往来,从事东西方商业贸易的商人足迹远涉,东到中原,西足地中海沿岸和埃及。商业的兴盛使得西辽在亚欧大陆产生了广泛影响,中原文化也远播于中亚、西亚和欧洲,以致在西辽灭亡之后,阿拉伯史学家及欧洲史籍中仍一直以"契丹"来称呼中国。迄今为止,在一些欧洲国家的语言中犹称中国为"契丹",例如俄语(Kitay,Kitan)、希腊语(Kitala)、中古英语(Cathay)、穆斯林(Khita,Khata),都是契丹一词的谐音,俄罗斯对"中华人民共和国"的翻译是"Китайская Народная Республика"(契丹人民共和国),相传哥伦布航海的目的就是找寻传说中的契丹。

北宋时期的一些重要发明,如火药、印刷术等,经过西辽传入伊斯兰国家。在这些国家里,火药常被称为"契丹火花",当时的历史学家也常把中国人称为"契丹人"(Khatai 或 Khitai)。伊斯兰算书中的"al-Khataayn"也就是"契丹算法"的意思,实际是指"中国算法"。西传的东方文明成果,远远不止于此,我们将在后文中详细介绍。

元朝：西辽的老对头惊艳登场

1125 年,辽朝的末代皇帝天祚帝被金军俘虏,标志着辽朝的灭亡。气势正焰的金军便挥师南下,直指曾经共同灭辽的盟友宋朝。次年,金军占领宋朝都城汴梁,俘虏宋徽宗和宋钦宗(史称"靖康之变"),北宋灭亡。

以淮河一线为界,赵构的南宋与金军形成对峙态势,联合蒙古抗金百年,于 1234 年灭掉金王朝。然而,历史验证了"世事难料"的含义,南宋联合的这个蒙古帝国将成为一个中国历史上巨无霸的王朝,它一边借南宋的力量消灭辽和金,一面向西推进,把疆域扩张到了地中海。忽必烈回过头来,顺手消灭了南宋,统一了全国。

忽必烈建立的帝国取国号"元"[①],元朝疆域之大,史无前例,鼎盛时期北至北冰洋、西极地中海、东尽库页岛、南望安达曼,疆域面积有 3300 万平方千米,占据了欧亚大陆的 75% 面积(欧亚大陆陆地面积为 4400 万平方千米)。它将亚欧大陆连成一片,将三大文明古国笼络在一个帝国旗下,与欧洲次生文明地域零距离接触。

至蒙古大军西征时,中国人才知道有俄罗斯。在《元史》中,其名为"斡罗思部",又称"阿罗斯""兀鲁思""乌鲁斯",在《元朝秘史》中又称"斡鲁斯",都是蒙古语 Orus 一词的音译。蒙古西征建国,随携中国的各种手工业工匠把中国的先进技艺,如火药火器技术、铸造铜镜技术、雕版印刷技术等,传到西方。例如,在伯勒克萨雷发现过有汉字铭文的铜镜,是由中国运去的;还有一些在钦察汗国故城发现的元代铜镜,则是在当地铸造的,镌有阿拉伯字铭文。中国元代开始使用的算盘,是古代世界最简便而有效的计算工具。14 世纪时算盘已传到俄罗斯和波兰,直到 20 世纪初,仍是这些地方妇女用来计算的简便工具。

1206 年,成吉思汗统一蒙古各部,建立大蒙古国。先后攻灭西辽、西夏、花剌子模、金朝

---

① 元朝(1271—1368)是中国历史上首次由少数民族建立的大一统王朝,传五世十一帝。忽必烈取《易经》"大哉乾元"之意改国号为"大元",定都大都(今北京)。

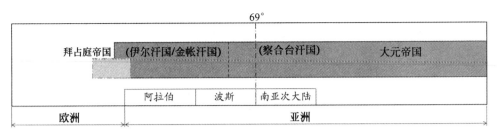

元帝国疆域图

等政权。蒙哥汗去世后，忽必烈即位称帝，建元"中统"，彻底灭亡南宋流亡政权，结束了自唐末以来长期的混乱局面。大蒙古国后来分裂，除了忽必烈的元朝外，还有四个相对独立的封地：金帐汗国（又称钦察汗国）、察合台汗国、窝阔台汗国、伊儿汗国，它们分别是成吉思汗长子术赤、次子察合台、三子窝阔台、成吉思汗孙子旭烈兀的封地。

四大汗国是大蒙古国的组成部分，各汗国君主的废立由蒙古大汗指定，疆域也不得擅自更改，以防帝国内部领土出现纷争。蒙古大汗还有权对四大汗国的军队或属民进行抽调，也就是说蒙古大汗对各汗国的军政事务具有最高裁定权，是实际的最高领导人。由此我们可以看出，在早期的大蒙古国体系内，各个封国的君主始终处于蒙古大汗的统治之下的。

论功分封为日后的分裂埋下了隐患，但是它并不影响中华文明与其他文明之间的交流。东西方交流具有广泛性，大批的人员往来充当着文化交流的主要载体，文化交流与民族融合相交织。文化交流更注重社会经济的实用性，蒙古人充当着这一时期文化交流的推动者。中国文化、中华文明经由此途径向阿拉伯、俄罗斯、欧洲传播，其中包括天文历法、数学、手工技术（火器制造、制瓷工艺、印刷术、指南针等）、绘画技艺（工笔画、水墨画、绘画风格和意境）、医学（脉学、解剖学、胚胎学、妇科学、药物学等）。在纺织技术、武器制造、制瓷技术、建筑与工程等诸多技术领域实现了双向交流，丰富了中西文明的内涵。

元朝商品经济和海外贸易较繁荣。元朝时与各国外交往来频繁，各地派遣的使节、传教士、商旅等络绎不绝。在文化方面，其间出现了元曲等文化形式，更接近世俗化。

元朝之后的中央王朝的疆域，我们就不再回顾了，此时的欧洲即将进入文艺复兴时期，中华原生文明与欧洲次生文明之间的交流与融合，已经在欧洲起到了重大的历史影响。至于影响多大、在哪些方面产生影响，我们将逐渐展开介绍。从第六章开始，我们将从几个侧面介绍中华文明与西方文明的融合，以及这些融合对欧洲近代文明发展的影响。

第六章

古国灰飞烟灭　文明多维融合

喜马拉雅山脉西方的土地上，频繁战争扫荡，给人民带来无尽的苦难，也引发文明在倾轧中消亡、在战火中交融。

印度是这场文明大交流的驿站之一，直接连接着中华文明和西方文明；阿拉伯作为第二站，开启了"百年翻译运动"，收集翻译了大量学术著作；通过战争，欧洲批量获得了阿拉伯翻译的著作，开启了持续两百年的"欧洲翻译运动"，快速提升了欧洲的科技素养。

所有的这一切，都在孕育着欧洲近代文明的萌芽。

东西方文明交流的首个驿站

行人无数不相识,折柳传播、驿客熙攘

　　兴都库什山脉是印度河与阿姆河的分界线,也是一条重要的气候和景观界线。因兴都库什山脉的阻挡,印度洋暖湿气流不能北上,两侧形成了不同的气候和植被类型。山脉的北坡山麓带主要是蒿草草原、山地灌木草原和稀疏的寒漠植被,适宜游牧;东南方向是一望无际的湿润的坡地,植物郁郁葱葱。兴都库什山脉和喜马拉雅山脉冰雪融化的山洪,裹挟着泥沙磅礴向南,渐渐形成一片山水气象适宜耕种的巨大的冲积平原,这就是印度河流域。

　　历史上,印度河流域处于一个特别的地理位置,之所以特别,是因为它处在西方文明与东方文明的连接处,它的桥梁作用注定是历史赋予的重任,无论是过去还是现在,无论是经济、文化、科技还是其他领域,它都是连接亚洲与欧非大陆的东西方文明交流的重要支点。

一片风水宝地

　　这里的"印度"是广义的地域概念,即整个南亚次大陆,包括今天的巴基斯坦、印度、孟加拉国、不丹、尼泊尔等国家。印度河流域的绝大部分区域位于巴基斯坦境内,包括当时最著名的两座城市摩亨佐·达罗和哈拉帕。所以,巴基斯坦(而非"印度共和国")是印度文明的发源地,是世界上最古老的国家之一。如今,巴基斯坦的第一大城市卡拉奇就位于印度河流域的入海口的西北部,这是一座现代和古代文化和谐共生的城市,既弥漫着古老国家特有的神秘气氛,也洋溢着蓬勃的现代气息。

　　兴都库什山是帕米尔高原的一个支脉,从中国、巴基斯坦和阿富汗交界点附近延伸到帕米尔高原,再向西南绵延,穿越巴基斯坦北部进入阿富汗境内,几乎覆盖了阿富汗的整个版图,全长1600千米,宽320千米,自古就是中亚与南亚次大陆之间的一道屏障。印度位于一块相对封闭的陆地,西北有兴都库什山,北有喜马拉雅山,东北是缅甸的阿拉干山,其他几面全是大海。印度洋的季风向北带来大量的水分,遇到兴都库什山脉和喜马拉雅山脉的多重阻挡,只能掉头返回,这样的特殊环境,造就了南亚次大陆优越的气候条件,特别适宜农业耕种,也造就了远古时期的印度河流域文明。

　　占地260公顷的摩亨佐·达罗古城,规划的12个街区井然有序,道路井井有条,民居宽敞明亮;城市内不仅有良好的排水系统,还有公用的大型浴室和蓄水池,甚至每家每户都有独立的家庭厕所(据报道,现在印度城市家庭厕所的普及率不到40%,这是在逆向成长呢?),可以想象得出,这个物产丰富的冲积平原是多么的宁静祥和、富足美满,哈拉帕-摩亨佐达罗文明达到全盛时期。

　　家有黄金、外有斗秤,富得流油的生活惹得山北面"邻居"寝食不安。

　　这个"邻居"是生活在乌拉尔山脉南部、里海北岸一带草原上的游牧部落,他们给自己民族取了一个好听的名字"雅利安"(Arya,意为"高贵的"或"可敬的")。彪悍尚武的雅利安人向周围迁徙,其中一支东迁至阿姆河和锡尔河之间的平原[①]。公元前 1500 年左右[②],雅利安人在兴都库什山脉的东部发现了开伯尔山口,更兴奋地发现了印度河流域这片肥美的土地。他们迅疾地从开伯尔山口蜂拥而下,雪崩一般冲向身材矮小、肤色黝黑的达萨人,一举拿下了这片土地,继而沿东南向南亚次大陆纵深挺进,创立了以雅利安人为主体的新文明。

西方佛教与东方哲学

兴都库什和喜马拉雅两条山脉像是两堵高高的城墙,把南亚次大陆半岛保护得严严实实。从公元前 1500 年到公元前 6 世纪,雅利安人从游牧转向农耕,学会水稻种植、铁器使用;同时,从印度河流域逐渐向恒河流域扩展。这里气候适宜、土地肥沃、外无劲敌,天时地利人和,财富不断积累。

为了巩固对社会的管控,印度地区出现婆罗门教,宣扬婆罗门至上,宣扬业报轮回、因果报应的观点,所谓的"业",意为造作,泛指一切身心活动。婆罗门教宣扬"不洁论",并对社会中的人进行阶层划分。"不洁论"认为:人的肚脐以上为干净的部位,肚脐以下为不净的部位,口最为清净,脚最为肮脏。按照口、双臂、双腿、双脚的顺序,社会人群被分成四个等级(种姓):婆罗门、刹帝利、吠舍、首陀罗[③],还有一类无种姓者,被称为贱民。种姓制度(caste system)本质上是一种以肤色划分的贱籍制度,印度的社会结构逐步分化继而进入奴隶制社会。

公元前 6—前 5 世纪时,随着经济的发展、城市的兴起,贵族和工商者的财富和势力逐渐增大,开始出现对抗、批评婆罗门教的新宗教思潮——沙门思潮。在尼泊尔国南部的释迦族中,有一位年轻人乔达摩·悉达多[④],他深受沙门思潮的影响,并立誓觉悟人生真谛、察究宇

安徽芜湖大乘禅寺匾额

在佛教寺院中,大雄宝殿就是正殿,是整座寺院的核心建筑;供奉本师释迦牟尼佛的圣像,是僧众朝暮集中修持之所。释迦牟尼佛具足圆觉智慧,能雄镇大千世界,故尊称"大雄";"宝"者,乃"佛、法、僧"三宝也。[⑤]

---

①　今塔吉克斯坦境内。

②　亦有资料称公元前 1400 年。

③　分别对应四种不同的职业:婆罗门(执掌宗教祭司、教育文化)、刹帝利(执掌军事行政)、吠舍(农工商人)、首陀罗(土著平民)。

④　乔达摩·悉达多(公元前 565—前 486),即释迦牟尼,释迦族首长净饭王之子。

⑤　此匾额系本书作者所题,扫描二维码可获得高清图像;作品可供佛门之禅院寺庙或各类佛学活动免费使用,作者无著作权之诉求。

宙真相,为众生寻求一种能够解脱生老病死烦恼的办法,进而建立了一种新宗教——佛教。35 岁那年(公元前 530 年),他禅悟觉醒,吸收生死轮回、因果报应的思想。他相信人人都可以通过自身的修养成为觉悟的人(成佛),而不是接受生来就有种姓等级的命运。

相对于婆罗门教的等级决定终生、生而不能平等的思想,佛教强调"法下平等",即人们可以通过修行而成为佛,从底层上升到顶层。这种教义极大地吸引了底层民众的兴趣,为他们指明人生的努力方向,深受苦难中的印度民众的欢迎。

差不多同一时期,在遥远的东方古国也有一位先圣在著书立说、形成儒学思想,并于公元前 520 年(比释迦牟尼晚大约 10 年)开始收徒讲学,公元前 496 年开始周游列国,宣扬儒家思想。这位先圣就是孔子。

在孔子之前有老子,孔子之后有孟子、庄子等,也就是在这前后 300 年的时间里,中国连续诞生了几位至圣先师,他们思考人生之理、思考自然之道。

老子(公元前 571—前 471),强调道法自然,天地人道是统一的世界整体,人要循着天性行事,纯朴自然不妄为。

孔子(公元前 551—前 479),强调"修己安身",关注人的社会属性:己所不欲勿施于人,坚守"仁""义""礼""智""信",追求内圣外王的境界。强调知天命的重要性,"君子有三畏:畏天命、畏大人、畏圣人之言,小人不知天命而不畏也,狎大人,侮圣人之言",强调人的主体性,即人本主义精神。

墨子(约公元前 480—前 390),强调"天志明鬼":天有意志,赏善罚恶;人生:非命尚力;军事:非攻救守;认识:耳目之实。宜"兼相爱,交相利",勿"别相恶,交相贼"。

孟子(公元前 372—前 289),强调顺天命,"以仁为本",天道、性善、仁政,"顺天者昌、逆天者亡"。天意不可抗拒。"诚者,天之道也",诚是天的本质属性、人性固有道德观念的本原。

庄子(公元前 369—前 286),强调"无为而治",顺从天道,摒弃人为;认为道在万物,万物平等;主张齐物我,齐是非、齐生死、齐贵贱,"天地与我并生,万物与我为一"。

荀子(公元前 313—前 238),"天人相分",性恶论,主张人性有恶;强调制天命的自然天道观,认为"天行有常""制天命而用之",否认天赋的道德观念,认可后天环境和教育对人的影响。

东西方文明的交流

方向不同、方式迥异

中世纪之前,航海技术尚未成熟,要想进入印度只有一个选择——翻山越岭、出生入死。能够克服如此艰难险阻、冒着生命危险也要进入印度的,只有一种人——具有坚强信念的人,例如来自西方的侵略者和来自东方的取经者。

古代印度处在这种宜家宜居的生活环境下,风调雨顺,想不丰衣足食都是比较难的事情。区域的富裕引起了外部力量的注意,招来波斯人、马其顿人、罗马人、奥斯曼人轮番入侵。波斯帝国引发了两河流域、尼罗河流域与印度河流域之间的文化交流,亚历山大帝国引发了希腊、两河流域、尼罗河流域与印度河流域之间的文化交流。

若干年后,罗马帝国被来自东方的北匈奴人打得一败涂地、帝国覆灭,也算是来自东方的力量为印度人解了杀身之恨。北匈奴人惨败于中国汉朝军队的严厉打击,也算是他们反复南下烧杀抢掠的罪孽深重的报应；他们被汉朝反击得魂飞魄散，被迫西迁，从这个意义上讲，还是中国汉朝人为印度人报了国破家亡之仇。是否也应验了佛教的"因果报应"之说？

与来自西方的不断入侵、残杀相比，来自东方的则是另外一幅祥和景象。历史就是这样鲜明地呈现，以印度为参照点：

由西向东，是暴力、强权输出，征服、镇压、掠夺、殖民；军队冲进来，不分老幼妇孺、不分尊卑贵贱，一律只是军刀下的草芥，割掉一片都不带眨眼的。从波斯帝国到近代欧洲殖民，哪一场入侵是和风细雨的？当然没有。次生文明的这种社会现象，直到19世纪中期有人将其总结为社会达尔文主义，物竞天择、弱肉强食、适者生存、劣者淘汰，并认为丛林法则是促进社会进步的方式。

由东向西，是商业贸易、文化交流，和平共处、相互尊重；商人做生意讲究公平互惠，文人交流学习讲究开放包容。有人说，如果没有中国人博大的胸怀和开放包容之心，印度的佛教怎么可能在中华大地传播？也是有道理的。华夏文明的处世哲学自春秋时期已经形成，引导着人们心怀敬畏之心，敬畏彼此、敬畏自然，和谐共处、和而不同。

文明融合的典范：平等交流

大自然做了一个有远见的安排，特意在兴都库什山脉和喜马拉雅山脉交汇之处，留下一条狭长的走廊，通向东方的中国，东方与印度这两个文明之间的交流也是顺理成章的事情。

佛教重视人类心灵和道德的进步和觉悟，发现生命和宇宙的真相，最终超越生死和苦痛，断尽一切烦恼，得到心灵解脱。这种注重个人修行的宗教理念与东方的修己安身、天人合一的哲学思想相融互通，所以吸引了东方世界的关注，通过学习交流的方式，佛教在东方世界广泛地传播。

公元前3世纪，孔雀王朝阿育王大力弘扬佛教，派遣僧徒四处布教，佛教遂传至印度北部的克什米尔、犍陀罗一带。公元前138年，张骞出使大月氏，正式凿开了中西交通。公元年前后，佛教东越葱岭（今帕米尔高原），经新疆传入中国。经过一百多年，中国境内的佛教已经有了相当大的规模。

东汉末年的汉桓帝（147—167）、汉灵帝（168—189）时期，来到我国的外国僧人安世高和支娄迦谶开始翻译介绍佛教小乘禅法和大乘般若学方面的许多经典，这是我国最初的一批汉译佛典。

260年，佛祖释迦牟尼诞生将近1000年后，印度迎来第一位来自中国内陆腹地的自费留学僧人。朱士行[①]从陕西西安出发，西渡流沙，既至于阗，廿三年后，得梵书正本九十章，遣弟子送经梵本还归洛阳。

400年，东晋法显率一众11人进入印度，在印度周游十年后回国。

631年，唐朝玄奘进入印度，十三年后回国，著有《大唐西域记》。

671年，唐朝义净到达天竺，在印度先后留学、研究、考察，廿四年后回国。著有《大唐西域求法高僧传》《南海寄归内法传》。

---

① 朱士行（203—282，河南许昌人），法显（334—420，山西临汾人），玄奘（602—664，河南洛阳人），义净（635—713，山东济南人，一说北京城西南人）。

中国僧人们学为经笥、文为世珍,他们到印度学习取经的同时,一方面,把中国的数学和科学技术带到印度,包括十进制、算筹、医学、历法等;另一方面,把印度文明的资料带回中国(跋山涉水、西天取经的法显、玄奘、义净等大师,他们身后的经笈就像现在的 U 盘一样,往返都装满了文件啊,沉甸甸的)。在婆罗门祭礼的影响下,印度的历法得以充分发展,数学也必然具有相对应的发展状态。再加上与中国的佛教交流和贸易的往来,特别是与中国的数学互相融合、互相促进,印度数学进步的速度加快。宗教的发展,在一定程度上带动数学的发展,这也是印度数学的发展始终与天文学有密切关系的原因,其数学作品大多刊载于天文学著作中的某些篇章。

五万里明真谛尽空诸相,千卷经释法雨普润众生

6 世纪的隋朝,出现了一些解释印度数学的著作,说明去西天取经者或者印度佛教传教士,他们带来了一些印度文化,其中包括数学知识。同样的,印度的数学家们,也深受中国数学的影响,著作中也经常出现中国的数学成果。例如:

3 世纪的天文学家王蕃,他的主要贡献是算出了圆周与其直径之比,他把这个比值记为 142/45,或 3.1555。《海岛算经》也属于这个时期的著作。书中有这样一个问题,"试确定从海岸到一海岛的距离",这个问题在两个世纪之后出现在阿利耶毗陀的著作中。

6 世纪张丘建的《张丘建算经》[①]是一部精湛的数学论著,人们认为它对后来的印度数学家可能有很大的启发。后来的印度著作与《张丘建算经》极其相似。例如,印度的论著中有张丘建所说的百禽的问题:"一只雄鸡价值 5 文钱,一只雌鸡价值 3 文钱,三只小鸡价值 1 文钱。若有 100 文钱买 100 只家禽,每种可买多少?"这个问题曾出现在马哈维拉与巴士卡拉的著作中。这证明印度数学与中国数学是有密切联系的。至于谁居先的问题,曾经有过热烈争论,根据米卡米的意见,应予中国人以居先之权。

在双方的文化交流和人员互访的过程中,佛教传入中国,中国的纸张、丝织、印刷技术等也经此路传入印度地区。

---

① 张丘建的《张丘建算经》是中国约 5 世纪的数学著作,现传本有 92 问,比较突出的成就有最大公约数与最小公倍数的计算,各种等差数列问题的解决、某些不定方程问题求解等。卷下最后一题是世界著名的百鸡问题:"今有百钱,鸡翁直钱五,鸡母直钱三,鸡雏三直一,百钱买百鸡,问鸡翁、母、雏各几何?"

西方文明的大交融：亚历山大帝国

出生皇家、自带光环，叱咤风云、气吞河山

与人斗其乐无穷

西方科学史上有四位著名的人物，他们是师徒四代：苏格拉底、柏拉图、亚里士多德、亚历山大，前三代都是历史上著名的哲学家、自然哲学家。

亚历山大，西方四大军事统帅之首，史称"亚历山大大帝"。他对未知土地征服的兴趣远远大于对未知科学探索的兴趣，甚至到了狂热追求的程度。成为马其顿国王之前，亚历山大对父亲腓力二世不断征服新的土地而感到难过，因为"都被父亲征服完了，我可怎么办？"

公元前335年，亚历山大率领东征军横扫欧亚大陆，向东征服巴尔干半岛、远征至印度，脚踏世界三大文明古国的大军止步于世界上另一个伟大文明的边境——喜马拉雅山脉西侧的兴都库什山脚下。这是亚历山大从未见过的高度，海拔8125米的南伽峰黑云没顶；它身后的东方，海拔8611米的乔戈里峰若隐若现、神秘莫测。巍然屹立的雪山之神背后，就是赳赳大秦帝国。亚历山大征服印度的公元前325年，秦惠文王正雄心勃发、壮志凌云，自称秦王，成为秦国第一位君王；也是那一年，诞生了大秦帝国的另一位君王——秦昭襄王嬴稷。两位大秦君王都心怀王图霸业，演绎了轰轰烈烈的励精图治、共谱华章的壮烈史诗。若干年后，一代帝王嬴政君臣合璧、连横破纵，一统万里华夏、成就千古帝业。

亚历山大帝国跨越欧亚非三大洲，只存在短短的十几年时间。它给中东和印度人民带来了深重的灾难的同时，无意之间开启了西方思想文化的大规模冲撞和交融，使东部的天文学和数学知识也传入西部，丰富了希腊的知识宝库，希腊文化也迅速传入伊朗、美索不达米亚、叙利亚、以色列和埃及。在亚历山大帝国建立之前，希腊文化仅以缓慢的速度传入这些地区，更从未影响波及印度和中亚地区；相反亦然。亚历山大征服了阿拉伯半岛之后，尽管他对学术没有兴趣，但是对希腊文明做了一件非常有历史意义的事情，他把巴比伦人的观察实验方法和数学方法引入了希腊，诱发了希腊的学术大论战。因为基于数学理论的结果与实际观察之间存在不可能的调和，导致天文学分成了两个派别，其中一个派别就是托勒密关于天体运动的数学方案，极大地促进了希腊的天文学研究。

战争给人民带来了不可磨灭的灾难，同时也不自觉地充当了文明传播的工具，亚历山大帝国以军事手段突破了地域的界限，将尼罗河流域、两河流域、印度河流域的文明与希腊文明相连，客观上推动了东西方文化、经济的交流，促进了不同地区人们的智慧沟通，产生了深远的影响。在亚历山大去世后，作为文化中心的巴比伦处于塞琉西王朝新的统治之下，巴比伦人、波斯人、希腊人和印度人在这里相互接触。

在亚历山大帝国这个史无前例的超级巨大的平台下，西方哲学与埃及、西亚的数学、天文学知识相结合，使希腊的自然哲学发生了突飞猛进的发展。更重要的是，不经意之间，催生了一种新型文明的到来——希腊化文明时代(公元前 323—前 30 年),大量的自然哲学成果得以交融、发展。

在以阿姆河为中心的地区活动长达三个世纪之久的巴克特里亚和印度-希腊人,他们孤悬中亚和印度西北部,在坚持希腊文化和民族特征的同时,融合波斯文明、印度文明和北方草原游牧文化因素,形成了"远东希腊化文明圈"的多元文明。阿姆河流域是"丝绸之路"北路穿越而过的地区,该地区凭借与希腊的历史渊源,成为东西方文明的接触与交融的桥梁。

在亚历山大帝国之前,环地中海之间的交流已经出现,例如希腊世界出现过两次大规模移民潮,大量移民至意大利南部、黑海、小亚细亚沿岸;随之而来的是学者的游学,最早如梭伦[①],之后有更多的学者加入中东游学的行列中。例如,希腊著名的数学家、哲学家毕达哥拉斯曾在巴比伦居住十二年之久,潜心研究天文学、数学和音乐;泰勒斯[②]等人曾游历近东的许多地方;希罗多德[③]围绕地中海游历,北至黑海北岸,南至埃及南端,东至两河流域下游一带,西至意大利半岛和西西里岛。

但是,在亚历山大帝国之前,欧亚大陆诸文明之间已有所接触,远在欧亚大陆两端的两大文明中心——希腊和中国互有传闻,但一条连接东西方两端的纽带或通道还未形成。相互间的了解难免肤浅、偏颇甚至谬之千里。中国对西方世界的想象大概不会超出《山海经》《穆天子传》内容的范围。希腊方面虽通过波斯帝国对埃及、巴比伦、印度等古老文明地区均有所知晓,但对真正的中国,仍一无所知。"赛里斯"就是当时的希腊人对东方一个可与北印度相提并论的国家的称谓,认为遥远的东方有一个产丝之国。亚历山大只知印度之外是大洋,是东方大地的尽头,并不知锡尔河之外的东方还有一个大国的存在。他对东方世界的认识与一个多世纪以前希罗多德时代的希腊人并无多大区别。

西方文明的相互交融

在亚历山大帝国时期,文明交流规模更大、更广。无论是数学方面还是天文学方面,希腊化时代的学者们以更为开放的态度对待其他文明的成果,吸收并提高自身的文明水平。例如,希腊数学家曾经不愿意把无理数看作数,所以他们的几何学是一种定性的描述;他们借鉴了巴比伦人的无理数思想之后,在长度、面积和体积的计算中进步极大,进而形成了三角术,这是希腊数学的巨大进步。除此之外,数学家们接受埃及和巴比伦的数学知识,解决了许多难题,实现了数学的快速发展。例如希腊人采用了许多巴比伦人的天文观测资料和研究成果,从基德那斯(古巴比伦天文学家)那里吸收了 251 个朔望月等于 269 个近点月的说法,以比较准确的数值算出阳历年、阴历年及恒星年的长度,制作了更为精确、能够供天文研究者用的月球仪和太阳仪,并按照巴比伦的方式把天文仪上的圆周分为 360 份。此外,希腊人还从巴比伦人那里获得了关于各大行星与地球间距离的正确次序。在天文运算方面,希腊天文学家采用巴比伦的六十进制分数,大大简化了计算过程,这种做法最早见于托勒密

---

① 梭伦(Solon,约公元前 640—前 558),希腊政治家。
② 泰勒斯(希腊语:Θαλῆς,Thalês,英语:Thales,约公元前 624—前 546)。
③ 希罗多德(ΗΡΟΔΟΤΟΣ,约公元前 480—前 425),希腊旅行家。

的《天文学大成》①中。

　　希帕克②是三角学的奠基人。他继承了巴比伦人的做法,把圆周分为 360 份,把它的直径分为 120 等份,圆周和直径的每一分度再分成 60 小份,每一小份再继续按巴比伦人的六十进制往下分成 60 等份。按照这种方法,对于有一定度数的给定的弧,希帕克就能给出相应弦的长度数。

　　海伦③在几何学、代数和算术方面卓有成效。海伦在继承前人研究的基础上,大胆采用了埃及人的公式,并把埃及人关于近似值的方法运用到自己的研究中,其代表作有《测地术》《体积求法》《几何》等。在《测地术》中,海伦运用了许多埃及人关于平方根和立方根的公式,以此来解决实际测绘工作中的面积和体积的运算问题。在《几何》一书中,海伦沿袭了埃及人和巴比伦人的习惯,用面积和长度来代表计算上的某些未知量。因此,在该书中经常会出现诸如加一块面积、一个周长和一个直径这样的话语,而当他说用一个正方形乘一个正方形,意思是要求两个数值的乘积。海伦把面积与线段进行相加的做法,常常被认为是希腊几何衰落的开始,但也是算术和代数开始脱离几何学成为独立学科的最初表现。

　　丢番图④的著作大多失传,现在保留下来的只有《算术》的一部分。该书是一部个别问题的汇集,一共有 189 个问题,共有 50 多种类型,每个问题都有不同的解法。在解题的方法上,丢番图明显受到巴比伦人的影响,但是他并不是简单地照抄巴比伦人的方法,而是在巴比伦人的基础上,创造了一套运算符号,使运算过程更加简便。

　　总的来说,希腊化时代的自然哲学之所以取得如此辉煌的成就,一方面是由于古典时代的希腊人积累了许多这方面的成果;另一方面则是由于希腊人摒弃偏见,吸收了其他文明的科学成果,从而开创了这一科学发展史上的辉煌时代。古巴比伦和古埃及在科学发展方面已经有很高的成就,但是在希腊化时代之前,这些知识很少被希腊人接受。如在数学方面,巴比伦人在求解确定方程上有一套独特的计算技巧,但这种技巧曾经被柏拉图排斥于数学之外。

　　经过罗马人的摄取,希腊文化被换上新装,受到了更多人的青睐,其中包括叙利亚、埃及等地区。只要是亚历山大征服过的土地,都有他留下的痕迹,包括希腊文化的传播。

　　亚历山大大帝横扫波斯帝国,进入帕米尔高原北侧的费尔干纳谷地,直抵锡尔河畔,将势力范围延伸至中亚。公元前 329 年,极远亚历山大城⑤建立,希腊化时代开启,喜马拉雅山脉以西的欧亚非古老文明的交流融会的序幕渐渐地拉开。

　　费尔干纳谷地就像水滴形的皮囊酒壶,胡占德靠近“壶口”的颈部,邻“中亚母亲河”锡尔河之阴,地理位置十分特殊。向西浅出,即进入一马平川的图兰平原,远眺里海沿岸平原、直达地中海。向东深入,一片郁郁葱葱、广袤肥沃的绿洲,咫尺隔坐的阿赖山脉积雪浮云端、崔嵬阴岭秀,纵横东西的天山山脉皎洁碧莹、气象万千。一百多年后,随着丝绸之路的开通,这

---

　　①　《天文学大成》又称作《数学大汇编》。

　　②　希帕克(Hipparchus,? —公元前 127),生活于大约公元前 140 年,希腊天文学家。

　　③　海伦(Heron,公元前 10—75),希腊数学家。

　　④　丢番图(Diophantus,约 246—330),希腊数学家。

　　⑤　目前,无考古学的证据可以证明存在极远亚历山大城。传说中的极远亚历山大城所在地是胡占德(Khujand,又译为“苦盏城”),是今天塔吉克斯坦的第二大城市。

里成为连接中国与地中海地区的"古丝绸之路"重镇,继而成为东西方经济、科技、文化、宗教交流的前哨之一。

喜马拉雅山脉的东西两侧,历史性的巨变在空间维度上平行地衍生,彼此之间既独立发展、又相互交流。亚历山大出生的同一年,秦孝公在商鞅的辅佐下开始实施一整套变法求新的发展策略,废井田、开阡陌、重农桑、奖军功、统度量、建县制等,国力日盛、大功初成。亚历山大越过兴都库什山脉的次年,秦惠文王任命张仪为相国,以"连横"破"合纵"的外交策略,开地数千里,伟业初开。一个世纪以后,秦始皇统一六国,书同文、车同轨,帝业初创,华夏九州成为一个政教文化一体化的世界。

与此同时,喜马拉雅山脉东方的更广阔的土地上,中国古代的数学已经建立基本框架,几何学与逻辑推理知识已经基本形成。那个时候的中国,数学水平完全傲视全球,无人能及,即使希腊、巴比伦、古埃及、印度这世界四大文明的数学与自然哲学水平加在一起,也好似远远仰望喜马拉雅山峰一般高不可及。

在印度河冲积平原上豪迈驰骋的亚历山大,此时已经拥有 500 多万平方千米的土地,成为喜马拉雅山脉西方的最大帝国。不过,这个巨大帝国并非前无古人、后无来者。在亚历山大帝国建立之前,曾兴起一个波斯帝国;在它身后四百多年后,还有巨大的罗马帝国、波斯第二帝国、阿拉伯帝国、奥斯曼帝国闪亮登场。

西方文明的大交融:罗马帝国

无远弗届的疆域观念带来文明的有生于无

罗马帝国的崛起

古罗马发源地

罗马帝国[①]是一个跨越公元纪年、近一千五百年历史的超寿帝国,又是以地中海为中心,跨越欧、亚、非三大洲的超大帝国。其所占的区域涵盖了喜马拉雅山脉以西地区的主要文明区域,包括巴比伦、埃及、希腊、罗马,以及与近代科技发展直接相关的西欧、东欧等地区,囊括了建立"国家"概念后的英国、法国、德国、意大利、葡萄牙、西班牙、荷兰、比利时、瑞士、奥地利、捷克、匈牙利、希腊、罗马尼亚、保加利亚等国家。

罗马帝国于 1 世纪兴起,到 395 年分裂为两个帝国:西罗马帝国、东罗马帝国,西罗马帝国是我们重点关注的,因为它涉及希腊文明向欧洲文明的过渡。

亚平宁半岛(又称"意大利半岛")整个就是一座狭长的大山,亚平宁山脉贯穿半岛,大山下来的水分别流向半岛的东西两边,进入地中海。山脉上有三条主要的河流,即台伯河(又称特韦雷河)、波河和阿迪杰河。其中,台伯河向南穿过一系列山峡和宽谷之后注入地中海,

---

① 罗马帝国(公元前 27—1453),395 年分裂为两个帝国:西罗马帝国(395—476)、东罗马帝国(395—1453)。

古罗马文明就起源于台伯河的入海处。

欧洲环地中海一带散落着不少城邦(例如雅典、斯巴达、奥林匹亚等),那时并没有国家的概念,希腊本身就不是一个国家,而是众多城邦的统称,小国寡民、城邦自治;也没有子民的概念,人们往来自由,想进来立刻就是这个城邦的人,明天不高兴了,想走也不拦你。在欧洲各地城邦中,希腊城邦是相对较早开化和富裕起来的,希腊开始在环地中海一带殖民。那时,意大利半岛中的罗马只是一个小小的村落,罗马人虚心向希腊人学习,复制和仿效希腊,有条件的家庭请希腊人教孩子知识,因为希腊人聪明、智慧、有知识。

靠山吃山、靠海吃海,古罗马背靠大山、面向大海,资源相对丰富。被希腊人占领和统治,生活变得富裕也就是顺带的事情。富裕之后,人口增多,古罗马城邦开始想到扩展。因为大山中不能种庄稼,大海里的鱼儿也不是召唤一下就能来的。一方面,地中海北岸的这片土地,渐渐地不再能够提供充足的财富,以满足对富足生活的日益膨胀的追求;另一方面,罗马的新统治者,原本就有殖民的经验,也体会到了殖民所能带来的巨大收益。追求财富的欲望、殖民敛财的诱惑,在这种双重刺激下,罗马的对外扩张成了一种历史的必然。

从罗马共和国到罗马帝国

自公元前 5 世纪初开始,古罗马人先后战胜拉丁同盟中的一些城市和伊特拉斯坎人等近邻,又征服了意大利半岛南部的土著和希腊人的城邦,成为地中海西部的大国。随后,又连年征战,不断扩大罗马共和国疆土,成为一个环地中海的多民族、多宗教、多语言、多文化大国。

公元前 44 年,凯撒大帝遭人刺杀死后,屋大维成为事实上的皇帝,公元前 27 年,罗马共和国结束,开始进入了罗马帝国时代。

经过几十年的休养生息,罗马帝国达到极盛,经济空前繁荣,再次发动侵略战争,于公元前 1 世纪前后扩张成为横跨欧洲、亚洲、非洲的庞大罗马帝国,疆域达到顶峰:西起西班牙、高卢与不列颠,东到幼发拉底河上游,南至非洲北部,北达莱茵河与多瑙河一带,地中海成为帝国的内海。

罗马帝国在建立和统治过程中,吸收和借鉴了先前发展的各古代文明的成就。在西方文明发展史上,罗马帝国起着承前启后的作用。

在西方文明发展进程中,罗马帝国最重要的贡献有两方面:前半期的罗马律法和后半期的基督教。

基督教在罗马的合法化始于公元 313 年,君士坦丁发布"米兰敕令",扶植基督教成为罗马的国教,基督教的势力和影响迅猛发展。基督教的教会建立独特的组织体系:实行带薪专职的教阶制,就像政府管理层一样有层级(教皇、枢机主教、主教等);实施独立的统治体系:实行独立的收税制度,管理世俗社会事务。教皇和罗马帝王平起平坐,罗马帝国变成基督教的天下。

中世纪——黑暗世纪

汉朝的蝴蝶掀起了欧洲的波澜

原本住欧洲北部的"日耳曼蛮族",大致分布在今天的德国、瑞士、比利时、荷兰、英伦三岛和北欧四国境内。日耳曼人、东欧的斯拉夫人被罗马帝国压缩至北欧,原本与罗马帝国相安无事。但是,遥远的东方,中国的西汉王朝的一项政策,激起了欧洲澎湃汹涌的波澜,最终导致西罗马帝国灭亡。

春秋战国直到汉朝,中国北部匈奴长期袭扰中原地区,汉朝下决心与北匈奴死磕到底。直到汉和帝时期的公元 91 年,窦宪、耿秉率八千骑兵北伐,大破北单于,斩杀北匈奴将士 1.3 万人。北匈奴遂亡,北单于率领残部,一路向西遁逃。

北匈奴退出漠北,越过阿尔泰山西迁,经历了一个漫长的历史过程。4 世纪中叶,匈奴进入欧洲东南部,剽悍的北匈奴人极具战斗力,它的西迁,直接驱动了北欧人的迁徙浪潮。

匈奴族西迁,不仅使本民族由游牧生活方式向农业生活方式转变,而且还将本民族的青铜文化和中华文明带入欧洲,形成了中华文化与波斯文化、希腊文化、罗马文化以及印度文化的空前大融合,印度佛教传入东方,中国冶铁、养蚕、纺织技术传入西方,在丰富了欧洲文化的同时,也促进了中华文化的多元发展。随着西迁的深入和时间的延续,东西方文化、草原文化与城市文化的碰撞交融,最终使匈奴完全融合在欧洲文化之中,而世界文化史正是在多元文化的交流中丰富、发展、进步的。

5 世纪初,匈奴等大批民族涌入日耳曼人的地盘,促使日耳曼人南下进入西罗马境内攻城夺地。日耳曼人侵入西罗马的本意只是想拥有一块肥沃的土地,安居下来、享受人生。只要有土地城池,日耳曼人承诺拥护罗马帝王的统治权力和地位。罗马皇帝于是就分一块地给进来的日耳曼人,反正家大业大,给一块地落个安稳,不过就是多个人多双筷子的事。结果日耳曼人蜂拥而至、越来越多,西罗马皇帝能够支配的土地就慢慢地分完了,西罗马帝国就这样慢慢地安乐死了。476 年,日耳曼人终于反客为主,发动起义,罢免皇帝,西罗马帝国覆灭。

这个时候日耳曼人猛然想起来,皇帝没有了,这片土地忽然就没有人来管理了。日耳曼人不识字、不懂得如何统治和经营这个帝国,于是决定找一家"物业"公司来管理。他们看上了教会,因为教会有一套完整的体系,而且他们似乎有通天的能量,上明耶稣、下达教徒,这是一个现成的 Government("政府",即为管辖、控制的意思),管理能力很强啊!

教会统治时代来临

西罗马帝国被消灭,但是教会却被保留了下来,专职承担政府管理的职能。基督教会承接了这么个大业务,也是蛮敬业的。

在教会对社会进行治理的整个历程中,他们渐渐地意识到需要一套更加令人信服的理论支撑,需要从思想上改造民众,确保教会管理权的稳定和社会的长治久安。教会把古希腊的自然哲学思想保留下来,进行整理研究,丰富和完善基督教的教义。当时的人们对希腊的自然哲学思想是带着崇敬的心情对待的,而且自然哲学原本并没有带有阶级性、政治性、宗教性。所以,教会融入自然哲学来包装基督教义,这是很有蛊惑力的聪明之举。

教会认为古希腊关于宇宙的自然哲学认知是上帝指明的部分真理,基督教的教义才是最完整的。例如,用托勒密提出的地心学说来佐证基督教义:上帝根据自己的形象创造人,又创造日月星辰,"人居住的地球在宇宙中心,上有天堂、下有地狱";随后,重点来了:"人来到世界是因为上辈子作了孽,上帝让你来到这里赎罪"(基督教的原罪论),你需要教义的引导,把你引向真理、辨明真理。

所以,基督教革新教义一千多年后,哥白尼提出日心学说的新宇宙图景,遭到教会的残酷打击,就可以理解了。因为这种学说动摇了人们对基督教义的信任,也就动摇了基督教的根基,细思极恐!

教会与国家体系无间隙地绑定在一起,君权神授、政教合一,用思想禁锢你的灵魂、用强权驱动你的身体。这种被压抑得无法呼吸的绝望,到今天还深深地埋在西方人的集体记忆之中。在一些西方电影包括科幻片、动画片中,还会出现教皇一样邪恶的角色,与首领一起甚至越过首领直接掌控一切,可怕得令人不寒而栗。

11 世纪之前常称为"极暗时代",这时的西欧在基督教神学和烦琐哲学的教条统治下,人们失去了思想自由,生产墨守成规,技术进步缓慢,数学停滞不前。11 世纪以后情况才稍有好转。

529 年,东罗马帝国皇帝查士丁尼勒令关闭雅典的学校,严禁研究和传播数学,数学发展受到沉重的打击。此后数百年,欧洲值得称道的数学家屈指可数,而且多是神职人员。欧洲教育为教会所垄断。为了培养神职人员,教会在地方兴办神院学校,在教区设立主教学校。

一座建筑见证的纷乱

532 年开始修建的圣索菲亚大教堂,位于东罗马帝国首都君士坦丁堡(今土耳其伊斯坦布尔),是东正教牧首所在地以及加冕典礼的首要场地,同时也是东罗马帝国的皇家庆典举办场所。

1202 年,第四次十字军东征,君士坦丁堡被洗劫,圣索菲亚大教堂内的圣物被亵渎,同时被改成天主教大教堂。

1261 年,拜占庭人重新夺回君士坦丁堡,圣索菲亚大教堂重新改回东正教大教堂。

1453 年,奥斯曼帝国攻入君士坦丁堡,灭了拜占庭帝国,圣索菲亚大教堂被改建成清真寺,周围修建了 4 座高大的唤拜塔。并于 1609 年在它的对面修建了一座圣智教堂——蓝色清真寺。两座大型建筑隔街相望,气势恢宏。

圣索菲亚大教堂

1932 年,奥斯曼帝国被推翻,土耳其共和国力推世俗化改革,圣索菲亚大教堂被改建成博物馆,此后它逐渐成为土耳其最负盛名的旅游景点之一。

2020 年 7 月 2 日,土耳其国务委员会宣布将在 15 天内做出裁决,是否将圣索菲亚大教堂博物馆改为清真寺,此举遭到欧盟成员国希腊的激烈反对,指责土耳其为"狂热的民族主义和宗教情绪";受到东正教国家俄罗斯政府的关注,遭到盎格鲁-撒克逊(Anglo-Saxon)族裔建立的国家——美国政府的"敦促"。

2020 年 7 月 10 日,土耳其最高行政法院作出裁决,废除了 1934 年通过的将圣索菲亚大教堂变为博物馆的内阁法令。2020 年 7 月 24 日,圣索菲亚大清真寺重新对外开放。

已经到 21 世纪了,围绕着这座建筑依然存在纷争,可见背后的宗教执着是多么的持久,更何况当年。其实,何止宗教纷争,战争、饥荒、瘟疫和基督教对文化的压抑,多重因素向欧洲扑面而来。

自然哲学停滞不前

在托勒密之后,希腊自然哲学的黄金时代随之过去,一段智慧停滞的时期接踵而来。

4世纪前半叶,出现了两位数学家,即派帕斯以及狄奥芬塔斯。派帕斯著有《数学集》,内容包含立体几何、高次平面曲线和等周问题;狄奥芬塔斯著有《算术》,主要关注代数,包括一元二次方程求解和一次不定方程。

5世纪,罗马帝国已经成为西方世界之主,领地从幼发拉底河一直伸展到直布罗陀海峡,从尼罗河直到不列颠海岸。庞大的罗马帝国,数学和自然哲学却衰落到了最低谷,其成就甚至在兴盛之极时也是平凡无奇的。罗马人的意识在任何时候都是极端实际的,他们不太关心智慧的追求,而这种追求却曾在古希腊人中产生过丰富的不朽成果。

罗马人的需要是极少的,只需要食物与娱乐,大部分人除此之外就什么都漠不关心。罗马法律的执行,特别是在规定遗产继承权方面,需要某些计算技巧,结果罗马人就成了使用各种计算方法的老手。在艺术、文学和法律方面,罗马给我们留下了宝贵的遗产;但是,在共和国的前几个世纪里,对数学或自然哲学的发展贡献很少,罗马人的几何学难以超越土地测量中的那些简单法则,诸如建筑师和测量者所需要的那些法则。

欧洲坠入人类历史上最漫长的思想苦难之中,黑暗的中世纪到来了。

残雪声中夜,省识东风面:秋稔尽囊

亚欧非的文明成果向欧洲集聚

当东方的众多数学家、天文学家潜心研究,不断取得巨大研究成果时,欧洲的数学与自然哲学处于停摆状态。这一期间,喜马拉雅山脉西方的土地上,发生了五个重大历史事件,直接或间接影响着欧洲的文艺复兴运动和近代科技发展进程。

重大历史事件之一:阿拉伯帝国崛起

632—1258年,阿拉伯帝国崛起,这一阶段几乎与欧洲蒙昧的中世纪时期并存。但是,阿拉伯人思想自由、重视文明发展,对数学、自然哲学的发展极为关注,历代帝王十分倾心于对人类智慧的整理、收集。他们建立并丰富智慧宫,收藏有几大文明古国关于哲学、自然哲学、人文哲学、文学及语言学的原本和手抄本数万册。欧洲人通过征服将这些成果引入欧洲,影响了整个西方文明形态。

从地图上看,拜占庭帝国[①]的东南角,有一处半岛——阿拉伯半岛。它夹在波斯湾与北非大陆之间,是中亚到非洲的必经之地。6世纪,拜占庭和波斯之间连年征战,导致波斯湾经红海到北非的商路无法通行,通商的道路被迫改道,以麦加为中转地,渐渐地使圣地麦加成为一座繁荣的商业城市。

经济繁荣的背后暗流涌动,通常会诱发人们对精神上的主动追求。610年,麦加的一位

---

① 拜占庭,土耳其伊斯坦布尔的旧名。罗马帝国分裂成东西两部分,东罗马帝国首都为拜占庭旧址君士坦丁堡,故又称东罗马帝国为"拜占庭帝国"。1453年奥斯曼帝国攻陷君士坦丁堡,历时一千余年的拜占庭帝国灭亡。

40 岁出头的中年人穆罕默德①以安拉使者身份传教。

穆罕默德最初的教义比较简单：放弃偶像崇拜，否认多神教、归顺并敬畏独一的安拉，止恶从善；主张限制高利贷、买卖公平、施济平民、善待孤儿、解放奴隶、制止血亲复仇、实现和平与安宁。

穆罕默德这样做是比较聪明的，他首先将伊斯兰教赋予神论宗教的特点，即安拉给他的启示，他是奉真主的旨意传教。同时又运用社会性宗教的特点吸引特定人群，也就是用打动人心的教义唤起底层民众的渴望和追求。

穆罕默德先在自己的家族（哈希姆家族）、亲朋好友之中宣传伊斯兰教，离他最近的就是他宣教的对象，第一位皈依者是他的妻子赫蒂彻，随后是堂弟阿里、奴隶赛义德等。起初的传教效果不错，4 年后便开始公开传教，鼓动人们放弃原有信仰，皈依安拉。结果迅速得到扩散，从贫民到商业贵族广泛接受伊斯兰教。意想不到的传教成功引起麦加的核心统治集团（倭马亚家族）注意，他们将穆罕默德逼出麦加。622 年，穆罕默德迁往雅特里布城（后来改名"麦地那·纳比"，意为"先知之城"，简称麦地那）。

穆罕默德从传教到"走麦城"，同期，中国的唐朝政权于 618 年建立。雄才大略的唐太宗选贤任能、知人善用，从谏如流、以民为本，采取一系列开明政策，促进农业发展、文教复兴，形成了政治清明、经济发展、社会安定、边疆稳固、民族团结、国泰民安的社会局面，史称"贞观之治"。

穆罕默德到麦地那后，成功地调解了该城原有部落间的各种争端，建立了更高的威望，自然，传教事业进展顺利，并且由迁士、辅士以及不同氏族部落的穆斯林共同组建起"安拉的民族"的公社——"乌玛"（Ummah，本意为"公社"，特指穆斯林共同体）。宗教公社突破阿拉伯氏族、部落血缘、地区界限的限制，在共同的宗教信仰的基础上，签订盟约《麦地那宪章》，作为处理内外部事务的准则。乌玛以安拉为至高无上的权威，穆罕默德是安拉的使者，自然掌握着公社的最高宗教权力和世俗权力，形成了实质上的政教合一的穆斯林政权雏形。

624 年年初，麦地那穆斯林主动对外发起战争，而且屡战屡胜，愈战愈强，使这个麦地那的伊斯兰国家成为当时阿拉伯半岛上最强大的政治、宗教和军事力量。不久，它攻克了麦加，从此，麦加成为阿拉伯宗教中心。哈希姆家族与倭马亚家族达成妥协，阿拉伯半岛上的各部落民众开始以伊斯兰教为核心建立一个统一的阿拉伯伊斯兰国家，双方合作北上扩张，夺取肥美的美索不达米亚和波斯地盘。

阿拉伯帝国形成之后，作为先知继承者的哈里发们为了巩固自己的统治，并满足阿拉伯人对商路和土地的要求，掀起了长达一百多年的扩张运动。在鹰旗麾下，沙漠中的阿拉伯游牧民族开始以惊人的速度席卷欧亚非大陆，在地中海、波斯湾、里海之间掀起滔滔巨浪，占领了大量的拜占庭和西罗马领地，建立了一个地跨三大洲的军事帝国。

重大历史事件之二：造纸术西传

664 年，阿拉伯帝国的一支军队占领了阿富汗，军队战力饱满，自信心膨胀，想要招惹强大的大唐帝国，结果止住了阿拉伯帝国（阿拔斯王朝）扩展的脚步。

---

① 穆罕默德（约 570—632），阿拉伯语意思是"该受赞美的人"。

　　725 年(开元三年)、727 年(开元五年),阿拔斯王朝军队(唐朝称之为"黑衣大食")分别向大唐帝国发起两波进攻,都被击败。野心不死的黑衣大食积蓄力量,14 年后再次发动对大唐帝国的战争,诱发了怛罗斯之战①。

　　751 年 7 月,骁勇果敢、姿容俊美的唐朝名将高仙芝与黑衣大食军队在葱岭的怛罗斯河遭遇,双方激战 5 天,不分胜败。战争处在胶着状态的关键时刻,西域"坑神"葛逻禄部落突然叛变,与阿拉伯军夹击唐军,导致唐军战败,唐军死伤被俘人数达万人。

　　被俘的唐军中有许多能工巧匠,有的身怀绝活,他们的聪明才智,被当时的阿拔斯人所利用,尤其是造纸术更为阿拔斯人所看重。他们把掌握造纸术的俘虏转化为为其服务的人才资源,带回撒马尔罕(今乌兹别克斯坦境内,又译"撒马尔干"),建厂造纸。793 年,阿拔斯王朝下令在首都巴格达兴建第一座造纸厂,大规模造纸。人们充分认识到纸张的便利和益处,便纷纷办厂造纸。在大马士革、特里波利、哈马,甚至比较偏远的阿拉伯半岛的帖哈麦,造纸厂也悄然兴起。大马士革是伊斯兰世界的造纸中心,在数百年间,为伊斯兰世界和欧洲各国源源不断地提供纸张。

　　11 世纪的阿拉伯作家萨阿立比②在《珍闻谐趣之书》中就写道:"造纸术从中国传到撒马尔罕,是由于被俘的中国士兵。获得中国俘虏的是齐牙德·伊本·噶利将军,俘虏中间有些以造纸为业的人,于是设厂造纸,驰名远近。造纸业发达后,纸遂成为撒马尔罕对外贸易的一种重要出口品。造纸既盛,抄写方便,不仅利济一方,实为全世界人类造福。"

　　造纸术经北非和君士坦丁堡(今土耳其伊斯坦布尔)传到了欧洲。约 900 年,埃及也建起了造纸厂,后逐步西移北进。

　　据阿拉伯史籍记载:有的城市的纸张均系"草和木"制成,后来维也纳所藏的纸张都是破布造成,说明了当时造纸术的迅速发展。《天方夜谭》记载:794 年,哈尔·阿尔拉希特曾招募中国工人在巴格达建立第一家造纸厂,但比不上撒马尔罕,随后第三家在阿拉伯南岸,第四家在大马士革。经过几百年的时间,大马士革成了欧洲用纸的主要产地。再经叙利亚班毕城③绕经很长的路线传入基督教国家。当中国的造纸术在阿拉伯世界生根后,就开始由撒马尔罕传至西班牙。约 1100—1150 年,摩洛哥和西班牙也先后兴建了造纸厂。不久,造纸术逐渐传播到法国等其他欧洲国家,极大地推动了欧洲文明的发展。

　　毫无疑问,造纸术是中华文明奉献给全人类的一份丰厚而宝贵的礼物,而这份礼物是通过伊斯兰文明与中华文明的交往(暴力交往),经穆斯林之手才为全人类所享用的。

　　到 10 世纪末,整个伊斯兰世界都用这种先进的纸张代替了原先那种粗糙厚重、不便传抄、不便运送、不易保存的莎草纸和羊皮纸,大大促进了学术文化事业的发展。

　　1151 年,西班牙的哈提瓦④建立了欧洲陆地的第一座造纸厂,这座工厂由摩尔人控制了

---

　　①　关于怛罗斯之战,一说阿拉伯人不想打仗,是高仙芝处理不当。
　　②　萨阿立比(Al-Tha'alibi,960—1038)。
　　③　班毕(Bambycina),今叙利亚境内,此处出产的纸称作"班毕纸"。据称,由于"班毕"(Bambycina)的发音与欧洲人的"棉花"(Bombycina)发音相近,欧洲人长期认为这种纸张是棉花做的。
　　④　"哈提瓦"(játiva 或 xátiva),西班牙海港城市巴伦西亚境内的古城,一些专家认为阿拉伯在哈提瓦建造的造纸厂大约在 1009 年。

近百年。若干年后,这种曾经被欧洲人污名化为"异教徒的淫技"①的纸张被越来越多的欧洲人接受,造纸技术也逐渐向"基督教欧洲"传播。靠近地中海北岸的法国埃罗(1189 年)、意大利东部城市法布里亚诺(1283 年)、博洛尼亚(1293 年)等地分别建成造纸厂,并且得到非常严格的商业垄断和严密的技术保护。意大利的造纸厂由世袭家族成员掌控,工厂外围一定范围内禁止任何不相干人员靠近,禁止向他人传授造纸技术。

1340 年前后,意大利的特雷维索、佛罗伦萨、帕尔马、米兰、威尼斯等地纷纷建立造纸厂,不断地向欧洲内陆地区供应纸张。14 世纪之后,西欧、北欧等地区陆续建立造纸厂,例如,德国美因茨(1320 年)、纽伦堡(1390 年),法国特鲁瓦(1348 年),英国达特福德(1588 年)等。1588 年,英国打败西班牙的无敌舰队,国力日盛;此后的六十二年时间内,英伦岛上先后兴建了 37 家造纸厂。

从欧洲南部开始,造纸技术一路向北传播。16 世纪之后,这种来自遥远东方神秘国度的、方便实用的书写材料——纸张,在欧洲大地彻底普及开来。

在中国的造纸技术没有西传之前,西方没有像中国这样价格便宜、制作材料随处可得(废布料、杂草等)、制作工艺简单、持久耐用的书写材料。埃及的"莎草纸"②不是现代概念的纸,本质上与中国的竹简类似,只是薄一些。由于制作工艺复杂、材料来源单一,莎草纸产量极小、成本极高。欧洲的另一种书写材料是"羊皮纸"③,是用动物的皮革制成的片状物,例如绵羊皮、山羊皮、小牛皮等。它的价格比莎草纸更昂贵,只有国家重要事务、贵族重要信息往来才能使用。

无论是莎草纸还是羊皮纸,一般人都无法承受其书写成本,即使博通诸学、作业勤奋的译员、作家,也无力购买昂贵的书写材料以著书立说。中国造纸术的传入,使得书写不再是一件昂贵的无法承受的事情,"人们也将纸张用于公文书和学术著作,而造纸的技术也达到了精湛的水平"④。这种形势的变化,类似于现代的胶卷摄影时代和数码摄影时代之间的跨越。

中国纸张的发明,使得通过印刷的方式快速、大量复制文书成为可能。因为,与古代其他书写介质不同,纤薄、平整、柔韧、快速吸收墨汁的纸张是当时唯一适合印刷的介质。

纸张传播到欧洲并得到普及,印刷技术距离欧洲也就不远了。

重大历史事件之三：印刷术西传

唐初贞观十年左右⑤,中国人发明了雕版印刷术,标志着书籍生产方式的重大进步,也

---

① 由于基督教与伊斯兰教之间相互不信任,西欧的教廷禁止使用这种货源来自阿拉伯的、从未见过的书写用品,称纸张为"异教徒的淫技"(pagan art),他们认为,只有源自动物的"羊皮纸"才是神圣的、足以承载神圣的文字。

② 莎草纸(Papyrus,又称纸莎草、莎草片),削去莎草茎硬质的外皮,把内茎切成长条薄片,在水中浸泡若干天后,互相垂直地叠放编织,趁湿用木槌捶打,再用重物压制而成。莎草是多年生草本植物,喜温、喜光、喜水、耐瘠,适宜生长在阳光充足的潮湿处或沼泽地。据称,欧洲、阿拉伯地区,只有埃及的尼罗河三角洲一带生长莎草。

③ 羊皮纸(Parchment)的材料以绵羊皮为主,也有用山羊皮、小牛皮等,质量最好的是用犊皮制成的,称为犊皮纸。综合大英百科全书网站等资料,羊皮纸发明于公元前 2 世纪、制造工艺成熟于 2 世纪中期,价格远高于同时期的莎草纸。

④ 伊斯兰历史学家伊本·卡尔·敦之言。

⑤ 唐朝贞观年间(627—649):唐太宗李世民的在位时间;北宋庆历年间(1041—1048):宋仁宗赵祯的在位时间;明朝弘治年间(1488—1505):明孝宗朱祐樘的在位时间。

标志着人类知识和智慧的继承与传播发生了重大的革命。四百多年之后,北宋庆历年间的毕昇[1]发明活字印刷术,印刷技术由雕版印刷划时代地进化到活字印刷。随后,活字印刷技术逐渐地沿着两条路径发展:一是非金属活字技术,二是金属活字技术。

非金属活字主要包括泥活字、木活字和瓷活字。毕昇发明了活字印刷术,采用泥坯制模成泥活字,进而烘烤制成陶土活字,与毕昇同时代的沈括在所著《梦溪笔谈》中记述了泥活字固版和拆版的"范字焬药"排版方法。西夏文佛经《吉祥遍至口和本续》《大方广佛华严经》,具有明显的活字印刷特征,印刷时间不晚于1114年,是现存最早的活字印刷实物。1193年,宋代周必大著《玉堂杂记》讲述了其用泥活字印刷,"近用沈存中法,以泥铜板,移换摹印"[2]。元代王祯[3]创制木活字,即木头雕刻而成的活字,又发明了转轮排字,其所撰《农书》对活字印刷术的全流程工艺做了详尽的介绍。

金属活字主要包括铜活字、锡活字和铅活字。自11世纪起,中国开始运用铜活字印刷纸币,一些铜活字印刷文物收藏在中国的博物馆。例如,中国国家博物馆藏有北宋铜活字印刷文物,上海博物馆藏有金代的铜活字印刷文物。13世纪末,王祯《农书》中介绍了锡活字,但由于没有相应的油墨配合,因此"难于使墨,率多坏印"。14世纪末,铜资源丰富的高丽专门成立了书籍院,负责铸字和印书,标志着高丽开始大量使用铜活字印书。高丽的铜活字图书印刷技术是在毕昇活字印刷技术的基础上建立起来的,高丽还派遣使者来中国请教铜活字的排印方法。

有研究者认为,尽管古代中国很早就应用铜活字印刷,但是,由于铜的产量少,致使铜活字印刷发展不力。不过,这个局面还是得到了改观,明代弘治三年(1490年),铜活字在江苏南京、无锡、苏州等地得到较为广泛的应用。此时,距离毕昇发明活字印刷技术已经四百多年了。

中国古代印刷技术的另一发展方向是套色印刷。以现存实物为依据,中国彩色印刷的历史源流可上溯至辽朝(916—1125)[4],即辽朝的如来本尊佛像《炽盛光佛降九曜星官房宿相》、大型释迦佛像彩色印刷绢本《释迦说法相》。由于印刷内容的不同,色彩的关注层面和技艺的追求目标也有所不同,从这个角度讲,套色印刷可分为文本印刷和图画印刷两大类。

1) 文本的套色印刷技术

现存最早的纸质套色印刷的古籍实物是资福寺刻印的《金刚经注》,采用敷彩套印技法,文字和插图均采用朱、墨二色套印,承印时间为1340年(后至元六年)[5]。标志着至少在14世纪中叶之前,中国古代的书籍印刷完成了"雕版、活板、朱评"之三变。通过对资福寺《金刚经注》中华再造善本的研究,笔者认为其采用的是双版双色套印技法[6]。

"朱墨套印术"之后,我国古代进一步发展出三色、四色、五色直至多种颜色套印技术,形

---

① 毕昇(约970—1051),今湖北黄冈人,发明家,活字印刷术发明者。

② 张秀民. 中国印刷史. 浙江古籍出版社. 2006. 周必大(1126—1204),庐陵(今江西吉安县)人,南宋太平宰相,与陆游、范成大、杨万里等名家交游频繁。

③ 王祯(1271—1368),今山东东平人,古代农学、农业机械学家。

④ 织物上的雕版印花技术,可追溯至战国、西汉,战国时期为单色印花、西汉早期出现多色套印。承印物无论是织物还是纸张,其套印工艺相同。因此,就印刷工艺本身而言,中国古代套色印刷的历史更为久远。

⑤ 一说1341年,即至正元年。

⑥ 中华再造善本中,存在大量朱墨叠印的情况,只有双版双色印刷才会出现。再造善本的影像是文物的真实还原,这些叠印现象应是原物固有现象。故此推断,《金刚经注》系双版双色套印。

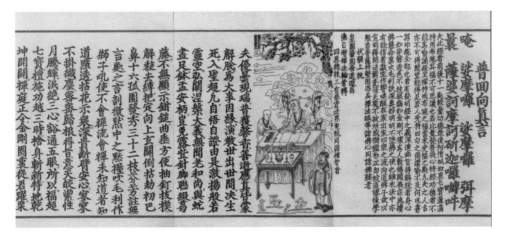

资福寺《金刚经注》局部

成单版多色、多版多色、饾版多色、饾版拱花等工艺。清代四色印本《古文渊鉴》(1685 年)、《唐宋文醇》(1736 年)、四色活字本《陶渊明集》(乾隆年间)、五色印本《劝善金科》(乾隆年间)、六色印本《杜工部诗集》(1834 年),这些文本刻印作品行字疏朗、文彩绚烂,从时间维度可见文本的彩色印刷技术的不断进步。

2)图画的套色印刷技术

图画的套色印刷基本上都是采用雕版印刷方式,最初在同一块雕版上依据图画内容敷以不同的颜色,后进一步把每种颜色各刻一块木板,依次逐色套印,此工艺名曰"饾版"。中国木刻画始见于 868 年,彩色木刻画于 16 世纪末流行于世,17 世纪大为兴盛,饾版、拱花之术便发明于此阶段。

辽朝皮纸彩色版画《炽盛光佛降九曜星官房宿相》是在墨印后填染红、绿、蓝、黄四种颜色,绢本彩印《释迦说法相》使用红、黄、蓝三色作彩色印刷,它们穿越千年风尘,向当今的人们诉说着古代中国人并不满足于单色墨印的画面,早就踏上了以色彩表现印刷图画艳丽层次的征程。现存纸质彩色套印本《圣迹图》,于正德元年(1506 年)刻印[①],该印本左图右文,墨版刷印,再设色敷彩,朱蓝紫黄、雅丽工致。

明代后期,多种颜色套印技术日臻完善,以湖州、徽州、南京三地最为活跃。

明万历年间,安徽新安程氏滋兰堂刻印的系列墨谱《程氏墨苑》收录墨样 520 式,其中50 幅墨样采用彩色套印,多为 2～3 基色、也有 4 基色印者,形文毕陈、图咏并载。中国的墨历经矿物墨、植物墨、动物墨的自然墨的漫长演变过程,最终发明出人工墨。人工墨的历史已有两千多年,徽墨始于唐末、兴于宋代,乃墨之上品,一点如漆、万载存真。明代制墨业竞争激烈,徽州墨工坊纷纷描绘刊印图谱集,辑录自家所产的墨锭造型幅式、墨模花纹图样,以便推广营销。徽州制墨家方于鲁,师从制墨大师程大约,深得其法。在程大约的经济援助下,方于鲁独立门户,逐渐发展成为程大约的竞争对手。1583 年,方于鲁撰辑《方氏墨谱》,收录其所制 385 式墨品的图案和造型。为了与徒弟角逐墨业,1605 年,程大约以多色彩色印刷工艺刊印《程氏墨苑》,宣传其首创的超顶漆烟墨制法的产品。图谱由著名画家丁云鹏

---

① 张楷本《圣迹图》印制于明正统九年(1444 年)。

绘图、徽派名工黄鏻等镌刻,图案刻印精美、模式巧妙,线纹细如毫发、纤丽逼真,集中体现了当时的徽州书法、绘画、金石、雕刻的艺术水平。

《程氏墨苑》彩印图样[①]

　　湖州套印始于凌家的《世说新语》(1581 年)和闵家的《春秋左传》(1616 年),两家先后刻书多达 117 部 145 种(有认为不下 300 种)。闵齐伋、凌濛初,这两位年龄相仿的同乡,家境殷实、席丰履厚,皆不问世事、专刻书相竞,以解读书交游、赋诗作曲之乏。比拼之间,技法不断推陈出新、发扬光大。现存的代表性作品中,凌家有三色套印版《南华经注》、四色版《世说新语》,闵家有四色套印本《文心雕龙》、《国语》(1619 年)、五色版《南华经》、六色套印版《西厢记》(1640 年),彩印本词义显豁、娱目怡情。

　　天下刻书最精者,江南即占其二。明朝"南直隶",清朝"江南省",这片地区出版业极为发达;作为该区域的政治、经济、文化中心,南京更具有突出的地位。明清时期,餖版印刷技艺日臻完美,南京地区涌现出大量的彩色印刷制品,有诸多存世的印刷古籍实物,其彩印水平可谓超凡入圣、卓然不群:吴发祥《萝轩变古笺谱》(1626 年)、胡正言《十竹斋书画谱》(1627 年)、《十竹斋笺谱》(1644 年)、李渔《芥子园画谱》(1679 年)、王衙《西湖佳话古今遗迹》(1673 年)。它们均采用餖版印刷技术,依照"由浅到深、由淡到浓"的工序印制,同一颜色具有不同饱和度的浓淡变化。这些餖版印刷作品依据画面内容分解出颜色深浅、阴阳向背,保持了中国绘画艺术的内蕴和精神,图画姿态万千、雅趣盎然,尽显匠心锦绣。其中,《萝轩变古笺谱》《十竹斋笺谱》以餖版套印与拱花技法相结合,使得画面的立体感跃然纸上,作品更为形象逼真、神韵生动。

　　中国的彩色套印技术的发展也惠泽周边,最典型的便是日本的"浮世绘"。这种兴起于日本江户时代(1603—1867)的日本风俗版画艺术,号称"世界艺苑一绝",它由至少三人合作完成:创作者绘制图画,雕版者将图画雕刻成版,印刷者刷色印制。初期,"浮世绘的创始人"菱川师宣以单色印刷方式摹写翻刻中国的彩色套印图画,他的"一枚绘"直接借鉴中国明

---

①　与前文的资福寺《金刚经注》的图片,均源自南京大学图书馆馆藏中华再造善本。

《十竹斋书画谱》彩印图样
（东壁书屋藏）

《芥子园画传》彩印图样
（东壁书屋藏）

末传入日本的秘戏图；17 世纪中叶，日本开始出现手工上色的彩色版画，1740 年，出现真正意义上的套色印刷版画——浅红和绿色的双色版画。

　　造纸技术传入欧洲腹地之后，15 世纪初，欧洲的金银匠们慢慢地掌握了雕版印刷方法，法国、尼德兰、意大利等地的金银匠们都在尝试着印刷技术和生意，德国的古腾堡就是其中的金银匠之一。

　　30 多岁的古腾堡浪迹法国斯特拉斯堡，和三位合伙人一道，一边尝试着从事雕版印刷、指导学徒，一边捉摸印刷方面的技术改进。起初，他用木活字试验活字印刷技术和方法。也许是金银匠职业习惯和思维优势，不久他开始实验金属活字。

　　1448 年，活字印刷实验结果基本理想，古腾堡回到老家美因茨，向堂兄借款建立印刷厂。1450 年，印刷试验达到了相当精细的程度，古腾堡以他的印刷工具和设备作抵押，从一位商人那里获得一笔大额贷款。[①] 1455 年,古腾堡印刷的圣经精细到每页 42 行,并带有彩色图案。

古腾堡式印刷机

(图片源自维基百科)

中国使用铜活字约四百年、朝鲜使用铜活字约一百年之后,古腾堡用模具将熔化的铅铸成字母,配合他的印刷机械,成功地完成了技术革新。金属活字比木活字的生产更快,性能更持久,可以保证大批量印刷的质量。

毕昇活字印刷术发明四百多年之后,造纸技术传遍整个欧洲;随后,印刷技术接踵而来,在铅活字印刷术的推动下,开启了欧洲的信息传播的革命。印刷术与造纸术,这两项源自中国的先进技术的普及,使得整个欧洲的知识传播的速度空前加快、容量空前膨胀、范围空前扩展,这是影响欧洲文明进程的伟大的历史性进步。

西班牙历史学家门多萨[②]在《中华大帝国史》中对中国的科技成就给予了高度评价,他不认可欧洲的印刷术是由古腾堡发明的。门多萨从拉达等人带回的在中国出版的各种印刷精美的书籍中找到充足的证据,足以证明早在古腾堡之前五百年中国已经有了印刷术,是最早发明印刷术的国家,并且"看来很明显,印刷术确实是由中国传给我们的……今天还可以看到德意志发明印刷术 500 年前中国印出的书籍,我手中就有一本","在中国应用印刷术许多年之后,印刷术经

安徽省旌德县版书镇木活字印刷

罗斯(Ruscia)和莫斯科公国(Moscovia)传入德国,这是肯定的,而且可能经过陆路传来的。这样,就为古腾堡这位在历史上被当作印刷术发明者的人奠定了最初的基础","古腾堡这位历史上称为发明者的人就以这些(中国)书作为他发明的最初基础",很可能古腾堡看到了商人们从中国带回来的印刷书籍才获得灵感的,并且,古腾堡的意大利佛罗伦萨的妻子看过中国印刷品,不管怎样,他受中国印刷技术的启发是毫无疑问的。

1. 西传路线 1:直接输出欧洲

中国雕版印刷事业处在历史兴盛时期时,蒙古大军进犯中原,他们所接受的文化是以印刷为基础的。被成吉思汗征服的西夏,就是一个熟悉印刷技术的民族。当时,佛教是西夏的国教,信徒们经常奉国王之命翻印佛经,使用的就是雕版印刷术。

---

① 两年后,两人分道扬镳,因为这位投资者(Johann Fust)希望赚取快钱,而古腾堡追求的是技术的完美。可惜,古腾堡并没有享受到他的"完美印刷技术"所带来的利益。他的印刷技术成熟之后,这位投资商通过法律途径,以贷款抵押的方式将古腾堡新的印刷设备和生意全部夺走,交给了自己的女婿继续发展。

② 胡安·冈萨雷斯·德·门多萨(Juan Gonsales de Mendoza,1540—1620),西班牙传教士、历史学家,奉教皇之命收集资料,于 1585 年出版《中华大帝国史》,是西方世界第一部详细介绍中国历史文化的巨著。

蒙古人征服中国北部之后，又转而向西，深入伊朗和俄罗斯，直抵匈牙利和波兰，逼近威尼斯、布拉格和巴伐利亚等城市。一百年后，这些城市是欧洲最早推行印刷技术的地区。

1294年，波斯的蒙古统治者凯嘉图汗，在伊尔汗国蒙古王首都大不里士，曾直接效仿忽必烈印行纸币，企图代替金属货币的流通。尽管这一强制命令仅实施三天便因全城罢工而搁浅，但这是波斯第一次通过印刷纸币来试行中国的印刷术，为中国印刷术在世界范围内的传播拉开了序幕，在世界出版史上具有重要的意义。1310年，波斯著名的历史学家拉施德·哀丁撰写了《世界史》，对中国雕版印刷术和复印书籍的制作方法做了记述，具有权威的史学价值。

印刷术向欧洲的传播不仅通过新疆西传至波斯这个路线，由新疆折向西北传入俄罗斯进而转向欧洲这条线路也起了较大的作用。从历史上看，元朝建立了横跨欧亚的大帝国，强大的帝国政权促进了疆域内各地区各民族文明的交流和融合，促进了造纸术和印刷术的快速传播。

从西藏向西传播的途径相对要迟一些，7世纪，造纸术与制墨技术传入西藏；13世纪，印刷术传入西藏。由此大量刊印佛经和其他学科的译本，因此，藏文古文献数量仅次于汉文古文献的数量。

最早提出中国印刷术是通过俄罗斯传入欧洲的是历史学家约维斯，他在1550年说："在广州的印刷工人采用与我们相同的方法，印刷各种书籍，包括历史和仪节的书……因而，我们很容易相信，早在葡萄牙人到达印度之前，塞西亚人和莫斯科人已经把这一种可以对学问产生无比重要帮助作用的样本传给我们了。"

中古时期，欧洲经常派受过教育的教士和僧侣前来中国，他们的任务是传教。这些生活在中国的教士，到处都能接触到印刷的文籍，在此以后的50年中，欧洲开始出现为"文盲"印刷的宗教图片，也许并不是一件完全偶然的巧合。

有关中国印刷术（包括雕版印刷和活字印刷）西传至欧洲的情况，当时一些曾经到过中国的欧洲官员、教徒、商人和旅游者，从不同角度、不同程度地有所记述。例如：意大利人柏朗嘉宾[①]奉罗马教皇英诺森四世派遣出使当时的蒙古，1247年返回法国里昂。他著有《东方见闻录》，云及"中国人精于工艺，其技巧世界无比，有自己的文字和类似于《圣经》的经书，史书详载其祖先的历史……"，而当时中国书都是印本。柏朗嘉宾较早将中国印刷书籍的信息带到了欧洲。

1294年，意大利传教士孟高维诺[②]曾在北京用中国的印刷技术出版宗教读物。孟高维诺受罗马教皇尼古拉四世派遣，于1289年启程来中国，得元成宗恩准在北京居住，直到去世。其间，他于1307年成为东方教区总主教，并将活动范围扩至福建泉州等地。为了便于教育没有文化的人，他根据《新旧约全书》绘制圣像图6幅，上图下文，单张雕印，向6000余名教徒散发。图下文字分为波斯文、拉丁文、图西克文3种。此后约50年，欧洲出现了与其相似的出版物。这种出版物与中国现存五代时期的上图下文佛像单张印品非常相似，显然是孟高维诺的印刷品带回欧洲后印制的。孟高维诺是否是将中国的印刷术带入欧洲的第一

---

① 柏朗嘉宾(Jean Plano de Carpini，1180—1252)。
② 孟高维诺(Giovanni de Monte Covino，1247—1328)。

人尚待考证,但可以大概率认为,他做了这样的事情。

14世纪末,德国的纽伦堡已能够印宗教版画,意大利的威尼斯也成了一个印刷圣像的中心。那些来过中国并且看到过中国雕版印刷的欧洲人,在中国居留期间,直接从中国印刷者那里学会了这项与欧洲传统迥异其趣的技术。

2. 西传路线2:经由阿拉伯方向

雕版印刷术在唐朝兴起后的二十余年中,我国印刷术广泛流入中亚和阿拉伯地区,波斯(今伊朗)是我国印刷术西传的一个中继站。

沿着"丝绸之路"南线,中国与南亚印度半岛进行着广泛的政治、经济、文化、宗教往来,新疆担负着中转驿站角色。由于喜马拉雅山脉的阻隔,"丝绸之路"南线只能先西行至新疆,再到克什米尔,然后南折至印度南亚次大陆,这条路就是海上"丝绸之路"开辟前唯一通往印度半岛的陆上"丝绸之路"南线。

"丝绸之路"不仅仅是一条经济贸易之路,也是一条中华文明的传播之路。发明于西汉、成熟于东汉的中国造纸术,于9—10世纪经"丝绸之路"传入印度,印度从此有了用纸抄录的佛教经卷。11—12世纪,沿着这条我国与古代印度交流最便捷、贸易最频繁的经贸文化之路,印刷术途经新疆和克什米尔地区,南传至印度。

1310年,波斯著名的历史学家拉施德的名著《世界史》中,详细描述了中国的印刷术,波斯的印刷品和拉施德的名著都曾经流传到欧洲,这对于欧洲人认识印刷的意义、作用和方法是有帮助的。19世纪末,在埃及发现了50张阿拉伯文的印刷纸片,其中有《可兰经》残页。西方学者研究确认这些印刷品是900—1350年的产物,也就是伊朗人统治埃及地区时期,这是阿拉伯地区有人从事印刷的铁证。

造纸术和印刷术传入阿拉伯后不久,抄书成本大大下降,私人藏书、大学教学载体变得更加廉价,巴格达出现了空前的学术繁荣景象。9世纪,巴格达以拥有百余家书商而自豪,不久之前还过着游牧生活的贝都因人"从沙漠里带来了敏感强烈的好奇心,难以满足的求知欲",极力要向文明人看齐,"证明自己是何等好学的学生"。

事实上,印刷技术是建立在中国造纸技术基础之上的,因为,当时只有中国的纸张才能做活字或雕版印刷。世界上其他的书写材料如莎草纸、羊皮纸等都不能印刷,在这些材料上印刷需要用一种叫作"丝网印刷"的技术,这是中国秦汉时期的发明,但没有在中国普及,自然也不可能输出境外。

从12世纪开始,欧洲通过阿拉伯人,从中国学来了制造麻纸和棉纸,以代替羊皮纸和莎草纸。从1474年起,数学、天文学和占星术的著作开始印刷出版了。例如由坎帕纳斯[①]译成拉丁文的欧几里得《几何原本》的第一次印刷版本,1482年在威尼斯出现了。到了下一个世纪,阿波罗尼斯的《圆锥曲线》的前四册、帕普斯的著作、丢番图的《算术》以及其他一些著作,也出现了印刷版本。印刷术和造纸术对欧洲的影响不仅仅是促进了数学与自然哲学的发展,对其他领域同样也具有深远的影响。例如经济领域,意大利簿记学家卢加·帕乔里(Luca Pocioli)于1494年在威尼斯出版《数学大全》[②],赢得了"近代会计学之父"的美誉,

---

① 坎帕纳斯(Johannes Campanus,1220—1296)。

② 《数学大全》(Summa de Artihmetica,Geometrica,proportioni et propotionalita),英译 Everything about Arithmetic,Geometry and Proportion,汉语又译为《数学、几何、比与比例概要》。

与活字印刷术也不无关系。美国著名会计史学家查特菲尔德在其著名的《会计思想史》中曾这样评价：《数学大全》之所以受到高度评价，是由于它"使得以前主要通过徒弟制度和雇员调动工作来传播的会计知识，迅速得以普及""在活字印刷发明只有几年、印刷品罕见且造价昂贵的时代出版刊行"。确实，只有活字印刷术才可能将簿记知识迅速传播给大众、传播到世界，这是毫无疑问的。

重大历史事件之四：百年翻译运动

马蒙其人

穆罕默德去世以后，阿拉伯帝国政权元首称作"哈里发"（Caliph），是伊斯兰政治、宗教领袖。

马蒙[①]是阿拔斯王朝的第七任哈里发，他是阿拉伯历史上一位博学多才的帝王，同时也是足智多谋的将军，在被同父异母的哥哥阿明[②]追杀的战争中杀死了哥哥，继承了哈里发。

马蒙的父亲哈伦·费希德时代的阿拉伯帝国已基本停止军事扩张，社会局势日渐安定。不知道是否受到穆罕默德圣训"学问虽远在中国，亦当求之"的影响，具有超人远见的哈伦，特别重视文化建设，希望把波斯、印度、希腊、罗马的古代学术遗产译为阿拉伯语，以满足帝国各个方面的需要。历时百年的学术文献翻译运动从此拉开序幕并逐渐形成声势，为伊斯兰文化的整合与发展提供了宝贵思想资料，也为后来的欧洲发展奠定了知识准备。

马蒙登上哈里发宝座后，挑选大臣的要求是：有文化修养和才能，既要有学者的谦虚、哲人的庄重，也应精通文墨，能言善辩。他在位二十一年，继续推行发展政治、经济和文化的政策，使帝国出现空前繁荣的局面。同时，他特别重视学术翻译工作，把翻译运动推向顶峰。

学术翻译

8—11世纪，阿拉伯帝国境内人才辈出，学术文化非常发达，科学技术达到了相当高的水平。阿拉伯文化内容丰富多彩，对世界文化做出了巨大的贡献。阿拉伯人所创造的天文仪器、天文术语，被欧洲人长期采用。在化学领域，阿拉伯人注重实验，有不少发明创造，今天通用的一些化学品的名称，如酒精、樟脑、苏打等，都来自阿拉伯语。在医学领域，医学家阿维森纳百万字的巨著《医典》闻名于世，直到17世纪末仍然在欧洲被奉为权威著作。

8世纪中期至10世纪末，阿拉伯帝国展开了声势浩大的"百年翻译运动"。这场运动的高潮始于9世纪上半叶。

马蒙曾派巴格达代表团前往君士坦丁堡搜集古籍，然后组织各地学者包括非穆斯林学者进行翻译。阿拉伯人的翻译事业虽始于倭马亚王朝，但那个时代的译书，多为穆斯林或非穆斯林的个人行为，而到了马蒙时代，译书被列为国家的一项主要文化事业。国家投入巨资，建立一所专门的综合性学术机构——智慧宫（Bayt al-Hikmah），该机构由图书馆、科学院和翻译局三部分组成，集翻译、教育、科学研究、天文观测、图书馆为一体。

---

① 马蒙，全名阿布·阿拔斯·阿卜杜拉·马蒙·本·哈伦·本·穆罕默德·本·阿卜杜拉（Abū 'Abbās 'Abd-Allah al-Ma'mūn bn Hārūn bn Mu; ammad bn 'Abd-Allah，786—833），813—833年在位。马蒙创建的"智慧宫"影响了西亚、北非等地，出现了许多"智慧宫"的仿制品，如西班牙的科尔多瓦大学、开罗的爱资哈尔大学等，从12世纪开始，创办大学的热潮在欧洲开始蔚然成风，追根溯源，马蒙的智慧馆当居首功。

② 阿明（Al-Amin，？—813），阿拔斯王朝的第六任哈里发。

据资料显示,马蒙给予首席翻译大师侯奈因的翻译报酬,是以与译出书稿同等重量的黄金计算的。侯奈因是基督教徒,精通希腊文、波斯文、古叙利亚文等多种语言。重赏之下必有勇夫,他果然不负厚望,译出了大量高质量的典籍,包括希波克拉底、盖伦、欧几里得、托勒密、柏拉图和亚里士多德的作品。与此同时,侯奈因以极其严谨、认真的态度,用充满智慧和想象力的思维,创造出了一批新的阿拉伯语汇,并将那些找不到对应词的外来语阿拉伯化。从而把阿拉伯语从一般宗教用语和日常用语,变成为学术和教育的语言。

马蒙学识渊博,酷爱阅读,对哲学、医学、天文学、数学、机械学、建筑学、《古兰经》学、教义学、阿拉伯语法学都十分感兴趣,经常和各方学者在智慧宫讨论学术问题。他通过研究发现印度的教义与伊斯兰的教义之间没有冲突之后,就邀请印度的学者一道参与他的宏伟计划。

马蒙不仅重视古籍的翻译整理,还强调加大数学和天文学的研究力度,他的时代出现了大批学者,如哲学家肯迪、大数学家花拉子米等,并取得了卓越的成绩。例如测量太阳的位置、城市地理坐标、时间和日期的确定等方面,直到16世纪丹麦天文学家第谷那个时代也没有超越阿拉伯的观测精确度。在三角函数方面,所有6种函数都已经为人所知,包括正弦和余弦、正切和余切、正割和余割。花拉子米的《还原与平衡准则》涉及代数学和几何学,包括小数点体系、二次方程。他们认识到地球是圆形的,并掌握了地理坐标体系的知识,运用地球表面经线和纬线的虚构网格,给出每个点唯一的可确认的位置坐标。他们掌握了球面天文和理论天文学的知识,利用圆来测量或描绘整个宇宙领域的运动,提出恒星的偏心运动、创造出偏心轨道的概念和偏心等距点理论。

来自中国的智慧

中国的科技成就在阿拉伯地区的传播历史是久远的,在马蒙之前和之后都有大量的文明成就传播到阿拉伯地区。

马蒙之前,已经有零星的阿拉伯人前往喜马拉雅东方的古国,例如马苏迪,这位将历史与科学地理结合在一起进行广泛研究的学者,曾旅行到中国。他在《时代史》[①]中这样描述中国:"中国人之中有一些智者,他们谈论天文、医学、技艺以及来自印度的很多学问。中国(Balad al-in)幅员辽阔,据说其国内有三百余座有人居住的城市,这还不算上村庄。"此外,穆罕默德去世后的若干年里,伊斯兰教在人类已知世界中的大部分地区迅速传播开来,到阿拔斯王朝时期,穆斯林的航海家已抵达中国的沿海。

马蒙和他的研究人员还对一些技术上更加精湛的作品进行研究,包括早期的军事地图和测量。马蒙派出大量情报人员前往各地,他们到达波斯、巴林、阿曼、也门以及更为遥远的柬埔寨、马来半岛,最终到达中国广州。商人、水手、间谍以及整个帝国的邮政官员都是理想的信息源,他们为阿拔斯王朝的哈里发及其官员提供信息。

希腊和印度与伊斯兰数学之间的关系经常被人们强调,但伊斯兰国家和中国数学之间的关系则常常被人们忽视。史料可以证明,中国数学曾给予伊斯兰国家的数学以一定的影响。

首先我们必须看到,在经由印度传入伊斯兰国家的数学知识中,可能有许多是源于中国的。

---

① 《时代史》('Akhbār al-Zamān),成书于10世纪左右,作者不详,有学者认为是《黄金草原》的作者马苏迪。

（1）十进位值制记数法以及与此相联系的四则运算方法、分数的记法及其四则运算、"三率法（即比例算法）"以及《张丘建算经》中的"百鸡问题"等，可能就是由中国传至印度再转而传入伊斯兰国家的。

（2）"重差术"也曾经由印度传入伊斯兰国家。伊斯兰国家曾由印度传入正弦和余弦三角函数，到了阿尔·巴塔尼时又开始应用了正切和余切。正切和余切的采用，很可能受到中国"重差术"的影响。

（3）"盈不足术"也曾传入伊斯兰国家。在 9 世纪花拉子米的著作中就有着关于"盈不足"问题的叙述。此后，直到 15 世纪阿尔·卡西时，在许多数学著作中，"盈不足术"常常被称为"al-Khataayn"，即"契丹算法"。

据数学史家推断，阿拉伯数学家的代数著作中出现的"盈不足术"，大约是在 9 世纪由中国传入中亚地区的。花拉子米的《盈不足算书》是"盈不足术"见于阿拉伯文献的最早记载，但该书没有流传。

10 世纪时，寇斯塔·伊本·鲁伽写了一部关于"Hisab al-Khataayn"的算书，作者试图证明盈不足公式，对"盈不足""两盈""两不足"三种情况进行了证明。"Hisab al-Khataayn"是阿拉伯国家对"盈不足术"的一般称呼，其中的 Hisab 一词，按照阿拉伯文，是"算法"的意思，al-Khataayn 是由"契丹"一词转化而来的。中世纪的一些阿拉伯著作经常把中国称作 Khitai 或 Khatai，许多汉学家认为这都是"契丹"的音译。由此推断"盈不足术"源于中国。

13 世纪中叶，蒙古军队攻陷巴格达之后，在纳西尔丁·图西[①]的建议下，旭烈兀在蔑拉哈山麓[②]建立天文台。西邻乌鲁米耶湖、东望里海的这座天文台，是喜马拉雅山脉西侧大陆上当时最大的天文观测与学术研究机构。借助先进的观测设备，波斯天文学家纳西尔丁·图西和其他天文学家们经过十多年的努力，完成了《伊尔汗历数书》，其天文观测结果和行星模型，在西方一直流行到 15 世纪。

旭烈兀西进的同时，也带来了许多中国学者和天文学家，其中有一位"先生"在拉希德丁[③]《史集》等波斯史籍中留下名字——Fao moun dji[④]，图西曾从 Fao moun dji 那里学习中国纪元及天文历数之术。与图西一起工作的有 20 多位天文学家，他们来自波斯、中国、叙利亚、安纳托利亚（Anatolia，即小亚细亚）、拜占庭。来自中国的天文学家至少有四位，他们引入了诸多的中国天文和数学知识，帮助马拉盖天文台学者们的研究工作，包括改进托勒密的天体体系。

托勒密关于天体运动的描述似乎是建立在粗疏的天文参数之上，对点设计和偏心运动直接违背了行星运动应做匀速圆周运动的物理规律，存在诸多自相矛盾之处。良好的观测仪器、众多学者的合作、效仿东方中国的官办研究体制，马拉盖天文台在天文学、数学方面取得了许多杰出的学术成就。

（1）行星运动模型：突破托勒密天体模型的局限，提出消除对点和偏心运动的新的行

---

① 纳西尔丁·图西（Nasir al-Din al-Tusi，1201—1274），波斯天文学家、数学家、哲学家。

② 今伊朗西北部的东阿塞拜疆省境内的马拉盖。

③ 拉希德丁（Rashid-Din Hamadani，1247—1318），伊儿汗国丞相、学者。

④ 历史学家冯承钧认为 Fao moun dji 应翻译为"包蛮子"或"鲍蛮子"，李约瑟采用"傅孟吉"的译名；也有资料认为，Fao moun dji 应该是傅穆斋或者傅蛮子，疑为傅岩卿。傅岩卿出生于江西德兴，在元朝担任秘书少监（秘书省的负责人），掌管图书、史录、天文历法，被派到马拉盖研究天文，他向图西分享了中国古代的天文学知识。

星运动模型,在预测行星运行位置方面,比托勒密模型具有更高的数值精度。

（2）精准数学化观念：跨越古希腊或希腊化时期天文学家们只停留在数学假设层面的思维方式,坚持数学模型必须与真实世界相一致,注重以大量精密观测数据为基础,用数学语言精准描述天体运动。

（3）地球自转观点：全面拒绝亚里士多德派的自然哲学方法,利用彗星相对于地球的位置的实测数据,首次提出地球自转的假设,并提供了支撑这一假设的观测证据。

图西在他的《备忘录》中,成功地设计出了"双本轮"模型,只使用匀速圆周运动就完成了行星运动模型的构建,以两个圆周运动来产生直线运动。"双本轮"模型取代了托勒密提出的对点,避免了后者在物理真实性上的困难,从而解决了托勒密体系中的一系列问题。图西的设计在哥白尼构建的日心体系当中扮演了重要角色。图西还构想过一种椭圆轨道的可能模型；确定了每年51″的岁差值；改进了包括星盘在内的几种天文仪器的构造。马拉盖学派通过修正托勒密的模型来解决有关偏心匀速圆的问题,并因此形成了两项重要成果：

（1）"双本轮"模型以及由其得出的"线性运动可以由圆周匀速运动演化而成,反之亦然"的定理；

（2）"厄迪定理"将任何涉及围绕远离均轮中心的点旋转的偏心圆运动转化为本轮运动。

这让天文学家在不使用偏心匀速圆的条件下保留了偏心匀速圆在托勒密天文学模型中的效果,并由此产生了遵循自然规律的物理学定律的匀速运动。

他们的努力最终由沙提尔[①]将这一模型推向新高度,他的非托勒密式构造不仅清除了偏心匀速圆和偏心圆,而且对行星的运动做出了更好的预测。

13世纪马拉盖天文台浑天仪模型

公元前2世纪西汉落下闳发明浑天仪

自旭烈兀时起,有官方背景的东西方学术的深入交流从未止步。例如,旭烈兀的孙子合赞汗统治时期(13世纪末至14世纪初),伊儿汗国达到全盛,领土"东起阿姆河、西至地中海、北自高加索、南抵印度洋",经济文化也欣欣向荣。合赞汗命令纂辑《被赞赏的合赞史》时,拉希德丁

---

① 伊本·沙提尔(Ibn-al Shatir,1304—1375),阿拉伯天文学家。

丞相引进中国学者李大迟及倪克孙,这两位学者都深通医学、天文及历史,不仅传授中国纪年、年数、甲子、不同历法之间的转换等相关知识,还从中国带来一批专业书籍。帖木儿时期(15世纪中叶至16世纪初),在兀鲁伯所编撰的天文表中,有一篇章专门叙述中国历法。伴随着历法相关的中国天文学成果的西传,中国的数学知识也很自然地向西方传播。

马拉盖天文台的学术成就被称为"文艺复兴之前的科学革命",它将阿拉伯天文学推向了巅峰,所形成的"马拉盖学派"对后世的天文学与数学的发展产生了重大影响,也毫无意外地辐射到欧洲。马拉盖天文台有超过100位学生,其中一位来自拜占庭帝国的学生格里高利·可耐德把《伊尔汗历数书》翻译成希腊语,并由此传播到欧洲。近300年后,哥白尼《天体运行论》中地球自转的叙述,有着与马拉盖学派类似的影子。"马拉盖学派"基于数据精准地数学化描述自然界的思想,同样对欧洲产生着深远的影响。

早在20世纪70年代初期,德国科学史学家威利·哈特纳指出:哥白尼著作的图表中所使用的几何点,连发音都与300年前图西所使用的一样。哥白尼著作中直接可以看到的阿拉伯天文学成果包括"双本轮"模型、"厄迪定理"、沙提尔的太阳、月亮和行星模型。这些理论非常有机地融进了哥白尼的天文体系,以至于如果剔除出这些理论,哥白尼体系的完整性就不复存在了。由于哥白尼与马拉盖学派在数学工具和理论动机上是如此相似,以至于有的学者据此得出结论:"哥白尼即使无法被看成马拉盖学派的最后一个追随者,但肯定可被看成马拉盖学派的最著名的追随者。"

英国史学家李约瑟在不同的文化语境中坚持主张,中国的天文学观点,尤其是与宣夜学派有关的观点,为哥白尼提出的日心说理论的巩固提供了至关重要的深刻见解。阿拉伯天文史学家乔治·萨里巴认为,哥白尼所采纳的大量观念与方法取自马拉盖学派的天文学。英国学者乔治·G.约瑟夫经论证认为,印度喀拉拉学派的数理天文学所提供的关键观念同样影响了广义的哥白尼革命。这些研究结论暗示,科学革命必须要以历史的方式来审视,其途径是:超越古希腊的天文学传统,并将跨越更广泛的亚欧地区的天文学传统的语境囊括进来。这一重新定向不仅要求我们重新思考对科学革命的历史影响,而且也拓展了塑造科学革命的社会-文化语境。新加坡学者亚伦·巴拉认为,哥白尼革命可以看成是以偶然的方式将阿拉伯、印度与中国的天文学成就结合的产物,是利用这些传统所提供的有关主题思想、工艺与技术的资源组合而实现的一次更高的综合;这些亚洲传统在数学、天文学与宇宙论中预见到了大量科学观念与发现,后来全部当成了近代早期欧洲科学革命的成就,地中海以东的科学成就被历史学家和公众严重忽视。

科学史的研究不断形成新发现和新结论,否定了"阿拉伯、中国与印度的天文学学派对科学革命仅仅施加了微弱影响"这个假设,完全打破了"哥白尼革命"的神话性,也对文艺复兴是否只是欧洲人的贡献提出了强有力的质疑。

文明智慧之集大成

马蒙之后的阿拔斯王朝的几任哈里发都崇尚学问,把巴格达变成了国际学问中心。在这里,"世界各地的科学被译成了阿拉伯文,它们获得修饰而深入人心,其文字的优美在人们的血管里川流不息"。希腊重要的哲学和自然科学著作,通过翻译、考证、勘误、誊录、诠释、增补得到保护、保存。

"在建筑巴格达城后,仅仅七十五年工夫,阿拉伯学术界就已掌握了亚里士多德主要的哲学著作、新柏拉图派主要的注释、格林医学的绝大部分,还有波斯-印度的科学著作。希腊人花了好几百年才发展起来的东西,阿拉伯学者在几十年内,就把它完全消化了。"

在当时的欧洲人几乎完全不知道希腊的思想和科学之际,这些著作的阿拉伯语翻译工作已经完成了。可以说,在中世纪的黑暗中,是伊斯兰世界的星光照亮了地中海世界的科技天空:"阿拉伯留传下十进位制、代数学的发端、现代数学和炼金术,基督教的中世纪什么都没留下。"(恩格斯《自然辩证法》)"当欧洲文艺复兴时期的伟人们把知识的边界往前开拓的时候,他们所以能眼光看得更远,是因为他们站在伊斯兰世界巨人们的肩膀上。"(尼克松)

阿拉伯帝国利用翻译、著述等形成卓有成效的数学、自然哲学、文化的丰富藏书。如果说它为人类文明的更生筑起一座巢穴,那么,中国造纸技术则是支撑这座巢穴的茂密的大树。阿拉伯人使用中国发明的造纸术编成的书本,汇集四大原生文明与希腊、古罗马新生文明的成就,这一事实已经比任何言辞都更雄辩地证明,"丝绸之路"这条贯通欧亚的古老商路同样也是联系古代人类智慧的重要纽带。

相较于古希腊经典濒临湮没的西欧,阿拉伯世界通过翻译运动构建了可观的文化优势。随着安达卢斯①的发展,科尔多瓦在10世纪成为重要的文化中心,阿拉伯、希伯来译本的典籍大量出现在众多皇室、民间藏书馆中,仅第二任科尔多瓦哈里发哈卡姆二世兴建的皇家图书馆中藏书量即达40万余卷,其中不乏珍稀版本,在当时的阿拉伯世界学者中具有很大的影响力。除科尔多瓦外,安达卢斯的其他大城市也建有多座知名图书馆,如南部的塞维利亚、阿尔梅里亚,西部的巴达霍斯,中部的萨拉戈萨、托莱多等。后倭马亚王朝统治期间,西班牙的托莱多城成为伊斯兰文化的重镇。

巴格达的"智慧宫"和比利牛斯半岛图书馆的藏书,对当时的半岛北方的欧洲其他国家产生了巨大的吸引力,直接促成了大规模欧洲翻译运动的诞生。

重大历史事件之五:欧洲翻译运动

不可调和的宗教冲突

阿拉伯帝国的建立是以宗教为基础的,这个政教合一的政治体系与西边的另一个政教合一的政治体系之间的矛盾,是与生俱来的。基督教和伊斯兰教都对其他宗教持有强烈的排斥态度,基督教视非基督教为"异教";同样的,伊斯兰教也视非伊斯兰教为"异教"。两个宗教都虔诚笃信各自的教义、都持有极端敌视"异教"的心态,而且它们又是相互紧邻的,自然难免发生宗教冲突。

阿拉伯帝国建立之后,在东西罗马的势力范围内扩张。由此,必然出现这样的局面,即罗马帝国的地盘上,信奉基督教的大有人在,当阿拉伯帝国占领这些土地之后,必然视这些基督教徒为异教徒,以强迫和恐吓手段威逼利诱民众信奉伊斯兰教。同时,伊斯兰教以宗教为旗号发动战争,迅速向外扩张,不可阻挡地逼近欧洲、挺进到法兰克王国的心脏地带。在阿拉伯帝国快速扩张的过程中,从基督徒、教会和大地主手中抢夺的土地被没收,归于伊斯兰国家国库、寺院以及他们的高层官员所有,民众受到统治者的严重压迫。

1095年,教皇乌尔班二世号召第一次十字军东征,前后持续近200年的十字军东征的军事行动正式拉开序幕。十字军东征由西方基督教世界发起,旨在收复被穆斯林占领的"圣地"。11—13世纪,连续发起了9次东征。十字军战争的初期成功依赖于伊斯兰世界的分

---

①　安达卢斯(Al-andalus)是指中世纪由阿拉伯和北非穆斯林统治的伊比利亚半岛地区。

裂,但最终还是以十字军失败而告终。东征的失败大大降低了教会的威信,教皇的权力由此滑向衰落的轨道。十字军国家也受到很大的打击,作为欧洲文化中心的拜占庭已失去昔日的繁荣。这些,都为十字军国家的灭亡埋下了伏笔。

11世纪末—12世纪初,西欧封建社会在历经几百年的动荡与发展之后,开始走向稳定。以基督教教堂和封建王公为中心的城市显著发展,商会和手工业行会兴起,出现了与宗教和政治权威相对立的自主精神。社会发展的新形势使得基督教内部出现了一股重新阐述教义、建构基督教解释体系的热情。出于对基督教教义进行重新阐释的需求,教会尤为重视新思想和新理论的介入。

硕果尽揽

10世纪下半叶—11世纪上半叶,在托莱多翻译学院建立之前,西班牙北方地区就存在着早期的翻译活动。在10世纪翻译了大量阿拉伯科学文献,至今还有超过250份手稿得以保存。伊比利亚半岛早期翻译活动等文化交流所取得的成果,使当时的欧洲学者充分认识到阿拉伯文化的先进性。

十字军东征,占领了巴格达和伊比利亚半岛,使欧洲人揽获了阿拉伯帝国所保有的古代文化宝藏,大量著作被十字军带回意大利。教会的本意是从这些著作中为自己的神学理论寻找方法论和依据,借助已有的哲学的观念与逻辑,证明和论述神的存在及属性,阐述尘世与彼岸的关系。欧洲人将大量的阿拉伯文书籍译成拉丁文,希腊、印度、阿拉伯以及中国创造的文化因此批量地传到了欧洲,西欧人也因此获得大量的科学与文化知识。

在意大利南部与西西里,有不少阿拉伯语和希腊语著作被翻译成拉丁语。翻译的著作有:托勒密的《光学》,亚里士多德的《动物学》《形而上学》《物理学》等,还有地图、天文学、地理学、植物学、动物学与医学书籍等,以及来源于许多散落各处的或不知名译者的许多书籍。

这场翻译运动中,最活跃的是伊比利亚半岛[①]。

1085年,伊比利亚半岛上的托莱多被基督教的西方"收复",但半岛上的伊斯兰王国依然长期存在,这使得托莱多以及另一座名城科尔多瓦,成为西欧学者吸取伊斯兰学术养料的学堂。自12世纪上半叶开始,大批学者纷纷赶往托莱多城,从事拉丁语的翻译活动,盛况空前的翻译活动始终得到基督教会的资助。在这场以托莱多翻译学院为中心的长期、大规模的翻译活动中,为数众多的科学与文学典籍从阿拉伯文或希伯来文翻译成拉丁语或卡斯蒂利亚语,多区域文明的成果经由阿拉伯世界传播至欧洲,对随后的文艺复兴与科学的兴起起到了重要的推动作用。

12世纪的欧洲出现了与宗教和政治权威相对立的自主精神,开始关注人的本身;同时,基督教会出于对基督教教义进行重新阐释的需求,支持科学类资料的翻译。阿拉伯人收集的医学、数学、天文学等大量科学类著作,引起译者及翻译活动资助人的重视,被译为拉丁文的阿拉伯著作数量非常可观。例如,在巴塞罗那,犹太学者亚伯拉罕·巴哈·海以亚等人翻译了阿拉伯数学、天文学和星相学著作。科学类译著贡献最多的是作品总数超过80部的

---

① 伊比利亚半岛,即现在的西班牙、葡萄牙、安道尔和英属直布罗陀所在的区域,长期被阿拉伯帝国统治,与翻译运动相关的地区主要分布在西班牙境内。1490年,穆斯林在西班牙的最后一个重镇格拉纳达才被西班牙人"收复"。

杰拉德[1]，他领衔翻译了阿维森纳的《医典》、花拉子米的《代数学》、托勒密的数学、天文学专著《天文学大成》等。阿德拉德[2]领衔翻译了欧几里得的《几何原本》，希波克拉底和盖伦的著作。此外被翻译的还有，托勒密的《四书》、托名于托勒密的《金言百则》《天象学》《历数书》，马沙·安拉、阿尔布马扎等人的占星学著作。

13 世纪下半叶，针对翻译手稿开展的审阅、校对、排版、注释等工作也相应出现，翻译质量也有所提升。翻译学院聚集了来自欧洲各地的学者，因此在开展翻译活动之余也成为学者间交流合作的平台。翻译活动逐渐向平民化、世俗化过渡，一些原创作品开始出现，题材涉及天文、历史、生活百科等多个领域。

13 世纪末，随着阿方索十世统治的结束，肇始于 11 世纪末、经历两个世纪的翻译运动逐渐落下帷幕。在持续促进文化西渐的同时，翻译的领域不断拓展，不同民族和文化背景的学者之间合作持续加深，译作在民众当中的普及程度大幅提升，对当时社会的影响也愈加深入。翻译运动后期原创作品的大量问世，就是民族交流达到相当程度的体现，是文化融合产生的新成果。

十字军东征促进了欧洲与阿拉伯国家的文化交流，产生了大翻译运动，通过大量"知识朝圣者"的艰苦努力，大量的来自四大文明古国的文化瑰宝和先进知识引入欧洲，使得保存在阿拉伯文化中的文明成就移植到中世纪的欧洲。给欧洲的数学、天文学、自然哲学等的研究注入了新颖的内容，为后来欧洲的文化复兴和近代文明崛起奠定基础，进而影响了整个西方文明形态。

---

① 杰拉德(Gerardo de Cremona)，意大利翻译家。
② 阿德拉德(Abalrdo de Bath)，英国翻译家。

第七章

硕果博采广纳　数学进化新生

水流元在海、月落不离天，三大文明古国消亡，数理之道涅槃重生。"黑暗时代"的欧洲文明发展严重放缓、几乎停滞不前，至中世纪后期，西方的数学、哲学、自然哲学一片荒芜。

同时期，东方文明的发展从未停歇，大量成果通过多种途径向西方传播。渐渐苏醒的欧洲人从东方大量吸取数学成果，从数论，到代数、到几何，全方位地快速填补了欧洲的数学真空，并在此基础上实现了升华。

君且看，那低掩的眉睫微微一挑，四目相对、眸光交汇，好似拨云见日，纯粹而又温暖。

遥远东方的熠熠星辉

天下滔滔,知我者希,数学在东方的土地上茁壮成长,并未停歇

数学的紫气东升

随着罗马帝国的衰微,喜马拉雅山西侧的数学活动中心东移,特别是印度。公元500—1200年,印度出现了四五位有名的数学家,阿利耶毗陀(活跃于6世纪)、巴拉马古达(生于598年)、马哈维拉(活跃于9世纪)、斯里哈拉(生于999年)和巴士卡拉(生于1119年)。

阿利耶毗陀(印度天文、数学家),著作《阿利耶毗陀作篇》介绍了常用算术运算的种种规则,包括乘方、开方、简单的二次方程、简单的代数恒等式、等差级数、用连分数处理不定方程的问题。

巴拉马古达(印度数学家),著作中经常出现算术运算(包括对开方问题的处理)、利息问题、比例、等差级数以及自然数的平方和等问题,以及对负数及零已经有了清楚的概念,各种二次方程、一次不定方程。

施里德哈勒(印度学者),1120年编写了《计算概要》等,介绍求解二次方程的知识。即

$$ax^2 + bx = c$$

将方程两端乘以一个等于4倍平方项的系数的数。再在两端加上一个等于未知数的原系数之平方的数,

$$4a^2x^2 + 4abx + b^2 = 4ac + b^2$$

然后开方:$2ax + b = \sqrt{4ac + b^2}$。

与此同时,5—13世纪,喜马拉雅山东侧的中国经历了南北朝、隋朝、唐朝、五代十国、宋朝的朝代更迭,政治风云变幻。中国五十多位著名数学家、天文学家在数学、天文、大地测量等方面颇有建树。在他们的努力之下,直到南宋,中国依然在数学、天文学领域保持世界遥遥领先的水平。

他们是:

5世纪:祖冲之、祖暅(祖冲之之子)、张丘建;

7世纪:李淳风、一行(本名张燧);

8世纪:梁令瓒;

11世纪:贾宪、苏颂;

12世纪:李冶、杨忠辅;

13世纪:秦九韶、郭守敬、杨辉、王恂、许衡、朱世杰、刘秉忠。

同一时期,中国还出现了更多的数学家、天文学家:姜岌、何承天、李业兴、张子信、刘

焯、瞿昙悉达家族、南宫说、曹士、徐昂、边冈、马依泽、韩显符、燕肃、刘羲叟、周琮、张载、沈括、姚舜辅、朱熹、赵知微、耶律楚材、札马鲁丁、赵友钦等。

祖冲之（429—500，河北涞水人，南北朝时期杰出的数学家、天文学家）。

祖暅（456—536，南北朝时期数学家、天文学家，祖冲之之子），协助祖冲之完成《缀术》《大明历》。

张丘建（生卒年不详，北魏人，河北清河县人，大数学家），著《张丘建算经》（约成书于466—485 年），共 3 卷 92 问（现传），以问答题例方式叙述各种计算问题。

贾宪（生卒年不详，活跃于 11 世纪中期，北宋数学家），1050 年左右完成《黄帝九章算经细草》。

李冶（1192—1279，河北石家庄人，金元时期多才多艺的数学家），著有《测圆海镜》12 卷（1248 年）、《益古演段》3 卷（1259 年）、《泛说》40 卷、《壁书丛削》12 卷、《敬斋古今黈》40 卷。

秦九韶（1208—1268，河南范县人，南宋著名数学家），著《数书九章》（1247 年），列 9 类题，每题 9 问，共计 81 问。

郭守敬（1231—1316，河北邢台人，元朝天文学家、数学家、水利工程专家），著有《推步》《立成》等十四种天文历法著作，主持编著《授时历》。

杨辉（生卒年不详，浙江杭州人，南宋时期数学家），主要著作共 21 卷：《详解九章算法》（1261 年）、《日用算法》（1262 年）、《乘除通变本末》（1274 年）、《田亩比类乘除捷法》（1275 年）和《续古摘奇算法》（1275 年）。后三种合称为《杨辉算法》。朝鲜、日本等国均有译本出版，流传世界。

王恂（1235—1281，河北保定人，元代数学家），参与编著《授时历》。

许衡（1209—1281，河南新郑人，金末元初著名理学家、教育家），著有《读易私言》《鲁斋遗书》等，参与编著《授时历》。

朱世杰（1249—1314，北京人，元代数学家、教育家），有"中世纪世界最伟大的数学家"之誉，主要著作有《算学启蒙》与《四元玉鉴》。

这个时期，中国的天文学领域的两个重大成果值得关注，《符天历》（780—783，唐朝曹士芳订立）、《授时历》（1276—1281，元朝许衡、郭守敬、王恂等合作完成），围绕这两个天文历法的研究，带动了数学、天文、测量、仪器等一系列领域的研究，这是一种值得后人思考的有价值的科学研究模式——以重大项目带动多学科发展，国家投入、学科联动。

中世纪，中国的数学家也不是孤独的，他们的研究、教学等工作都得到了朝廷的大力支持。社会对于数学的学习与传承也很重视，用"门庭若市、车水马龙"来形容有些不符合学术的安静氛围，但也是家无俗客临门、庭有青衿满堂。例如，元代朱世杰曾以数学家的身份周游各地二十余年，向他求学的人四方而来、学子日众。"周流四方，复游广陵，踵门而学者云集"（莫若、祖颐：《四元玉鉴》后序）。

公理方法的星光初现

农耕文明是人类史上的第一种文明形态，也是中国作为四大文明古国之一的文化特征。

盖天说宇宙结构示意图

对于高度发达的农耕文明,精耕细作的农事需求始终驱动着天文历法的发展。中国历朝各代都很重视与农事相关的技术,包括天文观测活动。掌握四季变化、顺天应时,乃全"天人合一",这是中国人不息的现实愿望和文化追求。

围绕着天文观测开展数学研究,是数学发展的一个重要途径,中国古代也不例外。在对宇宙的认识过程中,中国古代逐步形成了自己的天地结构模型,相继提出了盖天说、浑天说和宣夜说。

盖天说、《周髀算经》及公理化体系

盖天说起源于殷末周初,认为天圆地方,"天圆如张盖,地方如棋局"。设想上天犹如附着有众多天体的大伞,一把大伞高高悬在大地之上、左旋转动;大地的周边由八根柱子支撑着,天和地的形状犹如一座顶部为圆穹形的凉亭。这种定性的假设不断发展为定量化的描述,公元前1世纪,已经形成了一个完整的、定量化的体系,西汉末年在《周髀算经》中做了定量的论述,形成了中国古代的"数理天文学"。

《周髀算经》采用了实质性公理化方法,构造了一套演绎体系来描述宇宙的结构。作者引入了一些公理,并在此基础上从其几何模型出发进行有效的演绎推理,以描述各种天象。

第一条公理:"天地为平行平面"。

第二条公理:"日光向四周照射的极限距离是167000里"。

上述两条公理,古人认为是显而易见、不容置疑的,是不证自明的当然前提。根据所提出的公理,《周髀算经》构造出一套完整的天地模型,并且能大致上解释实际天象。

《周髀算经》用公理化方法构造出宇宙几何模型,基于"天地为平行平面"的公理,推论出"勾之损益寸千里"的定理,明确建立"日影千里差一寸"的公式之后,将其作为已经得到证明的公式加以使用;接着,《周髀算经》开始拓展这一关系式的应用范围。

在当时历史条件下,人们活动范围和测量精度的限制,"千里一寸"的误差已经是相当准确的了,剩下的问题是"定理与观察结果一致"的要求。在公元纪年前的历史时期,这一理论模式的构建和演绎,实属难能可贵。

我们现在知道,"天地为平行平面"与事实是不一致的。《周髀算经》的演绎方法和演绎过程无懈可击,但是引入的公理错了,所以演绎的结果与宇宙的实际结构不符。当然,我们可将其理解为合理的近似,因为任何的测量都是允许近似的,前提是由此近似而导致的误差在允许的范围内。例如,现代测量学认为,在测区范围较小的情况下,可以将地球表面当作平面看待,所测得地面点的坐标或一系列点所构成的图形,可直接用相似而缩小的方法描绘到平面上去。

人类对天地的认识随着观测范围的扩大、观测手段的完善而不断进步,《周髀算经》的"天道曰圆,地道曰方"的认识源于古人的活动和观测范围受限,这一点可以从"天向西北倾斜,因此日月星辰向西北方移转;地向东南陷塌,因此江河泥沙向东南方奔腾"[1]中体会到。

---

[1] 原文:"天倾西北,故日月星辰移焉;地不满东南,故水潦尘埃归焉。"(《淮南子·天文训》)

无论怎样看待《周髀算经》的宇宙近似模型,都不妨碍《周髀算经》在叙述结构上的演绎体系的历史价值,它是一套相对完整的公理化方法。盖天说一直流行至西汉,包括其代表作《周髀算经》在内,该学说对于中国的宇宙结构思想的形成起到了积极的作用。

浑天说及其精密的测量

盖天说的宇宙图景有许多无法解释的问题,正如战国时代的楚国诗人屈原在《天问》中提出的质疑:"圜则九重,孰营度之? 惟兹何功,孰初作之? 斡维焉系? 天极焉加? 八柱何当? 东南何亏? 九天之际,安放安属?"

西汉中叶,落下闳[①]创制"太初历",提出了浑天说的基本思想。西汉末期的扬雄在《法言·重黎》中提到了"浑天"一词。时至东汉,张衡在代表作《浑天仪注》中系统地叙述浑天说:"天体圆如弹丸,地如鸡子中黄,孤居于内,天大而地小。天表里有水,天之包地,犹壳之裹黄。"把天看作一个附着众多天体的球壳绕极轴左旋,静止在天球中央的地回旋浮动,即"地有四游"的地动思想。

周天三百六十五度四分度之一;又中分之,则一百八十二度八分之五覆地上,一百八十二度八分之五绕地下,故二十八宿半见半隐。其两端谓之南北极……两极相去一百八十二度半强。天转如车毂之运也,周旋无端,其形浑浑,故日浑天也。

天球一周 $365^{(1/4)}$ 分度,一半分度 $^{(182^{(5/8)})}$ 覆盖于地上、一半分度环绕于地下,因此黄道附近的 28 组星象半隐半现。两端为南北极、相距分度 $182^{(1/2)+}$。天球如车轮运转、周而复始,其形状浑浑无涯,故曰"浑天"也。

浑天说采用球面坐标系,如赤道坐标系,以量度天体的位置,计量天体的运动。这种计算体系和宇宙学说,已经相当接近现代球面天文学的体系了。

盖天说与浑天说这两个天地模型之间难以兼容,各执一端、争论不休。根据浑天原理而构造的仪器以及设计出来的观测方案,都能在很大程度上与实际符合,并且可以不断改进计算方法、提高观测精确度。渐渐地,浑天说的卓越思想取得了统治地位;作为盖天说代表作的《周髀算经》也就逐渐隐没。但是,《周髀算经》中包含的"公理化方法"并没有如优钵昙华一般,构造几何模型的公理化方法依然在后世使用,例如《测圆海镜》等。

符号表达与演绎思维的惊鸿一瞥

《测圆海镜》全书共十二卷,一改古代传统数学著作的体例式编排风格,在第一卷里,列有"圆城图式""总率名号""今问正数""识别杂纪"等项,这些项目全部都是全书一百七十问的预备知识。

符号化表述

"圆城图式"绘制在卷首的勾股容圆图形,即是三角形及其内切圆的图形。它是全书的总括图解,由直角三角形(古时称为"勾股形")、内切圆等组成。在三角形及其内切圆图形中,过三角形各特殊点作横、纵直线,将此三角形分为十五个相似的三角形,并在各三角形之

---

① 落下闳(公元前 156—前 87),西汉时期的天文学家。张衡(78—139),东汉时期的天文学家、数学家、发明家、地理学家、文学家。

顶点分别标注一个汉字,以表示该三角形顶点的名称,例如天、地、乾、坤、巽、艮、东、西、南等。这一做法,是一种符号表述的雏形,与现代几何学的做法完全一致,只不过现在采用一个字母标注,例如 A、B、C、D、E、F、G、H、I、J、K 等。

"总率名号"为 15 个三角形和线段分别确定一个名称,例如通、边、广、底、差、极、高、长、平、明、虚、叀(zhuān)等,这与现代几何学的做法相同,例如通表示△ABC,底表示△KBJ 等。

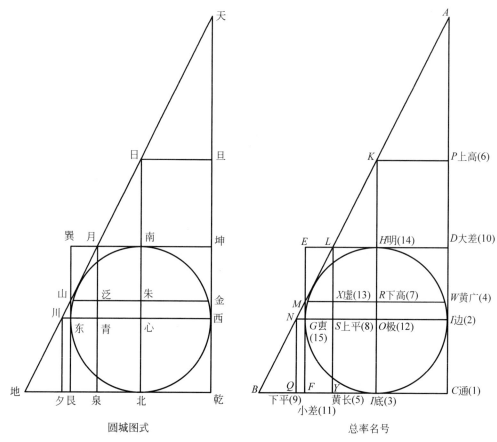

圆城图式　　　　　　　　　总率名号

《测圆海镜》中的圆城图式

(图中的英文字母由本书作者标注)

基于上述的各三角形顶点标志符号和各三角形命名,便可以对每一个三角形的勾、股、弦命名:

原文:

天之地为通弦,天之乾为通股,乾之地为通勾。

天之川为边弦,天之西为边股,西之川为边勾。

日之地为底弦,日之北为底股,北之地为底勾。

天之山为黄广弦,天之金为股,金之山为勾,即股方差也。

月之地为黄长弦,月之泉为股,泉之地为勾,即勾方差也。

天之日为上高弦,天之旦为股,旦之地日为勾。

日之山为下高弦,日之朱为股,朱之山为勾。

月之川为上平弦，月之青为股，青之川为勾。

川之地为下平弦，川之夕为股，夕之地为勾。

天之月为大差弦，天之坤为股，坤之月为勾。

山之地为小差弦，山之艮为股，艮之地为勾。

日之川为皇极弦，日之心为股，心之川为勾。

日之山为太虚弦，月之泛为股，泛之山为勾。

日之月为明弦，日之南为股，南之月为勾。

山之川为更弦，山之东为股，东之川为勾。

其中的"之"是"至"的意思。例如："天之地"就是由"天"至"地"，有时则指"天"至"地"这两点之间的线段，或"天地"线段之长。用现代几何学的术语来表示，就是"线段 AB"。

不妨以"天之地为通弦，天之乾为通股，乾之地为通勾"为例进行翻译。

直译：天、地两点连线是三角形"通"的弦，天、乾两点连线是三角形"通"的股，乾、地两点连线是三角形"通"的勾。

意译：线段 AB 为三角形△ ABC 的斜边（弦），线段 AC 为三角形△ ABC 的直角长边（股），线段 BC 为三角形△ ABC 的直角短边（勾）。

此外，《测圆海镜》发明了负号和一套相当简明的小数记法。其负号是画在数字上的一条斜线，通常画在最后一位有效数字上，例如 -340 写作 ‖ ≶ ○。纯小数的表示是在个位处写○，例如 0.25 记作 ○ ⸗ ‖‖；带小数则在个位下写单位，例如 5.76 记作 ‖‖‖⊥T步。这些记法在当时是很先进的。

直到 16 世纪，西方的小数记法还很笨拙。例如，比利时数学家斯蒂文(S. Stevin) 在《论十进》(1585 年)中，把每位小数都写上位数，画上圆圈，如 27.847 记作 $27⓪8①4②7③$。

定理与公理化

"识别杂纪"都是关于不同线段之间的几何关系式，一共列出了 692 个公式，涉及各三角形边与边之间的计算关系，是全书的纲领。这些命题中，有的是定义，有的是公理，有的是定理。诸杂名目是全书的总纲，列出各项定义，例如虚勾虚股相得名为"虚率"，高股平勾差名为"角差"，又名"远差"等。诸杂名目中还列出了三十余项定理，如"凡大差小差相乘为半段径幂，大差勾小差股相乘同上、黄广股黄长勾相乘为经幂"等。

全书的 170 个问题以上述定义、公理、定理为理论和计算依据，在这些公理和定理的基础上演绎推导，构建了完整的演绎体系，体现了严密的公理化的逻辑演绎特点。例如：

公理 1：

原文：天之于日与日之于心同，心之于川与川之于地同，日之于心与日之于山同，故以山之川为小差。

译文：线段"天日"＝"日心"（即 $AK=KO$），线段"心川"＝"川地"（即 $NO=NB$），线段"日心"＝"日山"（即 $KO=KM$），因此，线段"山川"为小差（即 $MN=KN-KO$）。

定理 1：

原文：凡大小差相乘为半段径幂。

译文：通弦/通勾之差与通弦/通股之差，两者相乘，等于内切圆直径平方的一半。即

$$(c_1-a_1)(c_1-b_1)=d_1^2/2$$

定理 2:

原文：虚勾乘大股得半段径幂。

译文：虚勾乘以通股等于内切圆直径平方的一半，即

$$a_3 \cdot b_1 = d_1^2/2$$

符号化表达与逻辑演绎

"今问正数"为各三角形的三个边分别设定一个正整数。如果现在的人们设计这十五个相似三角形的四十五条边的数值，必须同时具备几何学的知识和初等数论的理论。因为，这些三角形的边长需要是正整数，而且需要符合三角形的要求，还需符合相似形的条件。

天元术，就是以文字代表未知数，从而建立方程，解决问题的方法。《测圆海镜》对天元术进行了系统化、程序化、模式化的规范，全书的一百七十问，都是使用天元术。

例如正率十四问中的一道题："出西门南行四百八十步有树，出北门东行二百步见之。问答同前。"（译文：出西门向南走 480 步有一棵树，出北门向东走 200 步可以看到这棵树。问答同前。）

限于篇幅，我们不整段引用原文，仅列举其中部分答案的原文：

立天元一为半径，置南行步在地，内减天元半径得 卌差〇元 [（案）斜画者，少之记也。是为四百八十步少一元也] 为股圆差[①]。……又置东行步在地，内减天元得下式 ‖〇〇元 为勾圆差[②]，以勾圆差增乘股圆差得 丅䒢〇元[③]。……为半段黄方幂，即城幂之半也[④]。

"立天元一为半径"，其中"天元一"或"元"代表未知数，这里的"立天元一为……"就是现今所说的"设未知数 x 为……"；"立天元一为半径"即"设未知数 x 为半径"。其中，（案）字引入的语句，是原文作者对方程式的注解，便于读者理解。

该段翻译成现代的代数表示方法，会更加一目了然。

（1）句①的译文：

设一未知数 x 为圆城半径，与 x 相减得股圆差：

$$b - x = 480 - x$$

其中，西门南行的线段为边股，即 $b_2 = 480$ 步。

（2）句②的译文：

出北门东行步数减去未知数即为勾圆差，即

$$a - x = 200 - x$$

（3）句③的译文：

以勾圆差与股圆差相乘得二次式：

$$(a-x)(b-x) = (200-x)(480-x) = 96000 - 680x + x^2$$

（4）句④的译文：

勾圆差与股圆差相乘所得的一次式等于内切圆直径 d 的平方的 1/2，即

$$(a-x)(b-x) = d^2/2$$

或

$$96000 - 680x + x^2 = d^2/2$$

独领风骚数千年

古代中国的数学花园,芳草萋萋、硕果累累

东方数学的伟大成就

中世纪长达千年的时间里,西方特别是欧洲的数学、自然哲学在醉睡中停摆,而中国的数学发展水平达到了极高的程度。13 世纪之前,中国的数学成就清单,五谷蕃熟、穰穰满家。

(1) 中世纪之前:自 476 年西罗马帝国灭亡开始,对应中国的南北朝时期(420—589)。西方进入中世纪之前,中国已经掌握并应用了大量的数论、代数、几何知识。

文字记数、数筹记数、整数四则运算、勾股测量、分数、角分数、体积分数、正负数加减法、解线性方程组、极限、等差数列、不定方程求解、分数乘除运算等数学知识,运用公理化的数学方法,描述勾股定理公式、勾股定理证明。《周髀算经》(公元前 1 世纪或更早),张苍、耿寿昌《九章算术》(1 世纪),刘徽《九章算术注》《海岛算经》(3 世纪),《孙子算经》(4 世纪),祖冲之《缀术》《大明历》(5 世纪),《张丘建算经》(约 5 世纪),《五曹算经》(6 世纪)等。

(2) 中世纪期间:西方中世纪的时间段为 476—1453 年,对应中国的南北朝(420—589)到明朝(1368—1644)。其间,中国数学不断发展,硕果累累,大量数学著作流传于世。

代数(二次代数方程求解、三次方程求解、等差数列、高阶等差级数求和、某些不定方程求解、二次差内插、开任意次方、高次方程正根的数值求法、四元高次多项式以及联立方程组求解)、几何(三角形内切圆和旁切圆求解、三差内插公式、球面三角公式、射影定理和弦幂定理)、历法(以 365.2425 天为一回归年)。

至西方的中世纪结束之时,中国的数学成就已经发展到平面几何、立体几何、初等代数、高等代数(行列式、矩阵、线性方程组、高次多项式、联立方程组),西方的数学基本上处于初等代数的求解一元二次方程(印度学者斯里哈拉)的水平。

中世纪之后的中国,数学的发展并没有停止,例如:王文素《算学宝鉴》(1524 年),程大位《算法统宗》(1592 年)等。

中世纪,中国的数学已经从初等数学走向高等数学,甚至有了变量数学的影子,已经有了解高次方程组、高阶数列、立体几何、微积分的相关叙述。而欧洲直到 17 世纪之后才慢慢开始有相关著作发表。西方学者对中世纪中国的学术成就给予高度评价,例如,美国科学史家乔治·萨顿在《科学史导论》中说:《四元玉鉴》"是中国数学著作中最重要的一部,同时也是中世纪最杰出的数学著作之一";不太了解中国数学历史的英国数学史家 J. F. 斯科特,在《数学史》中对《九章算术》《孙子算法》《海岛算经》也做了充分肯定。

中国的数论与几何

算术与数

四则运算、开方、分数、小数、负数、不尽根。

例如，开方（求根）是与平方对应的运算。在《九章算术》（公元前 100 年）中，出现了求平方根方法的几何学描述：如果把一条直线分成两部分，则以全线构成的正方形，等于所分成的两条线各自构成的正方形之和，再加上由这两条线所构成的矩形的两倍。用现代数学可表达为

$$(a+b)^2 = a^2 + b^2 + 2ab$$

显然，《九章算术》完全有意识地出现了根的概念。大约 500 年后，欧洲的塞翁在著作中提出了六十进制的分数开平方。1430 年前后，卡西在《算术之钥》中说明了开方的方法，并且恰巧与中国数学家贾宪（约 1100 年）等人所做出的方法相似。1494 年，帕乔里给出了一个与《九章算术》相似的方法。

几何学

勾股定理、圆周率、平面面积、各种立体形状的体积、圆锥曲线、三角学等。举几个例子：

（1）求任意三角形面积

秦九韶解答了任意三角形面积计算（三斜求积术）问题，给出了已知三角形三边求三角形面积的公式，与古希腊数学家海伦（Heron，公元 50 年前后）提出的公式完全一致。秦九韶给出了一些经验常数，如筑土问题中的"坚三穿四壤五，粟率五十，墙法半之"等，即使对当前仍有现实意义。秦九韶还在十八卷 77 问"推计互易"中给出了配分比例和连锁比例的混合命题的巧妙且普适的运算方法，仍有很大意义。

（2）坐标几何学

公元 120 年前后，班固的妹妹班昭补写而成《前汉书》八表，她把约 2000 个传说人物和历史人物的名字，按照自己划定的九个德行等级排列在矩形网格中。从某种意义上说，在这个表中，时间是一个轴，而德行是另一个轴。如果把表中的点连起来，就形成一条曲线。这种坐标系统远比"棋盘"（常称为最早的坐标系）古老得多。

珠算盘实质上是一种坐标系统。在两仪算法中，使用两种不同颜色的珠子（黄珠和青珠），黄珠与左边的 y 轴关联，青珠与右边的 y 轴关联，建立数的方法与"太一"算法相同，与近代的曲线图形表示法有惊人的相似之处。

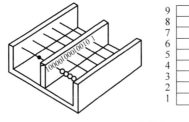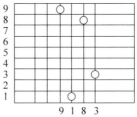

珠算盘

（3）三角学

中国几何学并非一直是纯经验的和非论证性的，本书第一章中展示了勾股定理的中国

证法,就是一个非常经典的三段论式逻辑推理过程。

公元前 1 世纪的《周髀算经》提出的重差测量理论、作日高图,已经有了"观测远处物体"的叙述。在《九章算术》的方田章中,刘徽指出求弧田(弓形田)面积 S 的方法:"以弦(b)乘矢(h),矢又自乘;并之,二而一",即

$$S = (bh + h^2)/2$$

约 1 世纪末,张衡在《灵宪》中也讲到使用双重直角三角形("……重用勾股")。

263 年,刘徽在用相似(直角或非直角)三角形进行几何测量的专门著作《海岛算经》中,运用二次、三次、四次测望法,依据相似直角三角形对应边成比例的内在关系,叙述测高、望远、量深的理论和方法。6 世纪的信都芳、7 世纪的李淳风、10 世纪的夏翱和 11 世纪的韩公廉等著名的测量家,都在三角测量术方面有所贡献。

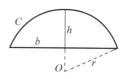
由弦长求弧长

11 世纪中叶,沈括在《梦溪笔谈》中提出会圆术,即由弦长求弧长。其主要思路是局部以直代曲,对圆的弧矢关系给出一个比较实用的近似公式。弧长 C 的近似计算公式为

$$C = b + h^2/r$$

其中,r 为圆的半径;h 为矢高;b 为弦长。

13 世纪,中国开始出现对测量科学中的经验方法的反思,杨辉曾提出一个命题并进行了理论证明:"任意设定的平行四边形,其对角线两边的平行四边形的补形彼此相等"。这与《几何原本》第一卷的命题 43 一样,不过,像《几何原本》第二卷的定义 2 那样,杨辉只取了长方形和磬折形的实例。在附图中 AB 为勾,BE 为股,AE 为弦,CD 为余勾,CI 为余股。

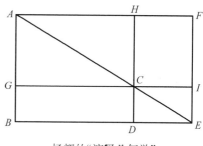
杨辉的"演绎几何学"

杨辉证明了长方形 BC("勾中容横")和长方形 CF("股中容直")的面积相等("二积皆同")。然后把这种证法推广到测量上所用的两个相似直角三角形上去。假如这种证明能够得到推广,古代中国人本可以发展出一种独立的演绎几何学。

13 世纪末,郭守敬发明了弧矢割圆术,将各种球面上的弧段投射到某个平面上,利用传统的勾股公式,求解这些投影线段之间的关系。这是一个由赤道、黄道及两个子午圈(其中一个通过夏至点)组成的、以四边形为底的球面四棱锥。图中 AB 是赤道,CD 是黄道,CA 和 DB 是两个子午圈的弧;O 是天球的中心,D 是夏至点。$CMNK$ 是郭守敬为进行计算而作的矩形。线段 AP 显然是 AB 弧的正弦,而线段 DR 是 DB 弧的正弦,它们分别平行于 KN 和 MN。通过这种方法,能够得到"度率""积差""差率"[①]。

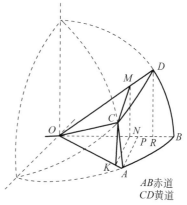
AB赤道
CD黄道

郭守敬的"球面三角学"

---

① "度率":与黄道度数相对应的赤道度数;"积差":与已知黄道弧相对应的弦长;"差率":弧相差 1°时所对应的弦差。

该方法近似于现代球面三角学,与球面三角学公式在本质上是一致的。

中国的代数学

直至 13 世纪(1247 年,秦九韶《数书九章》),中国的代数学发展极快,先后掌握了联立一次方程、矩阵、行列式、不定方程、二次方程、有限差分法、三次方程、高次方程、二项式定理、级数、排列、组合、微积分。

代数学方面,中国古代显然也是遥遥领先的。1303 年,朱世杰在《四元玉鉴》中提出级数求和,四百多年后尼科尔(1717 年)和布鲁克·泰勒(1716 年)才采用并充分掌握这种方法。公元 1 世纪,《九章算术》提出了数字高次方程求根的近似值的解法,一千四百年后的 13 世纪,斐波那契给出了 $x^3+2x^2+10x=20$ 的一个解。史密斯说"没有人知道这个结果是怎样得出的。但是,当时这类数字方程在中国已经解决,并且当时已有可能与西方交往。这些事实便使得人们相信,斐波那契是在他的旅行中学到这种解法的"。后来,韦达(1600 年)、牛顿(1669 年)、霍纳(1819 年)也分别涉及这方面的问题。

举几个实例:

(1) 任意高次方程的数值解法

秦九韶在《数书九章》中开创了正负开方术,即任意高次方程的数值解法,秦九韶所发明的成果比霍纳[①]的同样解法早 572 年。秦九韶的正负开方术,在列算式时,提出"商常为正,实常为负,从常为正,益常为负"的原则,纯用代数加法,给出统一的运算规律,并且扩充到任意高次方程中。

元代朱世杰在《四元玉鉴》中将开方作法本源画至九行,最后一行为七乘方各廉,故名"古法七乘方图",将 1~8 次幂的二项式各系数排列成表。它是二项式系数三角形,$(n-1)$ 乘积相当于 x^n;$(n-1)$ 乘隅相当于 a^n 三角形底行的"廉"分别标出相继各项。用两组平行于左右两斜的平行线将各廉连接起来,以解决"垛积"问题(即高阶等差级数求和)。

中国现存最早的三角形图见于杨辉的《详解九章算法》(1261 年),但我们(从该书)得知它之前就已存在了。贾宪在 1100 年前后就曾解释过它,称之为"立成释锁"。

(2) 一次方程组解法

此外,秦九韶还改进了一次方程组的解法,用互乘对减法消元,与现代的加减消元法完全一致;同时秦九韶又给出了筹算的草式,可使它扩充到一般线性方程中的解法。在欧洲最早是布丢[②]于 1559 年给出的,他开始用不太完整的加减消元法解一次方程组,比秦九韶晚了 312 年,且在理论的完整性上也逊于秦九韶。

秦九韶的书中卷 5 田域类所列三斜求积公式与 1 世纪古希腊数学家海伦给出的公式殊途同归;卷 7、卷 8 测望类又使《海岛算经》中的测望之术发扬光大,再添光彩。

(3) 一次同余式方程组

中国古代求解一次同余式方程组(大衍问题)的方法,其问题源于《孙子算经》中的"物不知数"问题:"今有物,不知其数,三三数之剩二,五五数之剩三,七七数之剩二,问物几何?"这是属于现代数论中求解一次同余式方程组问题。秦九韶在《数书九章》(1247 年)中对此类问题的解法做了系统的论述,并称之为"大衍求一术"。秦九韶因为发明"大衍求一术",被

---

① 霍纳(W. G. Horner,1786—1837),英国数学家。
② 布丢(Buteo,约 1490—1570),法国数学家。

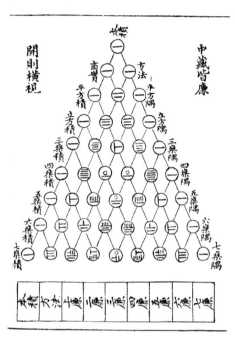

古法七乘方图

康托尔称为"最幸运的天才"。"大衍求一术",即现代数论中一次同余式组解法,是中世纪世界数学的成就之一,比高斯于 1801 年建立的同余理论早 554 年。1852 年,英国传教士伟烈亚力将《孙子算经》中"物不知数"问题的解法传到欧洲;1874 年,马蒂生(L. Matthiessen)指出孙子的解法符合高斯的定理,从而在西方的数学史里将这一定理称为"中国的剩余定理"。

(4) 级数

《九章算术》卷三("衰分")有许多涉及级数的问题,例如五官分鹿就是其中之一。这是一个算术级数,可以把它写成:

$$a+(a+d)+(a+2d)+(a+3d)+(a+4d)=5$$

这里,a 是最低等官员的所得;d 是相邻两等级官员所得之差。书中只给出一个解,即 a 和 d 都等于 1/3。《九章算术》和《孙子算经》均有这样一个算题:

"今有女子善织,日自倍,五日织五尺,问日织几何?"

意思是说:"女红娴熟的女子每天织布的产量是前一天的两倍,五天时间里共织布五尺。试问:女子每天织布多少?"

这个问题可以表示为

$$a+ar+ar^2+ar^3+ar^4=5$$

式中,$r=2$。

这是一个典型的几何级数问题。

13 世纪末,朱世杰对级数做详尽分析时,以相当先进的水平对高阶级数进行了讨论。

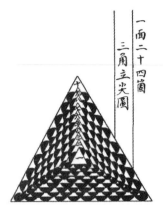

堆积问题
（从锥心到锥顶用小球堆成的棱锥）

他论述了箭束构成各种截面的情况，例如"圆"或"方"；论述了球的堆积（例如三角形、棱锥形、圆锥形等）。假设有：

$$r^{|p|} = r(r+1)\cdots(r+p-1)$$

其中，r 和 p 为正整数，朱世杰推导出的答案相当于：

$$\sum_{r=1}^{n} \frac{r^{|p|}}{l^{|p|}} \frac{(n+l-r)^{|q|}}{l^{|q|}} = \sum_{r=1}^{n} \frac{r^{|p+q|}}{l^{|p+q|}}$$

朱世杰提出了诸多问题，并推导出具有类似性质的其他关系式。

（5）微积分

《梦溪笔谈》描述的"造微之术"，说明 11 世纪中国古人已经有一些关于无穷小、穷竭法和积分的概念的基础。在体积、面积方面，"隙积""割会之术"就是用穷竭法去估计剩余空间；单元越小，穷竭任何给定的体积或面积就可能越彻底。1558 年，周述学在《神道大编历宗算会》中给出了棱锥内把球堆成十层的图示。

中国古代数学典籍简介

1.《周髀算经》，公元前 100 年或更早，早于西汉末期[①]

《周髀算经》原名《周髀》，是中国最古老的天文学著作。就其数学内容看，主要有三方面：其一，相当复杂的分数乘除运算。其二，计算太阳离人"远近"，用勾股定理。在开方运算中有六位有效数字的答数。其三，测量太阳的"高""远"，奠定了后世重差术的基础。《周髀算经》运用公理化的数学方法，详细描述了勾股定理公式（"若求邪至日者，以日下为勾，日高为股，勾股各自乘，并而开方除之，得邪至日"）、勾股定理证明，并以定理为基础，列举了数十实例，从不同角度分析勾股定理的运用。

2.《九章算术》，张苍、耿寿昌，1 世纪，东汉

（1）平面几何图形面积的计算方法，分数的四则运算法则，求分子分母最大公约数；

（2）按比例折换，比例算法，比例分配法则；

（3）比例分配问题；

（4）已知面积、体积，反求边长和径长等；

（5）开平方、开立方的方法；

（6）体积计算；

（7）正、反比例、比例分配、复比例、连锁比例在内的整套比例理论；

（8）双设法问题；

（9）勾股定理求解；

---

① 钱宝琮通过对年代相对明确的其他历史典籍做比较研究，推断《周髀算经》成书年代在公元前 100 年左右。日本理学博士能田忠亮以《周髀算经》中的北极星（北极璇玑）到北天极的方位，推论出《周髀算经》成书年代在公元前 7—前 5 世纪。（地球绕地轴转动的同时，也绕着黄轴做圆锥状转动，这种称作"进动"的旋转运动表现为北天极在天球缓慢地"画圆"。因此，北极星相对于北天极的位置存在着缓慢的周期变化，周期约为 25700 年。）

（10）一次方程组问题；

（11）采用分离系数的方法表示线性方程组，相当于现在的矩阵；

（12）解线性方程组时使用的直除法，与矩阵的初等变换一致；

（13）使用了负数，提出了正负数的加减法则，与现代代数中法则完全相同；

（14）解线性方程组时还运用了正负数的乘除法；

（15）利用勾股定理求解的各种问题，勾股数问题的通解公式。

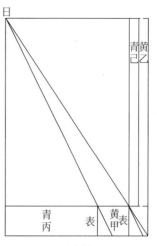

日高图

3. 徐岳《数术记遗》，？—220 年，东汉

该书介绍 14 种计算方法，即积算、太乙算、两仪算、三才算、五行算、八卦算、九宫算、运筹算、了知算、成数算、把头算、龟算、珠算、计数。积算即算筹计算方法，计数即心算方法。计数范围颇广，在测量及其他方面，不用计算工具，不通过数字运算，直接可得所要求的数字结果。

4. 刘徽《九章算术注》《海岛算经》，263 年，魏晋

（1）“极限”“重差”及“类”的思想，奠定了微积分理论的基础。

（2）使用大量先进的逻辑论证，如将逻辑推理与归纳思想相结合，提出了“出入相补”的证明方法，这些方法不但帮助刘徽获得了许多重要的数学结论，而且为后世的数学研究奠定了方法基础。

（3）测量学历史上率先运用二次、三次、四次测望法。

5.《孙子算经》，四、五世纪，成书于祖冲之以前

包括筹算的乘除法、分数算法和开平方法，数论中的同余式理论。

6. 祖冲之、祖暅《缀术》（429—500 年）、《大明历》（456—536 年），南北朝

将“圆周率”精算到小数第七位，即在 3.1415926 和 3.1415927 之间。提出“开差幂”（二次代数方程求解正根的问题）和“开差立”（三次方程求解正根的问题）的问题。《大明历》区分了回归年和恒星年，最早将岁差引进历法，提出了用圭表测量正午太阳影长以定冬至时刻的方法，推算出一个回归年为 365.24281481 日。

“祖暅原理”：夹在两个平行平面间的两个几何体，被平行于这两个平行平面的平面所截，如果截得两个截面的面积总相等，那么这两个几何体的体积相等。“祖暅原理”已经有了微积分的雏形，即以无限多的点计算体积。

7. 张丘建《张丘建算经》，5 世纪，南北朝

该书比较突出的成就有最大公约数与最小公倍数的计算，各种等差数列问题的解决、某些不定方程问题求解等。

8. 刘焯《皇极历》,544—610 年,南北朝

该书采用岁差值较为精确地修正一年之间冬至点的太阳位置微小变化,十五年修正 1 度①。创立了等间距的二次差内插法公式,较好地解决了太阳和月亮运行不均匀性的计算问题。采用定朔替代平朔,运用等差级数法和坐标变换法等数学方法解决二十四节气的推算问题。

9. 甄鸾《五曹算经》《五经算术》,566 年,南北朝

《五曹算经》是算经十书②之一,全书共有 67 个问题,其数学内容没有超出《九章算术》的范畴。"田曹"是各种田亩面积的计算问题,"兵曹"是关于军队配置、给养运输等的数学问题,"集曹"是贸易交换问题,"仓曹"是粮食税收和仓窖体积问题,"金曹"是丝织物交易问题。

《五经算术》对《易经》《诗经》《尚书》《周礼》《仪礼》《礼记》《论语》《左传》等儒家经典及其古注中与数字有关的地方详加注释。

10. 王孝通《缉古算经》,625 年,唐朝初期

该书是中国现存最早解三次方程的著作,全书共 20 题。第 1 题为推求月球赤纬度数,属于天文历法方面的计算问题;第 2~14 题是修造观象台、修筑堤坝、开挖沟渠,以及建造仓廪和地窖等土木工程和水利工程的施工计算问题;第 15~20 题是勾股问题。

11. 夏侯阳《夏侯阳算经》,762—779 年,唐朝

筹算乘除法则,分数法则,解释了"法除""步除""约除""开平方除""开立方除"五个名词的意义。

12. 李籍《九章算术音义》《周髀算经音义》,9 世纪初,唐朝

《九章算术音义》是对《九章算术》本文及刘徽注、李淳风注中的字、词、短语进行注音及解释,被释者既有数学专用名词,也有一般词汇,共计近二百条。例如:今天的线性方程组在我国古代称为"方程",李籍③解释之为:"方者,左右也""程者,课率也""左右课率,总统群物,故曰方程"。《周髀算经音义》则是对《周髀算经》的疏。

13. 贾宪《黄帝九章算经细草》,1050 年,北宋

"贾宪立成释锁平方法""增乘开平方法""贾宪立成释锁立方法"及"增乘(开立)方法"术文四则。方程一次项系数叫廉(或方),"以商乘下法,递增乘之";此法可用于开三次或三次以上的任意次方,比西方早了七百多年。描述了解方程中的二项展开式各系数之规律,作"开方作法本源图",今通称为"贾宪三角形"或"贾宪三角"。1148 年,荣荣将贾宪《黄帝九章算经细草》镂版刊印,才使得贾宪三角及其贾宪在算法的抽象、创新和程序化方面得以保存和流传,也成就了杨辉撰成《详解九章算法》。

---

① 根据现代的观察,太阳的实际偏差是 71 年 8 个月差 1°。同时期的西方采用 100 年差 1°的数值,可见刘焯的《皇极历》是先进的。

② 算经十书是指中国古代十部著名的数学著作,《周髀算经》《九章算术》《海岛算经》《张丘建算经》《夏侯阳算经》《五经算术》《缉古算经》《缀术》《五曹算经》《孙子算经》,成书于汉唐一千多年间,曾经是隋唐时代国子监算学学科的教科书。

③ 根据中国科学院自然科学史研究所郭书春考证,李籍官衔"承务郎",是唐朝设立的从八品文职散官,负责算经校勘注释工作的,很可能是唐后期人。

14. 沈括《梦溪笔谈》,1031—1095 年,北宋

该书共 30 卷,内容涉及天文、数学、物理、化学、生物等门类学科,共 609 条,其中有 7 条笔记涉及数学,包括沈括首创的隙积术和会圆术。

"隙积术"运用类比、归纳的方法,提出了准确的计算方法,并以堆积的酒坛为例加以说明。以体积公式为基础,把求解不连续的个体的累积数(级数求和),化为连续整体数值来求解,具有了用连续模型解决离散问题的思想,开辟了高阶等差级数求和的研究领域。

"会圆术"是指由弦求弧的方法,局部以直代曲,对圆的弧矢关系给出了一个比较实用的近似公式。

15. 秦九韶《数书九章》,1247 年,宋元时期

该书原名《数术大略》,明代后期改名为《数书九章》。大衍求一术(一次同余方程组问题的解法,也就是现在所称的中国剩余定理)、三斜求积术和秦九韶算法(高次方程正根的数值求法)、求解一元高次多项式方程的数值解的算法——正负开方术。

16. 李冶《测圆海镜》(1248 年)、《益古演段》(1259 年),宋元时期

《测圆海镜》介绍已知三角形求其内切圆、旁切圆等的直径,直角三角形内切圆和旁切圆的性质。天元术,设未知数并列方程的方法,高次方程式求解;因式中各元素的关系。值得注意的是,使用符号代数是与我国古代以往的列方程式和多项式采用文词方式所不同的地方,具有数学抽象化的趋势。而且给出了专门的概念和公式("识别杂记"),采用了演绎推理的方法。使用符号"〇"代表算筹中的空位,即"0"。书中一共有 172 个问题及解答,其中148 个问题、182 种方法以天元术列出方程求解,包括一次方程 31 个、二次方程 106 个、三次方程 24 个、四次方程 20 个、六次方程 1 个。

《益古演段》多为已知平面图形的面积,求圆的半径、正方形的边长和周长的问题。该书共三卷,64 问。先用天元术建立方程(多数是二次方程),再用条段法旁证。

17. 杨辉《详解九章算法》(1261 年)、《日用算法》(1262 年)、《乘除通变本末》(1274 年)、《田亩比类乘除捷法》(1275 年)和《续古摘奇算法》(1275 年),南宋

二项式展开后的系数构成的三角图形,称为"开方做法本源",简称"杨辉三角"。改进筹算乘除计算技术,总结各种乘除捷算法,例如增成法的除法运算,用加倍补数的办法避免了试商;"乘算加法五术""除算减法四术"等。

18. 王恂、郭守敬《授时历》(1280 年),宋末元初

《授时历》应用沈括的"会圆术",推算了"赤道积度""赤道内外度"、高次函数内插法、高阶等差级数等,创立了"三差内插公式"和"球面三角公式",接近于现代的球面三角几何学。

应用招差法(差数法)推算太阳、月亮以及五星逐日运行的情况,比欧洲要早近四百年。时间推算极精,以 365.2425 天为一回归年,如果以小时计算,是 365 天 5 小时 49 分 12 秒,比地球绕太阳公转一周的实际时间,只差 25.92 秒,经过 3320 年后才相差 1 天,同目前国际通用的公历(即格里高里历)的一年周期相同,但早于格里高里历三百年。

《授时历》打破了古代制历的习惯,开启了我国历法史上的第四次大改革。

19. 朱世杰《算学启蒙》(1299 年)和《四元玉鉴》(1303 年),元朝

二阶、三阶、四阶乃至五阶等差级数的求和;推导了三角垛统一公式,利用垛积公式给

出规范的四次内插公式；二元、三元、四元高次多项式以及联立方程组求解；射影定理和弦幂定理(三角形内及圆内各几何元素的数量关系)；立体几何中的图形内各元素的关系。《算学启蒙》由浅入深，从一位数乘法开始，一直讲到当时的最新数学成果——天元术，俨然形成一个完整体系。

20. 吴敬《九章算法类比大全》，1450 年，明朝

全书十卷，讲解算法的基本理论，包括大数记法、小数记法、度量衡制单位、整数分数四则运算、定位、开方、差分等，以诗歌形式叙述。

21. 王文素《算学宝鉴》，1524 年，明朝

全称《新集通证古今算学宝鉴》，现存十二本四十二卷，内容涉及各种乘除捷法、口诀及比例和比例分配、各种算术难题、盈亏法、面积、体积、勾股测望、开方、高次方程、线性方程组、高阶等差级数求和，以及一次同余方程组、百鸡术等不定问题解法等中国传统数学的各个方面。

王文素解高次方程比英国的霍纳、意大利的鲁菲尼早近 300 年，解代数方程比牛顿、拉夫森早 140 多年，导数逐步迭代求解方法比牛顿、莱布尼茨的微积分早 140 多年。

22. 程大位《算法统宗》，1592 年，明朝

以珠算为主要的计算工具，列有 595 个应用题的数字计算，全部采用珠算演算，而不用筹算方法。评述了珠算规则，完善了珠算口诀，确立了算盘用法，完成了由筹算到珠算的彻底转变。

百年向东：数学开启东学西渐第一步

长达两个世纪的"中国风"，吹拂着欧洲数学的复苏

东方数学向欧洲传播的历史画卷

天主教统治欧洲、压抑理性、不关心物质世界，罗马人太注重实际而不发展抽象数学，这两方面的因素都制约着数学的发展。欧洲的数学和自然哲学处于停滞状态，与数学相关的内容主要是占星术和确定历法。中世纪初期(6—10 世纪末)欧洲科学的发展状况，用"一贫如洗"来描述是准确而不夸张的。

12 世纪，欧洲的基督徒在向东和向南征战的过程中接触到阿拉伯人建立的翻译中心，发现了大量科技典籍，遂即兴起了"欧洲翻译运动"。翻译运动将大量的古代科技成果保存下来，这些成果又扩展到欧洲的中部和西部，对后来的欧洲文化的形成具有重大的意义。

通过大量吸纳其他文明的数学与自然科学成就，欧洲实现了科学基础的快速重建，健全了各类学科：代数学、几何学、数字、天文学、力学、光学、磁学、水利学、机械工程学、内科学、外科学、药物学、化学、自然史(包括动物学、植物学、矿物学)等。同时，大批著名的科学家和哲学家也在欧洲大地涌现出来。

12 世纪,欧洲人的主要精力集中在译介阿拉伯人的著述上,因此严格来说,当时并没有出现真正的数学家。13 世纪,欧洲人在吸收的基础上有了一些独创性的成就,并出现了至少四位数学家:意大利人斐波那契[①]、德国人约丹努斯、英国人罗伯特·格罗塞特和罗杰·培根。法国学者安田朴(Etiemble)认为,这四位数学家在代数学方面的成就"为欧洲后来在代数学方面的独立发展奠定了基础"。

13 世纪末,文艺复兴运动在意大利发生,并扩展到欧洲很多国家。地处东西方交通要冲的意大利,逐渐成为东西方文化交流的重要纽带。

12—13 世纪,意大利的学者开始翻译、介绍希腊与阿拉伯的数学文献。以中国知识为源头的数学书籍在欧洲的出版、传播,代表了欧洲文艺复兴时期数学区别于希腊传统的发展方向;同时,欧几里得《几何原本》、花拉子米《代数学》等都被翻译成拉丁文。欧洲学者在吸收东方数学和文化之后,逐渐地填补了科技与文化的断层,慢慢地走向独立探索与创新的道路。

向欧洲引进东方数学的工作中,不乏杰出的著作,每一位作者都有其独特的经历或者兴趣,从而造就了其在中西方文化交流中的成就。其中最有影响的是数学家斐波那契,他被比利时著名的科学史家乔治·萨顿(代表作《科学史导论》)称为"中世纪最伟大的基督教数学家",他小时候跟随父亲到北非的巴吉亚港[②]生活,被父亲(比萨商会的领事)送给一位阿拉伯学者学习算术。后来,斐波那契又到埃及、叙利亚、希腊、西西里、普罗旺斯,学习不同的计数系统和计算方法。正因为这样的经历,使得斐波那契成就了杰出著作《计算之书》,这是一本影响并改变了欧洲数学面貌的著作。《计算之书》中包含了许多希腊、埃及、阿拉伯、印度、中国数学相关内容,该书被广泛复制和引用,并且引起了神圣罗马帝国皇帝腓特烈二世的注意。1220 年,斐波那契被邀请到比萨觐见罗马皇帝。

我们可以举几个实例,介绍中国古代数学在近代欧洲的数学著作中的体现。

一、《计算之书》

1202 年,斐波那契的《计算之书》出版。斐波那契是第一个提出黄金分割数和黄金螺旋线的人,还将现代书写数和乘数的位值表示法系统引入欧洲,《计算之书》是欧洲数学复兴的标志。

《计算之书》在其出版后的三百年中,一直是意大利甚至欧洲的数学教科书的样板,在之后的欧洲其他数学著作如《算术三编》(许凯,1484 年)、《实用算术指南》(克拉维乌斯,1583 年)仍然可以找到相似的算题和同样的算法。

卡宾斯基在《算术史》中说:"《计算之书》中所出现的许多算术问题,其东方源泉不容否认。不只是问题的类型与早期中国及印度相同,有时甚至所用数字也相同,因此,东方根源是显然的。这些算题后来为意大利算术家选用之后又为其他国家欧洲人选用,从这条通道,古代中国和印度的算题也流进美国的教科书中。"

---

① 斐波那契(Leonardo Pisano Fibonacci,1170—1240),有人称他"比萨的列奥纳多"(Leonard of Pisa),意大利数学家。

② 今天的阿尔及利亚的贝贾亚港。

1494 年，帕乔里[①]出版《算术、几何与比例大全》，书中明确地表示，斐波那契的著作是该书的主要知识来源。13、14 世纪存在许多的意大利算术书，同期法语算术书的发展受到了意大利同类作品的影响。

《计算之书》共十五章，在序言中斐波那契归纳了各章提要：关于九个印度数字的认识和如何用这些数字书写所有的数；以及这些数字如何用手算法来表示，并且介绍数字的计算。

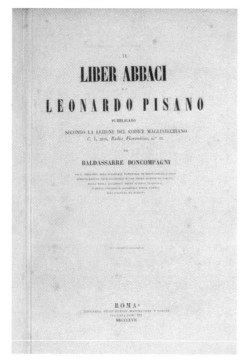

《计算之书》
（源自美国数学协会和 NPR）

第一部分为第一章到第七章，首先介绍了印度阿拉伯数字及其表示方法，同时比较了罗马数字。在整数的加减乘除计算的介绍之后，是关于分数及其计算，类似于中国数学中的分数"合分术"，对所有的计算方法通过大量的例子加以说明：

数学来源	原　文	译　文
《孙子算经》物不之数	凡三、三数之，剩一，则置七十；五、五数之，剩一，则置二十一；七、七数之，剩一，则置十五。一百六以上，以一百五减之，即得。	设计一个数。除以 3，除以 5，也除以 7，……。对于除以 3 所剩余的每个单元 1，要记住 70；对于除以 5 所剩余的每个单元 1，要记住 21；对于除以 7 所剩余的每个单元 1，要记住 15。这样的数若大于 105，则减去 105。其剩余的值就是所设计的数。

---

① 帕乔里（Luca Pacioli，约 1445—1517），意大利数学家。

续表

数学来源	原　文	译　文
《张丘建算经》百鸡问题	公鸡1只值5钱,母鸡1只值3钱,小鸡1钱买3只,100个钱买100只鸡。问:公鸡、母鸡、小鸡各有几只?	有人买鸟:斑鸠1只3钱,鸽子1只2钱,2只麻雀1钱,30钱买30只鸟。各种鸟买了多少?
《九章算术》均输章	甲乙持钱:今有甲乙二人持钱,不知其数。甲得乙半,而钱五十,乙得甲太半,而亦钱五十。问:甲、乙持钱各几何?	二人互取:两个人有一些便士,一个对另外一个说,如果你给我一个便士,则我的就和你的一样;另外一个回答,如果你给我一个便士,则我将有你十倍的便士。问:两人各有多少钱?
	今有善行者行一百步,不善行者行六十步。今不善行者先行一百步,善行者追之。问几何步及之?	有一只逃跑的狐狸,它在一只狗前面50步远的地方,狐狸每前进6步,狗就跟随它前进9步,那么,多少步可以追上?
	今有凫起南海,七日至北海;雁起北海,九日至南海。今凫雁俱起。问:何日相逢?术曰:并日数为法,日数相乘为实,实如法得一日。	两船相距若干距离,第一艘船需要5天,另一艘需要7天才可以驶完这段路程。问:若两船同时出发,几天后相遇?
	今有池,五渠注之。其一渠开之,少半日一满;次,一日一满;次两日半一满;次,三日半一满;次,五日一满。今皆决之,问几何满池?	某桶底部有四孔,开第一个孔,则1天排空;开第二个孔,则2天排空;开第三个孔,则3天排空;开第四个孔,则4天排空。如果四孔全开,需要多久排空?
	今有络丝一斤为练丝一十二两,练丝一斤为青丝一斤一十二铢。今有青丝一斤,问本络丝几何? 算法为: 络丝＝$\dfrac{\text{络丝1斤两数×练丝1斤铢数×青丝斤数}}{\text{练丝12两×青丝1斤12铢}}$	20匹布料的价格为3金币,类似的42卷棉花值5金币。求多少卷棉花等于50匹的布料? 算法是: 棉花＝$\dfrac{\text{布料匹数率×金币数×棉花卷数率}}{\text{布料匹数×匹数率}}$
	今有人持金出五关,前关二而税一,次关三而税一,次关四而税一,次关五而税一,次关六而税一。并五关所税,适重一金。问:本持金几何?	某人欲携金币离开一座有十道门的城市,过第一道门要缴纳所携金币的2/3,过第二道门要缴纳所携金币的1/2;过第三道门要缴纳所携金币的1/3;过第四道门要缴纳所携金币的1/4,以此类推,依次直到第十道门,缴纳所携金币的1/10,最后剩下1金币,求他一开始有多少金币?
《九章算术》方程章	五家共井:今有五家共井,甲二绠不足,如乙一绠;乙三绠不足,如丙一绠;丙四绠不足,如丁一绠;丁五绠不足,如戊一绠;戊六绠不足,如甲一绠。如各得所不足一绠,皆逮。问:井深、绠长各几何?(注意:井深721)	五人有钱想买一匹马。第一个人取第二人钱数的一半,第二人取第三人钱数的三分之一,第三人取第四人钱数的四分之一,第四人取第五人钱数的五分之一,第五人取第一人钱数的六分之一。这样,每人都可以买一匹马。求每人原有钱数,以及马的价钱。(注意:马的价格是721)
	今有甲乙二人持钱不知其数。甲得乙半而钱五十,乙得甲大半而亦钱五十。问甲、乙持钱各几何?	两人各有若干金币,一人对另一人说,如果你给我1金币,我的钱数就和你的一样。另一人答道,如果你给我1金币,我将拥有10倍于你的钱数。求他们各有多少金币?

续表

数学来源	原　文	译　文
《九章算术》盈不足章	今有人持钱之蜀贾,利十三。初返归一万四千,次返归一万三千,次返归一万二千,次返归一万一千,后返归一万。凡五返归钱,本利俱尽。问本持钱及利各几何?	某人去卢卡经商,所获盈利使他的钱翻了一番,在那里花掉了 12 金币,然后离开卢卡去佛罗伦萨;在那里,他的钱也翻了一番,也花掉了 12 金币。然后回到比萨,又把钱翻了一番,并且又花掉了 12 金币,结果分文不剩。求他一开始有多少钱?
《张丘建算经》	凡约法,高者下之,耦者半之,奇者商之。副置其子及其母,以少减多,求等数而用之。	约分术:可半者半之,不可半者,副置分母、子之数,以少减多,更相减损,求其等也,以等数约之。

除了上述"形似"的内容之外,还有大量的"神似"的内容。例如,《计算之书》第 12 章的"同余问题",与《孙子算经》"物不知数"问题十分相似,模数都是 3、5、7,另一道问题的模数为 5、7、9,这两道题设问造术与"孙子问题"相似,解法也完全相同,但斐波那契并未给出一般方法,也没有给出模数不两两互素的约化方法。

可以看出,东方式的数学在欧洲的数学革命中扮演了重要角色,并促使欧洲数学开始向算术化和算法化转变的进程,进而为 16 世纪的科学革命奠定了重要的数学基础。中国传统数学经由阿拉伯传入了意大利,在一个"文化多样性"的背景下推进欧洲数学的发展。

斐波那契是中世纪后欧洲第一位有影响的数学家。在代数方面,他是阿拉伯先辈们的直接继承者,对于代数学在欧洲传播起了不可磨灭的作用,填补了欧洲在代数学方面的缺口,使得欧洲在几何学、代数学方面都有了极好的基础。

二、《算术之钥》

15 世纪著名的数学家阿尔·卡西的著作中,可以明显地看到中国数学的影响。阿尔·卡西于 1427 年写成了杰出的数学著作《算术之钥》。在这部著作中,除四则运算、开平方、开立方、"契丹算法"、"百鸡问题"等显然是直接或间接受到中国影响之外,还可以看到中国宋元数学的迹象。

在《算术之钥》第一卷第五章"开方法"中,阿尔·卡西除了介绍开平方、开立方的算法之外,还进一步介绍了开任意高次幂的方法。这一高次幂开方法,从划分小节(即"超×等步之"之类)起,到求出根的各位数值之后进行减根的变换,一直到最后开方不尽的命分方法止,几乎完全和贾宪、秦九韶的增乘开方方法相同。

例如阿尔·卡西的书中曾有如下的例题:

$$\sqrt[5]{44240899506197}$$

书中有详细的算草,其开方步骤即与增乘开方法完全相同。阿尔·卡西算得的结果是:

$$536\frac{21}{414237740281}$$

这种分数的记法和中国的记法也完全一致。在分过程中,他也使用了公式:

$$\sqrt[n]{a^n+\gamma}\approx a+\frac{\gamma}{(a+1)^n-a^n}$$

这和宋元数学家开方不得整根时的命分公式是相同的。

值得特别指出的是,阿尔·卡西在书中同一个地方还提出了一个二项式定理系数表,与 11 世纪中国的贾宪"开方作法本源"图相同。阿尔·卡西在书中叙述了两种造表方法,其中一种方法与杨辉书中所引贾宪"增乘方法求廉草"完全相同。他还举了一个五次方的例子,即求出 1、5、10、10、5、1 的算图,与中国的"增乘方法求廉草"完全一致。

此外,在阿尔·卡西的数学著作中还应用了十进制小数。例如在其另一名著《论圆周》中,曾计算圆周长(亦可视为计算圆周率)准确到 16 位小数,其记法即将整数与小数分开,记如:

整 数 部 分	小 数 部 分
6	2831853071795865

阿尔·卡西的十进制小数虽比西欧早,但比中国宋元数学迟,很有可能也受到了中国数学的影响。

阿尔·卡西是撒马尔罕天文台的主持人,当时有若干中国天文历算专家随蒙古贵族来到阿拉伯地区,他接触到中国数学并受其影响也是很自然的。《计算之钥》所叙述的方法与中国增乘开方法之间的相似或相同之处很多,归纳起来有以下几点:

(1) 被开方数置于最上方,依次向下则是各次幂的系数,越向下幂次越高。

(2) 商得一位根数之后的减根变换方法也完全相同,都是自下而上随乘随加,再乘再加,直至递次减低一层而止。之后,各次幂的系数向右作有规则的退位。

(3) 如此反复,最后求得最后一位根数。

(4) 开方不尽时,对不尽根近似值的计算方法也完全相同。

三、《算术三编》

1484 年,《算术三编》出版,作者是尼古拉·许凯[①],概述部分知识以《计算之书》和《九章算术》为来源,举三个例子。

1. 关于开方

《算术三编》第二编对根做的定义:"某数的根是这样一个数:它根据根的性质乘以自己一次或几次,正好等于某数,那么它就是某数的根。"

《九章算术》开方术云:"若开之不尽者,为不可开,当以面命之",对此,刘徽注释说:"凡开积为方,方之自乘当还复其积分……譬犹以三除十,以其余为三分之一,而复其数可举"。这相当于给出了平方根的定义是:平方根就是自乘等于该平方的数。

2. 关于分数

《算术三编》的分数算法和表述与中国古代算术极为类似:"两个分数通分的另一特殊方法"。

《九章算术》合分术云"母互乘子,并以为实。母相乘为法",而"通用法则"即如刘徽所注

---

① 尼古拉·许凯(Nicolas Chuquet),法国数学家。

"其一术者,(群母相乘为同),可令母除为率,率乘子为齐"。

3. 开立方算法

著　作	定位	议　商	减　根	分数部分
刘徽注《九章算术》3世纪,中国	借算步之	$\dfrac{N-a^3}{3a^2}$	$3a^2b$、$3ab^2$、b^3	$\dfrac{B}{3A^2+1}$ 或 $\dfrac{B}{3A^2}$ 或十进分数无穷逼近
《张丘建算经》5世纪,中国	借算退位	不详	$3a^2b$、$3ab^2$、b^3	$\dfrac{B}{3A^2+1}$
施里德哈勒《计算概要》9世纪,印度	分节对位	$\dfrac{N-a^3}{3a^2}$	$3a^2b$、$3ab^2$、b^3	范例皆为开尽
萨马瓦尔《算术论》12世纪,阿拉伯	表格	$\dfrac{N-a^3}{(a+1)^3-a^3}$	$3a^2b$、$3ab^2$、b^3	六十进分数无穷逼近
斐波那契《计算之书》1202年,意大利	分节对位	任意取值验不等式	$3a^2b$、$3ab^2$、b^3	$\dfrac{B}{3A(A+1)+1}$ 迭代逼近
许凯《算术三编》1484年,法国	分节对位	任意取值验不等式或取 $\dfrac{A_{1-2}-a^3}{3a^2}$	$(a+b)3ab$、b^3	"中间数法"无穷逼近

假设数值方程 $x^3=N$ 的初商为 a,次商为 b,并设 $N=A^3+B$。

A_{1-2} 指二三分节后的最高两节的值。

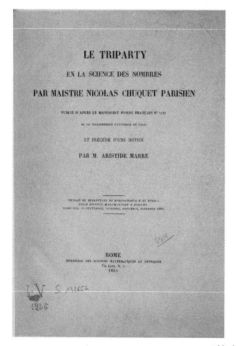
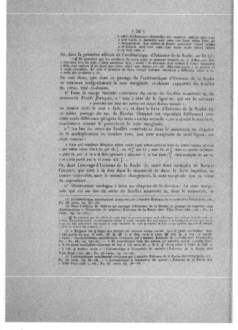

《算术三编》

（源自 BnF Gallica）

大约 14 世纪晚期,尼克马朱斯编纂了一部《理论算术》,书后有一篇附录题为《算术问题》,共 5 道数学问题,其中第五题与《孙子算经》"物不知数"题几乎完全相同,引起了学者们的关注。直到 17 世纪之前,欧洲学者关于同余式组的研究尚未达到秦九韶的水平。1801 年,高斯所著《算术探究》对同余式组解法得出与秦九韶相同的结果;1852 年英国来华传教士伟烈亚力[①]发表《中国数学科学札记》,介绍《孙子算经》"物不知数"题和秦九韶解法。德国学者毕尔那茨基、法国数学家特凯、法国著名数学家(科学院秘书)贝特朗先后将伟烈亚力的工作介绍到欧洲。1874 年德国数学家马蒂生在《数学与自然科学教育杂志》上发表文章,指出秦九韶解法与高斯解法的一致性,从而使中国古代数学中这一杰出的创造受到世界学者的瞩目。以后欧洲数论著作中称这种同余式组的解法为"中国剩余定理"(the Chinese Remainder Theorem)。

四、《大术》

1545 年,意大利数学家卡尔达诺[②]在德国出版了一部代数学的拉丁文著作《大术》,共 40 章。他在第一章的开始便表明代数方程这门学科来源于花拉子米和斐波那契的相关著作,在第二章中给出了二、三次方程在根与系数为正的前提下的 22 种分类,基本保持了花拉子米《代数学》的风格。

卡尔达诺在给出三、四次方程解法的同时,还附加了大量与方程求解有关的规则的几何模型加以说明,例如对于三次方程$(x^3 + px = q)$的几何证明,以平面图形表示立体图形,利用立体体积关系最终证明所给出的方程解的代数表达式的正确性。这种证明方法可以认为是花拉子米二次方程几何模型在三维空间的推广,与中国古代立体图形的割补损益变换相似。他不仅给出了不同类型三次方程的公式解,同时还讨论了由方程的系数决定根的个数,以及根与根之间的关系问题。

以花拉子米为代表的路线,本质上属于中国、印度传统,体现了东方数学的特色以构造算法为主,以出入相补的几何模型证明为辅。这条路线对文艺复兴时期的数学家的代数方程研究有着不容忽视的影响。在《计算之书》和《大术》中,大量地保留了《代数学》的内容和传统。这样我们就可以看到中国、印度→阿拉伯→文艺复兴,这样一条代数方程发展的思想线索。

中国数学史家钱宝琮和英国科学史家李约瑟,主要从文献考证方面提出中国古代数学可能在诸多方面影响了阿拉伯数学。概括地说,阿拉伯数学并非某一传统数学思想的延伸、发展,它是许多传统的融合,含有多民族文化的特点。全面探究阿拉伯数学的思想渊源是一项烦琐的工作。

通过比较研究,不难看出,花拉子米的《代数学》在具体内容上保留了大量的印度数学特点,甚至许多内容在印度数学中可以直接找到出处。从宏观角度看,《代数学》体现了以中国、印度为代表的数学特点,寓理于算的算法化倾向、实用性特点、数值化特征及以"出入相补"原理为基础的几何模型来解释算法,这些都与中国古代数学传统特征相吻合。

---

①　伟烈亚力(Alexander Wylie,1815—1887)。

②　卡尔达诺(Girolamo Cardano,1501—1576),意大利文艺复兴时期百科全书式的学者,数学家、物理学家、占星家、哲学家,古典概率论创始人。

数学最基本单元的进化

人类的进步离不开多元文化的智慧凝聚，哪怕是最基本的元素

在人类的记数历史上，许多民族创造使用了各种记数方法，同时还有不同的进位制，比如五进制、十进制、十二进制、二十进制、六十进制……十进制是现代使用最为普遍的一种进位制，大部分人认为它是印度人发明的，但是否真的是印度人的发明，还是由印度人向西方传播的，并无定论。

我们可以从十进制数的发明时间和人类文明交流的历史，回顾它的历史脉络。

记数规则的进化

不同文明下的记数制

与生物的进化一样，数字的完善也有很长的路要走。

数学中的最基本单元，不同的文明有不同的创造，但最终还是在相互借鉴和融合中优化，形成了最美好的十个符号：0、1、2、3、4、5、6、7、8、9，犹如轻音乐一样优雅、明快。

先看看不同的数字和记数规则之间的差异（带阴影的符号表示基本记数单位）：

阿拉伯数字	中国数字	罗马数字	英文数字
1	一	I	One
2	二	II	Two
3	三	III	Three
4	四	IV	Four
5	五	V	Five
6	六	VI	Six
7	七	VII	Seven
8	八	VIII	Eight
9	九	IX	Nine
10	十	X	Ten
50	五十	L	Fifty
100	一百	C	One hundred
500	五百	D	Five hundred
1000	一千	M	One thousand
56	五十六	LVI	Fifty six
189	一百八十九	CLXXXIX	One hundred and eighty nine
1912	一千九百一十二	MCMLXVII	One thousand and nine hundred twelve
3468	三千四百六十八	MMMCDLXVIII	Three thousand four hundred and sixty eight

罗马数字记数规则

罗马数字共有七个字母,即 I (1)、V (5)、X (10)、L (50)、C (100)、D (500)、M (1000),用这七个字母,按照以下规则记数:

(1) 相同的数字连写,所表示的数等于这些数相加。如: $\mathrm{XXX}=30$, $\mathrm{CC}=200$。

(2) 如果大的数字在左,小的数字在右,所表示的数等于这些数相加。如: $\mathrm{VIII}=8$, $\mathrm{LX}=60$。

(3) 如果小的数字在左,大的数字在右,所表示的数等于大数减去小数。如: $\mathrm{IX}=9$, $\mathrm{XC}=90$, $\mathrm{CM}=900$。

(4) 如果数字上面有一横线,表示这个数字增值 1000 倍。

罗马记数法在写数字的过程中需要边写边计算,写一个简单的"189",就是完成一个完整和复杂的算术过程,才能得到这个三位数的写法"$\mathrm{CLXXXIX}$",而且不一定写得正确,因为可能会计算错误。

无论罗马数字还是盎格鲁-撒克逊族人的语言(如英文)的数字字母,都存在这样的问题,也就是说,欧洲的数字符号表达与其说是数字符号,不如说是一种自然语言,而且是一种复杂的自然语言。可以想象,依照这样的记数方法,几乎不可能诞生出后来的自然科学,因为基本的数学运算就严重阻碍了数学的发展。

中国数字记数规则

中国数字有十个基本数字:"一、二、三、四、五、六、七、八、九、十",另外,加上进位"个、十、百、千、万、亿、兆、京、垓、秭、穰、沟、涧、正、载、极、不可思议、无量数"。记数规则是:高位在上,低位在下,从上往下书写,因为当时中国的书写习惯是自上而下、自右向左。

中国古代还有更简单的记数方法,即算筹记数法,它是标准的十进制记数和书写方法,规则与目前通行的阿拉伯数字记数法一模一样,直观简洁、易学方便。

阿拉伯数字记数规则

阿拉伯数字由 0、1、2、3、4、5、6、7、8、9 共 10 个记数符号组成,采取位值法,高位在左,低位在右,从左往右书写。借助一些简单的数学符号(小数点、负号、百分号等)。由中国的十进位值制记数法改进而来的数码记数法,是一个划时代的变化。

在印度,整数的十进位值制记数法产生于中印文化交流之后,中国的十进位值制记数法对印度产生了深远的影响。他们在改进之后,采用直观简洁的数码记数法。由此建立了算术运算,包括整数和分数的四则运算法则;开平方和开立方的法则等,这是印度算术的一大贡献。

十进制和零的中国因素

公元前 1600 年,中国开始使用十进制

(1) 公元前 1600 年:十进位值制记数法早在我国原始社会就形成了,到商代已有完整的十进制系统,有十、百、千、万等专用的大数名称。十进制在古代甲骨文中的例子有很多。

1899 年河南安阳出土的殷商时期[①]的甲骨文,郭沫若在《卜辞通纂》中记有甲骨文若干篇,例如第 20 片、23 片中,其文分别为:"兔一百一十四、鹿一百六十二""杀二百又九"。甲骨

---

① 殷墟考古遗址靠近河南省安阳市,是商代晚期(公元前 1300—前 1046)的古代都城。

殷商甲骨文中的十进制计数系统

文第 19 片，其文为"八日辛亥，允戈伐二千六百五十六人"，意思是"第八日辛亥那天，消灭敌人共计 2656 人"。这说明早在公元前 1600 年，我国已采用十进位值制记数法，有十、百、千、万的十倍数等进位符号。最早的系统载述见于殷代甲骨文，至今已有三千多年的历史。

《卜辞通纂》中的甲骨文拓印或摹本

大盂鼎，是西周康王①时期的著名青铜器，内壁有铭文，长达 291 字，为西周青铜器中所少有。铭文中有："自驭至于庶人，六百又五十又九夫"（自驭手至庶人六百五十九人）、"千又五十夫"（一千零五十人）。而同时出土的小盂鼎的铭文中，所载数字更多，例如："只（获）四千八百□二""孚人万三千八十一人""孚牛三百五十五牛"等。

大盂鼎及铭文拓片
（图片源自中国国家博物馆网站）

---

① 周康王：姬钊，周武王姬发之孙，周成王姬诵之子，西周第三位君主，在位时间为公元前 1020—前 996 年。

（2）公元前 1095±90 年：中国古人不仅设计了十进制记数系统，而且先后发明了两种快速的计算工具——大众皆知的算盘（珠算）和一种叫作"算筹"的工具。与计算工具配套的，是完整的加减乘除实用口诀，用以加速计算速度。珠算在民间普及之广、影响之深，是难以想象的。甚至"三下五除二""二一添作五""三一三十一"等珠算口诀成为民间谚语，表达其他的语义。清代石玉昆的《三侠五义》小说中有这样一句对话："好好儿的'二一添作五'的家当，如今弄成'三一三十一'了"。

据目前考古的结果，算筹最早出现于战国时期。1954 年在湖南长沙左家公山出土的战国时代古墓，发现了竹算筹 40 根，每根长 12 厘米。

（1）基本数目的表示：算筹记数法用纵横两种排列方式表示基本的数字单位，其中 1～5 分别用纵向或者横向平行方式排列相应数目；6～9 则用一根横向或者纵向的筹表示 5，加上纵向或横向的筹的数目来表示；0 用置空表示。基本的数字表达方式有两种，即纵式与横式。

珠算

阿拉伯数	1	2	3	4	5	6	7	8	9	0
汉字数码	一	二	三	四	五	六	七	八	九	〇
汉字大写	壹	贰	叁	肆	伍	陆	柒	捌	玖	零
算筹 横式	一	二	三	亖	亖	⊥	⊥	⊥	⊥	空
算筹 纵式	Ｉ	ＩＩ	ＩＩＩ	ＩＩＩＩ	ＩＩＩＩＩ	Ｔ	Ｔ	Ｔ	Ｔ	空
举例 8926				𝍦 Ⅲ 二 Ｔ						
举例 8906				𝍦 Ⅲ 　Ｔ						

中国算筹

（2）多位数的表示：个位用纵式，十位用横式，百位用纵式，千位用横式表示，以此类推，遇零则置空。这种记数法遵循一百进位制。据《孙子算经》记载，算筹记数法则是：凡算之法，先识其位，一纵十横，百立千僵，千十相望，万百相当。《夏阳侯算经》说：满六以上，五在上方，六不积算，五不单张。我国算筹表示数字也在不断演变，如数学家秦九韶在他的名著《数书九章》中，用圆圈表示零。

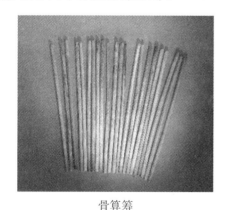

骨算筹
（中山成公时期①，河北博物馆）

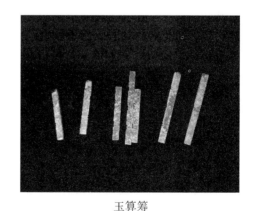

玉算筹
（中山王厝时期，河北博物馆）

---

①　中山国，位于今河北省中部太行山东麓一带，春秋战国时由白狄建立，历七代君主。其中，中山成公（公元前 370—前 328）为第四任君主，中山王厝（公元前 344—前 308）为第五任君主。

中国的算盘和算筹是典型的十进制记数方式,即十个基本记数单位,高位数逢十进位。十进制是使用最为普遍的一种进位制,也叫十进位值制记数法,它的巧妙之处是可以用"不言而喻"的形式反映十、百、千、万等位值的意义,比如8647,可一目了然,"8"在自右向左第4位上,表示八千,"6"在第三位上,表示六百……用汉字则要写成"八千六百四十七"。也就是说,同一个数码,在数中所处的位置不同,其值也不同,这样一来,1~9再加上"0",就可以表示一切自然数了。算盘与算筹均以"空位"表示"零",可见,"零"这个数字及其意义,中国人很早就已经掌握。

由此可见,公元前1000年之前,中国人就已经发明了十进制和"零",并且广泛使用,同时发明了相应的计算工具——算盘和算筹。

中国珠算

(图中算珠位置表示的数字为563010.67,其中的数字"零"用空档表示)

8世纪,印度出现十进制记录

印度人在8世纪才使用十进位值制,时间晚于中国近两千年。从时间节点上讲,公元前1世纪中期,即西汉时期,我国的西域就与印度相连,双方的文化交流开始出现,并且从此不断有商业交往。也就是说,中印交流开始之后的近八百年,印度才开始使用十进制数。

古称"天竺"的印度,与中国的交通打通之后,商业交流、文化交往十分密切。"丝绸之路"的商业贸易逐渐发达,人员往来络绎不绝。商业往来过程中,记数和算术是最基本的日常操作,中国的十进制记数方法不可能不随之进入印度、阿拉伯社会,并且不难想象会受到当地人的注意。而作为商人,计算工具必定是随身携带,包括珠算、算筹都是常规的商业工具。

汉明帝永平八年(公元65年)遣中郎将蔡愔等十八人至西域求佛法,三国时"三支"[①]自西域来华,士大夫渐与交接。还有一个典型的文化交流事件就是晋代僧人法显旅居印度大陆,在印度的十多年里,这位僧人遍访印度各地,从事典型而纯粹的文化交流活动。这个交流活动发生在4世纪初,记数显然是生活的日常,他把中国的十进制记数方法带入印度的概率也是极高的。4世纪,更有佛图澄、鸠摩罗什等[②]东游,宣传佛教。华人信佛者甚多,华人至天竺求佛法者亦不少。8世纪以后,水路交通尤便,来往更频。当时两国各种学术,应互有传授。数学自不外此例。

---

① 三支:月氏高僧支谶、支亮、支谦,时称"佛学博知,不出三支"。

② 佛图澄(232—348),西域龟兹高僧,初度于三国、归寂于东晋,寿117岁;门徒众达万人,高僧辈出。
　　鸠摩罗什(343—413),西域龟兹高僧,汉传佛经四大翻译家之一。

西方学者对记数制的探源,基本上把成果完全归功于印度和阿拉伯,而忽视了中国的贡献,笔者认为这是因为他们对中国的历史了解不够。例如法国的 C. Marchal 认为,"大约在公元 600 年,印度数学家再度发明了零,这是成功的一次,印度人将自己的数系和数字传授给了阿拉伯人,大约在公元 1000 年,阿拉伯人又将其传给 Sylvester 二世主教(其间几经演变),这就是我们现在所说的阿拉伯数字","后来中国人又采用了印度的'零',使自己的记数法实际上已达到了现代水平"。

印度的记数制出现历程

吠陀时代前 800 年,印度文献中的绳法经包含大量分数的应用,但并无证据显示此时的文字记数系统是十进制的。公元前 3400 年左右,古埃及有基于十进制的记数法,但这种十进制并无位值的概念。

印度数字的发展经历了两个时期,文字数字时期和符号数字时期。

1) 文字数字时期

吠陀时期,数字 1～9 对应的梵语名称为 eka,dva,tri,catur,pañca,sat,sapta,asta,nava。10～100 之间(除 10 以外),10 的倍数均有一个独立的名称,例如 daśa 表示 10,vimśatih 表示 20,trimśat 表示 30……,10 和 10 的倍数是其他大数的基础。

2) 符号数字时期

(1) 约公元前 2500 年:最早的印度数码出现在哈拉帕文化中,该文化在约公元前 1500 年衰亡。此后,印度的数码出现一段长期的空白。

(2) 公元前 2 世纪:出现卡罗什奇(Kharosthī)数码,它是简单累数制与分级符号制的复合。

(3) 公元初年:出现婆罗米(Brahmi)数码。它属于分级符号制,注意,此时中印之间的商业、文化交流已经开始。

(4) 8 世纪:出现了德温那格利(Dewanagari)数字,记数法中已有了表示数零的符号,并具备了十进位值制。

（5）9 世纪：进一步发展演变成为瓜廖尔（Gwalior）数码，瓜廖尔是印度中央邦西北部城市，位于恒河平原至温德亚山区天然走廊中。4 世纪法显访问的摩头罗国、僧伽施国、饶夷城国等区域便是瓜廖尔所在。7 世纪玄奘访问的秣菟罗国①（今印度马图拉）东南 150 千米就是瓜廖尔。玄奘从秣菟罗国前往羯若鞠阇国（曲女城），便要经过瓜廖尔附近。

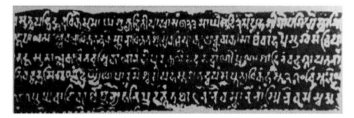

瓜廖尔石碑（876 年，记有数"0"）

关于"0"这个数字的发明，有人把它归功于佛教中的"空"（梵文 Śūnya，汉语音译为"舜若"，意译为"空"），大乘空宗由印度龙树及其弟子提婆所创立，强调"一切皆空"，数字"零"则是受到"空"这个意思的启发。实际上，这是对佛教中的"空"的误解，"空"并非虚无。至于佛经上所说的"空"，是指世界一切现象都是因缘所生，是与一切万有相和合的，不是没有、虚无的意思。

要明白这个"空"的意义，我们首先从古印度人对宇宙的理解入手。犹如古代中国将世界万物分成五大类：金、木、水、火、土，即"五行"，这里的"行"可以理解为一种物质单位。古印度对世界物质的认识基于"四大学说"，佛学理论引用了这种认识，并加以升华。地、水、火、风是四种构成物质的基本元素，即"四大"，又名"四界"。无论是"大"还是"界"，都是物质单位，与古代中国的"行"是一个性质。佛学有"四大皆空"的佛语，其含义就是"地、水、火、风"，这四"大"不是独立、永恒存在的。因为一切事物都是缘起的，也就是随着一定的原因和条件而产生、而存在，也随着这些原因和条件的消亡而消亡，所以没有任何事物是独立存在、永恒存在的，这称为"空"。所谓"五蕴皆空"，"蕴"是"积聚"的意思，是与"空"相对应的意识（色、受、想、行、识，即"五蕴"）。比如我们将所有的物质（"色"），包括过去的、现在的、未来的，近的、远的，粗的、细的，等等，合在一起，就称为"色蕴"。"色不异空"等是说，一切物质性的存在当下就是空的，因为它们不是独立、永恒存在的实体；空也不是在物质性的存在之外，因为它就是指这些物质性存在的非独立性、非永恒性。

为了便于理解和传播这种哲学意义上的精深思想，最初的传播者将"空"这个概念翻译成"无"。"空"并非具象，是世间万物、也非世间万物。万物的本性是暂时的，只有空性是永恒的。人们所感知的大千世界只是存在于某些特定条件的"有"的表象，一旦脱离了这些条件就不存在了。

鸠摩罗什的弟子僧肇写了《不真空论》《物不迁论》两篇论文，探究僧肇佛学中关于"空"

---

① 秣菟罗国，为玄奘《大唐西域记》卷四所记印度古代国家，为印度次大陆十六大国之一，后被摩揭陀国所灭。此地处于印度古代交通要道上，该国的核心区域，今在印度北方邦马图拉市，地理坐标：北纬 27.2700°；东经 77.4312°，亚穆纳河（古代称盐牟那河等）西岸。

的思想。后人将这两篇文章与《般若无知论》《涅槃无名论》辑为一本,名曰《肇论》。僧肇借用了老庄哲学的概念或引用魏晋玄学的思想来讨论和解答"空"的概念。"物无彼此,而人以此为此,以彼为彼",缘在的物没有呈现名相的固态化、规定性的实质存在。

就像一张桌子,它的本质是由木头构成的,桌子只是短暂存在,谓之待缘而在,诸法无我;用上一两年,当它坏了,也就不存在了。并且木头的本性也不存在,因为它存在某个时间段内,一旦过了这个时间段,什么都没有,谓之即时变化,诸行无常。

从以上的分析可以看出,古印度佛教中的"空"并不是虚无,与"0"不该有什么联想的线索。那到底是什么引发了印度人的联想,发明了"0"呢? 也许是从中国传过去的算筹的"空位"得到的启发吧。当然,笔者只是一种推测,没有直接的证据证明印度的"0"的发明人见过算筹并引发联想,因为没有资料记载,古印度到底是谁发明了"0"。

中国古代数学对西方的影响

第一部系统、翔实、全面介绍中国科学技术发展历史的著作,作者是一位英国人——李约瑟[①]博士。他在《中国科学技术史》中认为,中国的数学思想极大地影响了欧洲和日本等,并详细列出了中国的数学思想向西方传播的部分清单。我们"来归并已收集到的一点点有关中国数学与旧大陆其他重要文化区的数学之间似曾发生过接触的资料",实际上,"在公元前250—1250年间,看来有可能从中国传出的东西比传入的东西要多得多"。

李约瑟的视角

李约瑟列举了14项中国的数学知识,并认为它们通过不同的途径传入西方。包括十进制和"0"的符号、负数这些重要的数论知识、二项式系数的重要的代数知识以及求弓形面积等几何知识。

(1) 早在中国商代(公元前14世纪),只用9个数字与位值成分相结合的记数法就已经出现了。但印度直到6世纪,才放弃了用来表示10的倍数的专门符号;而印度在这方面又比欧洲更先进,因为在欧洲,关于"印度数码"的最早记载出现在976年的一种西班牙文抄本中,并且直到11世纪才知道"0"。零的最原始的形式,即在中国筹算板上留下的空位,关于零号的写法,中国可以追溯到战国时代(公元前4世纪)。

(2) 公元前1世纪,开平方和开立方在中国就已有了高度发展。4世纪孙子开平方的方法和5世纪张丘建开立方的方法,与公元630年前后婆罗摩笈多著作中给出的法则非常相似。中国从贾宪(11世纪)开始所用的求高次方根的方法,似乎曾对卡西(15世纪)产生了影响,而且后来不久就在欧洲发现了这些先进方法的痕迹。

(3) 虽然一般认为三率法是属于印度的,但它在汉代的《九章算术》中就已出现,早于任何一部梵文古籍。值得注意的是,在汉文和梵文这两种语言中,表示分子的术语"实"和"phala"的意思是相同的,都是指"果实"。同样,表示分母的"法"和"pramana"都是表示标准长度的度量单位。

(4) 中古时期印度数学家都使用的竖行表示分数的方法,与汉代筹算板上所用的方法是相同的。

---

① 李约瑟(J. Needham,1900—1995),英国现代生物化学家和科学技术史专家。

（5）负数，最早出现在公元前 1 世纪时的中国，而在印度直到婆罗摩笈多的时代（约 630 年）才得到运用。

（6）赵君卿《周髀算经注》（3 世纪）中所给出的勾股定理的"弦图"证明，在 12 世纪由婆什迦罗丝毫不差地重现。这种证明在其他地方均未出现。

（7）在《九章算术》（1 世纪）及其刘徽（3 世纪）的注中出现的几何测量问题，后来又见于 9 世纪的摩诃吠罗的著作。例如，"折竹"问题及旅行者在直角三角形斜边上相遇的问题。

（8）《九章算术》求弓形面积的方法重新由摩诃吠罗给出，而那些求锥体和截棱锥体积的公式，则重新出现在许多印度著作中。中国人在弓形和锥体公式方面的错误描述，也恰好在印度的著述中再现。

（9）一千多年来，中国数学家一直自觉地认识到代数关系与几何关系基本上是一致的，而在其他地方，这种一致性第一次由波斯数学家花拉子米（9 世纪）做出了表述。虽然除了花拉子米曾出使可萨王国以外，没有确凿的证据说明他受到了中国人的影响，但从逻辑上和地理环境来看，认为有这种影响大概也是合理的。

（10）在汉代《九章算术》中出现的试位法在 13 世纪以"Regola Elchataym"（契丹术）为名出现在意大利，这个名称说明它是阿拉伯人传播过去的。阿拉伯人可能是从印度学到了这种方法，但中国很可能是它的发源地。

（11）不定分析首先是在《孙子算经》（4 世纪）中开始的，接着才出现在阿耶波多的著作（5 世纪末），尤其是婆罗摩笈多的著作（7 世纪）中。代数学这个分支的知识可能也是经由陆路通过阿拉伯人和印度人作为中介传给了 14 世纪拜占庭僧人伊萨克·阿伊罗斯。丢番图（3 世纪末）所提出的问题和方法则与《孙子算经》的颇为不同。

（12）一个几乎同样的涉及不定方程的问题（"百鸡问题"）首先出现在《张丘建算经》（约 500 年）中，随后在摩诃吠罗（9 世纪）和婆什迦罗（12 世纪）的著作中出现。

（13）在唐代（7 世纪），王孝通成功地求解了数字三次方程。在南宋（12—13 世纪），中国代数学家已经特别善于处理数字高次方程。在欧洲，斐波那契（13 世纪）是第一个提出王孝通那类问题解法的人。有相当的理由认为，他可能受到了东亚来源的影响。

（14）中国在公元 1100 年之前就已经知道二项式系数的帕斯卡三角形。大致在同一时期，由于接触到印度的开方法，波斯似乎也发明了帕斯卡三角形，而印度开方法本身主要应归功于时代较之更早的中国著作。在 16 世纪前不久，这种三角形传到欧洲，并于 1527 年首次公开发表。

李约瑟认为，代数对中国人具有很大诱惑力，就如同几何学吸引着希腊人。甚至有人说，由阿拉伯人传授给西方的著名代数是由汉代的中国数学家经印度-斯基泰传给阿拉伯人的，这并非没有可能。印度-斯基泰是古代斯基泰王国，位于黑海沿岸一带。可以肯定的是，阿拉伯的《代数学》是从印度-斯基泰语翻译过去的，而当时以印度-斯基泰语为书面语言的东方伊朗与中国有着持久的关系，这部书传授的正是《中国代数》。据专家萨尔顿所述，中国数学家朱世杰的伟大著作《算学启蒙》与《四元玉鉴》比帕斯卡和莱布尼茨的研究成果都要早。

钱宝琮的视角

钱宝琮先生在《科学史论文选集》中，对中印数学传授做了归纳，他认为中国至少在 9 方面将数学思想西传至印度。

（1）《九章算术》盈不足术之成立，约在西汉初年（约公元前200年）。

（2）算术问题原无盈朒率者，亦可两次假令依盈不足术解之。

（3）中国自三国以后，明末以前，盈不足术虽未失传，而应用较《九章算术》题要少一些，朱世杰《算学启蒙》则是一个例外。

（4）埃及人希隆（约公元50年或200年）曾用盈不足术求平方根近似数；然而与后世数学的关系，不甚明了。

（5）12世纪中阿拉伯数学取用盈不足术解算术难题，时代似在西辽建国以后，当时有"契丹算术"之名；由此可证明中国盈不足术的西传，为西域人所取用。

（6）阿拉伯数学传入欧洲，盈不足术亦被采用；因有迭借术之名（rule of double false position）。

（7）中古时期，西算于17世纪传入中国，《同文算指》及《御制数理精蕴》俱载迭借互征之法。

（8）康熙朝西洋人谓：借根方原名为"东来法"，疑指"契丹算法"而言。

（9）以盈不足术解一次一元题，可完全无误；以之解他种问题，则得近似值，迄今求方程式根之近似值仍利用之。

钱宝琮在《中国数学史》中，论述了中国数学对印度数学的影响，至少包括14方面。

（1）位值制数码：普遍认为十进制是由印度传入阿拉伯的，而印度的位值制记数法取法中国的筹算制度是更有可能的。

（2）四则运算：他们的四则运算方法一般都和中国筹算法相仿，古印度的土盘算术很可能是受到了中国的筹算术的影响。

（3）分数：5世纪以后，印度的天文书和数学书中都用普通分数表示，与中国筹算分数记法相同。中国早在《九章算术》中，就已有比较完备的关于分数的各种运算。用中国古代的算筹表示分数，是分子在上、分母在下；如果表示代分数，则整数部分又在分数部分之上，列成上中下三层。这种表示分数的方法，在印度，最早见于在印度半岛白沙瓦（现属巴基斯坦）附近发现的一部抄本算书（约4世纪）。之后又出现在婆罗摩笈多（628年）以及其后的一些印度数学家们的著作之中。其后，很可能是经由阿尔·哈萨（约12世纪）的著作而西传，并在意大利数学家斐波那契的书（1202年）中出现，在15世纪阿拉伯数学家阿尔·卡西所著的《算术之钥》中，也使用了同样的表示方法。

（4）三项法：中古印度数学对于比例问题的解法与中国《九章算术》中的"今有术"相仿，他们称它为三项法。

（5）弓形面积与球体积：9世纪中摩诃吠罗平面积量法中有计算弓形面积的公式，这两个公式是《九章算术》中误差很大的近似公式，很可能是摩诃吠罗因袭了中国的算法。

（6）联立一次方程组：婆罗摩笈多书中叙述联立一次方程组的解法。因为是笔算，不是筹算，所以用不同的颜色形容词如"黑""蓝""黄""红"等代替不同的未知量。

（7）负数：婆罗摩笈多书中在立代数方程时引用负数。表示负数的梵文也有欠债的意义，与汉文的"负"字相同。

（8）勾股问题：婆罗摩笈多书中有一个问题："竹高十八尺，为风吹断，竹的尖梢到地离根六尺,求两段的长",与《九章算术》勾股章第13题体例相同。众所周知的所谓"印度莲花问题"是拜斯卡拉写下来的,它与《九章算术》勾股章第6题的体例相同。勾股定理的证明,在拜斯卡拉书中,所用的几何图形与赵爽《周髀算经注》中的"弦图"完全相同。

(9)圆周率:阿耶波多、拜斯卡拉的圆周率介绍没有说明它的来历,但表示方法与《九章算术》的刘徽注相同。

(10)重差术:婆罗摩笈多书中有一个测量问题与《海岛算经》的第1题相同。

(11)一次同余式问题:婆罗摩笈多与摩诃吠罗书中都有一次同余式问题与《孙子算经》"物不知数"问题相同。

(12)不定方程问题:摩诃吠罗书中有一个不定方程问题与《张丘建算经》的"百鸡问题"体例相同。

(13)开方法:古希腊算术中有开平方法而没有开立方法。印度阿耶波多书中叙述了开平方与开立方的数字计算步骤。他创设的开立方法可能受到中国数学的影响。但阿耶波多和后世印度数学家的开平方法与开立方法,在计算步骤上与《九章算术》少广章法略有不同。

(14)正弦表的造法:印度很早接受了希腊天文学家的球面三角法。古希腊人在球面三角计算中用着两倍弧的通弦,印度天文学家创立了正弦表来代替希腊人的倍弧通弦表,这样加强了后世三角学的基础。6世纪中叶伏拉罕密希拉(Varahamihira)创立正弦表与刘徽《九章算术注》方法相同。伏拉罕密希拉很可能知道刘徽的割圆术,由于它的启发而创立正弦表,是可以理解的。

此外,中古时期印度数学对于数与量没有鲜明的界限。有关量的实际问题一概用数字计算来解决,在这一方面,与中国古代数学也是一致的。

十进制记数系统传入欧洲

7—8世纪,地跨亚非欧三洲的阿拉伯帝国崛起,阿拉伯帝国在向四周扩张的同时,阿拉伯人也广泛汲取古代希腊、罗马、印度等国的先进文化,大量翻译这些国家的科学著作。

8世纪末期,印度的一些天文表被翻译成阿拉伯语,印度的记数系统被阿拉伯学者们广泛接受。相传,771年,一位叫毛卡的印度人来到阿拉伯帝国阿拔斯王朝的首都巴格达,他把一部印度天文学著作《西德罕塔》献给了国王曼苏尔,著作中应用了大量的印度数字。曼苏尔十分珍爱这部书,下令将它译为阿拉伯文。阿拉伯人掌握了印度数字后,很快又把它介绍给欧洲人。

976年,西班牙的欧洲人手稿中出现了印度数字,这是印度数字传入欧洲的最早记录。1120年,英国数学家阿德拉德①注意到花拉子米的一本介绍印度数字的书(825年的作品),他将这本书翻译成拉丁文,在《印度的十进制算数》中出版。当时,欧洲普遍使用罗马数字进行记数和计算,与冗长易混的罗马数字相比,阿拉伯数字的简洁优美很快俘获了欧洲人的心。

1202年,意大利出版了《计算之书》,系统介绍和运用了印度数字,书中广泛使用了由阿

---

① 阿德拉德(Adelard of Bath,约1116—1142),又译称"巴思的",英国数学家、天文学家。

拉伯人改进的印度数字,从而将现代书写数和乘数的位值表示法系统引入欧洲。这本书的出版标志着阿拉伯数字正式在欧洲得到认可。欧洲人以为这些数字是阿拉伯人的原创,因此就称为阿拉伯数字。就这样,错误称呼一直延续到今天。同时期,欧洲还出版了专门介绍中国珠算的著作——《珠算原理》(拉丁文)。

十进制算法是中国人智慧的结晶,它极大地简化了算数过程,而当时的欧洲有二十位进制的,六十位进制的,算法极其困难,甚至有"世界上最难的没有比四则运算更难的了"的感慨。后来十进制简化成数码记数之后,简单的笔画和流畅的书写,加之使用了便于运算的十进位制,一出现便得到了世人的肯定,轻而易举地流行起来。它在欧洲的传播和运用,为欧洲数学的进步铺平了最基础的道路。

中国古代的文明输出是比较活跃的,6 世纪初,承姜发、赵欧、何承天、祖冲之诸家后,中国的天文数学可谓盛极一时。日本数学史载,552 年,佛教始自朝鲜传入日本,两年后,中国何承天元嘉历法亦由朝鲜学者传入日本,即被施用。至 701 年,中国算书至日本者,有《周髀》《孙子》《五曹》《九章》《海岛》《缀术》等九种。古代历法算术,与宗教典礼总是有着密切的关系。朝鲜、日本之所以传入中国天文数学,似乎都是借助佛教徒宣传之力。当时中国数学之所以能够传播至天竺,同样也有佛教徒的功劳。中国古代的佛教信徒中,有众多的数学家,如吴国的王蕃、北周的甄鸾、唐代的一行等。《隋书·经籍志》《唐书·律历志》都可以作为中国古代数学流入印度的旁证。这种文化传输,与漂洋过海的历程相比较,与印度、阿拉伯的陆地上的交往应当更为便捷。

著名数学家吴文俊院士曾倡导在国内展开阿拉伯数学史的研究,他指出:"现代数学有着不同文明的历史渊源,古代中国的数学活动可以追溯到很久以前,中国古代数学家的主要探索是解决以方程式表达的数学问题。以此为线索,他们在十进位值制记数法、负数和无理数及解方程式的不同技巧方面做出了贡献。可以说中国古代的数学家们通过'丝绸之路'与中亚甚至欧洲的同行们进行了活跃的知识交流。"

东西方的知识传播与交流,促成了东西方数学的融合,孕育了近代数学的诞生。诚如吴文俊院士自 20 世纪 70 年代以来的数学史研究结论所揭示的那样,数学的发展包括了两大主要活动:"定理证明"和"求解方程"。"定理证明"在希腊发展得比较快,后成为数学发展中演绎倾向的脊梁;"方程求解"则繁荣于古代的中国、印度,导致了各种算法的创造,形成了数学发展中强烈的算法倾向。中世纪之后的西方,方程求解的发展不可能凭空而起。

近代科学史学的研究正在逐渐明朗地揭示这样的一个事实:欧洲的数学发展是多民族文明融合的结果,中华文明的历史贡献不容忽视。我们可以描绘出中国数学传向欧洲的路线图,这是一个粗略的文明传播图景,其中的细节还有待于历史研究的考证和细化。

路径一:中国 $\xrightarrow{5\text{世纪}}$ 印度 $\xrightarrow{9\text{世纪}}$ 阿拉伯 $\xrightarrow{10\text{世纪}}$ 罗马 $\xrightarrow{\text{直接}}$ 欧洲

路径二:中国 $\xrightarrow{5\text{世纪}}$ 印度 $\xrightarrow{9\text{世纪}}$ 阿拉伯 $\xrightarrow{15\text{世纪}}$ 欧洲

路径三:中国 $\xrightarrow{16\text{世纪}}$ 欧洲

大道至简：符号化数学闪亮登场

妙哉无心、插柳成荫，欧洲语言环境带来的惊喜

运算符号的诞生

算术运算符号的出现，反映了"大道至简"的哲理。复杂的文字描述，转换成一个简单的符号，最终变成世人公认的运算符号，这个过程其实是很漫长的。仅仅是四则运算的"＋""－""×""÷""＝"，据笔者不完整统计，欧洲人用了整整三百年的时间（从 1356 年的"＋"到 1659 年的"÷"）。

1. 等于符号"＝"

1557 年，罗伯特·雷科德[①]发表《砺智石》，介绍代数和数学，使用"＝"表示相等，他认为最能表示相等的是一对等长的两条平行线线段，例如："＝＝＝＝"。这本书的字体不易看懂，转换成容易阅读的字体是：Howbeit, for easie alteration of equations. I will propounde a fewe exanples, bicause the extraction of their rootes, maie the more aptly bee wroughte. And to avoide the tediouse repetition of these woordes: is equalle to: I will sette as I doe often in woorke use, a pair of paralleles, or Gemowe lines of one lengthe, thus: ＝＝＝＝＝, bicause noe . 2. thynges, can be moare equalle.

《砺智石》中介绍"＝"符号的段落

2. 加减符号（"＋""－"）

加（plus）、减（minus）源自拉丁语，分别表示"更多""更少"。

14—15 世纪，拉丁字母"Et"表示"和"（"And"），尼克尔·奥里斯姆[②]在手稿《比例算法》（1356—1361 年）中，使用"＋"作为"Et"的缩写。

1489 年，德国数学家维德曼[③]的《各种贸易的最优速算法》中，使用"＋""－"表示"剩余"和"不足"。1544 年，施蒂费尔的《整数算术》中使用"＋""－"表示"加"和"减"。1557 年，罗

---

① 罗伯特·雷科德（Robert Recorde，1510—1558），威尔士数学家。
② 尼克尔·奥里斯姆（Nicole Oresme，1320—1382），法国哲学家、数学家。
③ 维德曼（J. Widmann，1460—?），德国数学家。

伯特·雷科德在《砺智石》中,第一次向英国人介绍了"＋"和"－"分别代表"加"和"减"。(There be other 2 signes in often use of which the first is made thus ＋ and betokeneth more：the other is thus made-and betokeneth lesse.)

3. 乘号"×"

1618 年,爱德华·怀特翻译出版《奇妙的对数表的描述》,这是约翰·纳皮尔[1]在 1914 年出版的著作,怀特的翻译版使用了乘号"×"。1631 年,英国数学家威廉·奥特雷德[2]在《数学之钥》中使用后,"×"被广泛流传使用。

4. 除号"÷"

1659 年,约翰·拉恩[3]在《代数学》中使用"÷"表示除法。1845 年,摩根(De Morgan)使用"/"表示除法。

《砺智石》的段落　　　　　　　　　　　　　　拉恩《代数学》的段落

"÷"最初作为减号,在欧洲大陆长期流行。直到 1631 年英国数学家奥特雷德用"："表示除或比,另外有人用"－"(除线)表示除。莱布尼茨也主张使用"："表示除法或者比例。

符号语言的进化

欧洲的数学符号语言的进化,是近代数学突飞猛进发展的最根本原因。代数的符号语言的进化历程也是比较长的。我们不妨浏览一下它们的发展轨迹。

1464 年,雷乔蒙塔努斯在《论各种三角形》中系统性阐述三角学,并且把许多几何学问题化成了代数问题(为 150 年后笛卡儿的伟大成就奠定了基础)。书中的所有运算都完全用文字写出来：res 表示所求的量,平方记为 census(缩写为 r、c 或 z),et 是指加法。

---

① 约翰·纳皮尔(John Napier,1550—1617),苏格兰数学家、神学家,对数的发明者。
② 威廉·奥特雷德(William Oughtred,1574—1660),英国数学家。
③ 约翰·拉恩(Johann Rahn,1622—1676),瑞士数学家。

1494 年,方济各会的修道士卢加·帕乔里[①]在《算术、几何、与比较大全》中引进了一些符号,如以 P(Piu)表示加法,以 m(meno)表示减法。"一"有时用来表示相等。平方根是以 R(Radix)来表示的。

1544 年,迈克尔·史蒂夫在《算术大全》中用"＋""－"分别表示加减号,使用"√"表示开方根。

1572 年,拉斐罗·邦别利在《代数运算》中,最重要的特点是改进了记法,尤其是改进了表示幂的方法,他把未知数称作"Tanto",用符号 1、2、3、4、…、12 表示对应次幂次。R 表示开根号,后面跟上字母开根次方,例如 R. q(radice quadrata,平方根)、R. c(radice cuhica,立方根)、RR. q(radice quadro quadrata,四次方根)、R. q. c(radice quadra cuhica,五次方根)。例如:

表达式:R. c「4. p. R. q. 2」p. 2

现代描述方法,即:$\sqrt[3]{4+\sqrt{2}}+2$

1591 年,法国数学家韦达出版《分析方法入门》,通常认为这是一部最早的符号代数的著作。书中使用字母表示数量,包括已知数和未知数。从 1 次幂起,以后各次幂都是用文字来表示的,例如 latus 指 1 次幂、quadratus 指 2 次幂、cubus 指 3 次幂、quadrato-quadratus 指 4 次幂;在第 1 以后这些字又被简写为 Q、C、QQ、QC、CC 直到 CCC。辅音字母用来代表已知数,元音字母 A、E、l、O、U、Y 则用来代表未知数。没有用什么符号表示相等,也没有一个符号表示相乘,这些运算是用文字来说明的。书中出现了"＝",但它所指的不是相等,而是指两个不知孰大孰小的两数之差。

1631 年,托马斯·哈里欧在《分析术实例》中使用"＞"代表大于,"＜"代表小于。例如:"$a>b$"表示"a 大于 b","$a<b$"表示"a 小于 b"。

符号语言的魅力

符号语言的简洁明了

先看看下面这几件事情:

(1) 将军在前方舰队中安排了指挥舰和若干艘冲锋舰,指挥舰上的官兵根据预期的战斗强度安排相应数量士兵,请把本次作战需要的总官兵规模向总司令报告。

(2) 本国每年税收基本是稳定的,众多附属国中每年的人数不断变化、每国的税收可以见机行事地调整,本国的税收也会有所波动。

(3) 查一查我们目前的库存弓箭,再组织一些铁匠抓紧生产,给他们指派任务,争取早日满足我军需求。

一眼看上去,这三件事情之间不存在相同之处、也不存在相互联系,但是在柏拉图、亚里士多德、培根、洛克、霍布斯、贝克莱、莱布尼茨等人的眼里,它们是相同的一件事,因为它们的逻辑层次相同,可以用相同的句式来描述。

设:y 为总量(总官兵数、本国的税收、我军需求)

[①]　卢加·帕乔里,托斯卡纳人,热心于数学研究,米兰大学数学教授。

x 为变量（每艘舰的士兵数、每国的税收、指派铁匠的任务）

k 为常数（冲锋舰数量、附属国数量、铁匠人数）

b 为基数（指挥舰的官兵、本国税收、库存弓箭）

即：$y=kx+b$

这就是符号语言以及随之而来的符号逻辑。

柏拉图主义把符号作为认知理论的一部分，把视野投向语言在认知中的作用以及科学语言（特别是数学语言）问题，致力于建立普遍的语言符号理论，柏拉图主义（Platonism）的数学哲学观点对西方数学的发展影响极大，它在数学界几乎占据了整个 19 世纪的统治地位。柏拉图主义的贡献之一是语言对象描述思想，促使近代欧洲学者对符号认识达到了极高的水准，并推进了近代数学的发展进程。

语言符号的哲学

在西方哲学史上，尤其是语言符号，被看作认知的手段，符号与世界之间的关系，一直是认知理论关注的问题。亚里士多德从逻辑的角度对语言符号做了大量讨论。在他看来，符号并不是直接地代表现实中的某个事物，而是首先与"意识的内容"发生联系。

洛克[①]在深入考察认识论问题时，对符号问题做了研究并形成自己的观点。他在《人类理解论》中提出关于符号意义的"观念论"，将人类知识分为自然学、伦理学和符号学（semiotics 和 semiology）三类，他对语言符号的本性进行分析，描述语言符号的类型与不同类型的观念的关系，论述语言文字的缺陷及其滥用。

莱布尼茨是数理逻辑创始人，是数学史上最伟大的符号学者之一，堪称符号大师。与洛克处于相同时代的莱布尼茨不赞同洛克的观点（参见莱布尼茨《人类理智新论》），并潜心于数理逻辑的开创性研究。在书中，他强调演绎推理（syllogistic）是数学的组成部分，是一种无懈可击的过程，包括公式的证明。力图创造一种比自然语言更精确、更合理的通用语言，将其引入逻辑推理中，从而消除自然语言的局限性和不规则性。

他对语言符号在认识中的作用、语言符号与观念的关系进行了探讨，认为在德语、英语、法语等人类群体使用的"自然"语言中，符号与对象之间并不完全是一一对应的。事实上，日常语言中使用的许多抽象概念，都是含糊不清的。以这种含糊不清的自然语言为基础，不可能建立逻辑严密的语言哲学。他试图用现代数理逻辑构建一种理想的、精确的语言，使语言符号与现实一一对应，从而使一切科学思维合理化。他所构筑的"普遍的语言符号"的理想，对理想语言学派产生了深远影响。

莱布尼茨有一个坚定的信念，他认为大多数人类的推理都可以简化为某种计算，并且这种计算可以解决不同的观点："唯一的精炼推理的方法是尽可能使它像数学一样真实，以至于可以对其中的错误一目了然；并且，当存在某争议的时候，我们可以简单地说：让我们计算一下，无须多余的事情，就可以看出谁是正确的。"

从亚里士多德时代直至 1847 年，布尔、摩根[②]各自开始发表现代形式逻辑方面成果时，莱布尼茨是最重要的逻辑学家。莱布尼茨清楚地阐述了现代逻辑学中使用的名词：合取

---

① 洛克（J. Locke，1632—1704），英国哲学家。

② 布尔（George Boole，1815—1864），英国数学家；摩根（Augustus De Morgan，1806—1871），英国数学家、逻辑学家。

（conjunction）、析取（disjunction）、否定（negation），同一（identity）、从属集（inclusion set）、空集（empty set）等。

莱布尼茨曾说："要发明，就要挑选恰当的符号，要做到这一点，就要用含义简明的少量符号来表达和比较忠实地描绘事物的内在本质，从而最大限度地减少人的思维劳动。"在莱布尼茨的积分法论文中，他从求曲线所围面积的问题提出积分概念，把积分看作无穷小的和，并引入积分符号 $\int$，它是把拉丁文 Summa 的字头 S 拉长。这个积分符号，以及微积分的要领和法则一直保留到现在的教材中。莱布尼茨也发现了微分和积分是一对互逆的运算，并建立了沟通微分与积分内在联系的微积分基本定理，从而使原本各处独立的微分学和积分学成为统一的微积分学的整体。除此之外，他创设的符号还有商"a/b"、比"$a：b$"、相似"$\backsim$"、全等"$\cong$"、并"$\cup$"、交"$\cap$"以及函数和行列式等。

据说，自尊心促使英国人长时间倾向于牛顿的而不是更为合理的莱布尼茨的微积分符号和技巧，英国因此在数学发展上落后于欧洲大陆一段时间。这就算是西方数学与自然科学发展史中的一次小事故吧，但也从另一方面验证了正确使用符号语言的重要性。好在英国人及时调整，不然说不定真的翻了车，"日不落"的辉煌也就与英国毫无关系了。

数学符号是数学的抽象语言，是数学家们交流、传达和记录数学思维信息的简明语句。它们"能够精确、深刻地表达某种概念、方法、逻辑关系，一个复杂的公式，如果不用符号而用日常语言来叙述，往往十分冗长而且含混不清"（数学家梁宗巨之语）。事实上，数学符号的尝试和使用，并非一开始就由欧洲人开始的；中国、印度、阿拉伯人在更早的时间里就尝试着使用符号描述数学的运算过程，只不过这种尝试所运用的对象和使用的范围极小。

文艺复兴以后，特别是 16 世纪之后，欧洲的数学和科学的迅速发展，对数学提出了新的要求。从数学史的角度观察，17 世纪是欧洲的"开创性世纪"，数学出现大转折，解析几何和微积分相继建立；18 世纪是欧洲的"新发明世纪"，数学分析精确化，从而发生了质的变化；19 世纪是欧洲的几何"非欧化世纪"，几何大发展，创立了许多非欧几何学分支。伴随着数学的这一演变进化过程，同时也创造并使用了许多新的、先进的数学符号。

我们统计了 87 个数学符号，它们为世人所广泛接受并使用，包括代数符号、几何学符号、三角函数符号、高等数学符号等。这些常用的数学符号的创建时间主要集中在 16—19 世纪，占总数的 87% 以上。

常见的数学符号的创建时间

世纪	12	13	14	15	16	17	18	19	20
数量	2	0	1	1	6	30	23	23	1

数学这一对绝杀技——数字和符号语言，就这样在西方诞生，由此，极大地促进了西方数学的迅速发展。莱布尼茨的符号语言的思想功不可灭，他创立的符号逻辑学被誉为近代最壮丽的符号学事业。

数学思维是一种典型化的科学思维、抽象思维，欲把此种科学抽象思维准确有效地表达出来、传播出去，易为人所感知，单纯依靠基础层次日常语言，已经是相当困难的事情。而数学思维的鲜明特点之一是其表达语言的符号化、形式化。数学符号是数学科学专门使用的特殊文字，是含义高度概括、形体高度浓缩的一种科学语言，也就是说，它是一种便于记录和阅读、加速思维进程和高效传播思维的科学书面语言,也大大地方便了数学的研究和知识的传播。

欧洲自然语言环境

我们所说的语言包含文字。

尽管语言学的溯源研究把欧洲的不同语言归纳到一个语系,即印欧语系,但是,在西欧存在多种多样的语言,百花齐放。它们相互之间是有差异的,比如英语、德语、荷兰语都是日耳曼语族,但是发音、文字彼此也是不同的。[①]

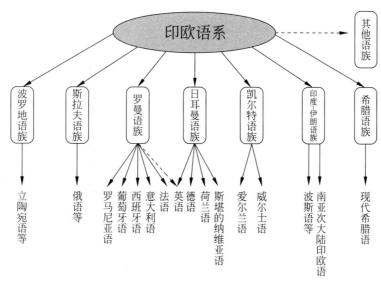

欧洲语言的语系网络

欧洲的总面积为 1016 万平方千米,其中包括俄罗斯领土欧洲部分的 400 多万平方千米[②]、北欧五国(丹麦、挪威、瑞典、芬兰和冰岛)约 130 多万平方千米。这就意味着,如果不考虑俄罗斯这样面积最大、语言相对统一的国家,在不到 600 万平方千米的土地上,甚至不含北欧五国的情况下,只有 400 多平方千米的土地上,有十几种语言和文字。这种情况下,语言学的研究是必然的。如果当年您在欧洲做学问,估计也会被自然语言的学术交流所困惑。这种情况下,符号语言应用于专业性极强的数学和自然科学,应当是一种迫不得已的方法,但同时也是特别睿智的解决手段。

相对照的,在东方的华夏,西周封建王朝的分封制度,导致诸侯国割据分立,在近 550 年的春秋战国时期,经济和文化各自发展,语言和文字也逐渐分化。文字发源,皆溯至甲骨;演化规律相近,皆以“金篆隶楷”为序,细节略有差异。到了战国时期,基本上形成两大文字

---

① 19 世纪中叶,受达尔文的“语言的演变和生物的演变相似”的启发,德国的施莱歇尔提出“语言有机体”理论。他把整个印欧语系比作一棵树,树干就是他构拟的印欧“母语”(即原始印欧语),枝干是各种印欧语,细支是各种印欧语的现代方言。不过,这一理论缺乏事实依据,并且包含着根本性的错误,因此站不住脚。例如,在施莱歇尔所说的“母语”时期,各种方言已经存在,不可能起源于统一的母语。

② 该数据为估算值。俄罗斯国土横跨欧亚,总面积 1700 多万平方千米,以乌拉尔山脉为界为欧亚两洲的分界线,乌拉尔山脉以西的欧洲区域的面积约占俄罗斯国土总面积的 1/4。

系统,即秦国文字和六国文字①。其中,"秦国文字"比较严谨统一,与正统的西周和春秋金文更加接近。

不过,这些语言的源头是十分清晰的,都是源自西周大篆,没有印欧语系下的语族差距那么大,各国之间的交流也没有多少问题,相互基本听得懂,就犹如现在中国的地方语言一样,南京人(越国人)到西安(秦国),语言交流、文字交流根本不是问题。

也正因为这样,中国古代才会有雅俗互通。当年战国时期的谋士们合纵连横、穿梭于列国之间,用他们的如簧巧舌、铜牙铁齿,激昂澎湃、声情并茂的演讲,配合风流倜傥、玉树临风的肢体语言,才能打动高高在上、霸气十足的国王;否则,通过翻译来传话,成了无表情、无形体的匀速语言,想想会是什么效果?

战国七雄的文字异同

"田畴异亩,车涂异轨,律令异法,衣冠异制,言语异声,文字异形",这是战国时期群雄割据的局面。以中原为中心,接近中原的诸侯国,语言和文字的差异性不大;远离中原的诸侯国,语言文字的差异要大一些。这种特殊的情况,其实也是秦朝统一文字的基础。秦朝在统一中国后,秦始皇决心实行"书同文、车同轨",消除语言和文化上的差异,形成全国统一的简化后的字体,即小篆。

在数学符号化方面,中国古代数学家在符号化方面有过尝试,并且已经做到极简了。只是,显而易见的,拼音文字使数学的符号化语言过渡得比较便捷,单一字母表示要比单个文字表示直观许多。"△"要比"通"、"AB"要比"甲乙"更易读("通"是对某三角形取的名,见第七章关于《测圆海镜》的介绍)。欧洲之所以后来居上,拼音文字占有一定的先天条件。但是,仅从这一点,并不能说明拼音文字就优于象形文字,也绝不能认为象形文字妨碍了中国科技的发展。从科技发展史的视角来看,20世纪初,民国一些知识分子高喊的"汉字不灭,中国必亡",这种观点未免太过于肤浅、因噎废食。与欧洲使用的文字只表音不同,汉字兼具表音和表意的功能,这在今天看来是非常先进的。至于在符号化表述方面的不足,引入拼音符号便可解决。

回到本书的话题,站在更长的历史时间维度、更广的文明发展维度来看,中国文字的统一,对于中华民族而言,无疑具有极为深远的积极影响。从数学层面上来看,汉文字的统一,与中国是否能够发展出数学的符号语言、进而发展到符号逻辑的层面,笔者认为,没有相关性。因为中国古代数学家已经在符号逻辑方面取得了进展,并且,文字的统一,使得不同地域之间的学习交流更广泛,大规模的人才动员更便捷。

喜马拉雅山脉的西方,研究者们就没有中国学者这么方便了。欧洲社会持续激烈的无休止的动荡演变,来自北方的游牧民族南下,暴力侵占安居乐业的农耕民族的家园;等游牧民族安定下来变成农耕民族后不久,又一拨游牧民族南下⋯⋯欧洲向中东、南亚"远征"、阿拉伯帝国崛起、奥匈帝国崛起,阅读欧洲史,读者会有一种虐心的感觉,从来就没有消停过。这种动荡,导致三大原生文明古国消失,导致古希腊、古罗马这两个次生文明古国灭亡。不

① 韩、赵、魏、齐、楚、燕六国以及中山、越、滕等小国的文字,相对于大篆,笔画随意简化,形体结构混乱,秦国文字后世称为"大篆"或"籀文"。

着急,还没有消停,欧洲各民族之间又打来打去。此般情形,我相信脑洞再大,也想象不出那是多么的狂浪滔天;其险恶之于人民,又是怎样的沐雨栉风。这种"朝为罗马夕成奥匈"的日子,怎么可能有语言文字的持续、继承和稳定的发展。甚至,持续千年之久的神圣罗马帝国,其国教的教义读物竟然成了名副其实的"天书",不经过专门的拉丁语学习,一般人读不懂。因为《圣经》是用拉丁文撰写的,但拉丁文由于语法复杂,并不为多数普通市民所掌握。这个场景,确实像森林里的生物一样,注定是弱肉强食,但绝非优胜劣汰。

在欧洲的自然语言环境下,符号语言对于数学层面而言,是一种无奈而睿智的创新,是母语各异的学者们学术交流的最佳和必然选择。这方面,博学多才的学者莱布尼茨的贡献是巨大的,这得益于他在从事数学研究的过程中具有哲学思想支配的头脑和广泛的人际交往。莱布尼茨性格开放、比较大胆,富于想象、敢于表达。用现代的语言来评价,莱布尼茨是一位具有理科头脑、哲学思维、情商与智商兼备的超级优质男。

变量数学,近代科技史的最强音

千淘万漉虽辛苦,吹尽狂沙始到金,虽为"变量"实为"质变"

14 世纪伊始,西欧在学术发展方面又一度陷于停滞。前一世纪曾给未来以极大希望,但是希望变成现实却经历了一段漫长的道路。英法之间的百年战争(1337—1453)使得局势动荡不定,还有延续 10 年之久的黑死病使西方饱受侵害,以致人们的思想不能集中于追求知识。而且,经院哲学还未丧失其束缚力,它的影响还处处可见。直到 100 多年后,才可以说科学终于摆脱了经院式的思想束缚。"从公元 500 年到 1400 年,整个基督教世界里,没有任何有影响的数学家","印度人的……成就,以及其他的成就,被阿拉伯人所接受并传给了欧洲人。但是,直到进入 17 世纪后,这些概念才被吸收到数学理论中"。

但是,东方的数学成就为欧洲的快速进步奠定了基础,这里包括各种途径从东方带来的成果。1453 年,土耳其攻占君士坦丁堡,拜占庭王朝宣告覆没,来自阿拉伯的学者们迁徙到西欧,许多有学问的希腊人到意大利来避难。他们为欧洲带去了学术书籍,这种机会很快就为西方所利用。

社会生态的巨大变化,带来了数学和物理的飞速发展。而带动近代科学发展的要素,首先是数学的革命性进步。

我们可以将数学的发展大致分为四个阶段:原始数学、初等数学、变量数学、近现代数学。

1. 原始数学

(1) 定义:人类建立了最基本的数学概念,逐渐建立了自然数的概念,掌握了简单的计算法,并认识了最基本最简单的几何形式,算术与几何还没有分开。自然数记数都采用了十进位制,中国的甲骨文中就有从一到十再到百、千、万的 13 个记数单位。

（2）历史状况：公元前 5 世纪，地球上的四大文明古国和古希腊都先后全部掌握了这个阶段的数学。

2. 初等数学

（1）定义：系统地创立了初等数学，包括现在中小学课程中的算术、初等代数、初等几何（平面几何和立体几何）和平面三角等内容。

（2）历史状况：与四大文明古国相比，古希腊文明要晚一段时间。中世纪初，欧洲并没有全部掌握这个阶段的知识，几乎整个中世纪，数学基本停止发展。同期，中国、印度和阿拉伯一直在不断地前进，并且掌握了初等数学的全部知识。

3. 变量数学

（1）定义：解析几何、极限、微分学、积分学、方程及其应用。微分学包括求导数的运算，是一套关于变化率的理论，它使得函数、速度、加速度和曲线的斜率等均可用一套通用的符号进行讨论；积分学，包括求积分的运算，为定义和计算面积、体积等提供一套通用的方法。

（2）历史状况：中国在南宋时期（西方的中世纪晚期）已经开始进入变量数学，比如已经有了积分的雏形。但中世纪晚期，欧洲突然从半拉子初等数学的水平跳级而上，通过短短的百年时间，完全掌握了全部的变量数学的知识，把中国、印度和阿拉伯甩在身后，绝尘而去。其状态表现显然是在东方数学研究水平的基础之上，站在中国、印度、阿拉伯的肩膀上翻墙跳过去的。

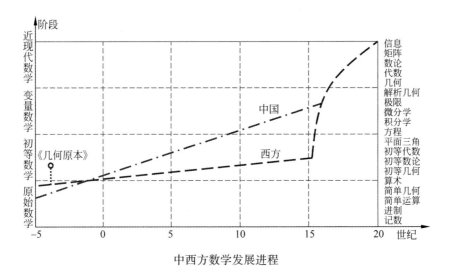

中西方数学发展进程

公元前 4 世纪初，《几何原本》集初等几何、初等数论之大成。但随后少有史料述及该成果，状若一颗超新星，在历史的时间维度上爆发后即归于沉静。

4. 近现代数学

（1）定义：以代数、几何、分析中的深刻变化为特征，研究数量、结构、变化、空间以及信息等概念。

（2）历史状况：得益于变量数学的突飞猛进，在近现代数学方面，欧洲继续高速前进。但到了现代，随着东方对变量数学的掌握，在现代数学方面，东方的数学水平并不落后太多。

变量数学——从数学符号开始

我们来对欧洲的中世纪晚期的数学发展状况做一个梳理。

促进近代西欧思想解放的文艺复兴和宗教改革，分别始于意大利和德国，因为当时这两个国家是最兴盛的。汉萨联盟当时仍控制着北方的贸易，意大利的佛罗伦萨和威尼斯正处于繁荣昌盛的顶峰。德国的贡献主要是在天文学和三角学方面，意大利的卓越之处在于代数学的发展。法国直到16世纪末才表现出其能力，最先是韦达，后来是笛卡儿、帕斯卡和费马，使法国占据领导地位达一个世纪之久。

欧洲快速地完成了初等数学的认知，例如尼可拉斯①的求圆的面积法，乔格·波尔巴哈②的三角学，约翰·穆勒③对托勒密的《天文学大成》翻译和错误的订正，雷乔蒙塔努斯的正切表、三角函数表（《论各种三角形》）。

值得一提的是，1464年，雷乔蒙塔努斯的《论各种三角形》把几何学问题转换成了代数问题。到了这里，为变量数学的诞生已经做好了准备，孕育了一个半世纪后笛卡儿的代数几何的划时代进步。他的三角函数查找表相当准确，例如，860/1200，其夹角 α 可通过查表可得，$\alpha=\arctan(860/1200)=35°37'41''$，现在的计算值为 $35°37'40467''$，两者只相差 $0.534''$。

QVADRATVM GEOMETRICVM

	600			700			800			900			1000			1100		
	G.	m̃.	ſe.	G.	m̃.	ſe.	G.	m̃.	ſe.	G.	m̃.	ſe.	G.	m̃.	ſe.	G.	m̃.	ſe.
51	28	28	47	32	2	24	35	20	35	38	23	50	41	12	47	43	48	22
52	28	37	0	32	4	27	35	22	29	38	25	35	41	14	24	43	49	51
53	28	33	13	32	6	30	35	24	23	38	27	20	41	16	1	43	[illegible]	20
54	28	35	26	[illegible]	8	33	35	26	17	38	29	5	41	17	38	43	52	49
55	28	37	39	32	10	36	35	28	11	38	30	50	41	19	15	43	54	18
56	28	39	[illegible]	32	12	39	35	30	5	38	32	35	41	20	52	43	55	47
57	28	[illegible]	3	32	14	42	35	31	59	38	34	20	41	22	29	43	57	16
58	28	44	15	32	16	45	35	33	53	38	36	5	41	24	6	43	58	45
59	[illegible]	46	27	32	18	48	35	35	47	38	37	50	41	25	43	44	0	14
60	[illegible]	[illegible]	[illegible]	[illegible]	[illegible]	[illegible]	35	37	41	38	39	35	41	27	20	44	1	43
[illegible]	28	50	51	32	22	54	[illegible]	[illegible]	[illegible]	38	41	20	41	28	57	44	3	12
62	28	53	3	32	24	57	35	41	28	58	43	5	41	30	33	44	4	41

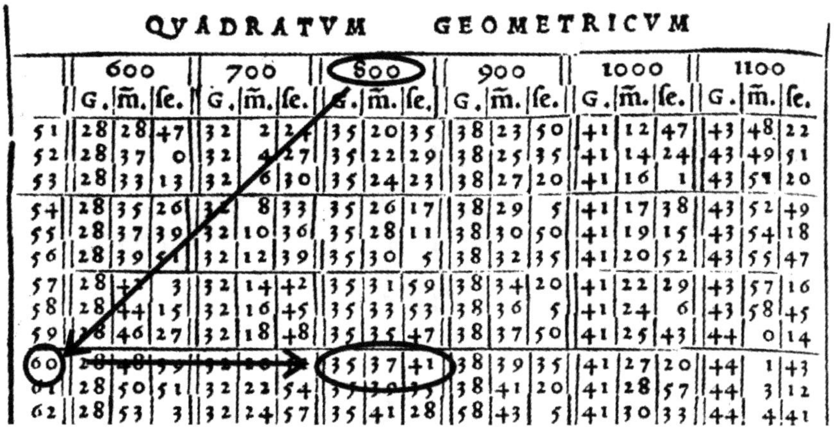

雷乔蒙塔努斯的三角函数表

不过，这个阶段，欧洲没有完全掌握数学的符号语言表达，自然语言描述依然是最直接的叙述方式。例如《论各种三角形》是这样表述的：

16 census et 2000 aquqles 680 rebus。

---

① 尼可拉斯（Cusa Nicolaus，1401—1464），德国哲学家，其拉丁文名为 Nikolaus Cusanus。

② 乔格·波尔巴哈（Peurbach Georg，1423—1461），奥地利数学家。

③ 约翰·穆勒（Johannes Müller，1436—1476），德国数学家，其拉丁文名为 Regiomontanus Johannes，即雷乔蒙塔努斯，又译雷格蒙塔努斯。

这句文字要表述的意思,用现在的数学符号描述,就是:

$$16x^2 + 2000 = 680x$$

同样的,ve tvaru cubus p 6 rebus aequantur 20。

这句文字要表述的意思,用现在的数学符号描述,就是:

$$x^3 + 6x = 20$$

这种自然语言的描述方式与古代中国的叙述方式一模一样。

之后的欧洲数学家们,短时间内快速完成了初等数学阶段的过渡,特别是在代数学、三角学、几何学方面取得突出的成绩;同时,无一例外的都是使用自然语言描述,同时自己创造一些少量的简单符号或者字母,来简化数学关系的表达。

1484 年,尼克拉斯·肖吉[①]的《数学科学中的三分法》,使用了帕乔里的符号体系,更重要的是已经预见到正负指数的应用,还提出了一些关于数论问题的看法。

1494 年,卢加·帕乔里的《摘要》,以 P(Piu)表示加法,以 m(meno)表示减法。"—"有时用来表示相等,用 R(Radix)表示平方根。

1545 年,哲罗姆·卡尔丹[②]出版《大法》介绍三次方程求解,但采用的几乎全部都是自然语言描述,引用帕乔里的符号,用 V 表示开方根。

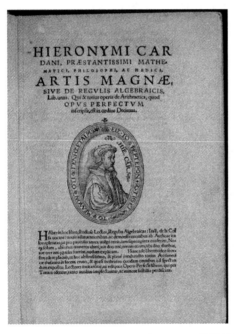
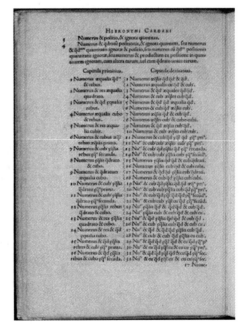

卡尔丹的《大法》

1544 年,迈克尔·史蒂夫[③]出版《数学大全》,用 √ 表示开二次方、√√ 表示开四次方,用"＋"表示加、"—"表示减。

---

① 尼克拉斯·肖吉(Nicolas Chuquet's,1445—1488),法国数学家。

② 哲罗姆·卡尔丹(Gerolamo Cardano,1501—1576),威尼斯数学家。

③ 迈克尔·史蒂夫(Michael Stifel,1487—1567),德国数学家。

1572 年,拉斐罗·邦别利[①]的《代数运算》介绍三次方根求解、开方等,使用的符号与之前的习惯差不多。

1591 年,弗朗索瓦·韦达[②]的《解析方法入门》,初步讨论了正弦、余弦、正切弦的一般公式,首次把代数变换应用到三角学,提出二次、三次和四次方程的解法。引入字母来表示量,用辅音字母 B、C、D 等表示已知量,用元音字母 A(后来用过 N)等表示未知量 x,而用 A quadratus,A cubus 表示 x^2、x^3。例如 $x^3-8x^2+16x=16$ 表示为 1 C$-$8 Q$+$16 N aequ. 16。

1637 年,笛卡儿在《几何学》所表达的代数方程最接近目前使用的表述方式,例如 $x^3+px+q=0$ 表达成:$x^3+px+q\approx0$

……

我们特意将上述数学家的生卒时间列出来,希望读者能从中看出学术符号语言产生的脉络。

到了 17 世纪后半叶,数学手稿充斥着符号,这主要归功于莱布尼茨,以及奥特雷德、埃里冈、笛卡儿和牛顿。教科书作者和一些鲜为人知的数学家,设计出数以百计的新符号。在那个时代,创造符号风行一时。

莱布尼茨想让他书写的内容更清晰明确时,会优先使用符号。他相信卓越的记法是理解所有人类思维本质的关键,真正的方法应该有一种切合实际又极其明了的工具,它会引导思维。莱布尼茨了解符号在概念上的力量和局限,他耗时数年进行实验——创造、否决、调整了许多符号,并用符号来与自己认识的每个人交流,还请教了当时多位一流的数学家。莱布尼茨发明了两百多个新符号,包括微积分的积分与微分的符号。莱布尼茨非常确信符号改良很成功,并坚信:“当这项工作完成后,它会是人类心智的最终成果,而众人都将欢喜,因为他们将拥有一项得以颂扬智识的工具,如同望远镜让洞察更臻完美。”

笛卡儿借用了很多的符号,并加以调整改进。奥特雷德未多加考虑一些符号的价值,即引进了数百个可能有用的符号,即便有些符号明显有问题,奥特雷德仍为了保持稳定的一致性而继续使用它们。埃里冈也是如此。

解析几何——不只是几何学革命

从 1202 年斐波那契的《计算之书》起,一直到 17 世纪初,欧洲的数学在学习来自四大原生文明的数学知识过程中慢慢成长,特别是数学的符号语言的逐渐应用,是一项很有意义的进步,但是始终没有大的突破。几何学依旧是几何、代数学依旧是代数,各自相互独立。直到笛卡儿的出现,才使几何和代数联袂,创立了解析几何学,产生了数学史上的第一个伟大成就——将“数”和“形”完美结合。

解析几何学的原始任务是定量地描述一个“点”的空间位置,这个“空间位置”有一个术语,叫作“坐标”。

不过,在笛卡儿之前,我们对空间位置没有定量描述,你会这样告诉你的朋友:“我在南京大学仙林校区二源广场,广场中央有一只大鼎,我站在鼎的东边”,这个说法当然没有问

[①] 拉斐罗·邦别利(Rafael Bombell,1526—1572),意大利数学家。

[②] 弗朗索瓦·韦达(François Viète,1540—1603),法国数学家。

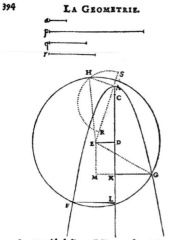

笛卡儿《几何学》
（图片源自"笛卡儿与数学"网站）

题，自然语言的表述也是人类交流的习惯。但是，在数学层面，这样标注位置是不行的，因为无法与数学公式建立联系。

　　我们换一种说法，"我的位置：经度、纬度分别是……"，这样就完全不同了。这就是空间位置的定量表达，它涉及的是数据图形化、图形数据化的问题。在这方面，E.塔夫特在《数量信息的直观显示》中有过特别有意义的尝试，它按时间顺序，记录某个实验数据，首先列表，再用图形描述这些数据。

　　三个人分别做了各自的实验数据记录，列表共 4 列，最左边的一列是"时间"，右边三列分别是不同人的记录结果。表格的方式表达数据，清晰简洁，至少比纯粹的文字描述要直观许多。

时　　间	阿历柯西的数据	尼古拉的数据	母亲的数据
0	0.2	4	9
1	1.6	5	8.9
2	5	6.2	8.7
3	4.4	7.2	8.3
4	5.8	8.1	8.1
5	7.2	8.5	7.6
6	8.8	8.3	6.6
7	10.5	7.8	5.6

续表

时　　间	阿历柯西的数据	尼古拉的数据	母亲的数据
8	11.8	6.6	4.1
9	13.3	5.6	0.1
10	14.8	4	—

现在,同样的数据用图形的方式表述,一目了然就可以看出数据随时间变化的趋势,并且,还能一眼看出来,阿历柯西的"时间 2"记录的数据异常。

而笛卡儿则为数据的图形化表达引入了一个全新的概念——坐标。受到他的朋友、德国数学家 I.比克曼的启发,笛卡儿提出了数与空间图形关系的表达体系:

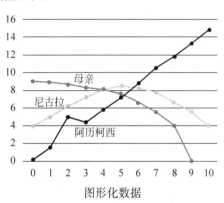

图形化数据

在平面上画一条水平线、垂直方向画一条垂直线,水平线称为 x 轴、垂直线称为 y 轴。平面上的任意一点,可以用两个数描述,即 (x,y),其中,点到 y 轴的距离称为 x 的值,点到 x 轴的距离称为 y 的值;其中两个轴相交的点称为"坐标原点"$O(0,0)$,(x,y) 称为"有序偶"。

就这样,坐标系将几何和代数相结合了,解析几何学就这么诞生了。关于它的作用,可以先举一个关于圆的描述的例子。

欧几里得:一个圆是被一条线(即曲线)所围的一个平面图形,从位于这个平面中的一点(称为"中心")出发,到这个平面图形上的所有点的直线距离相等。

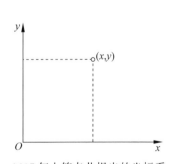

1637 年由笛卡儿提出的坐标系

南京大学仙林校区"二源广场"的鼎

笛卡儿:一个圆是对于某个常数 r,满足 $x^2+y^2=r^2$ 的全部 (x,y) 点。

很明显,笛卡儿坐标系的描述简单、直观多了。而且,这个坐标系如果再增加一个维度,即 z 轴,其中三个轴相交的点称为"坐标原点"$O(0,0,0)$,就成了三维坐标系。三维坐标系可用来表达三维空间的几何关系。

例如,我们想象着地球存在一个中心,以这个中心为坐标原点,设定一个三维坐标,其中,z 轴与地球的自转对称轴方向一致,例如指向北极。那么,地球表面的任意一点的坐标位置就是明确的。如果用(x,y,z)表示,既可以表示出地面的水平位置(x,y),也可以表示出距离地心(一般用海拔高度替代)的高度z。当然,也可以用经度和纬度两个值表示地球表面的位置,即绕着z轴旋转的方向为经度、与xOy平面的夹角为纬度,用两个值即可定量描述。

同样的,前面讲到,你要报出你在南京大学仙林校区的准确位置,只需要报经纬度的值就可以了,(经度,纬度)=(118.9604,32.1125)。

推而广之,如果我们选定一个合适的坐标原点,一个合适的坐标轴指向,同样也可以表示整个星空的坐标关系。任意一个恒星,只需要给出x,y,z三个值就可以了,不需要一连串文字描述。使用某个恒星的观察数据在这个坐标系上描绘出它的运动轨迹,或者做各种天体运动规律的运算就方便多了。

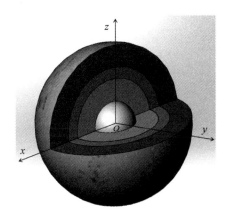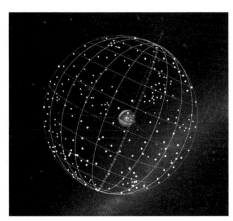

三维坐标与天球坐标系

笛卡儿坐标系是数学史上最伟大的发现之一,它将几何与代数统一起来,将"空间的分布"转换为"代数的描述",从而将形象的几何问题转换为抽象的代数问题。借助坐标系这个强大的工具,人们对几何图形空间分布的思考不再局限于直觉领悟,而是运用代数式作抽象描绘和清晰表达,完全用数学的方式作自由的对话和演绎。

解析几何学的另一位贡献者,是一位把数学作为业余爱好的法国律师——费马①,尽管他的研究是业余的,但是他的成果可不业余,而且是相当的专业和有成就。在解析几何方面,他的论文《平面与立体轨迹引论》(1636 年)甚至用与现代数学记号完全一样的方式,书写了各种曲线的方程:

(1) 过原点的直线方程:$x/y=b/a$

(2) 任意直线的方程:$b/d=(a-x)/y$

(3) 圆的方程:$a^2-x^2=y^2$

(4) 椭圆方程:$a^2-x^2=ky^2$

(5) 双曲线方程:$a^2+x^2=ky^2$

(6) 双曲线方程:$xy=a$

(7) 抛物线方程:$x^2=ay$

---

① 皮耶·德·费马(Pierre de Fermat,1601—1665),法国律师、业余数学家。

解析几何学是变量数学的起点,随后,不断地出现新的成果,例如极限、微积分等,使得变量数学的体系丰富起来。有关微积分的发现,我们将结合物理学的研究加以叙述,因为它的发现是物理学研究过程中的成果,也是数学与物理学研究的另一个新的飞跃。

微积分,吹响近代科技的号角

登高望远天地阔,从实验物理走向经典物理

微积分的发明,故事是曲折的,但是结果是光明的。

说它曲折,是因为有众多研究者前赴后继,一点一点地积沙成塔,走了很遥远的路才到达终点,可是临到终点的时候,却闹出一个千古之谜;说它光明,是因为不管怎样,最终都有了学术的成就,并且把数学推向了新的高度,将物理推向了新的高度。"千古之谜"指的是,到底是牛顿,还是莱布尼茨最终发明了微积分,不过这并不重要,也不是我们讨论的重点。

我们先回顾一下微积分走到最后一步之前的历程,作为对铺路人的一种尊重。他们是一群极高天赋的人。

微积分的问题源头,来自"确定一条曲线所围的面积"。关于这个问题,阿基米德用过穷竭法,在这个方法中可以清楚地看到无穷小分析的原理雏形。将近两千年之后,夫瓦列利又重新捡起这个问题,他用极微分割法能算出许多图形的面积和体积。通过托里切利、罗伯瓦尔、费马、惠更斯、沃利斯和巴罗等许多几何学家的推广与改进,逐渐开始形成今天积分学中求和法的形式。笛卡儿和费马将一个函数对应于一条曲线,法国的罗伯瓦尔和英国的巴罗(牛顿的老师)解决了曲线的切线求解方法,他们把曲线中任意一点的切线看成是割线的极限位置。在应用无穷小量的概念来确定曲线的切线时,与确定它们纵坐标的极大极小值的类似问题一样,罗伯瓦尔和费马两人差一点就完成了微积分的发明,这一点,在费马的论文《平面与立体轨迹引论》中可以看出。

1669年,牛顿在剑桥大学的导师伊索克·巴罗出版了《光学与几何学讲义》,已经无限逼近发现微积分了,书中的内容全部是

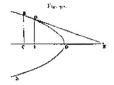

费马的论文《平面与立体轨迹引论》

关于曲线的切线作法以及确定曲线下面积的方法。在这些方法中，可以清楚地看到有些地方与牛顿后来所用的方法很相像。巴罗在他的切线作法中，用了两个无穷小量。

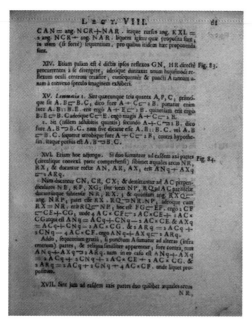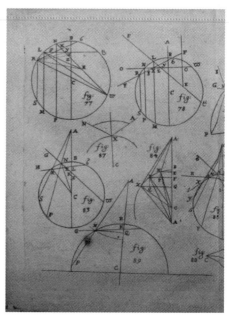

巴罗的《光学与几何学讲义》

（图片源自 Google 图书）

巴罗的《光学与几何学讲义》在微积分的发展历程中是一个重要的里程碑，牛顿从其中学到了很多有价值的知识和解决问题的方法，他最终提出一种叫作"流数术"的方法，并在他的三本小册子《无穷多项方程分析》《流数术》《曲线求积法》中有详细的描述。

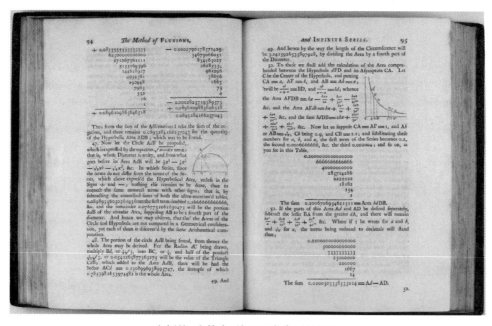

牛顿的《流数术》关于无穷序列的描述

"流数术赖以建立的主要原理,乃是取自理论力学中的一个非常简单的原理,这就是数学量,特别是外延量,它们都可以看成是由连续轨迹运动产生的,而且所有不管什么量,都可以认为是在同样方式之下产生的,至少经过类比和调整之后可以如此。因此在产生这些具有固定的、可确定关系的量时,其相对速度一定有增减,因而也就可以作为一个问题提出如何去求它们。这里,本人是靠另一个同样清楚的原理来解决这个问题的,这就是假定一个量可以无限分割,或者可以(至少在理论上说)使之连续减小,直至它终于完全消失,达到可以把它们称之为零量(vanishing quantity)的程度,或者它们是无限小的,比任何一个指定的量都小。"这里我们看到,牛顿认为数学量是由点、线和面的连续运动产生的,而不是像他在早期著作中所说的那样,数学量是极小部分的集合。

他写道:"线的画出乃至产生不是由于许多部分的并列,而是由于点的连续运动。"他把一个产生中的量称为流量(fluent),其生长率叫作流量的流数(fluxion of the fluent);一个无限小的时间间隔叫作一个瞬(moment),并用字母 o 来表示。在这无限短的时间内流量所增加的无限小部分叫作流量的瞬。

接着便引入了他的特有记号:"从今以后,我把那些我所考虑的逐渐无限增加的量,称为流量或流动量,并用最后几个字母 v、x、y 和 z 来表示它们,我不妨把它们和其他在方程中被看成是已知的和确定的量区别开来,而用开头几个字母 a、b、c 等来表示后者。至于每个流量由于产生它的运动而获得的增加速度(我不妨把它叫作流数,或直接称为速度),我将用带'号的同样的字母表示它们,例如 x'、y'、z',然后,就可以解决以下问题":

(1) 给出诸流动量(流量)彼此之间的关系,试确定它们的流数之比。亦即给定 $f(x)$,试求 $f'(x)$ 或其微分。

(2) 现提出一个方程,其中包含一些量的流数,试求这些量或流量彼此之间的关系。这是问题(1)的逆问题,相当于积分或解微分方程,牛顿把前者称为求积法(Method of Quadratures),把后者称为反切线法(In-verse Method of Tangents)。

这样,自然地就引出了微分和积分的概念。牛顿也曾指出,他所提出的方法可以用来解决另外两个问题,即:

(3) 确定量的极大和极小。

(4) 作曲线的切线。

牛顿对曲线的切线作法大约发表于 1672 年。在考灵斯写给奥尔登堡(致莱布尼茨)的一封注明日期是 1676 年 6 月 14 日的信中,我们可以读到:"大约在 5 年前,牛顿先生(在他 1672 年 12 月 10 日的信中)提出了一种对几何曲线作切线的方法,该几何曲线可从一个表示纵坐标与基底增量关系的方程中得到。这里,爵士的方法是一种特殊方法,更确切地说,是一种普遍方法的推论。它不需要任何烦琐计算,不仅可以推广用来作所有曲线的切线(不论这些曲线是几何曲线还是力学曲线,也不论它们是与直线还是与其他曲线有关),而且可以推广用来解决其他各种难题,例如求不规则图形的面积,求不规则曲线的长度、重心等。"

在差不多相同的时间,莱布尼茨也发明了微积分,而且他的叙述更接近现在我们使用的微积分的表达方式。莱布尼茨自己介绍说是 1674 年发现的,他的著作直到 10 年后才公之于世,发表在 1684 年的《博学者学报》上。他的一份注明日期为 1676 年 11 月的手稿《求差切线计算法》,可以清楚地看出,在建立新演算法方面已经取得了相当大的进展。

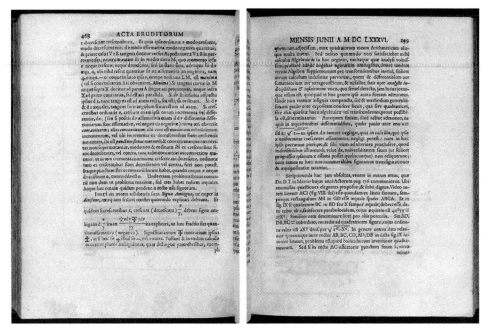

1684年关于微分　　　　　　　　1686年关于积分

莱布尼茨发表在《博学者学报》上的论文

（图片源自美国数学协会网站）

　　到了18世纪末，微积分和坐标几何的实际应用与日俱增，改善了现实世界的人类生活和知识发展。微积分的发明促进了一系列不同领域的技术进步与科学发展，例如建筑、天文学、火炮技术、木匠技术、地图学、天体力学、化学、土木工程、时钟设计、流体动力学、流体静力学、磁力学、材料科学、音乐、航海学、光学、气体力学、造船和热力学等。

莱布尼茨：二进制应用的推进者

何等因缘，遥远东方的《易经》、近在咫尺的朋友、睿智勤奋的自己

莱布尼茨

　　莱布尼茨生于神圣罗马帝国的莱比锡，祖孙三代都是"公务员"，均供职于萨克森政府，父亲是莱比锡大学的伦理学教授。晚年时期，他的作品公之于世，作者名称是"Freiherr［Baron］G. W. von Leibniz"，但没有人确定他是否确实有男爵（Baron）的贵族头衔。但莱布尼茨喜欢签名为"von Leibniz"，在他的姓（Leibniz）之前加一个单词"von"（汉译为"冯"），以示贵族身份。

　　莱布尼茨的学识涉及哲学、历史、语言、数学、生物、地质、物理、机械、神学、法学、外交等领域，并在每个领域中都有杰出的成就。一般认为，莱布尼茨最伟大的成就是独立创建了微

积分,并给出了非常简洁的微积分符号。微积分,如此伟大的发现,是莱布尼茨在巴黎任外交官时,利用业余时间研究的。

　　学问做得好,还不是书呆子。莱布尼茨社交能力极强,博览群书、广交朋友。在法国结识了惠更斯(数学家、物理学家)等人,在伦敦结识了巴罗、牛顿等人,短暂地学习数学、物理之后,他就进入了数学前沿阵地,这种理解能力和创造能力真是没谁了!

　　莱布尼茨从一些曾经前往中国传教的教士那里接触到中国文化,并对中国文化产生了极大的兴趣。1697 年,他编了一本《来自中国的最新消息》,即在中国的耶稣会士的书信和论文集。其中一册辗转到了白晋[①]手里。1697 年 3 月,白晋从中国返回巴黎休假。为了感谢他得到的书,白晋给莱布尼茨写了一封信,告诉他更多关于中国的新消息,并寄去了一册他自己刚出版的著作《中国皇帝的历史画像》。自此以后,他们保持了书信联系,中国的哲学是他们喜欢讨论的话题,例如,白晋向莱布尼茨介绍了《周易》和八卦的系统。中国的“阴”与“阳”和六十四卦符号显然启发了他,他提出的二进制的概念简直就是八卦的莱布尼茨版。他断言:“二进制乃是具有世界普遍性的、最完美的逻辑语言。”

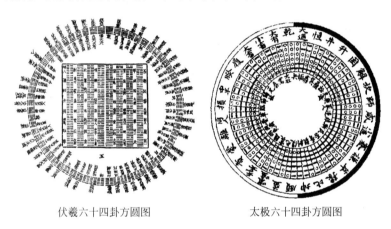

伏羲六十四卦方圆图　　　　　　太极六十四卦方圆图

1701 年白晋给莱布尼茨的周易图

　　胡阳、李长铎的《莱布尼茨发明二进制前没有见过先天图吗——对欧洲现存 17 世纪中西交流文献的考证》通过对欧洲现存 17 世纪中西交流文献的研究考证,确定了莱布尼茨在见到先天图以后发明二进制,在莱布尼茨发明二进制之前的 1660 年,斯比塞尔出版《中国文史评析》,明确地把伏羲八卦图称为“二进制”。

“二进制”的发明历程

　　我们按照时间的顺序分别展现一些历史资料,还原与此相关的历史痕迹。

《易经》在欧洲

　　(1) 1658 年,《中国上古史》(德国慕尼黑出版),作者卫匡国[②]。

[①]　白晋(Joachim Bouvet,1656—1730),法国耶稣会士,1687 年来华,曾教康熙帝数学。
[②]　卫匡国(马尔蒂诺·马尔蒂尼,Martino Martini),意大利耶稣会士,地理学家,历史学家。

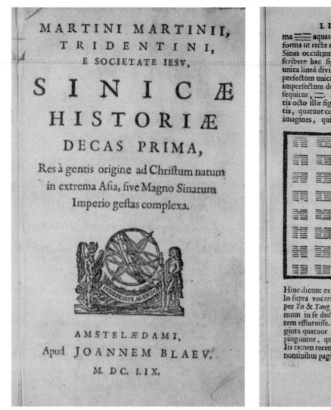
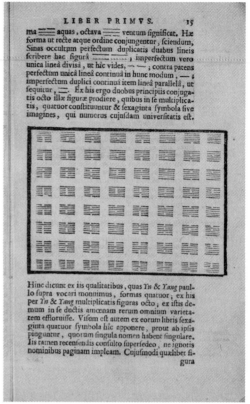

《中国上古史》

（图片源自 ECHO 文化遗产在线网站）

第 11～31 页，介绍《易经》知识，包括阴、阳、伏羲六十四卦图，介绍阴（Yn）、阳（Yang）、两仪（principia）、四象（signa quatuor）、八卦（octoformas），八卦顺序和卦象、六十四卦图（quatuorconftituuntur & sexaginta symbola five imagines）。书中用阿拉伯数字 01、02、…、64 对应标注六十四卦。

（2）1660 年，《中国文史评析》（荷兰莱顿出版），作者斯比塞尔[①]。

全书有 18 页介绍《易经》知识，包括伏羲、八卦、神农及之后的帝王、中国自然哲学，以及中国文字等。原文中以 FOHIO、FOHIVS 称"伏羲"，以 XINNUNG 称"神农"。

① 基础知识：《易经》（YEKING）、阴（YN）、阳（YANG）、阴阳（INYAM）、两仪（principia）、四象（signa quatuor）、八卦（octo form）、六十四卦（quatuor & sexaginta symbola）、乾（cum）、坤（terra）、震（fulmina）、艮（montes）、天干地支。

② 学说：太极阴阳八卦学说，介绍阴阳是两仪、两仪生四象、四象生八卦、八八六十四卦的数学模型。

（3）1687 年，《中国哲学家孔子》（拉丁文，法国巴黎出版），作者柏应理[②]。第 38～50 页，对伏羲八卦图做了介绍。柏应理译著介绍的八卦，内容系统，涉及面甚广，不仅包含伏羲

---

① 斯比塞尔（Gottlied Spizel，1639—1691），德国神学家。

② 柏应理（Philippe Couplet，1623—1693），比利时耶稣会士。

《中国文史评析》
(图片源自 SSB 数字图书网站)

八卦次序图和伏羲八卦方位图,还包括周文王六十四卦图,书中用阿拉伯数字 01、02、…、64 对应标注六十四卦。

莱布尼茨对《易经》及中华文化的接触

(1)莱布尼茨与斯比塞尔交往甚密,柏林科学院出版的《莱布尼茨》一书中就收集了莱布尼茨与斯比塞尔的 12 封通信(1669—1672 年),从中可知莱布尼茨在 1672 年以前就已通过斯比塞尔开始全面关注和了解中国文化,相互谈论中国文化研究等问题。

(2)1687 年 12 月 19 日,莱布尼茨致信冯·黑森-莱茵费尔(L. E. Von Hessen-Rhein-feds)[①],提到了不久前在巴黎出版了一部有关孔子的著作(《中国哲学家孔子》),并已阅读。

在信的第二自然段中,莱布尼茨扼要地介绍了阅读《中国哲学家孔子》一书。信中有这样一句:今年巴黎出版了一本中国圣哲孔子著作,就是指《中国哲学家孔子》(C'est l'ouvrage de Confucius Prince des Philosophes chinois qu'on a publié á Paris cette année.)。

莱布尼茨在信中写到 Fohi(伏羲)一词,说明于 1687 年 12 月之前就已知道 Fohi,见过伏羲八卦次序图、伏羲八卦方位图和周文王六十四卦图三张图。其所见比 16 年后白晋所出示的图还多。

(3)从莱布尼茨与他人之间书信往来可以看出,他阅读的有关中国方面的书籍很多,除了上文中提到的那些书籍之外,还有很多其他书籍,例如法国来华传教士聂仲迁的《鞑靼统治时代之中国历史》、德国数学家基歇尔的《中华文物图志》《中医科学》等。

莱布尼茨曾向清朝钦天监监正闵明我神父当面求教,征集中国文稿,出版《中国新事》一书。

---

① 柏林科学院 1970 年出版的《莱布尼茨》,第 25 页,信件编号 N. 9。

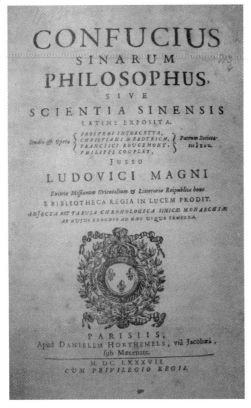
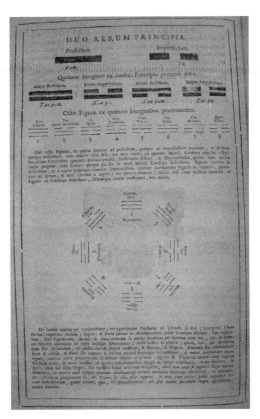

《中国哲学家孔子》
（图片源自圣路易斯大学网站）

Daniel J. Cook 出版的《莱布尼茨关于中国的著作》①是一部莱布尼茨研究中国文化的成果集,译者认为,莱布尼茨终身对于中国有着浓厚的兴趣,中国在他的研究生涯中占有重要的角色。

二进制的最早提出

1660 年,斯比塞尔在《中国文史评析》中,将《易经》的计数方式取名为 Binarium。在第 167 页、第一行"二进制乘方原理"(Principiis per binarium multiplicatis)的叙述中,"binarium"一词为拉丁文,英文即为 binary(二进制),说明斯比塞尔已将《易经》理解成"二进制"计数方式,并对"阴""阳"意义做了说明。

1679 年 3 月 15 日,莱布尼茨的二进制初稿《二的计数》提出了一种计算法,在记录下他的二进制体系的同时,还设计了一台可以完成数码计算的机器。

关于二进制与易经图的关系

莱布尼茨否认在提出二进制之前见过八卦图,但是欧洲的一批学者(闵明我、白晋、张诚、卡泽等)认定二进制与伏羲卦图一致。

1707 年 12 月 15 日,莱布尼茨给布尔盖(D. Bourquet)的信中写道:"谁也不可能使我摆脱这样的看法,即我的二进制算术与八卦之间有着惊人的相似性,当初我创立二进制算术

---

① Writings on China：Gottfried Wilhelm Leibniz，Open Court（1998 年 12 月 31 日），作者莱布尼茨，翻译 Daniel J. Cook。

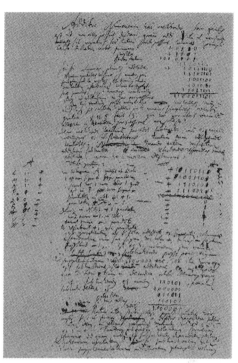

莱布尼茨二进制计数手稿
（图片源自苏伊世大学网站）

的原则时，对《易经》中的八卦是根本不知道的"（Tamen, ubi Arithmeticam meam binariam excogitavi, antequam Fohianorum charactennn in mentem veniret pulcherrimam）。1716年，莱布尼茨临终前所著《中国人的自然神学》中，认为伏羲发现了二进制，几千年后自己又重新发现了它。

通过厘清历史资料，重现二进制的历史脉络，不难看出，莱布尼茨在推进二进制应用方面的努力。莱布尼茨把二进制推向了应用的边缘，成为自动计算的先驱者之一，并且致力于设计、改进计算器，他造出的计算器样机达到了进行四则运算的水平。至于莱布尼茨是否受到《易经》的影响或启发而发明了二进制，这一点还有待更多的研究考证。我们回顾二进制的历史，是希望从一个侧面呈现近代中国与欧洲之间的文化、科技交流的昔日景象。当然，如果更进一步的历史研究证明莱布尼茨的确是在《易经》的基础上提出了二进制，那倒是中西方科技文明融合的一段经典史话。

8

第八章

百年向东学习　几度维新变革

世间秋凉几度，相伴惆怅一曲。

上帝的"两柄剑"撕裂了欧洲的社会治理体制和教育体制，也造就了世俗大学和教会大学并存的局面。

遥远东方的思想光辉，吸引着大量欧洲学者，百年向东、哲学先锋。

在"神下平等"理念的感召下，文艺复兴的思潮渐入人心。"以人为本""重农主义"等灿烂的中国古代哲学思想让欧洲人耳目一新，这场"思想大发现"不亚于15世纪末"发现新大陆"的历史意义。欧洲开启了另一场思想解放——启蒙运动。

大学：世俗教育开启欧洲的心智

人心之灵莫不有知，知有不尽，大学应经济需求而兴起

为什么要建立大学

高悬欧洲上空的两柄剑

上帝的"两柄剑"，造成中世纪欧洲社会的高度分裂。

教皇基拉西乌斯一世[①]宣讲他的理念：上帝把两柄剑分别交给两个人，一柄剑交给教皇执掌，象征最高的宗教权力；另一柄剑交给皇帝执掌，象征最高的世俗权力。中世纪的欧洲，就是这样的由王权和教权构成的"二元化"社会，欧洲的教育同样是二元的：世俗教育和神学教育。

国家控制权力的二元化，必然出现明争暗斗、四分五裂。世俗当局与教会都想让大学为自己所用，利用大学的教育功能强化自己的统治，大学就在其中涸鱼觅水、险处谋生。

1122 年的《沃尔姆斯条约》，确定了教会在人类精神生活领域内的至高权威，又承认人类在世俗生活领域的相对独立性。将宗教和世俗两界脱离，由此所释放的能量和创造力，成为西方历史上第一个主要转折点——一些历史学家甚至认为它是近代的开端。

欧洲的大学一般分为两类，即 Studium generale（简称 Studium）和 Universitas scholarrium（简称 Universitas）。Studium 是自发产生或者由教皇或皇帝颁发特许而建立的，有权力授予毕业生在任何大学任教的许可；Universitas 范围很广，它意味着所有类型的法人和社团（"行会""联合"），与中世纪所有法人团体一样。我们可以理解为：Studium 是指教会大学，Universitas 是指世俗大学。

世界上第一所大学是 1088 年在意大利创建的博洛尼亚大学，随后欧洲建立了诸多大学，如英国的牛津大学、剑桥大学，意大利的阿雷佐大学、帕多瓦大学，法国的巴黎大学等，直到 14 世纪欧洲已有 35 所大学（不包含 10 所存续于 14 世纪但又关闭的大学）。

教会大学

中世纪初期，教会是唯一设有学校的地方，学生主要是教会人士，在教会学校里学习"七艺"：文法、修辞、逻辑、几何、算术、天文和音乐。教会在大学里对属于基础教育的文科课程注入了浓厚的宗教色彩，以此对所有学生产生潜移默化的影响。比如文法教育是为了让学生掌握语言的准确含义、概念清晰界定的技巧，修辞教育是为了提高辩论技巧，辩证法、算术是为了训练人的思辨和逻辑推理能力，天文学是为了揭示上帝创造出来的这个完美的世界、推算宗教节日、占星卜卦，音乐则是为了演唱赞美诗。

欧洲的很多著名大学是在教权的控制下建立的，巴黎大学就是由巴黎圣母院大教堂发

---

① 基拉西乌斯一世（Sanctus Gelasius，在位时间 492—496）。

展而来的,在教皇的保护与支持下赋予学校以特权,大学的课程设置必须在一定程度上听命于教皇。到了 13 世纪,在巴黎大学讲授的亚里士多德哲学已经不是最原始的内容,而是添加了大量的基督教神学思想的哲学。这样的文化教育,不难想象中世纪初期的欧洲人是多么的愚昧,除了虔诚地信仰上帝,根本不知道还有文学、艺术、科学。

与利益直接相连的权力,终究会导致为了权力而起纷争。1378—1417 年,法国、德国、意大利争夺教廷控制权,造成天主教会同时出现两个甚至三个教皇,教会出现大分裂。自称神的化身的教皇,坠入世俗的谷底让人看清其本色的同时,也导致社会极大的混乱。这种情况下,大学馆也不能幸免,因为大学馆与教皇及教会的关系如此密切,大学团队自 1380 年开始陷入进退两难的境地。教员们为了能够稳定地拿到圣俸,需要宣布拥护哪位教皇,学馆与学馆之间、教员与教员之间出现观点上的分裂、争吵。学馆的大分裂引起了已经分裂了的教会和教皇们的兴趣,在 14 世纪末至 15 世纪前几十年,教皇们都慷慨地为那些希望在其管辖区建立学馆的宗教和世俗当局赋予特权,鼓励在效忠他们的辖区建立大学。因为,相互竞争的教皇们都意识到他们需要来自部分学术界的智力支持。

教皇通过颁发特许状,表明自己是大学的合法创办者和保护人,因此也有能力把大学置于自己的控制之下。这种控制包括教皇学监制度,学监们自觉地维护教皇赐予大学的特权,以免受地方当局的限制和侵犯。教皇也把大学作为传播教令和教义的途径,把教义送到大学,通过讲座进行讨论和传播。教皇帮助大学和那些具有僧侣和牧师身份的大学生,与此同时,通过解除这些大学生与原所在教区的薪俸关系,教皇把他们置于教廷的控制之下。到了 14 世纪,学术机构定期向教皇通报大学学生和毕业生的名单,教皇通过发放薪俸、资助学习的方式形成了一种固定的制度形式,即教会奖学金制度(rotuli)。学术机构完全依赖于教会发放的牧师薪俸,在教会为大学提供便利的同时,大学的发展对教会的影响也是巨大的:传播了宗教思想,推动了宗教事业的发展。

世俗大学

世俗大学的兴起是在西罗马帝国灭亡之后。

随着时间的推移,西欧的生产力开始提高,手工业日益繁荣,农业生产方式开始改善,农业水平逐步提高,促进了商品经济和商品贸易的发展,中世纪城市开始出现繁荣景象。经济的稳定发展需要稳定的专业人才供给,对专业人才培养的需求不断增加;同时,社会分工细化,社会流动性增强,资源积累增多。

城市基础设施相对较好,除了来城市中求学的学生和学者之外,大批的社会人员也会选择进入城市进行生产和生活,他们推动了贸易和工商业的不断发展。但是,与快速增多的人口相比,城市的基本设施和城市环境开始无法承受城市新增的社会需求,不断发展的行业需要更多具有专业素养和管理能力的人员加入工作中。

城市原有的教会培养机构和其他教育机构已不能满足现有的人才需求,城市居民需要更高水平的教育模式来提高自身的专业素养和知识结构,各种新兴的教育组织便由此产生。同时,城市居民对新知识和教育的需求不断促使教育机构的更新发展。欧洲的世俗大学教育,就是在这样的社会环境中应运而生的。

最早在意大利,接着在西欧其他城市相继出现了一批不受教会控制的城市学校。这些城市学校大都教授罗马法,因为罗马法重视主权和产权,符合当时政治经济的需要。城市学校可以说是中世纪大学的先驱。

法国、英国和西班牙的国王们，后来的葡萄牙、奥地利、波希米亚^①、波兰、匈牙利的国王们以及仿效他们的王公贵族们，期望他们的大学能在智力和人才方面有效地帮助他们建立和巩固管理制度和行政体制，战胜城乡贵族之间的离心力。

1088 年，意大利建立了第一所正规大学博洛尼亚大学（意大利语：Alma Mater Studiorum Università di Bologna，有研究者对这所大学的建校时间有质疑。主要是两个时间点的问题，1088 年，博洛尼亚法律学校诞生，1158 年，首次获得特权），它是欧洲最著名的罗马法研究中心。随后，12 世纪，法国巴黎大学（法语：Universite de Paris，1150 年开始建立的天主教修士大学，其官方认为建立于 1261 年）、牛津大学（1167 年）相继出现；13 世纪时，西欧各大城市纷纷创立大学，英国的剑桥大学、意大利的萨勒诺大学、巴勒摩大学、西班牙的萨拉曼加大学、德国的海德堡大学、法国的奥尔良大学等。15 世纪时，欧洲已有 72 所大学（其中，帕赛尼大学于 15 世纪末关闭）。

法国巴黎大学

就这样，世俗大学和教会大学并存发展，为世俗政府和教会管理提供了各种类型的人才。早期的大学由于所处环境不同，信息不流通，发展比较独立，不同大学的课程设置差异较大。13 世纪时，随着书籍的增多，大学之间的沟通与交流增多，大学课程逐渐由教皇敕令或大学章程固定下来，从此，大学的课程体系有了较高的统一性。主要分为文、法、医、神四个学院，每所大学的课程设置不尽相同。文科课程是基础课程，医学、法学和神学是高级课程，学生在文学院获得学士学位后才可以进入高级学院学习，从而获得硕士学位和博士学位。

有些大学需要学习"四艺"（几何学、天文学、算术和音乐），医学教育还强调天文学的实用价值，占星术的教学是医学这个科目的教学需求。中世纪的观念是上天影响疾病的发展，只有那些能够计算其运动的人，才能作为上天的盟友来治愈疾病。数学也逐渐成为占星术的辅助学科，作为医学院学生的课程。

大学的课程设置

课程是教育活动的核心，集中体现了教育的内在品质。教材是根据教学大纲和教学法的要求，系统而简明扼要地叙述各门课程教学内容的教学用书，是学校知识传播的载体、教学过程中不可缺少的工具，是教师授业、学生求知的重要渠道，还是"使学术系统化持续下去的一种方式"。

欧洲中世纪大学的文科课程主要是"七门自由艺术"（septem artes liberales），简称"七艺"，包括"三艺"（trivium，文法、修辞和逻辑）和"四艺"（quadrivium，音乐、算术、几何和天

---

① 波希米亚是拉丁语、日耳曼语对捷克的称谓，位于包括布拉格在内的捷克共和国中西部地区。

文）。12 世纪阿拉伯文化传入并影响欧洲文化，七艺的内容才得以充实，大学教学内容才逐渐加多加深。在七艺中比较受重视的是修辞学和逻辑学，修辞学教材是多纳图斯的《原始语法学》、西塞罗的《论题术》和亚里士多德的《修辞学》，逻辑学教材是亚里士多德的《工具论》和波尔菲里的《亚里士多德范畴篇导论》，算术教材是尼科马霍斯的《算术引论》，几何学教材是欧几里得的《几何原本》，天文学是托勒密的《天文学大成》，音乐教材是博伊修斯的《论音乐》。

中世纪的"七艺"课程有着浓重的宗教色彩。随着大学教育的深入，大学课程教育的跨度也在慢慢增加。比如人们对哲学逐渐产生兴趣，所以大学课程就增加了哲学课程，包括道德哲学、自然哲学和形而上学这三大哲学。随后，又逐步增加了散文、诗歌和法律，地理和自然历史，天文学、物理学、化学以及以希腊和东方各国医学名著为基础的医学。

在大主教拉班（宗教典籍的学者）看来，"七艺"是神学中十分重要的内容，每一门课程都有其宗教的和现实的作用。

算术是"可以用数字测定的抽象广延的知识"，是关于数的知识。

几何学"解释我们所观察到的各种形式，它也是哲学家常用的一种论证方式"，"几何学在建筑教堂和神庙方面也有用途，测杆、圆形、球形、半球形、四角形以及其他形体都运用了几何学。几何的全部知识给从事这一学科的人在精神和文化上带来不少收益"。

天文学是"说明天穹中星体的法则"的学问。"各星体只能按照造物主所确立的方式取得各自的位置或运行，除非根据造物主的意愿发生奇迹般的变化"，"教士要努力学会建立在探索自然现象基础之上的天文学知识。探索自然，是为了确定太阳、月亮和星星的运行路线，也是为了准确地计算时间"。

从中世纪课程设置与教材选择，我们能够理解当时的教育质量。经过大学教育，学生在逻辑思辨、数学、自然哲学知识方面得到系统学习。以牛津大学与莱比锡大学的课程为例，可以看出，硕士阶段更为注重数学和自然哲学的教育。

1409 年牛津大学获得许可证和硕士学位必修课程

	必 修 科 目	指 定 书 籍
七艺	语法	《大文法与小文法》（普丽森）
	修辞	《修辞学》（亚里士多德）
		《论题篇》第 4 卷（博伊修斯）
		《修辞学》（西塞罗）
		《变形记》（奥维德）
		《诗篇》（维吉尔）
	逻辑	《论解释》（亚里士多德）
		《论题篇》第 4 卷（博伊修斯）
		《分析前篇》或《论题篇》（亚里士多德）
	算术	《算术学》（博伊修斯）
	音乐	《论音乐》（博伊修斯）
	几何	《几何原本》（欧几里得）
		《透视法》（维特里奥）
	天文学	《天文学大成》（托勒密）

续表

必 修 科 目		指 定 书 籍
三门哲学	自然哲学	《物理学》或《论天国与人世》(亚里士多德)
	道德哲学	《伦理学》或《经济学》或《政治学》(亚里士多德)
	形而上学	《形而上学》(亚里士多德)

资料来源：Hastings Rashdall. The Universities of Europe in the Middle Ages. Oxford University Press，1936，3：155-156.

莱比锡大学 1410 年攻读文学学士和文学硕士学位必修课程

必 修 科 目		指 定 书 籍
文学学士	文法	《文法》后 2 册(普丽森)
	逻辑	《论文》(皮鲁斯·希斯帕纳斯)
		"旧"逻辑： 波菲里《序言》，亚里士多德《范畴论》《论解释》，吉尔伯特《性别法则》，博伊修斯《逻辑学》(不包括《论题篇》第 4 卷)
		"新"逻辑： 普里西安《高级语法结构》，唐纳塔斯《非规范语言》，亚里士多德《论题篇》
	自然哲学	《物理学》(亚里士多德)
		《论灵魂》(亚里士多德)
文学硕士	数学	《论物质世界》(萨克罗博斯科)
	逻辑	《逻辑》(海蒂斯堡)
		《论题篇》(亚里士多德)
	道德与应用哲学	《伦理学》(亚里士多德)
		《政治学》(亚里士多德)
		《经济学》(亚里士多德)
	自然哲学	《论天国与人世》(亚里士多德)
		《论产生和消灭》(亚里士多德)
		《气象学》(亚里士多德)
		小自然： 《感觉与可感事物》(亚里士多德) 《睡与醒》(亚里士多德) 《记忆与回忆》(亚里士多德) 《长寿与短命》(亚里士多德)
	形而上学	《形而上学》(亚里士多德)
	数学	《行星学说》(杰拉德)
		《几何学》(欧几里得)
		《普通算术》(萨克罗博斯科)
		《音乐》(约翰·穆丽斯)
		《光学：普通透镜》(约翰)

资料来源：赞恩克. 莱比锡大学法令汇编：311-312. 转引自[美]E.P. 克伯雷选编. 外国教育史料. 华中师范大学出版社，1991：184-186.

第一次思想解放——文艺复兴

"神本"到"人本"的突破,预示着从神下平等到法下平等的思想萌芽

凝固在废墟下的欧洲

1096 年,罗马天主教教皇发动了一场战争——十字军东征,打的旗号是从穆斯林手中夺回"圣地"耶路撒冷。此后的近 200 年时间里,欧洲人相继在西班牙、南意大利和西西里、欧洲东部、西亚展开了全面的进攻。结果,西方人不仅打退了阿拉伯人对地中海沿岸地区的经常侵袭,而且恢复了一度被阿拉伯人所占领的地中海沿岸的西班牙、西西里和地中海诸岛屿的统治权,并将势力侵入西亚和欧洲东部地区,整个环地中海地区被欧洲人所控制。

这场战争产生了一个意想不到的历史结果——为欧洲人取得了文化与科技的重要收获。

一片荒凉的世界

欧洲人重新回到地中海地区时,欧洲的拉丁基督教世界已经变得一片荒凉,无论是文化、科技抑或人的精神。从 6 世纪后期到 10 世纪末,偌大的拉丁基督教世界,除了阿尔琴及其几位弟子、比德、吉尔伯特和萨莱诺医校的医生外,再也没有值得称道的学者;科学方面,更是没有出现一位值得书写的科学家,欧洲人的科学知识主要是从罗马人残存下来的古典著作中拾取,水平相当低下。与同时期辉煌灿烂的中国、阿拉伯、拜占庭文明相比,拉丁西方世界确实是"黑暗"的。

文化机构和文化设施也比较贫乏,学校和学术中心仍然是修道院,主教区和世俗的学校仅仅处于附属的地位。图书保存的中心也是修道院,其他宗教机构和极少数世俗团体拥有图书。9 世纪,藏书 1000 卷以上的图书馆极为少见,很多修道院图书馆或教堂藏书仅有几十册书。在这些藏书中,宗教书籍占了绝大部分,并且被放置于图书馆的显要位置。

10 世纪,诺曼人及随后的撒拉逊人和匈牙利人的入侵,使灾难再次降临西欧大地。他们总是将攻占的城镇夷为平地,几乎使整个国家变为废墟。所到之处总是纵火烧毁寺院和教堂,大量图书也随之被毁掉,本来就缺少图书的拉丁世界雪上加霜。

轮番的劫难,致使几乎所有的希腊原文的学术和文化著作散失殆尽,甚至有关希腊语本身的知识也几乎都消失了。法国著名中世纪哲学史家吉尔松认为,造成拉丁西方世界这种文化衰落的一个重要原因就是它几乎割断了与希腊科学和哲学的联系。欧洲人对古希腊著作和哲学、科学思想机体的无知几近一贫如洗的境地。

嗷嗷待哺

欧洲人接触到阿拉伯人收集整理的典籍后不久,在欧洲世界兴起了一场规模宏大、蔚为壮观的翻译运动。这是继阿拉伯人"百年翻译运动"之后的又一次翻译与学习热潮,将阿拉伯人收集整理的大量古典文化与外来文化资料,成批地翻译并引进到欧洲。

落后的欧洲学习先进的东方文化的热潮由此开始。

欧洲的翻译运动不断走向高潮,使得久违的古希腊文化重新回到欧洲,也使得阿拉伯、印度、中国等文化渐为欧洲人所知。这些译作也包括古希腊的哲学、医学、天文学、数学、物理学、力学等以及晚期希腊哲学和拜占庭时代的希腊东正教神学家的著作等。直接从阿拉伯文译为西方文字(包括希伯来文)的著作(包括希腊人的著作)共计368部,与直接从希腊文译为拉丁文的著作(共计74部)相比,前者是后者的近5倍。这些译作在欧洲的流传对欧洲知识界产生的影响更大。

阿拉伯学者的研究不仅涉及哲学、天文学、占星术、医学(外科、药物学、内科学、眼科等)、数学(包括代数学、算术、几何、三角学)、物理学(尤其是光学)、化学等诸多学科领域,而且,由于他们的研究成果是在贯通古今、融会内外之科学文化成就的基础上做出的,在众多方面都具有独创性,所以他们的研究成果基本上代表了当时世界科学发展的潮流。因此,通过各种语言译介到欧洲的阿拉伯典籍,实际上是把当时世界上先进的科学文化知识介绍到了欧洲。这也成为欧洲日后进一步发展的基础与源泉。众所周知,阿拉伯人直接或间接地吸收了中国、印度、波斯的大量科技文化成就,而并不仅仅是希腊人的有关成果。

通过这一途径,在拜占庭帝国和伊斯兰-阿拉伯帝国走向衰落之时,欧洲人则从它们手中接过地中海世界科学文化的接力棒,并不断加以融会与创造,从而使欧洲从黑暗与昏睡之中重新走向光明与觉醒,走向文化的复兴与繁荣。

威不可及的教权被撕开缝隙

马丁·路德[①],这位文艺复兴运动的思想拓荒者,在九个兄弟姐妹中排行倒数第二,深得父亲赏识。他的父亲是德国的一个努力的小矿工,后来成为小矿主。父亲觉得他是可以培养的孩子,所以非常积极培育他,并送他到大城市就学。在父亲的支持及栽培之下,他进入爱尔福特大学学习文学,期间学习了哲学、拉丁文、语法学、修辞学、逻辑学、道德学和音乐等课程。在获得博士学位后,他又奉父命学习法学,一路按照父亲的培养路径成长,渐渐地成为有才有学、前途光明的青年才俊。

但是,有一个问题一直困扰着马丁·路德这位笃信基督教又十分认真的小伙子:每个人都是带着罪孽来到这个世界赎罪的,因此我就是一个满身罪恶的人,怎样才能得救、如何才能得到上帝的喜爱呢? 他毅然放弃法律的学习,到修道院中学习以期找到答案。他非常遵守修会的教规,虔诚好学,25岁就晋升为神父,获得神学博士学位,还学会了古希腊文和希伯来文,逐步成长为一名圣经教授。

圣经是用拉丁文撰写的,一般人很难看懂,也没有机会阅读圣经原文,因此,当时的民众只能通过教廷的宣讲了解圣经。马丁·路德在大学时期学过拉丁文,熟知圣经的内容。1515年左右的某个时间点,在冥想罗马书中的诗句时,他突然发现了自己所寻找的:"因为神的义,正在这福音上显明出来。这义是本于信,以致于信。如经上所记,义人必因信得生。"而《圣经》中保罗给罗马教会的书信中说到:"你只要相信耶稣基督就能得救。"

联想起罗马教廷的态度懈怠和道德败坏,马丁·路德对圣经有了新的认识:神的永久正义完全是一个怜悯的赠礼,只要人相信耶稣基督就可以了,尤其不必对神父的指示言听计从,你只要相信上帝、保持信仰就可以了。更没有必要建立如此庞大的组织,滋生腐败和堕

---

① 马丁·路德(Martin Luther,1483—1546)。

落。要知道,教会可是一个最富有的组织,进教会工作就像拿了"铁饭碗"一样,稳定高薪、吃香喝辣、发财有权、巧取豪夺,甚至能够为亲戚朋友谋事、鸡犬升天。

马丁·路德的"因信称义"的思想主张有利于权贵们巩固自己的地位,有利于普罗大众释放心理压力和缓解经济负担。得益于廉价的纸张和高效的印刷技术,他的思想立刻被印成文字,迅速传遍整个欧洲,他的主张尽人皆知。与以往的传教方式相比,这种高效率的传播实在是太快了,很快就有大批追随者,包括底层民众和王公贵族。以至于教廷反应过来,想要迫害他时,为时已晚,他已经被贵族们保护起来;否则,他这样的"异教徒"是要被活活烧死的。

圣经被翻译成拉丁语之外的版本,人们可以按照自己的意志阅读和理解圣经,重新审视政教合一的社会制度。马丁·路德的举动极大地打击了罗马教皇,也极大地动摇了罗马教皇的地位,新教的建立和宗教改革是必然的结果。但是它的最大意义在于让处于教会压迫中无法呼吸的欧洲有了重新认识教廷的角度,打破了几百年来的宗教枷锁;人们的精神世界得到了一次大解放,社会渐渐恢复了思考的能力和勇气。

罗巾挹损残妆,神圣教权的莫测高深、至高无上的形象尽失。

从神本主义到人文主义(人本主义)、从神性到人性、从神权到人权,回归罗马教廷之前的状态,逐渐成为欧洲社会的共识。

人文主义思想的曙光

"人文主义",对于古代中国,根本就不是什么事;但是对于中世纪的欧洲,那可是天翻地覆的大事。

中国的"人文主义"

在中华文化的语境里,人是第一位的,无论是过去、现在,还是将来。"仁者人也""仁者爱人",人在宇宙中是最高贵的;"天地不仁,以万物为刍狗;圣人不仁,以百姓为刍狗",这句话对天道和王道(对应于西方的"神权"和"王权")做了很明确的表述:

(1)对于天地来说,世间的万物都是平等的,无论帝王将相、平民百姓,天地都视作草扎成的狗,不对任何人偏心,对他们都一视同仁。

(2)对于帝王来说,世间的所有百姓都是平等的,无论达官贵族、市井小民,帝王都视作草扎成的狗,对待任何人都要一视同仁、不可偏颇。

但是,在中国古代的文化语境中,尽管帝王至高无上,也绝不可以为所欲为。帝王、百姓之间,则是"夫君者舟也,人者水也。水可载舟,亦可覆舟"的逻辑关系。黎民百姓犹如江河之水,帝王之舟行于河流之上。帝王仁义爱民,黎民之水可以载舟前行;帝王暴虐无德,黎民之水可以覆舟沉底。帝王必须时刻谨记,常怀爱民之心,常行爱民之德,"以此思危,则可知也"。

人文主义,深深地扎根于中国普通民众与上层社会乃至朝廷的心中,社会的阶层分明、角色明确,"君君臣臣、父父子子",这是为了社会稳定和谐的"礼"和"义";平民可以通过努力进入上层,阶层可以流动,"王侯将相,宁有种乎"。至少官方层面的宣扬是这样的,否则,基于"法下平等"的社会理念下,佛教也不可能在中国大地上生根、发展,因为佛说平民可以通过修行而成为佛,这与"万物刍狗"的理念何其一致。当然,现实的落实层面上,不公平、不正义的情况不可忽视,但也只是古代中国现实社会制度的操作层面上的弊端。

中国的人本主义之源来自"天人合一"的思想。

中国人把"天"与"人"和合统一起来观察，离开"人生"，就无从讲"天命"；离开"天命"，也就无从讲"人生"。两者和合为一，即"天人合一"观，此实为中国古代文化最经典、最有贡献的一种世界观主张。即认为"天命"与"人生"同归一贯，并不再有分别。

在"人"与"人"之间的交往中，儒家文化强调"己所不欲，勿施于人"，自己不愿意感受的事情不要施加给他人；当然，这个观念的内涵进一步延伸，就是自己愿意感受的事情就可以施加给他人。由自己的个人愿望可以推断出你该如何对待他人，这是一个非常易于理解而且具有普世价值的思想，放在人类历史的任何时期、世界的任何角落都是具有普适性的。

"富国强兵，以法治国"的治国理念，"修身为仁，克己博爱"的道德观念，"苦集灭度，因果循环"的人生信念，分别从个人的最低行为准则（法律）、社会的美好公序良知（道德）、人生的从善心灵追求（宗教）三个层面构建了互为递进的社会治理和行为规范体系。

所以，中国古代文化起源，不再需要像西方古代人的宗教信仰。

欧洲的"神下平等"

西方人常把"天命"与"人生"划分为二，他们认为人生之外别有天命，显然是把"天命"与"人生"分作两个层次、两个场面。"天命"与"人生"分别各有所归。此观念影响所及，则天命不知其所命，人生亦不知其所生，两截分开，便各失其本义。所以西方文化显然需要另有天命的宗教信仰，作为他们讨论人生的前提。

欧洲宗教的原罪论告诉世俗的人们，你们生而有罪，上帝才会将你降入凡尘。在你的有生之年，所做的一切都是为了赎罪。但是，欧洲人常常很难做好自我赎罪，因为战争的残酷杀戮、饥荒的相互无助、商业的尔虞我诈等，常常撕扯着欧洲人的神经。内心压力如此巨大和扭曲，试图通过祷告赎罪，很难得到心灵的慰藉。

中世纪的西方，"神下平等"的理念被广泛接受，并直接落实到社会治理的制度层面。社会被划分为两个阶层，即"神"和"人"。人与人之间是平等的，但人与神之间不可能平等，此生不行，永世也不行。在中世纪欧洲的社会语境里，当然没有观念认为人可以通过赎罪而成为神或者上帝的。并且，在社会的实际操作层面上，神权和王权是一个层界，至高无上；底层世界则是另一个世界，社会结构中层层阶级、层层压迫。

几百年的神权枷锁桎梏下的欧洲，能够萌发人文主义思潮，实属不易。

一首唤醒灵魂的神曲

13—14世纪，来自中国、阿拉伯的艺术、文学、哲学的信息，通过多种途径向欧洲传播。在思想、经济等各方面相对先进的东方，特别是中国，并没有崖岸自高、傲慢偏见，而是平等地与西方交流对话。东西方文化的交流开阔了欧洲人的视野，激发了欧洲人强烈的探索欲望以及对富饶生活和世界的向往。在文化领域，研究者们在丰富的资料中发现了与基督教理论完全不同的另一种文化境界，渐渐地，基督教对欧洲思想的控制已经力不从心。

意大利最早的一批古典学者出现了！

1300年左右，但丁[①]写就了一篇著名的史诗——《神曲》，这是一部叙事体的文学作品

[①] 但丁（Dante Alighieri，1265—1321），意大利中世纪诗人，现代意大利语的奠基者，欧洲文艺复兴时代的开拓者。

（欧洲古典四大名著之一）。它按照民间流行的诗歌风格创新了押韵格律，读起来朗朗上口。

《神曲》以第一人称叙述。

但丁误入黑暗森林，被三只猛兽拦住去路——母狼、狮子、豹子。情急之下，但丁呼救求生，唤来古罗马诗人维吉尔的灵魂，带领他穿过地狱、炼狱，途中遇见了贝阿特丽切的灵魂——但丁的暗恋情人。

但丁走过地狱：漏斗形地狱的中心在耶路撒冷，从上到下空间逐渐缩小，越向下所控制的灵魂罪恶越深重，直到地心。9 层地狱的每一层都有异教徒或者罪人的灵魂分别接受审判或者不同的严酷刑罚。

但丁走过炼狱：如同一座高山的净界，在耶路撒冷相对的地球另一面的大海中央①。净界一共有 9 层，7 级高山加上净界山和地上乐园。生前罪过轻重不同，它们在不同层修炼洗过，有机会一层层升向光明和天堂。但丁历经苦难，终于在净界山顶的地上乐园再次见到梦中情人贝阿特丽切。

但丁走向天堂：贝阿特丽切引导但丁饮用忘川水，遗忘过去的过失、忘记教堂种种腐败的幻景，获取新生，自下而上游历天堂九重天。越往上的灵魂越高尚，直到越过九重天，才是真正的天堂——圣母和所有得救的灵魂所在。经圣母允许，就能一窥三位一体的上帝。上帝的形象如电光一般闪过，迅即消失。

全曲终

《神曲》以游历的过程叙事，夹带着对现实的议论，广泛、深刻地揭露了当时的政治和社会现实。例如表达政教分离的思想，反对教皇掌握世俗权力，谴责皇帝鲁道夫一世和阿尔伯特一世父子的腐败；描写生活的理想，表达现实主义和浪漫主义的思想，推崇古典文化，赞颂理性和自由意志。

这种以人为本、重视现实生活价值的观念，与一切归于神的思想以及来世主义，都是针锋相对的。

受但丁的影响，不久出现了一大批优秀人物和优秀文学作品。例如彼特拉克②发表著名的叙事史诗《阿非利加》，并发表自己的观点，他大声疾呼，要来"一个古代学术——它的语言、文学风格和道德思想的复兴"。薄伽丘③发表《十日谈》，这部作品导致文艺复兴在意大利越来越势不可挡。

文艺复兴渐渐地拉开序幕。

势不可挡的精神解放

13—14 世纪，得益于海上贸易和工商业的蓬勃发展，意大利北部主要城市（热那亚、威尼斯、佛罗伦萨、米兰等地）成为欧洲最富庶的地区。当时城邦制的意大利并不是今天意义上的统一国家，城市的富裕引发各城市的离心倾向，城市管理者信奉新柏拉图主义，罗马教廷也在走向腐败，世俗与教廷都希望不受宗教禁欲主义束缚地安于享乐，大力支持歌颂自然美和人的精神价值，他们都在保护艺术家，允许艺术偏离正统的宗教教条。这种情况下，哲

---

① 真是够遥远的，而且明显知道地球是圆的，或许是受到古希腊哲学家毕达哥拉斯信念的影响："圆球是最完美的几何形体"——笔者臆断。

② 弗兰齐斯科·彼特拉克（Francesco Petrarca，1304—1374），意大利学者、诗人。

③ 薄伽丘（Giovanni Boccaccio，1313—1375），意大利人文主义作家、诗人。

学、科学都逐渐地朝着比较宽松的气氛发展,也酝酿着宗教改革的前奏。

　　欧洲经济逐渐发展起来,内部矛盾也越发突出,新兴资产阶级认为中世纪文化是一种倒退,而希腊、罗马古典文化则是光明发达的典范,他们力图复兴古典文化——而所谓的"复兴"其实是一次对知识和精神的空前解放与创造。表面上是要恢复古罗马的进步思想,实际上是新兴资产阶级在精神上的创新。

　　随着文艺复兴运动传播到欧洲大陆,大量的人才和优秀作品涌现,例如乔叟①、莎士比亚②、乔托③、吉贝尔蒂④、马萨乔⑤、达·芬奇⑥、米开朗基罗⑦、拉斐尔⑧、提香⑨、拉伯雷⑩等,甚至引发了大航海时代和地理"大发现"。15—17 世纪,欧洲的船队出现在世界各处的海洋上,寻找着新的贸易路线和贸易伙伴,以发展欧洲新生的资本主义。

　　"人文主义"是文艺复兴时期形成的思想体系、世界观或思想武器,人们慢慢地觉醒,提出以人为中心而不是以神为中心的观念,肯定人的价值和尊严;一切以人为本,反对神的权威,把人从中世纪的束缚下解放出来。宣扬个性解放,追求现实人生幸福;追求自由平等,反对等级观念;崇尚理性,反对蒙昧。

　　随着文艺复兴的思潮深入人心,中世纪至资本主义时代的过渡完成,当资本主义革命开始,文艺复兴也就了结了。但是,温顺的墨守成规的思维方式已被独立思考所代替,它不仅影响了文艺领域的进步,也刺激了数字和自然哲学的进步。

思想大发现:激荡黑暗世纪的历史篇章

遥远东方的思想犹如密窟中的一缕阳光,照亮了欧洲世界

向东——学习博大精深的中华文化

思想探险者——沙勿略

1452 年,航海探险的哥伦布发现了新大陆,欧洲人收获了一片陆地。

1552 年,传教探险的沙勿略发现了中国,欧洲人打开了一个思想宝库。

---

① 杰弗雷·乔叟(Geoffrey Chaucer,1343—1400),英国小说家、诗人。

② 莎士比亚(William Shakespeare,1564—1616),英国剧作家。

③ 乔托(Giotto,1276—1337),意大利画家。

④ 吉贝尔蒂(Lorenzo Ghiberti,1378—1455),意大利青铜雕塑家。

⑤ 马萨乔(Masaccio,1401—1428),意大利画家。

⑥ 莱昂纳多·达·芬奇(Leonardo da Vinci,1452—1519),意大利画家。

⑦ 米开朗基罗·博那罗蒂(Michelangelo Buonarroti,1475—1564),意大利雕塑家、画家。

⑧ 拉斐尔·桑西(Raffaello Santi,1483—1520),意大利画家。

⑨ 提香(Tiziano Vecelli,1490—1576),意大利画家。

⑩ 弗朗索瓦·拉伯雷(Francois Rabelais,1494—1553),法国作家。

13世纪,马可·波罗[①]的《东方见闻录》、约翰·蒙特哥维诺等的《纪行》这类中国游记书籍,以游记的文风,将遥远东方的文明古国介绍给欧洲读者。

16世纪,葡萄牙和西班牙的海外扩张与天主教会的传道是密切结盟的,由于得到世俗的西班牙和葡萄牙征服者的大力支持,教会大有希望赢得亚洲和美洲对天主教的信仰,作为对欧洲宗教改革的补偿。

1549年,沙勿略来到日本,他发现日本人深受中国的影响、并且信仰佛教。无论在宗教上,还是在行政事务上,日本人在智慧和一切知识方面都尊中国人于首位,他们反对沙勿略讲道的主要论据是引证中国的权威经典。沙勿略意识到,基督教要想赢得东亚社会的威信,必须进攻中国,一旦中国皈依了,日本就会步其后尘。因此,沙勿略萌生了到中国传播福音的想法,并且制定了东方传教的策略。他认为,中国是一个物产丰富、文明昌盛的国度,最好用西方的知识和科学来为基督教的传播开辟道路,派到东方的传教士应当懂得科学。

1551年,沙勿略回到印度的果阿后,果阿总督派出一个新的葡萄牙使团,争取订立一项贸易条约并准许宣讲福音,团长是沙勿略的朋友迭戈·德·佩莱拉。直至1552年沙勿略去世前,葡萄牙也没有成功登陆中国。1557年,葡萄牙人在澳门获得定居点;1582年,学过数学和天文的利玛窦和另一位耶稣会士罗明坚获允住在靠近广州的肇庆;他们并没有急于传教布道,而是身穿佛教僧袍,以他们的科学和数学学识赢得中国学者和官员的尊敬、友谊和兴趣,获得这些人的好感后才进行基督教传道。这个新策略获得了成功,传教士们由此而获准在中国传教。

相对于西方特别是欧洲,当时的中国是一个拥有先进的哲学思想、科技高度发达、经济繁荣、人口众多的国度,它犹如一块磁石,对于有着宣教野心的欧洲教会具有强大的吸引力。

欧洲传教士来华的历史回顾

欧洲来华的传教士自古有之,从6世纪中叶开始就没有中断过。

6世纪中叶,有两名景教[②]修士来华,他们的任务不一定是传教。拜占庭史学家普罗柯匹乌斯于公元550年在《戈特战纪》中提到,这两位教士以非法走私偷运的方式把珍贵的"蚕种"藏在一根空心竹杖中,成功地把活蚕种带到君士坦丁堡,从而使查士丁尼皇帝创建了养蚕业,诞生了欧洲的丝绸工业,沉重打击了中国的丝绸出口贸易。

景教与中国的交流由来已久,635—845年,大秦国景教大主教阿罗本来到京都长安,由历史名相房玄龄迎接,获唐太宗李世民接见。在唐六代帝王的支持下,景教活跃了两百多年,其繁盛时曾是"法流十道,寺满百城"。唐朝会昌五年(845年)唐武宗笃信道教,下旨禁止佛教等其他宗教,至此,景教在中国第一次终止了传播。唐宣宗大中四年,大主教阿多爵统理中华、印度两国教务,派教士东来,建教堂传教无阻。

1246年,天主教士柏朗嘉宾受教皇英诺森四世的派遣来到蒙古哈剌和林,与他同行的

---

① 马可·波罗(1254—1324),意大利人;乔安·巴罗劳斯(Joao de Barros,1496—1570),葡萄牙人;门多萨(Juan Gonzalez de Mendozza,1545—1618),西班牙奥古斯汀教会传教士;约瑟夫·斯卡利杰(Joseph J. Scaliger,1540—1609),法国宗教领袖和学者;米·戴·蒙田(Michel. de. Montaigne,1533—1592),法国人文主义哲学家。

② 景教,是从希腊正教(东正教)分裂出来的基督教教派,428—431年创立于叙利亚。景教于唐代传入中国,被视为最早进入中国的基督教派。

有两位修士。他们执行一项政治使命,刺探蒙古人的军事动向,劝说蒙古人停止对欧洲的进犯,转向与土耳其人和撒拉逊人作战。四个多月后,他回欧后写成《蒙古行纪》,叙述在中国的考察见闻,涉及地理、地形、风貌、气候、武器、兵法等。

1253 年,方济各会修士罗伯鲁受法王路易九世派遣来到哈剌和林,结好蒙古共同抗击伊斯兰世界,八个月后回国,写成《游记》向法王汇报东方之行,涉及食品、染料、医学、印刷、纸张。

1294 年,腓特烈大帝的御医、修士孟高维诺受尼古拉四世派遣来到北京,在北京居住 34 年,以写信的方式向罗马教廷和方济各会会团报告中国情况。

1322 年,鄂多立克修士来华,12 年后回欧,著有《鄂多立克东游录》,介绍中国的城市建筑、水利工程等。

1333 年,巴黎大学神学教授尼古拉斯受罗马教廷任命前往中国,秘密学习中国的炸药技术及其在战争中的应用。

1342 年,马黎诺里修士受教皇派遣抵达北京,4 年后回国,著有《游记》,介绍中国各种技术,例如打井技术等。

……

启迪——点亮启蒙运动的思想光辉

东方的思想宝库

1579 年,意大利籍教士罗明坚、利玛窦到达中国澳门地区,两人熟知当时中国国情。无汉语认知障碍的利玛窦,切实感受到中国传统文化的深厚影响以及儒家思想在中国的地位,主张"为了宗教的利益,学习中国的典籍与科学,并在宗教允许的范围内去适应他们的礼仪与习惯,以便更容易地渗入他们的思想;因为若轻视他们,我们就会在失去他们的同时失去许多其他想要入教的人"。利玛窦自称"西儒",实行"易佛补儒策略",为后来传教者创造了良好的立足条件,同时对中国与欧洲的文化交流做出了重大贡献。

1563 年,乔安·巴罗劳斯(专门研究亚洲的学者)出版了《每十年史》三卷本中《第三十年史》。《每十年史》是一部描写亚欧及亚洲关系的史学巨著,在《第三十年史》中把这个国家称为"中华帝国"(The Middle Howewy Kingdom),对于"中华帝国"的文明从心里赞叹,常常用善意的词句来描写中国人:"中国人已经注意到了他们文化的优越性,如同古代的希腊人把其他所有的民族都视为野蛮人一样,因为他们本身同样是用两只眼睛来理解所有事物的。欧洲人却只是以单眼观察世界,他们却又认为除自己之外,世界上其他民族都是盲人。"如果我们再把他提到的对中国的长城、印刷术等发出的赞叹联系起来,可以看出,乔安·巴罗劳斯对中国的观念,具有文艺复兴的那种人文主义立场。

1585 年,门多萨出版了欧洲第一部研究中国的专门性著作《中华大帝国史》,全书分为两部分,第一部分为中国的地理、宗教、政治、社会,第二部分为中国的历史。他对中国充满热情与想象,把中国描绘得如天堂般圣美,盛赞中华民族"是一个沉静和充溢着才智的民族"。此书最初在罗马以西班牙文出版,在其后半个多世纪,被译成欧洲各语种出版,据说当时欧洲知识分子大多都读过这部著作。

引进中国历史和文化成为欧洲的时代潮流,随着"文艺复兴"运动的发生,欧洲各国的中国学(Sinology)①开始萌发。中国文化作为欧洲科学启蒙的思想元素,经历了以神学为代表的中世纪西方文明观和以中国文化为代表的东方文明观的斗争。美国的哈斯金斯②认为14世纪文艺复兴有两个重要的源泉:一部分根植于已在拉丁西方显现的知识和思想;另一部分依赖于新学问和从东方流入的文献。这很大程度上要归功于翻译运动,希腊古典科学和东方实用科学,通过阿拉伯人传入欧洲。在东西方文化交流中,传教士发挥着很独特的作用。

在大规模传教士入华之前,欧洲对中华文明的引进过程是零星的个人行为。1573年起,明万历年间耶稣会入华,大量西方教士、学者远涉重洋,不远万里来到中国,他们的任务之一是学习中国文化、翻译中国文化经典、引进中国先进文明。1581—1712年,总计来华耶稣会士有四百多人;另有材料统计,明清时期来中国的耶稣会传教士,前后可考者近500人。这些被公派进入中国的传教士本意在于传教,却成为中西思想文化正面接触的集体媒介者,他们在多方面奠定并促进了中西文化的交流。

在前后将近两个世纪的时间里,来华传教士持续不断地向欧洲大量报道在中国的所见所闻,译介和传播中国的文化典籍,描绘中国广阔的疆域和悠久的历史,他们撰写大量书信、札记、报告、回忆录和研究著作,翻译出版中国古典经籍,将汉文书籍带回欧洲。编纂中国语文文法字典等工具书(例如《拉丁汉文小辞汇》《中国辞汇》《中法字典》《汉法辞典》等),流传汉语教学材料(例如《汉语初步》《汉文启蒙》《汉语札记》《中国语入门》《中国文典》等),使从事中国研究的学者有了可以直接利用的、丰富的资料。在大量的关于中国的著作中,《耶稣会传教士通信录》《大中华帝国志》和《中国杂纂》作为欧洲汉学的"三大名著",成为"中国学"得以创立和发展的奠基性著作。

投身于"文艺复兴"的意大利杰出的人文科学家斯卡里杰阅读过《中华大帝国史》后,于1587年致函法国作家蒙田说:"和中国这个令人赞赏的王国比较起来,法国人太渺小了。法国人之间非但不能和睦相处,而且相互厮杀。中国人却安逸地生活,在法律上井井有条,单凭这一点,中国人便会指责我们,就会使基督羞愧难容。"《中华大帝国史》的法文版的校阅人蒙田不仅是一位作家,也是人文启蒙的思想家。他在书中批注说:尽管我们没有接触过中国,但中华帝国政体和艺术在许多杰出方面都超越了我们。中国的历史告诉我们,世界多么变化无穷。无论是我们的前人,还是我们自己,都没有彻底了解它。

16世纪天主教传教士在中国传教的过程中,大量翻译中国的古典著作,把中国的哲学、科技、文化等智慧成就传递到欧洲。相比于一千年前的两名景教修士间谍偷运蚕种的行为,天主教传教士们的集体翻译引介活动,给欧洲带去的影响更加深远。

来华传教士们在欧洲人面前展现出一幅异彩纷呈、辉煌壮观、陌生而又新奇的中国文化画面。激发起欧洲人进一步了解和探索中国文化的浓厚兴趣和强烈愿望,激发起他们对东方的好奇心和探索研究的热情——向东方学习。

此情此景,你是否似曾相识?因为西方的中国风盛行之后,时隔两百年,中国的"五四运动"前后,中华大地上演了相似的故事——向西方学习。

---

①　根据剑桥图书馆的定义,中国学是"the study of Chinese language literature,history,society,etc.",即"中国学是研究中国文化、历史、科学等的学问"。

②　查尔斯·霍默·哈斯金斯(Charles Homer Haskins,1870—1937),美国历史学家。

向东方学习

西方人猛然间发现了充满思想光芒的中国,一种全新模式的文化范式。中国文化中的周易、儒学、老庄、礼仪和科技等,这是一个完整的文化与科技体系。与当时的西方所拥有的完全不同,这里对自然、世界、社会完全是一套不同于西方的解释,不同的思维模式、不同的行为准则、不同的道德观念、不同的生活方式,是一套全新的、系统的、符合人的本性要求的文明体系。

中华文明范式迅速成为西方文明的参照系,西方人从这个参照系中获得刺激、启迪,学习到许多自己原先不懂的东西。当时的西方正处在"文艺复兴"时期,觉醒过程中的欧洲人恰巧遇见了中华文明,使得中华文明更有力、更有效地影响着西方。

在东学西渐的历程中,中国历史和文化的书籍在欧洲流传,中国的哲学典籍和学术思想在欧洲思想界广泛传播。大量的关于中国的哲学、历史、地理、天文、自然哲学等译著或原著在欧洲出版,这场东学西渐的热潮开阔了西方学者的眼界,对启蒙思想的形成和发展发挥了激励和开发功能。

1579年意大利来华的传教士罗明坚,把儒家经典《大学》的一个段落译成拉丁文,并在欧洲发表。翻译中国经典的最高成就者是捷克来华传教士卫方济,他的《中华帝国之经典》将《大学》《论语》《中庸》《孟子》《孝经》《小学》全部译成拉丁文。在耶稣会时期,《易经》《诗经》《春秋》《尚书》的主要内容也先后被翻译成欧洲文字,特别是《易经》当时已经有了多种译本。

1608年,利玛窦完成了《畸人十篇》,这是欧洲学术史上第一部对中西文化进行全面比较研究的著作,他通过十封书函的答问形式,把中国的儒学、佛学和道学,与欧洲哲学家和神学家的思想进行比较研究。他还把中国儒学的重要经典文献《四书》译成拉丁文向欧洲介绍。他出版了《利玛窦中国札记》(共分五卷),第一卷试图全面概述当时的中国,有关中国的名称、土地、物产、政治制度、科学技术、风俗习惯等,在这一卷都有具体而细致的描写。

1659年,受到传教士卫匡国影响的柏应理到达中国,他注重结识书香门第、学子文人。23年后,柏应理离开中国,回到欧洲后著书立说,传播和介绍中国文化。柏应理于1685年回到欧洲,并于1687年出版《中国哲学家孔子》。该著作包括《大学》《中庸》《论语》三书,此外还有中国经籍导论和《孔子传》,极其推崇孔子,称他是"道德及政治哲学上的最博学的大师和先知"。1688—1689年,法国出版了该书的两个法文节译本:《孔子的道德》和《孔子与中国的道德》。1691年,英国出版了一个英文节译本《孔子的道德》。有了法英文本,普通民众就可以阅读了。当时及后来的一些名人,如英国政治家、散文家坦普尔,英国著名的东方学家威廉·琼斯,德国伟大的哲学家、数学家、科学家莱布尼茨,德国著名的古典学家、历史学家、语言学家巴耶等,都曾怀着浓厚的兴趣读过该书,并对他们的研究有着重要的帮助。当时整个西欧到处可以听到颂扬中国之声。18世纪,欧洲人谈到世界时,总会说:"从中国到秘鲁",这差不多成了一般人的口头禅。

以《中国哲学家孔子》《耶稣会中国书简集》为代表的早期传教士汉学的翻译和著作,在整整一个世纪间吸引了知识界,不仅仅向他们提供了一些具有异国情调的冒险活动,而且还提供了一种形象和思想库。"中国的政治制度、经济、占统治地位的哲学观念及其技术的例证强有力地影响了欧洲,向它提供了一种宝贵的贡献"。欧洲发现了它不是世界的中心,耶稣会士书简就如同其他许多游记一样,广泛地推动了旧制度的崩溃,在西方那已处于危机的思想中发展了相对的意义。

先进而又美好的东方古国

16 世纪末到 17 世纪初,有两本传教士关于中国的著述在欧洲引起了轰动,一本是门多萨的《大中华帝国志》,这是西方世界第一部广为人知的详细介绍中国历史文化的巨著;另一本是耶稣会士利玛窦、金尼阁的《利玛窦中国札记》。

1. 统治制度最为完善的帝国

门多萨的《大中华帝国志》给欧洲人描绘了东方古国的完美社会制度。

他为欧洲人塑造了一个真实的、制度完美的帝国,记录了中国的科技水平、国家体制、民族风情等各方面,盛赞中国的科技水平,将印刷术的发明归功于中国人,称中国对火炮的使用远早于欧洲。门多萨高度评价中国的国家体制,认为中国司法严明公正、社会井然有序、统治者赏罚得当、人才选拔制度公平,认为中国"这个强大的王国是世界上迄今为止已知的统治最为完善的国家"。

2. 哲人统治的文明之国

利玛窦的《利玛窦中国札记》为欧洲人介绍了一位伟大的思想家。

他记录了一个疆域辽阔、物产富饶、历史悠久、文化深厚并由"哲人"统治的文明之国,为当时的欧洲社会构建了一个真实的中国形象。他描绘了一个哲人统治的理想国,发现了伟大的哲学家孔子。他指出,孔子教导他人学习高尚德行,中国人视孔子为凡人而非偶像,中国政府由文人为主的哲人管理和统治。从此欧洲对中国的关注开始由制度层面转向思想层面。

3. 富有思想观念的中国

柏应理《中国哲学家孔子》为欧洲人展现了一个并非只有物质的中国。

他把孔子哲学当作中国文化的思想基础,详尽介绍孔子及其思想。"把孔子描述成一位全面的伦理学家,认为他的伦理和自然神学统治着中华帝国,从而支持了耶稣会士在近期内归化中国人的希望。"这些观念对 18 世纪欧洲的思想变迁产生了深刻的影响,从此,中国在西方的形象进入了思想、哲学阶段。

中国思想在欧洲社会各界引起广泛关注和强烈震动,深深地卷入了欧洲近代思想的变迁之中,引起欧洲各国思想家的广泛而热烈的兴趣。欧洲近代思想的形成并不是在单一的欧洲思想内部产生的,大航海后欧洲人走出了地中海,这不仅仅为他们早期的殖民扩张奠定了基础,也使他们开始接触欧洲以外的文化,对其影响最大的莫过于中国文化。甚至有些学者说,欧洲人在北美发现的是土地,在东方发现的是文明,一个发展程度高于欧洲的中华文明。1688 年,柏尼埃在巴黎的《学术报》上发文写道:"中国人在德行、智慧、谨慎、信义、诚笃、忠实、虔敬、慈爱、亲善、正直、礼貌、庄重、谦逊以及顺天道诸方面,为其他民族所不及,你看了总会感到兴奋,他们所依靠的只是大自然之光,你对他们还能有更多的要求吗?"

"中国热"开始在欧洲流行。自 18 世纪的路易十四时期开始在法国兴起,至路易十五执政中期达到高潮。17 世纪至 18 世纪初,中国元素大大刺激了欧洲人,尤其是法国宫廷贵族的中国风情。丝绸、茶叶、瓷器等中国产品受到法国人民尤其是贵族的欢迎和喜爱。为了扩大与中国的贸易乃至开辟与中国的直接贸易航线,路易十四决定向华派遣耶稣会士以建立中法之间的联系。在路易十四的推动下,法国跟随其他欧洲邻国的步伐开始和中国进行通商贸易,并向华派遣耶稣会士。

与中国正式建立文化交流关系后,法国人开始对中国文化进行全面的了解,最终法国在建筑、艺术、绘画、文学等多个方面都形成了"中国热"。值得注意的是,中国政治文化传入法国社会时,莱布尼茨这位德国学者在这场"东学西渐"中推动了法国启蒙思想家对中国政治文化的思考,为法国启蒙思想家的中国政治文化观的形成做出了理论上的贡献。莱布尼茨与白晋和利玛窦一样推崇"先儒",反对以龙华民为首推崇的"后儒"。莱布尼茨对中国政治文化思想包括文学、艺术、科学和哲学多方面进行了考量。莱布尼茨认为中国在宗教上与欧洲具有一致性,指出汉语可作为在全世界通用的语言,期望在欧洲与中国之间建立一种文化上的联系。

第二次思想解放——启蒙运动

开启社会治理形式的讨论,预示社会管理制度的变革

解读——启蒙思想家对中华文化的视角

启蒙运动之前,欧洲大地上新兴的资本主义生产关系和资产阶级正在成长起来,与落后的封建经济和封建专制制度形成尖锐的对抗和矛盾,经济结构、社会结构和政治结构正在发生历史性的大变动。中华文化在欧洲的传播,增强了启蒙思想家们的文化普遍性(universalism)和相对性(relativism)的观念,欧洲人以一种全面开放的姿态吸纳其他民族的优秀文明成果。

在法国启蒙运动的社会背景下,耶稣会士将璀璨的中国政治文化带入了启蒙思想家的眼帘。始于17世纪的中国学问西渐风潮,给欧洲带去许许多多中国古代著作。"十三经"被翻译十余次,各国文字皆备;老子《道德经》译本有七十余种,《论语》《孟子》《荀子》《墨子》《庄子》《吕氏春秋》《列子》都有英、德、法译本。中国古代哲学思想对欧洲的影响,以18世纪法国的哲学家及政治家尤其深远。以伏尔泰、魁奈、孟德斯鸠、卢梭为首的启蒙思想家皆受中国政治及经济思想的影响,他们从各自的启蒙理想出发,对中国政治文化进行了正反两面的分析与解读,并以此反对法国的封建制度和宗教神学。

从模糊到清晰——理性主义的中国

中世纪的欧洲人的思想,犹如一叶孤舟漂泊于黑夜的汪洋大海,在绝望中偶然看到了远方微弱灯光。那些探索人的精神世界的哲学家们,便以智者的敏锐注意到从遥远东方帝国传来的文化信息,模模糊糊地感觉出中华文化可能具有的文化意义和精神价值,感觉出中华文明将对欧洲一个历史时代的冲击。

笛卡儿是近代理性主义哲学的开创者、科学方法的发明人。他在著作中多次提到中国

和中国人,以中国作为信手拈来的例子,来论证他的理性主义哲学。他说,中国人和欧洲大陆的法国人、德国人一样聪明,一样具有"理性"和"靠得住的判断";他所致力于宣扬的"Reason"与中国文化中的"理"是一致的,这两个范畴都是最高的范畴。可见,在近代西方哲学的开创阶段,中国文化已经进入哲学家们的思维空间和意识域中。

培尔①明确指出中国思想的无神论倾向,在其主要著作《历史批判辞典》中说:古代的中国人承认万物之灵中,以天为最高,天能支配自然,即自然界中其他之灵非顺天不可。尽管中国人是无神论者,但他们是一个可敬的民族。如果要在一个偶像崇拜者与一个无神论者之间做出选择,我宁愿要后者而不要前者,因为无神论者(如在中国)能容忍不同的信仰,而偶像崇拜者则是狂热分子。

维柯②是近代社会科学的开创者之一。在其主要著作《关于各民族共同性的新科学的原则》中说,新科学是要建立一种关于人类社会的科学,即使哲学家们从对自然世界的研究上升到对民族世界的研究。古代民族中的波斯人以及近代才发现的中国人,都用诗来写完他们最早的历史。他把孔子与毕达哥拉斯等人相提并论,说孔子的哲学几乎都是凡俗伦理,即由法律规定人民应遵行的伦理。这些诗性人物本来都是一些立法者,最后就被认为是一些哲学家。

伏尔泰是法国启蒙思想家、文学家、哲学家,他十分赞扬中国文化,把中国文化视为最合乎理性和人道的文化。在卢梭对中国文化提出愤青式批评时,伏尔泰创作了《中国孤儿》,回答卢梭对中国文明所提出的疑问,证明中国文明的伟大力量与巨大价值。

在启蒙思想家中,热烈地谈论中国,几乎成为一种时尚和思想界的主流。深受中国文化影响、积极地接受、热烈地赞誉以至狂热地崇拜的还有很多人物,他们大多数是启蒙运动的思想家,包括马勒伯朗士、佛朗克、沃尔夫、马安史、龙华民、魁奈、比埃尔·波维尔、狄德罗、爱尔维修、霍尔巴赫、杜尔哥等③。

批判地吸收

18世纪上叶,欧洲哲学家,如孟德斯鸠、伏尔泰和德·阿尔让斯等,主要是参照中国来思考上帝与灵魂、物质与精神等观念,援引中国观念来批评西方的宗教狂热与政治体制。当时对中国文化的一片赞扬声中,有时也会出现批评的声音。例如法国作家费奈隆(Fenelon)反对人们无限相信人性本善和普遍推崇中国,倡导在精神上认同古希腊时代的文化。法国作家格利姆(Grimm)批评对中国的盲目崇拜,断定中国实行着最恐怖的专制统治。

法国思想家孟德斯鸠(Montesquieu)是"三权分立学说"的提出者,缔造了一系列近代资本主义国家的政权模式。他认为中国政体具有专制主义的本质特征,是封建专制主义,并对此毫不掩饰地加以尖锐的批判。同时,他推崇中国的农耕思想,认为中国历代"禾食为民天""劝农教稼",倡导"一夫不耕,或为之饥;一女不织,或为之寒"的思想;推崇中国的灾年救荒措施,是西方君主应当效仿的"仁政"。他们批判地吸收中华文明,用当今中国现在的话语

---

① 培尔(Pierre Bayle,1647—1706),法国启蒙运动的先驱者。

② 维柯(Giambattista Vico,1668—1744),意大利著名历史学家和语言学家。

③ 马勒伯朗士(Malebranche,Nicolas de)、佛朗克(A. H. Francke)、沃尔夫(Christian wolff)、马安史(Antoine de ste Marie)、龙华民(Nicolas Longobardi)、魁奈(Quesnay)、比埃尔·波维尔(Pierre Poivre)、狄德罗(Denis Diderot)、爱尔维修(Claude Adrien Helvetius)、霍尔巴赫(Paul Heinrich Di-etrchd Holbach)、杜尔哥(A. R. Turgot)。

就是"取其精华、去其糟粕"。

亚当·斯密(Adam Smith)充分肯定中国在农业方面的有利因素,认为中国土地的耕种和劳动的年产物是其他国家难以匹敌的,中国不仅比墨西哥和秘鲁等新大陆国家更为富裕,比欧洲也有明显优越之处。但是,斯密认为中国历来实行重农政策,不重视制造业的发展,对商业,尤其是对国外贸易也没有给予应有的重视。斯密的这种观点,不同于许多启蒙思想家那种对中国充满激情的赞颂,也不同于格利姆、卢梭等人带着文化偏见的批评和排斥态度,而是通过比较、分析中国经济生活层面后得出结论。

莱布尼茨的中国——中国使我们觉醒了

莱布尼茨阅读过大量的中国典籍,研究孔子、朱熹等中国古代哲学学说。1669年,他起草了《关于奖励艺术及科学——德国应设立学士院制度论》,建议把对中国和中国文化的研究,列入德国学士院之中。在《中国近事》的长篇序言中,他集中表达了对中国文化的看法,充分论证了中国文化对于激励和促进欧洲文化发展的重要意义。他创办费拉德尔菲亚协会,该会以耶稣会为榜样成为一个国际性的科学家团体,并在远东设立科学联络处,以便于与中国交流科学信息。莱布尼茨给他的好朋友、耶稣会士闵明我致信说:"我相信,由您作为中介,我们的求知欲可以从中国人那里得到大大的激发。"1700年,在他的大力推动下成立了柏林科学院,并由他担任了第一任院长。他明确地说,想以柏林科学院为途径,"打开中国门户,使中国文化同欧洲文化互相交流"。

莱布尼茨终其一生与许多耶稣会士保持经常的接触,其中包括与白晋的著名通信,熟悉他们发自中国的报道和研究、介绍中国的著作。他对中国科学、文化各个方面都有着广泛的兴趣,在给闵明我的信中附了一份30个问题的目录。他的问题涉及中医药、造纸、印刷、陶瓷、养蚕、数学、天文、纺织、酿酒、航海、矿物质等,不难看出莱布尼茨的求知热情和对中国的广泛兴趣。

莱布尼茨充分认识到中华文化的传入对于欧洲文化发展的重大意义,主张欧洲人对中国文字应该有足够的认识,并且希望来华传教士们多向欧洲介绍中国,把中国的医学、采矿技术、畜牧耕作和园林建筑、天文学方法等都传回欧洲。他认为,大力加强和中国文化的交流,"相隔遥远的民族,相互之间应建立一种交流认识的新型关系""交流我们各自的才能,共同点燃我们智慧之灯"。

莱布尼茨对中国的哲学思想和人文境界大加赞赏,"过去有谁曾经想到,地球上还存在着这么一个民族,它比我们这个自以为在所有方面都教养有素的民族更加具有道德修养?自从我们认识中国人之后,便在他们身上发现了这点。……在实践哲学方面,即在生活与人类实际方面的伦理以及治国学说方面,我们实在相形见绌了。"

莱布尼茨对中国人的道德生活极为推崇,中国人较之其他国家的国民是具有良好规范的民族,对其他民族起到典范作用。"假使推举一位智者来裁定哪个民族最杰出,而不是裁定哪个女神最美貌,那么他将会把金苹果交给中国人。无疑中华帝国已经超出他们自身的价值而具有巨大的意义,他们享有东方最聪明的民族这一盛誉,其影响之大也由此可见。"

莱布尼茨认为,"我担心,如果长期这样下去,我们很快就将在所有值得称道的方面落后于中国人…… 我只是希望我们也能够从他们那里学到我们感兴趣的东西…… 我想首先应当学习他们的实用哲学以及合乎理性的生活方式"。"无论对中国人来说,还是对我们而言,都是这样,因为我们可以通过交融浸染的方法,几乎一下子把我们的知识传授给他们;同时,我们也可以一下子从他们那儿了解到一个全新的世界,要是不这样做,哪怕花多少个世纪,我们也难以得到这一切。"

理性崇拜、驱散黑暗

来自东方的思想宝库

如果把教士们的部分著作按照性质排列,会使我们看到一种认识、理解和研究中国文化的行进线索和发展轮廓。这个行进线索所贯穿的是由远及近、由表及里、由浅到深的过程,其中心思想就是从西方、"西学"出发的对于中国、汉学的认识和理解。

《利玛窦中国札记》→《大中华帝国志》→《中国回忆录》→《北京传教士关于中国历史、科学、艺术、风俗、习惯等的回忆录》→《枢鞴战纪》→《中国通史》→《中国志》→《中国纪年论》→《中国新地图》→《皇舆全图》→《中国天文学简史》→《中国天文学论文集》→《中国植物志》→《中国医家》→《中华帝国全志》→《中国的智慧》→《中国政治伦理学》→《中国哲学家孔子》→《大学》《中庸》《论语》译注本→《中国六经》译本→《易经》译注本→《书经以前之时代及中国神话》→《经籍概说》→《西文拼音华语字典》→《中国文法》→《汉语札记》→《中国文典》

东学西渐,中华科技文明在欧洲的传播,其范围和涉及面极其广泛,不仅仅只是哲学和文化思想的范畴。

刚刚接管法国科学院的卢瓦侯爵罗列了一张包括 35 个有关中国问题的清单给柏应理,向他请教答案。其涵盖的范围甚广,包括中国的历史、科学、植物、饮料、鸟类、家禽、武器、军队、节日、织物、瓷器、运输、建筑、矿产、妇女、奴隶、法律、刑罚制度、宗教、长城、要塞、国税、气候、地理和澳门的情况。由当时欧洲最负盛名的学者提出的这一系列的问题,充分反映出欧洲学界对中国问题的浓厚兴趣与广泛关注。

在中国生活了 23 年的柏应理回到欧洲后,一边著书立说,一边教授汉语,向欧洲的研究者、学者们提供有关中国的资料、传授中国文化及科技知识。例如,在柏应理指导下,德国医生曼策尔教授编撰了《中国年表》,极大地促进了当时欧洲兴起的中国研究。1686 年,柏应理将卜弥格的《医论》在欧洲刊发。全书译有《王叔和脉诀》、中医舌诊和望诊,收集了 289 味中药,有木版图 143 幅、铜版图 30 幅。《医论》是第一部系统地向欧洲介绍中医的书。

卜弥格(P. MichaelBoym)在华期间,留意中国药物学。1656 年,他在维也纳出版拉丁文《中国植物志》(实际是《本草纲目》的节本),是已知向西方介绍中国本草学的最早文献。万历三年(1575 年),西班牙传教士拉达(Martin de Rade)到福建沿海活动,购回大量书籍中,其中有许多关于草药的书籍,介绍为了治疗疾病而投以草药的方法,将中医药知识向西欧传播。

1678 年,在中国掌管钦天监的比利时传教士南怀仁向全欧耶稣会士发出呼吁,希望增派耶稣会士来华。南怀仁的这封信影响深远,引起了欧洲教会与各界人士的注意。同时,巴黎天文台台长卡西尼(J. D. Cassini)向法国财政总监科尔伯(J. B. Colbert)建议派人去东方进行天文观测。此事一经上奏路易十四即获批准,路易十四还将耶稣会士身份的数学家经由暹罗[①]送往中国。这一行动标志着官方意识的转变,即对华派遣耶稣会团的目的不再是

---

① 暹罗:中国古代对泰国的称谓(泰语: สยาม (Sayam),英语:Siam)。

单纯的传教,而是兼有文化与科技交流的双重目的。

社会治理制度的重构

启蒙运动以法国为中心,但不局限于法国。

科学家们不断地揭示出自然界的奥秘,而且这些新的发现又逐步得到验证或者实际应用,自然哲学不再是神秘得高不可攀、遥不可及,而是就在自己的身边、参与着自己的生活。这种情况下,教义的很多说教也就不攻自破,人们有了更多的自信怀疑教义、质疑教会,教会长达千年的思想压制开始难以为继。

17—18世纪,欧洲第二次思想解放运动轰轰烈烈地掀起,空前的猛烈。先进的思想家们著书立说,积极地宣传自由、平等和民主。号称用理性之光驱散黑暗,把人们引向光明(法文:Siècle des Lumières,英文:The Enlightenment,又意"启蒙"),"启蒙运动"由此开始。

启蒙运动的核心思想是"理性崇拜",这个时期的启蒙运动,覆盖了各个知识领域,如自然科学、哲学、伦理学、政治学、经济学、历史学、文学、教育学等。启蒙运动同时为美国独立战争与法国大革命提供了框架,并且导致了资本主义和社会主义的兴起。

欧洲出现一系列代表人物和鲜明的思想:

霍布斯(Thomas Hobbes,1588—1679),英国哲学家、政治家、社会学家,代表作《利维坦》。

洛克(John Locke,1632—1704),英国思想家、哲学家,代表作《政府论》。

孟德斯鸠(Baron de Montesquieu,1689—1755),法国启蒙思想家、法学家,代表作《论法的精神》。

伏尔泰(Voltaire,1694—1778),法国思想家,代表作《哲学通信》《路易十四时代》。

卢梭(Jean-Jacques Rousseau,1712—1778),法国启蒙思想家、哲学家、教育家、文学家,代表作《社会契约论》。

亚当·斯密(Adam Smith,1723—1790),英国经济学家、哲学家,代表作《国富论》。

康德(Immanuel Kant,1724—1804),德国哲学家、作家,代表作《历史理性批判文集》。

霍布斯、康德、卢梭、伏尔泰主张天赋人权,人生来就具有自由、平等的特性,言论自由。这些主张在当时的教廷统治时期,是非常大胆且勇敢的;而这些主张建立了广泛的社会基础,成为洛克、孟德斯鸠、亚当·斯密的社会制度重构理论的基石。

洛克的《政府论》、孟德斯鸠的《论法的精神》阐述了社会政治体制问题,因为人们不可能处于无政府状态。《政府论》认为必须有一个"组织"来治理社会,这个组织就是"权力机构"或"政府"。从英语单词Government的词根Govern就可以明白:政府=权力,而政府的权力来自于人民的让渡。人民让渡一部分权力给政府,意味着个人放弃这些权利,而有权力的政府需要受到约束。如何约束?《论法的精神》给出了详细答案:三权分立、依法治国。这就是西方民主政治体制的原始构想,也是西方"对抗式"民主制度的基本框架,延续至今。

理论上讲,这是一个缜密的制度设计,环环相扣、天衣无缝。深入探究不难发现,其中隐约包含的中国古代人文哲学思想的影子。它是在对近代欧洲的统治阶层和治理方式全盘否定的基础上,重新设想和构建的社会治理构架。但是,它没有明确一个重要问题——让渡的权力边界是什么?

(1)大政府小社会:大量的社会责任揽到政府头上,人们只要扮演好亚当·斯密的《国富论》中"守夜人"的角色就足够了。但是,权力过大的政府,容易滋生权政膨胀、权力滥用,实际运作中会影响市场对资源的主导性地位,制约经济的发展和社会财富的积累。更糟糕的是,嚣张跋扈的政府会过于严苛地管控社会。权力失去约束,导致的社会破坏性成本是很高的。

这是一种具有明显危害的边界,现代社会的公民人人皆知,极力避免。

(2)小政府大社会:政府不能干预社会事务太多,把大量的事务交给社会力量。权力不足的政府,行动处处受制约,政府执行力弱必然导致社会运行低效的后果。更不幸的是,在一些为了反对而反对的力量的杯葛之下,政府甚至会一事无成、流于形式,为了迎合民众或思潮而变得无所作为、随波逐流。

这是一种具有迷惑性的边界,对于民众具有明显的吸引力,人们极易陶醉于手中的所谓权力,甚至走向极端自由主义的泥沼。但是,这样的边界同样是有害的,不利于社会发展的。

所以,权力的边界是一个相对的概念,从封建主义体制进入资本主义体制,重新构建的资本主义政府到底拥有多少权力才是合适的? 西方社会为此探索了若干年、各阶层为此冲突斗争了若干年,最终在各种利益的纠缠之中,欧洲不同的国家找到了不同的暂时平衡点。

东方经济学思想沁润着欧洲

中国哲学弥补了欧洲的经济学思想的断层

时间轴:公元 1500 年之后。

东方经济学思想的博大精深

无论东方还是西方,古代的商人地位都不太高,重农轻商是农耕文明世界的合理取向,举世皆然。古代东西方产业思想的基调是重农,进而附带的自然而然地便有着轻商的合理性,"既重农矣,工商不能不为其所轻视"。

但是,轻商的社会现象并非是一直持久的,东西方在不同时期都有了一些变化。

在东方,明朝中期以后的思想界和社会上关于工商之间的界线已渐趋模糊,轻商观和抑商主张开始弱化。事实上,中国古代的商业繁荣程度,在多数朝代中都不落后于同时期的其他国家和地区。中国古代的商业观一直是多元的,抑商观与反抑商观的争论从未平息。

儒家基于"均富""藏富于民"思想,倡导均富、井田、重农、兴商,借助政府的力量,有限制地放任发展。道家基于无为哲学思想,提倡返乎自然、绝对放任,少及工商之论。法家主张功利主义,以国民之利益为前提、以爱民为先决,主张重农抑商,以重农为第一要旨。

限于篇幅,本章仅以儒家和法家思想的论述加以概解。

儒家经济思想学说,在《荀子·富国篇》中足可看出精彩。

(1)富民观点:老百姓富裕了,政府才能富裕。"下贫则上贫,下富则上富"。

（2）按劳取酬：人是有能力专长的高低熟疏之分的，自然待遇各有千秋。"从人之欲则势不能容，物不能赡也""使有贵贱之等，长幼之差，知愚、能不能之分，皆使人载其事而各得其宜，然后使悫禄多少厚薄之分"。

（3）专业分工：农民、商人、手艺人等，不同的人做不同的事，分工协作，才能天下为我所用。"好稼者众矣，而后稷独传者，壹也；好乐者众矣，而夔独传者，壹也；……自古及今，未尝有两而能精者也望""相高下、视硗肥、序五种，君子不如农人；通财货、相美恶、辩贵贱，君子不如商人；设规矩、陈绳墨、便备用，君子不如工人"。

（4）重视农业：农业得到发展，老百姓才会衣食无忧。"春耕夏耘，秋收冬藏，四者不失时，故五谷不绝而百姓有余食也"。

（5）自由兴商：正是因为有了商人，生产资料、生产成果才能流动起来。"……故泽人足乎木，山人足乎鱼，农夫不斫削、不陶冶而足械用，工贾不耕田而足菽粟。……故天之所覆、地之所载，莫不尽其美，致其用，上以饰贤良，下以养百姓"。

法家经济学思想，可以从《管子》《商鞅》中概览其富国富民思想。

（1）消耗理论：以消费刺激生产是法家的基本理念。物资丰盛，最好的办法就是高消费，高消费能够刺激生产的发展。当然，在生产资料不足的情况下，管子倡导不必侈泰，"国侈则用费，用费则民贫"，但不能绝对化①。

（2）财富观念：劳动产品、自然资源、劳动人口都是财富，"务五谷，则食足；养桑麻，育六畜，则民富"。

（3）财富分配：应"取于民有度"，轻徭薄赋，过分增加征籍，对社会生产会起破坏作用，主张赋税而非籍税。

（4）重视农业：财富源于生产劳动，并且以土地为本，农事为本务，农业政策如不讲求，则人民将陷于饥绥之境。"夫富国必粟生于农，故先王贵之""民事农则田垦，田垦则粟多、粟多则国富，国富者兵强，兵强者战胜，战胜者地广"。

（5）关于货币：商品货币经济与自然经济之间是存在矛盾的，不重视本业，任凭商人、高利贷者掠夺农民，破坏农业，则国家就会出乱子。所以，"明王之务，在于强本事，去无用，然后民可使富"。

（6）关于商业：流通过程不能创造财富，但商业可以促进生产的发展，对于自然财富使用价值的实现有重大的作用。即"有山海之货，而民不足于财者，商工不备也"；需要创造商品的流通条件，做到"输墆积、修道途、便关市、慎将宿"，使货畅其流，人们对于财货的需求就得到满足。

（7）富国富民：富之六项要务，节用、贤佐、法度、必诛、天时、地宜。国家谋求富国强兵，首先就要发展农业，调动农民的积极性。"欲为天下者，必重用其国，欲为其国者，必重用其民，欲为其民者，必重尽其民力"。而"治民之道，必先富民"，为此，需要"事之于其所利，信之于其所余财"。

（8）富民之道：藏富于民，"王者藏于民""民富君无与贫，民贫君无与富"；限制商人、高利贷者对小农的掠夺，"轻用众，使民劳，则民力竭矣，赋敛厚，则下怨上矣"。

---

① 1936年，现代经济学最有影响的经济学家之一的英国经济学家凯恩斯，提出以消费刺激生产的理论，并为当代资本主义国家取得经济成效。他的理论与《管子》的思想几乎是一样的。

中国的经济学思想也一直在发展。7—14世纪,即唐宋元时期,重商崇富;15—18世纪,即明朝及清初时期,听民自为、工商皆本;18—19世纪中叶,即清朝中期,仿古改制以限制土地兼并;19世纪中叶—20世纪初,即清末及民国初年,洋务思潮、改良向西。

东学西渐中的经济学思想

"东学西渐"(East to West)指的是中国古代哲学思想、科学成果向西方传播的过程,在这一次东西方文化交流过程中,大量的中国科学、技术、数学、哲学等思想深深影响了欧洲的方方面面,进而对世界文化的发展产生着十分深远的影响。包括造纸术、磁学、丝绸、印刷术、农业技术、哲学经典、园林艺术、冶金技术、造船技术、桥梁技术、文学、兵法、中医学、音乐等,在这一过程中被传播到欧洲世界,也包括中国古代哲学中的经济学思想,同样影响着欧洲。

在西方,不管希腊-罗马鼎盛时期如何繁荣,商人群体也没有获得地主阶级那样的权力和地位,而是保持在中间阶层,他们最好的处境是成为城市中的二等公民,最坏的处境是他们在自己的家乡像居住的外侨一样,永远地从商业活动中退出,并为了他们的社会地位而购置土地。

西方古代的经济学思想,可见诸"高产"的哲学家亚里士多德的《经济学》。但是,亚里士多德离世后(公元前322年)的两千年的时间里,西方没有出现像样的经济学家,也没有出现具有影响力的、完整叙述经济学思想的著作或理论传承。

亚里士多德的《经济学》主要观点:

(1)私有财产与公有财产相比,激励作用更强,从而促进生产效率、经营效率提高;人们在创造私有财产时干劲十足,公共财产则很少受到人们重视。

(2)不同个人先天能力的差异导致其分工不同,奴隶制度是合理的,它是自然的劳动分工的结果。

(3)社会和政治阶层化的特征是一种自然事实,因为社会不同成员之间存在着内在差异。

(4)商品的等同性就是价值。不同的商品可以交换,它们之间必有共通的东西,而且必须具有可通约性,就是要以货币为媒介。

民国经济学家唐庆增(留学美国密歇根大学和哈佛大学)认为:"相比之下,中国的经济思想其实远比西方的经济思想先进,较欧洲近代的经济学说为早"。此断言之于历史的角度比较,是十分中肯的。并且,中国的古代经济学思想对欧洲的近代经济学思想也产生着不可忽视的影响,"在亚当·斯密的时候,他的《原富》①尚未出世以前,中欧的交通已算是很发达了,中国的哲学,他们也研究过了。中国的经济状况,他们也羡慕过了。中国的经济制度,他们也佩服信仰过了"。

直到近代,英国的重商主义者还把货币看作唯一的财富形态,流通是财富的唯一来源;相反,17—18世纪的法国重农主义者却只认为农业是财富增殖的来源。可见重商主义和重农主义者对财富的看法都有偏颇之处。

---

① 《原富》即亚当·斯密的《国富论》。亚当·斯密强调自由市场、自由贸易以及劳动分工,被誉为"古典经济学之父"。

18世纪上叶,法国的经济学派中的重农派,领袖为魁奈[①](Quesnay),该学派包括杜尔哥(Turgot)、米拉波(Mirabeau)、波多(Baudeau)、杜邦(Dupont de Nemours)等。该学派言论十分精深,开亚当·斯密学说之先河。近代经济家杰文斯(Jevons)、斯潘(Spann)、季特(Gide)都认为该学派是近代经济学的开创者,其在西方经济思想史中所占地位之卓越与重要,可见一斑。不过,该学派的诸多观点与中国古代的经济哲学思想十分相似,其原因当然是该学派的研究者深受中国古代哲学文献的影响。

例如,重农派巨子魁奈是法国皇帝路易十五宠姬蓬帕杜(Pompadour)的御医。清朝乾隆皇帝时常与法国皇帝路易十四、路易十五交换礼物,魁奈因此特别喜爱研究中国学术理论,他的经济思想也深受中国古代经济学说的影响。再比如杜尔哥特别崇拜中国学术思想,时常与身边的两位华人讨论经济学,《杜尔哥全集》《杜尔哥》等著作中都详细记述了这些故事。凡此种种,都是西方重农派与华人或者中国学术接触的机会。

魁奈提出了一系列重要的观点和学说,这些学说受中国经济思想影响极深,他的著作中永远把中国视为楷模。例如魁奈重视自然律,认为自然律就是中国先哲所说的“道”。中国“地大物博”,“中国人管理得很好,没有战争,也不侵犯别的国家”。他推崇中国社会的方方面面,顺带也特别赞扬中国的政治体制。在他的《中华帝国的专制制度》中,以中国的哲学思想为依据反对共和政体,并且认为中国哲学高出希腊哲学之上。魁奈认为“农民穷困则政府穷困;政府穷困则国君穷困”,这与儒家之言“百姓足,君孰与不足?百姓不足,君孰与足?”如出一辙。魁奈学说的学者曾说“魁奈注重农业,视该业为唯一财源,此观点其实苏格拉底、伏羲、尧、舜、孔子,早已经这么讲了”。

路易十五时期推行重商主义政策,导致法国的农业出现严重问题,乡村荒芜、农业凋敝,大量农民破产致使商业主义也无法推进,国家经济面临严重困难。不久,以魁奈为首的重农主义学派学者(包括孟德斯鸠),提出了重农主义思想。

1758年,魁奈发表了著名的《经济表》《农业国经济统治的一般准则》,从而创立了完整的重农主义学说。此外,魁奈还提出开明专制(Enlightened despotism)的思想,认为一个理想的君主必须是正义而且不停自我策励的,以世袭专制及法律来进行统治的政府是最好的政府(魁奈,《自然的秩序与社会政治的基础》,1767年)。19世纪之后的历史学者,将改用“开明绝对主义”(Enlightened absolutism)来称呼“开明专制”这个政体。

波多也同样认为中国哲学高出希腊哲学之上,并且特别崇拜他的老师魁奈所著的《经济表》,认为该表以寥寥数字将经济原理解析清楚,犹如伏羲的六十四卦将哲学要义解析明白,实在是不容易的事情。魁奈的狂热追随者米拉波认为,《经济表》是人类在文字和货币之后的第三大发明。

一百年后,马克思看到了魁奈的《经济表》时,赞叹道:“把资本主义整个生产过程表现为再生产过程……毫无疑问是政治经济学至今所提出的一切思想中最有天才的思想。”实际上,早在他们两千年以前,《管子》已从社会再生产的角度来考察财富问题。这难道不是一个

---

① 弗朗斯瓦·魁奈(Francois Quesnay,1694—1774),古典政治经济学奠基人之一,法国重农学派的创始人和重要代表。他早年研究医学和哲学后转到经济学,并在各领域都有卓越成果,尤其在经济学方面,不仅有许多著作,而且提出了一系列重要的观点学说。

更有创见的"天才的思想"吗？

《国富论》——西方经济学的"圣经"

亚当·斯密，被誉为"古典经济学之父"，他的著作《国富论》被誉为西方经济学的"圣经"。

1764年，42岁的亚当·斯密从苏格兰的格拉斯拉大学辞职后，作为私人教师跟随布克莱公爵到法国游学近3年，先后结识了伏尔泰、狄德罗、魁奈、杜尔哥等知名学者。在与这些学者的交往中，亚当·斯密收获很大。特别是，亚当·斯密与魁奈相差整整30岁，两人相处甚密，成为忘年之交。

亚当·斯密非常钦佩魁奈，与魁奈、杜尔哥的交往，使他获益极大，他的经济思想在许多方面深受魁奈的影响。回到伦敦后，他便深居故乡，埋头写作《国民财富的性质和原因的研究》（即《国富论》），并于1773年完稿。

当时欧洲主要富国的财富增长途径主要是商业，盛行重商主义政策，大量储备贵金属。欧洲各国市场较小，大多致力于对外贸易，其制造业和商业较为繁荣。《国富论》批判地吸收了当时的重商主义理论和重农主义理论，对整个国民经济的运动过程做了系统的描述。亚当·斯密的理论体系影响了马歇尔、凯恩斯等经济学学派，并深受后来的经济学家追捧。后来，欧洲许多国家建立的"小政府大社会"的政权，都受到亚当·斯密关于提供必要的"公共产品"和扮演"守夜人"思想的深刻影响。在随后的一个多世纪里，英国因重视工业革命，大力发展生产力以及攫取大量殖民地成为世界霸主。

《国富论》的主要观点如下：

（1）市场驱动：个人利己的行为动机是人类一切经济行为的推动力，像一只"看不见的手"。利己性是一种自然现象，个人自私有助于整个社会福利。

（2）分工协作：分工可以带来生产率的巨大提高，是劳动率增长的关键，对专业化作业的追求，将导致工业生产形式的诞生。

（3）劳动价值：自劳动分工之后，各人所需的物品，仅有极小部分来自于自己劳动，大部分需要他人劳动。每个人能够支配多少劳动，就有潜力购买或支配多少劳动成果。所以，贫富差别取决于每个人的劳动量，劳动是衡量一切商品交换价值的真实尺度。

（4）自由贸易：由于名义价值和实际价值的作用，重商主义政策并不能有效留住财富。国家与国家之间分工和自由竞争，"自由放任"资源、资本和劳动力自然流动。国家不应对商业加以任何限制，相互各取所需，才能实现国家的充分发展和繁荣。

（5）富民思维：政治经济学的目的在于促进国民财富的增长，在于协调人与人的利益，并避免牺牲其中任何一方的利益，"使人民和君主都富裕起来"。

（6）政府角色：维护国家安全、和平环境，鼓励公平竞争、避免垄断。政府充当守夜人的角色，不干预经济。

（7）税收原则：公平、稳定、征收便利、遵守经济原则，避免妨碍人民经营和给人民增加更多负担。一切公民，必须在可能的范围内，按照各自能力的比例，缴纳赋税，以维持政府；一切赋税的征收，应设法使人民所付出的，尽可能等于国家所得的收入。

中国古代逻辑推理思想

东西方思维方式，同归而殊途、一致而百虑

数学是中国古代逻辑思维的缩影，其逻辑推理的思想、方法达到了登峰造极的高度。

中国古代先哲们对逻辑推理的作用具有明确的认识，《易经》《墨子》《论衡》等诸多著作都充分地论述了逻辑推理思想，完整地提出了大量丰富多彩、思维清晰的逻辑推理方法，为中国古代科学思想的产生和发展奠定了重要的思想基础。自幼便深受诸子百家思想熏陶的先贤们，近乎本能地、下意识地将逻辑推理方法灵活熟练地运用于思维过程，推动着中国古代数学、科技、医学、军事、哲学等的发展。

中国古代逻辑推理的发展

公元前11—前8世纪，《周易》试图探索、研究宇宙运行规律，预测、占卜万物演变过程。虽然其中的占测法很难被视为一门科学，但书中却包含了各类科学体系，特别是哲学与逻辑学的萌芽，为中国逻辑学的发展开了先河。

公元前5世纪，《墨子》对中国古代逻辑思想做出了系统、严谨、深刻的总结，成为中国古代逻辑思想的集大成者。春秋战国时期的中国，百家争鸣、人才辈出，学术氛围自由、思想异常活跃，学者们迫切需要一些理论以指导他们更好地参与到思想大辩论之中。墨翟[1]和他的弟子比较集中地论述了逻辑推理思想，并形成了直言三段论推理、选言推理、假言推理、二难推理、归纳推理、反驳推理等逻辑推理形式。同时，墨家使用这些严密的逻辑思维方法对力学、光学和机械等许多问题展开了精心的实验研究，取得了诸多重要的学术成就。墨家以墨子逻辑思想为主概括总结出了"二辞""三物""四法""三范"等概念和推理形式[2]，使其逻辑推理方法受到后人的广泛传承与弘扬。墨家的"以名举实、以辞抒意、以说出故"的"名、辞、说"的核心理论体系，大体上可以对应西方传统逻辑中的"概念、判断和推理"，并且具有更丰富的内涵。从现代的角度来看，这些逻辑推理方法已经具备论证模式的属性。

公元前4世纪，以孟子、庄子等为代表的思想家们，通过一次次的大论辩，对逻辑理论进行了初步的总结，这对后来各时期逻辑学的研究与发展都具有十分重大的指导意义。

公元前3世纪，中国逻辑思想进入了总结与完善期，诸家学派从各自需求出发，对逻辑思想进行了各具特点的理论解释。

---

[1] 墨翟（公元前476或前480年—公元前390或前420年），一般以"墨子"称之，春秋末期战国初期宋国人，中国古代思想家、教育家、科学家、军事家。

[2] "二辞"是指"谓、故"两种言辞，亦称作"立说轨范"："谓辞"表达所然（所示之主张），"故辞"表达所以然（所持之理由）。"三物"是指"故、理、类"三条原则，亦称作"立辞三物"："故"即论证的根据，"理"即演绎推理，"类"即推行结论。"四法"是指"辟、侔、援、推"四种手段，亦称作"出故四法"："辟"即举例说明，"侔"即类比推进，"援"即攀援引证，"推"即演绎归纳。"三范"是指"或、假、效"，亦称作"成言三范"："或"表示未穷举的事实，"假"表示假设的情况，"效"规定辩论的规范和底线。

在逻辑学研究领域,东方有墨子和王充[①],西方有亚里士多德和培根等杰出学者。从学者的出生年代与学术成就的角度讲,可以说亚里士多德是西方的墨子,培根是西方的王充。公元前5世纪的墨子和公元前4世纪的亚里士多德,两人都提出了"三段式"逻辑推理方法,两种方法的推理形式、逻辑关系都完全相同,都是具有明确因果关系的逻辑推理方法。公元1世纪的王充与17世纪的培根,分别是东西方逻辑归纳法、实验论或唯物论的杰出代表[②],他们各自提出了具有异曲同工之妙的新逻辑推理方式,为东西方归纳逻辑的发展开启了新的篇章。

墨子的逻辑推理实例

《墨子》指出,立论过程需要遵循合适的标准和根据:向上遵循既往圣贤的观点以作参考,向下寻求众人言论以察真伪,以造福于国家建设和百姓幸福为立论目的[③],即"三表说"。《墨子》论述了若干逻辑推理方法,包括直言三段论推理、选言推理、假言推理、二难推理、类比推理、归纳推理等形式,在此略举数例。

1. 直言三段论推理

金贵的良宝是有利于普罗民众的;和氏之璧、隋侯之珠、九鼎之尊,不能使普罗民众受益;所以,璧、珠、鼎都不是天下的良宝。

(原文:"所谓贵良宝者,为其可以利也;而和氏之璧、隋侯之珠、三棘六异,不可以利人;是非天下之良宝也。"——《墨子·耕柱》)

《墨子》不仅记载着与亚里士多德的"三段式"推理方法完全相同的逻辑推理方法,而且还明确记载着与"三段式"推理方法有重要区别的"是而不然"式的推理方法。

车是木头的,乘车,并不是乘木头。船是木头的,进入船中,并不是进入木头中。

(原文:"车,木也;乘车,非乘木也。船,木也;入船,非入木也。"——《墨子·小取》。这段推理表现了墨子思维的准确性)

2. 选言推理

愚蠢而卑贱的人,不能向尊贵而聪明的人施政;只有尊贵而聪明的人,才可能向愚蠢而卑贱的人施政。所以,义不出自愚蠢而卑贱的人,而出自尊贵而聪明的人。

(原文:"夫愚且贱者,不得为政乎贵且知者,然后得为政乎愚且贱者。此吾所以知义之不从愚且贱者出,而必自贵且知者出也。"——《墨子·天志》)

3. 二难推理

国泰民安的时候,不可不举贤任能;内忧外患的时候,也不可不举贤任能。遵循先祖之训、尧舜禹汤之道,就不可以不举贤任能。

---

① 王充(27—约97),中国古代唯物主义思想家和教育家。著有《论衡》《讥俗》《政务》《养性》等,现仅存有《论衡》。
② 相对于王充的唯物宇宙论、经验科学方法论的思想,培根的思想是分裂的,他在宇宙论上是唯心的,在方法论上是经验的、科学的。他认为事端出于上帝,上帝在不知不觉之中统治着世界;人类应以神的智慧和秩序作为模范,遵从上帝的意志对自然哲学进行解释。
③ 原文:"上本之于古者圣王之事""下原察百姓耳目之实""废(发)以为刑政,观其中国家百姓人民之利"。

（原文："得意，贤士不可不举，不得意，贤士不可不举。尚欲祖述尧舜禹汤之道，将不可以不尚贤。"——《墨子·尚贤》）

4. 充分必要条件

有点不一定有线，而无点一定没有线。

（原文："有之不必然，无之必不然。"——《墨子·经说》）

线段与线段无论相交何处，两者都不重合；点与点相交，两者完全重合；因此，点与线段相交，既重合又不重合。

（原文："尺与尺，俱不尽；端与端，俱尽；尺与端，或尽或不尽。"——《墨子·经说》）

5. 归谬法

有人说："君子一定要穿古人服装，说古人语言，才能称之为仁。"

但是，所谓"古人语言""古人服装"的说法不都是现在的说法吗？而且，古人说的语言、穿的衣服并不是现在君子说的语言、穿的衣服；那么，难道只有不说君子说的语言、不穿君子穿的衣服，才能称之为仁吗？

（原文："儒者曰：'君子必古服古言然后仁。'应之曰：'所谓古之言、服者，皆尝新矣。而古人言之、服之，则非君子也；然则，必服非君子之服、言非君子之言。而后仁乎？'"——《墨子·非儒》）

归谬法是逻辑推理中的重要方法，不仅古希腊的哲学大师们经常使用这种方法进行论辩，即使在近、现代的数理逻辑研究中，归谬法仍然具有重要意义。

王充的归纳逻辑推理

东汉时期，由于手工业、商业的发展，科技、天文、数学的研究取得了新进展。较之先秦时代，在自然科学的认识方面，有了很大的进步，例如邓平、落下闳等开创历学、数学的新观测法与计算法，刘歆《太初历》以数理解释推论历制，扬雄的《太玄经》提出抽象的数理演绎方法论，张衡《灵宪论》论述浑天原理，郑玄《天文七政论》援引《九章算术》以释古文经典，《神农本草经》总结临床药学经验、探讨医经理论。在这样的社会背景和自然科学认知的基础上，唯物主义、实证主义的思想应运而生，并递进发展。这一思想旗帜的树立者就是王充。

王充是对中国古代逻辑思想的发展有较大贡献的思想家之一，他较全面地阐述了论证问题，明确提出并阐明了"论证"的概念。指出"事莫明于有效，论莫定于有证"。在他看来无证验的言论都是虚妄的，虽然文辞优美华丽，人们也不会相信它是真的；有效验的言论，尽管初听起来像是奇谈怪论，但是最后人们总会承认它是对的。我们不能仅凭感觉定是非，而应该进行理性思考，通过考察事物的分类，对其进行分析，去推理过去已经发生的和未来将要发生的事情（"物类可察，上下可知""知一通二，达左见右"）。其归纳思想的基本原则是"类"，基本要求是"辩虚实"（"订其真伪，辩其虚实"）；同时，强调归纳逻辑思维的伦理性、实践性和偶然性（"自然之道，适偶之数"）。

《论衡》叙述了王充有关论证、推类、逻辑思维规律的思想，其逻辑方法与西方体系中的逻辑方法并不完全相同，但归纳推理的过程是相似的，都是从个别推向整体、从特殊推向一般的逻辑推理过程，也常被看作一种或然性推理，或扩展性推理；论证和思考的方法也是相似的,包括逆推理、简单枚举法、类比推理、消除归纳法、并用法等推理方法。

王充的归纳逻辑实例

在逻辑论证过程中,王充运用多种逻辑方法,如设问、反问、归谬以及逻辑思维规律进行论证。这种用事实加以验证的归纳论证思想大大发展了前人的验证逻辑思想,他所运用的归纳方法包括简单枚举法、典型事例归纳法以及探求现象间因果联系的方法等。在此略举数例。

1. 假言联言推理

治理国家的方法,需要培养两方面:

养德,就是培养名望很高的人,来显示自己敬文尊贤;

养力,就是培养坚强勇敢的人,来表明自己尚武崇兵。

所以,文武都要部署,既要养德、又要养力。

(原文:"治国之道,所养有二:一曰养德、一曰养力。养德者,养名高之人,以示能敬贤;养力者,养气力之士,以明能用兵。此所谓文武张设,德力具足者也。"——《论衡·非韩篇》。此段推理是驳斥"韩子之术不养德,偃王之操不使力,二者偏颇,各有不足"的观点。)

2. 充分条件假言联言推理

如果人已死亡,那么血脉就会枯竭;

如果血脉枯竭,那么精气就会散尽;

如果精气散尽,那么形体就会腐朽;

如果形体腐朽,就化成土灰;

所以,如果人已经死亡,那么就化成土灰了,不可能害人。

(原文:"人死血脉竭,竭而精气灭,灭而形体朽,朽而成土灰。何用为鬼。"——《论衡·论死篇》。此段推理是针对"人死为鬼,有知,能害人"的论题,王充提出"人死不为鬼,无知,不能害人"的命题,并加以论证。)

3. 归谬推理

人获得富贵,是在于先天命运,还是在于后天才智?

如果在于命运,那么,靠能力和智慧是寻求不到的;

如果在于才智,那么,孔子为什么要说"生死有命,富贵在天"呢?

如果,命运中没有财富,可以凭才智能力得到它;那么,命运中没有显贵,也可以凭才智能力得到它。

如果,命运中没有财富,凭才智能力得不到它;那么,命运中没有显贵,凭才智能力也得不到它。

举一实例:孔子没有升官发财,周游列国接受聘请,游说诸侯,用尽了智慧才学;只得返回鲁国修撰《诗经》《尚书》,由于感到绝望,所以说"一辈子已经完了"。

孔子说自己没有贵命,却周游列国去追求显贵;说自己没有富命,却凭能力和智慧去追求财富。孔子所说和所做互相违背,不晓得是什么缘故。

(原文:夫人富贵,在天命乎?在人知也?如在天命,知术求之不能得;如在人,孔子何为言"死生有命,富贵在天"? 夫谓富不受命,而自知术得之,贵亦可不受命,而自以努力求之。世无不受贵命而自得贵,亦知无不受富命而自得富得者。成事,孔子不得富贵矣,周流应聘,行说诸侯,智穷策困,还定《诗》《书》,望绝无冀,称"已矣夫"自知无贵命,周流无补益也。孔子知己不受贵命,周流求之不能得,而谓赐不受富命,而以术知得富,言行相违,未晓其故。——《论衡·问孔篇》。此段推理是反驳"死生有命,富贵在天"的命题,运用该命题蕴含逻辑矛盾而推出该命题为假的推理方法。)

4. 类比推理

雷电的本质是火,何以见得? 列举实际现象如下:

(1)人被雷击中而亡,查看他的身体,击中头部则毛发都被烧焦,击中身体则皮肤就被烤煳,好似火燎一样可嗅到烟火气味;

(2)道士仿造雷作法,把烧红的石头投入井中,灼热的石头遇冷水,激发出剧烈的轰鸣,像雷声一样;

(3)人受了寒,寒气进入温暖的身体,温寒相争,激发的腹气如雷声一样;

(4)打雷的时候,闪电的声音像火一样耀眼;

(5)被雷击中的房屋和地上的草木,会像着火一样燃烧。

解释"雷是火"有五条实证,说"雷是天公发怒"却没有一条证据;所以,说雷是天公发怒,是没有道理的。

(原文:何以验之,雷者火也? 以人中雷而死,即询其身,中头则须发烧焦,中身则皮肤灼煳,临其尸上闻火气,一验也。道术之家,以为雷,烧石色赤,投于井中,石燋井寒,激声大鸣,若雷之状,二验也。人伤于寒,寒气入腹,腹中素温,温寒纷争,激气雷鸣,三验也。当雷之时,电光时见,大若火之耀,四验也。当雷之击,时或燔人室屋及地草木,五验也。夫论雷之为火有五验,言雷为天怒无一效。然则雷为天怒,虚妄之言。——《论衡·雷虚篇》)

逻辑推理是一种思维方式。

如果说逻辑是关于思维规律或者说思维形式的科学,那么每个人都有自己的思维形式,每个群体都有自己成套的思维形式。由于时代、民族、文化等的影响,中国、印度、希腊各自发展出了不同的逻辑传统,三大逻辑彼此之间存在着差异,但更多的是相互之间的共同性。任何逻辑体系都不是十全十美的,中国名辩、印度因明[①]、西方逻辑,三者各有其适用性和不足之处。但相对来说,中国名家对人类思维的局限性有着更为清醒的认识——"知止",这是中国名学的显著特点。墨子认为,言辞"多方、殊类、异故",因此"不可不审也,不可常用也。"并提醒人们,辩论务必谨记"摹略万物之然,论求群言之比"的目的,以及"有诸己不非诸人,无诸己不求诸人"的原则。切不可混淆是非,争论不休,以后停者为胜。

---

① 因明,又称因明学,指古印度的逻辑学,是古代印度的五个学科(即"五明",声明、因明、医方明、工巧明、内明)之一。"因"指推理的根据、理由、原因,"明"指显明、知识、学问。因明学是佛教用来诠解哲学思想的立破论辩方法,472年(北魏时期)因明学随佛教传入中国,第一部译著为《方便心论》。经过一个多世纪的传播,直至唐代玄奘法师开宗立轨,与其弟子们一道译经著录、论疏辩学,将汉传因明的研习推向高潮。由于中国各民族的文化、思维方式的差异,因明学在古代中国的传播,分别形成了三大流派,即汉传因明、藏传因明和蒙传因明。因篇幅关系,本书不再赘述,读者可参考相关资料以知其详。

第九章

填补文明断层　穿越科学蒙昧

中世纪，欧洲科技停滞不前，东方的中国，持续两千年不间断发展，长期处于世界领先水平。欧洲从科技沙漠中苏醒，如饥似渴地扑向东方的科技绿洲，向东方学习、从东方引进，将东方科技积累与欧洲新成就融合，快速弥补了欧洲巨大的科技断层。

中国科技著作与技术成果扩展了欧洲人的视界，欧洲对东方的科技赶超，用了至少三个世纪的时间。即使是在积贫积弱的清代末期，中国依然有部分技术领先于西方。

东西方文明，犹如一对雪莲，傲雪斗寒、历久弥新。

平行世界：科技文明的断代划分

时间轴上的科技文明历程，可以透视背后的科技生态

科技文明的演进与阶段划分

东西方文明，以喜马拉雅山为界，各自平行发展到一定阶段后相互融合。这个发展历程有着清晰的历史脉络，从时间维度大致可以分为四个阶段，即生存繁衍、智慧开蒙、东方繁荣、西方崛起。

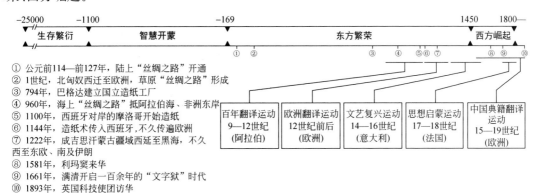

① 公元前114—前127年，陆上"丝绸之路"开通
② 1世纪，北匈奴西迁至欧洲，草原"丝绸之路"形成
③ 794年，巴格达建立国立造纸工厂
④ 960年，海上"丝绸之路"抵阿拉伯海、非洲东岸
⑤ 1100年，西班牙对岸的摩洛哥开始造纸
⑥ 1144年，造纸术传入西班牙，不久传遍欧洲
⑦ 1222年，成吉思汗蒙古疆域西延至黑海，不久西至东欧、南及伊朗
⑧ 1581年，利玛窦来华
⑨ 1661年，满清开启一百余年的"文字狱"时代
⑩ 1893年，英国科技使团访华

人类科技文明发展的四个阶段

第一阶段：生存繁衍

（公元前 25000—前 1100，时间跨度大于 24000 年）

公元前 20000 年以降，欧亚非大陆的东西两端，分别出现了两个不同的人类群体。他们为了生存而不断革新工具、探索生产、观察天时，就这样，在求得最基本的生存的生生不息的道路上，他们分别从石器时代、经过青铜时代进入铁器时代，这一段路途漫漫的时代跨越，历经了数万年的时光。

第二阶段：智慧开蒙

（公元前 1100—前 169，时间跨度 931 年）

伴随着生产水平的提高，人类的生活质量得到了极大的提高，对更美好生活追求的欲望，驱动人类开始问天测地、思考人生。语言与文字的发明和广泛使用，为这些欲望的达成创造了基本条件。

自公元前 1100 年开始，东方这片土地上产生了人类史的杰作——《易经》，把人与自然看作一个互相感应的有机整体，以"天人合一"的思想，对自然世界与人类世界进行整体和宏观的认识和把握。从时间和空间的维度，对自然规律进行解析，涵盖万有、包罗万象，经纬阴阳、纲纪群伦、变之万古、广大精微，亦是中华文明的源头。

这一阶段后期的公元前 3 世纪,希腊文明与巴比伦、波斯以及印度古代文明连接在一起。55 万平方千米的巴尔干半岛,大都是山地与丘陵,土层非常浅薄,那里石头众多,并不适合进行农作物的种植。古希腊人在那个地方生存,着实是一件不容易的事情。东方和西方各有所长,知识逐步开化。人类开始对自然产生了浓厚的兴趣,尝试着去了解、描述深邃的"天"和广袤的"地"。东方在天文、物理、数学方面有了初步的认识,以《易经》《山海经》《墨经》《殷历》《考工记》为代表,在天文、地理、数学、物理、建筑等领域已经开始有所认识,从宏观的角度观察宇宙与人的关系,从微观的角度记录自然现象、认识自然规律。西方在天文、数学有了初步的认识,以印度的《梨俱吠陀》《太阳》、希腊的《几何原本》《圆锥曲线说》为代表,更多地从微观的角度认识自然规律。

在这一阶段,西方所取得的最大成就有《几何原本》和《天文学大成》,分别在数学和天文方面为欧洲奠定了一定的基础。但是随后,整个西方的科技进入寒冬,寡有建树。

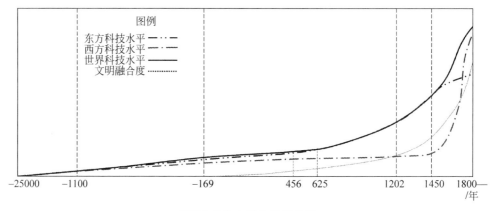

东西方科技文明发展概势图

在第二个阶段的后期,东方的中华大地上,社会结构发生了较大的变化,实现了华夏大一统,形成了统一生存的社会秩序。这是从秦朝(公元前 221—前 206)至汉朝(公元前 206—23)初期,东方先祖们创建的一种全新的人类社会的文明形态,使中国形成了国家化的大农耕生产方式。这种大规模的国家化的经济与社会活动方式,有利于在全国范围内调配力量和资源,应对自然灾害带来的水灾、粮荒,应对外来的武装力量入侵,确保国民的生命财产的安全。而在科技领域,同样地可以基于国家行为而动员大范围的人才、资源,围绕着国家经济、国民健康等需求展开研究工作。在实际的政权运作过程中,历朝历代都采取"集中力量办大事"与"放任自由"相结合的方式,既保证了国家为个体所不可为的能力,也体现了"大巧在所不为、大智在所不虑"的智慧。

相对而言,这一阶段的西方一直处于征战之中,两河文明、尼罗河文明、印度河文明在武装暴力的碾压下昙花一现地分崩离析,新生的古希腊文明也在外部的入侵中弱不禁风地烟消云散;从亚历山大到罗马帝国,多少次的大一统局面没有坚持多久就土崩瓦解。即使是号称存在了千年的神圣罗马帝国,也并非如东方那样形成真正意义上的大一统的社会结构,依然是一个一个的分封小国甚至以城市为单位的独立政权实体。

第三阶段:东方繁荣

(公元前 169—1450,时间跨度 1619 年)

第三阶段前期，自 3 世纪起，欧洲北部民族开始南下迁移。强大的哥特人从北方涌向西南方向，横扫意大利。罗马帝国粉碎了，基督教传进来了，拉丁语成为教会和学术界的交流语言。思想的暧昧和奴颜婢膝、观念的模糊和神秘主义，是中世纪的特征。科学上的著作家主要是注释家，从没有考虑过以实验来验证古代作家的陈述。

华夏大地上的东方文明发展迅速，数学、天文、地理、自然、中医均在渐进式发展中不断进步，取得全方位的成就。一系列数学成就将中国的古代数学推向了相当高的水平。从时间维度上对照欧洲的数学发展，不难看出中国古代的数学水平是遥遥领先的。以"实践科学"为主要研究范式的中国，在天文、自然、农业、医学等方面的长足进步，极大地推动了中国的经济与社会发展。与此同时，西方则在战乱、黑暗的中世纪度过。曾经辉煌的古希腊科技被完全淹没甚至失传，欧洲科技毫无进展，乏善可陈；印度、阿拉伯在数学方面小有成绩，但是进步也是极为缓慢和落伍的。

在第三阶段的后期，西方世界的"两项引进、四场革命"对欧洲的影响极其深远，为近代欧洲的科技发展实现赶超东方奠定了坚实的基础。"两项引进"系指中国的造纸技术和印刷技术，"四场革命"分别是百年翻译运动、欧洲翻译运动、文艺复兴运动、中国典籍翻译运动。

8 世纪，中国的造纸术传入阿拉伯，12 世纪传入西班牙、法国，13 世纪传入意大利、瑞士，14 世纪传入德国，随后传入英国、比利时、荷兰等。中国人发明的造纸术、印刷术不仅促进了中华文化、教育和科技的发展，同时也推动了阿拉伯、欧洲乃至整个世界的文明发展，对人类文明的发展、特别是近代西方科技、社会文明的发展起到巨大的促进作用。

欧洲翻译运动之后的 12 世纪末，欧洲的科技渐渐地开始复苏，基于指南针的航海导航技术得以不断改进，航海水平逐渐提高；基于火药的武器技术不断提升，黑色炸药、硝基炸药、地雷、水雷、手投弹、铸铁大炮、青铜炮和臼炮等被发明出来；一些天文、数学、自然、医学成果出现，尽管水平不太高，但是对于第三阶段的欧洲而言是难能可贵的，同时也预示着新的阶段爆炸式增长的到来。

1. 天文

《天球论》、《天文学知识》22 卷、《大著作》、《小著作》、《形象多化论》、在撒马尔罕建设天文台、伊尔汗星表。

2. 数学

《数的四部作品》、《几何学的实际》、《计算之钥》、《算术之书》、意大利使用复式簿记、引入小数记号。

3. 自然

《关于磁石的书信》、《光学通论》、《论虹与光的感应》、发明眼镜、老花眼用的凸透镜、利用羊皮纸或者海绵测定空气湿度、《论机械》、造纸用水车、利用曲柄的风箱、铺装道路用尺寸均一的砌块、高炉、烧陶板的锡釉、机械钟、丝纺车和捻丝机械。

4. 医学

《医师列传》《大外科术》《外科术》《蒙迪诺解剖学》。

5. 其他

1420 年，开始用透视的绘画方法；1450 年，古腾堡发明铸造活字的印刷术。

第四阶段：西方崛起

（1450—1950 年，时间跨度 500 年）

之所以将这一阶段的时间终点设置为 1950 年，是有其特殊的考量的。这个时期，东方的中国发生了一次重大变革——诞生了全新的国家治理体制；随后西方联合军队[①]侵入朝鲜半岛，朝鲜战争爆发。在第十二章我们将会看到，这个时间点，西方的代表美国出现了历史性的转折，其综合国力开始下降，而中国的综合国力开始上升。

第四阶段的欧洲科技快速进步，用短短的三百多年快速追赶并超越中国。这一阶段的初期和中期，欧洲的科学研究更多地体现在个体的科学探索上，一位科学家专注于某一个领域的问题，以一己所能之智慧力量、凭数理皆通之知识结构，围绕着自己感兴趣的问题开展研究。例如：数学家翻译、编辑数学著作，对数学问题的探索；物理学家对自然科学的探索，包括开普勒研究望远镜，维萨留斯研究解剖学，牛顿研究力学等；约翰·哈里森发明滚动轴承，瓦特发明蒸汽机，哈格里弗斯发明"珍妮纺纱机"等。这些都是以个人力量单独而为之的，以"实验科学"为主要的研究范式。

在欧洲激烈的地区争斗之中，各国社会管理阶层的竞争和危机意识极为强烈。在此背景之下，政策层面上先后发生了几次阶梯式的智慧动员，依次推动着科技的不断进步和科技产业的不断更新。首先，在专利垄断政策的刺激之下，新发明、新创造不断出现，试图通过自己的智慧创造个人新的未来的动力，激发着人们面向百姓生活、经济发展的需要而开发新技术；蒸汽机正是在这样的社会心态下诞生，并最终引发第一次工业革命。其次，在世俗大学的知识传承之下，数学、自然哲学在大学教学中得以继承，在国家行为的大力支持下，一代又一代富有创新活力和思想的年轻人被批量地培养出来。最后，在新型大学"创造知识"的鼓励之下，高等教育不再仅仅是学习和传承知识，而成为创造知识的主力军；大学不仅是智慧聚集的场所，也是研究者主动探索、发现新知识的圣地。

笔者制作了一份年表，呈现东西方科技文明的发展历程，时间跨度从石器时代至 1800 年，见本书附录，从中可以比较直观地观察出东方（中国）与西方的科技发展细节。其中的"西方"是指古埃及、古印度、古阿拉伯、古希腊、古罗马、新生的欧洲。

泾渭分明：一厢春色一厢冬

两千年时光过后，造就了东方的繁茂和西方的荒芜

辉煌的东方科技文明

在科技文明第三阶段结束之前，东方的中华大地上，科技成果硕果累累，我们来浏览一下中国古代先人们的成绩表。

---

① 联合国安理会第 84 号决议明确建议联合国会员国对大韩民国提供必要的支援，并没有授权任何国家直接进入朝鲜半岛作战。因此，以美国为主导的"联合国军"，并非联合国授权。

1. 数学

《周髀算经》、《九章算术》、《张丘建算经》、《缀术》、甄鸾《五经算术》、王孝通《缉古算经》、秦九韶《数书九章》、李冶《测圆海镜》《益古演段》、杨辉《详解九章算法》、朱世杰《算学启蒙》《四元玉鉴》、丁巨《丁巨算法》、刘仕隆《九章通明算法》、夏源泽《指明算法》（附有算盘图）、吴敬《九章算法比类全》。

代数与数论方面：极限、微分、微积分；不定方程、二次差内插法、三差内插公式；三次方程，剩余定理，高次方程数值解，一元高次多项式方程数值解，杨辉三角，二元、三元、四元高次方程以及联立方程组求解；同余式理论、二阶、三阶、四阶乃至五阶等差级数的求和，高阶等差级数求和。

平面与立体几何：圆周率，勾股定律，内切圆，旁切圆，球面三角公式，球面三角几何学，开平方、开立方，开三次以上任意次方，二次、三次、四次测望法，三角形内及圆内各几何元素的数量关系（射影定理和弦幂定理），立体几何中图形内各元素的关系，形成了公理化方法、逻辑推理与归纳的初步思想，具有了符号表述的意识。

2. 天文

《大业历》、《皇极历》、《宣明历》、《缀术》、《四分历》、《安天论》、《元嘉历》、《颛顼历》、《甘石星经》、张子信"三大发现"[①]、瞿昙悉达《大唐开元占经》、一行《大衍历》、沈括修订《奉元历》、苏颂《新仪象法要》、郭守敬《授时历》、张衡制作浑天仪、候风地动仪、张思训水运浑仪、沈括改进浑天仪、苏颂建大钟塔（水运仪象台）、现存最古老的星图（1005年）、北京建造回教司天台、南京建观象台、制成简仪、仰仪、高表等天文观测仪器。

例如，战国时期，甘德、石申精密记录黄道附近120颗恒星位置及其与北极距离，这是世界上最古老的恒星表，它比欧洲第一个恒星表——希腊伊巴谷的星表早约两百年。甘德发现木星三号卫星，比意大利伽利略和德国麦依耳的同一发现早近两千年。提出与现代赤经和赤纬标注天体坐标同一个原理的星体位置刻画思想[②]。

1280年，郭守敬、王恂、许衡等人编制《授时历》并颁行实施，确定一年为365.2425日，这个数值比地球绕太阳一周的实际时间只差26秒，与1528年罗马教皇颁布的、现在世界通行的《格里高利历》一致。郭守敬创造和改进了各种构思奇巧的观测仪器，如玲珑仪、灵台水浑、简仪等，直到1598年，丹麦天文学家第谷才制造出了类似简仪的天象观测仪器。他还应用了滚珠轴承装置，使之转运灵活，比意大利科学家达·芬奇发明滚珠轴承要早四百多年。他后来向元世祖提出在全国范围内开展天文学观测的建议，得到元世祖批准，在全国各地设立27个观测站进行规模巨大的天文测量工作，重新观测了二十八宿及其他一些恒星的位置，测出前人未命名的星1000余颗，使当时能观测的星数从1464颗增加到近2500颗，而欧洲在文艺复兴前所测量的星也只有1022颗。他还测定了黄赤交角，与现代观测值仅差16.8°，这在当时是世界上最精确的数据。

---

① 张子信发现太阳运动的不均匀性、五星运动的不均匀性、月亮视差对日食的影响，给出这三大发现具体的、定量的描述方法，首次引用等差级数方法对五星动态进行改进。

② 《甘石星经》中，将二十八宿用"距离"（赤经差）和"去极度"（赤纬的余弧）刻画，其余星用"入宿度"和"去极度"刻划，也就是赤道坐标系的思想，而同时代希腊使用的一直是落后的巴比伦黄道坐标系。

3. 自然

《参同契》、《梦溪笔谈》、《论衡》、《抱朴子·内外篇》、《博物志》、《化书》、指南车（解飞、令狐生、马岳、祖冲之、燕肃等）、曾公亮《武经总要》（记述了利用剩磁的罗盘仪——"浮动鱼"）、杜绾《云林石谱》、朱熹《参同契考异》、史崧《黄帝内经》、《灵枢》、开始使用火药、使用火箭、云冈石窟的营造工程、拱形桥（安济桥）。

我国很早就开展了全国性的水文数据收集工作，1247 年，南宋各州郡均规定使用天池盆测雨量，天池盆成为世界上最早的雨量器，秦九韶《数书九章》中还有"天池测雨"的问答题。1424 年，明代各县（包括朝鲜半岛）均颁发雨量器，各州县上报雨量。欧洲直至 1639 年，才开始用容器测定雨量。三国时期的建筑物就使用避雷电的设备，16 世纪美国科学家富兰克林根据避电器原理，制成现代的"避雷针"。①

1688 年，法国旅行家卡勒里欧列·戴马甘兰在《中国新事》中说："中国屋宇的屋脊两头，都有一个仰起的龙头，龙口吐出曲折的金属舌头，伸向天空，舌根连接着一根细铁丝，直通地下，这样奇妙的装置，在发生雷电时，大显神通，若雷电击中了屋宇，电流就会从龙舌沿线下行地底，起不了丝毫破坏作用。"

4. 地理

贾耽《海内华夷图》、杨炫之《洛阳伽蓝记》《水经注》、沈括《天下州县图》、朱思本《舆地图》。

5. 农业

贾思勰《齐民要术》、陆羽《茶经》、陈敷《农书》、秦观《蚕书》、王祯撰《农书》（使用自制的木活字印刷）、《农桑辑要》、陈椿《熬波图》（有关制盐的论著）、通通齐渠、大运河、凿通江南河、筑都江堰等一系列水利工程。

6. 手工业

《考工记》、李诫《营造法式》、吴越的瓷器工业（秘色青瓷）兴盛、丝绸制造日益成熟、刺绣工艺登峰造极。织锦是丝绸中最绚丽的成就，它用染好颜色的彩色金缕线，经提花、织造等工艺织出图案，卷云锁水、飞羽藏翠，五色灿烂、光彩夺目，是中国乃至世界技术水平最高的手工织物。

7. 医学

张仲景《论伤寒》、《脉经》、《甲乙经》（针灸）、《南方草木状》、陶弘景《神农本草经》、甄权《药性论》、《明堂人体图》、《针经钞》、《针方》、《脉诀赋》、巢元方《诸病源候论》、陈藏器《本草

---

① 中国古代先哲很早就用"阴阳"学说解释、研究并利用雷电。例如《尚书·洪范》（公元前 10 世纪）："云雷相托，阴阳之合"；《谷梁传》（成书于西汉）、《淮南子·天文训》（公元前 2 世纪）："阴阳薄动，感而为雷，激而为霆"；张衡《灵宪》（东汉）："混沌二气，清者冉冉上升成为天，浊者悠悠下沉成为地"，其中的"天、地"可理解为"阳、阴"；许慎《说文解字》（2世纪初）："雷，阴阳薄动，雷雨生物者也"；杨泉《物理论》（魏晋南北朝）："激风成雷，风清热之气散为电"。

《谷梁传》《左传》《淮南子》等古代著作中记载了如何使用避雷装置，安装在易受雷击的地方，起到避雷保护的作用。例如，宋、元、明、清的建筑物中广泛使用雷公柱作为避雷结构，布置在亭阁的宝顶、佛塔的塔刹、牌坊类建筑的高架柱处、殿堂屋脊两端的正吻处。为了达到良好的泄流效果，雷公柱、沿柱、角梁等构件使用导电性较好的木材（松、柏、楠木、铁力木等），有的也用金属（铜，铁等）。建筑物遭遇雷击时，这些避雷构件会将雷电引入地下的龙窟（建筑物地下预先埋藏的金属）。

中国的丝绸与刺绣工艺

拾遗》、刘翰等《开宝新详定本草》、掌禹锡《嘉祐补注本草》、苏颂《图经本草》、唐慎微《经史证类备急本草》、陈师文《和剂局方》（宋代医学代表作）、唐慎微《经史证类大观本草》（艾晟增补）、曹考忠等《政和新政经史证类大观本草》、寇宗奭《本草衍义》《证类本草》、陈自明《外科精要》、王兴《无冤录》、危亦林《世医得效方》、朱橚《救荒本草》。

华佗是第一个使用全身麻醉术的人，他首创了全身麻醉法施行外科手术，被后世尊为"外科鼻祖"。在三国时代能够施行这样的外科手术，着实是了不起的创举。1700 多年之后，欧洲人才开始使用麻醉药。

《论伤寒》创造性地将外感热性病归纳为六个症候群和八个辨证纲领，以六经分析归纳疾病演变和转归过程，以八纲辨别疾病的属性、病位、邪正消长和病态表现，提出了纲领性的法则，找出了诊疗的规律。

8. 美术

东晋顾恺之《洛神赋图》、唐代阎立本《步辇图》、唐代张萱《唐宫仕女图》、唐代韩滉《五牛图》、五代顾闳中《韩熙载夜宴图》、北宋王希孟《千里江山图》、北宋张择端《清明上河图》、元代黄公望《富春山居图》等诸多著名的绘画艺术作品。

画家们掌握了散点透视的绘画技法，可以描绘出长度可达几十米的大型画卷，创造了世界绘画史上独一无二的绘画技术。

成绩表无法囊括所有，仅从部分成就中足可以窥见当时中国古代科技成就的繁茂。这一阶段，古代中国的突出成就还包括：

（1）蔡伦造纸技术：蔡伦总结以往人们的造纸经验革新造纸工艺，改进了造纸术，用树皮、麻头、敝布等便宜而且易于得到的原料，经过挫、捣、抄、烘等工艺制造。原料常见、易得、低廉，利于纸张的批量生产；属性柔软，易于折叠，利于携带和传播，因此很快便成为当时的主流出版载体，为大量信息的承载提供了条件，极大地扩大了人类文明传承的广度、提升了人类文明传承的速度，在《影响人类历史进程的 100 名人排行榜》（麦克·哈特著）中，蔡伦排在第七位。

（2）毕昇印刷技术：毕昇在印刷实践中总结了前人的经验，于北宋仁宗庆历年间（1041—1048）发明活字印刷术。从此，印一本书无须再从头刻起，只需要根据文稿捡字排印即可，减少了雕版的浪费问题，极大提高了印刷的效率，人类从此进入了活字印刷时代。但由于中国汉字数量惊人，总数近 10 万个，活字字模储备动辄在数十万之巨，给铸字、捡字和

中国的活字印刷技术
(图片源自中国印刷博物馆网站)

排印都带来很大困难,因此活字印刷在中国一直处于缓慢发展状态。元明时期中国人一直在努力改进活字印刷,有几次大的阶梯式提升:一是元代旌德(今安徽旌德县)县尹王祯发明了转轮排字架,解决了捡字困难问题;二是元代纸币印刷以雕版印刷为主体,印制过程中也经常采用"纸币植字"的活字字模印刷技术;三是元代常用的套色拼板技术进一步发展出"饾版印刷"技术,将彩色绘画的每一种颜色分别雕一块版,"由浅到深,由淡到浓"地逐色套印;四是元明之间发明出金属活字技术,特别是铜锡合金的活字技术日趋成熟,合金活字的发明基本解决了活字字模的强度问题;五是金属活字字模为排列整齐及防止受力晃动而采用了"铁线固字"技术。

日本学者汤浅光朝在《解说科学文化史年表》中赞叹道:"古代的中国人是伟大的创造者";英国科学史家贝尔纳称:"中国在许多世纪以来,一直是人类文明和科学的巨大中心之一。"我们从人类科技文明发展的第二、第三阶段来看,长达两千多年的时间里,对中国古代科技领先世界的评价,的确实至名归。

停滞的西方科技文明

我们再浏览一下西方的辽阔土地上,在人类科技文明发展的第三阶段,西方先人们的成绩表。

1. 数学

印度的丢番图《算术》《圣使集》《梵明满悉檀多》、施里德哈勒《计算概要》、大雄《计算精华》、马哈维拉《加尼塔萨拉-桑格拉哈》、瓦特修巴拉《瓦特修巴拉·悉昙》,阿拉伯的花拉子米《代数学》、伊本·洛斯特哈《宝石之书》,罗马的盖尔贝特·德梁克《几何学》、室利驮罗《算法概要》、阿·萨马瓦尔《代数之光》、博埃齐《几何学》和《算术》、安-纳伊里兹注释《几何原本》。

这些数学著作基本上没有超出《几何原本》的水平,包括乘方、开方、四则运算,平方与平方根、立方与三次方根,三次方程求解,分数、比例运算。

2. 医学方面

盖伦《盖伦论医学经验》、[印]《斯修尔塔本集》、布鲁诺《大外科术》、格利埃尔莫《外科术》、蒙迪诺《蒙迪诺解剖学》、肖利亚克《大外科学》。

这一阶段的西方医学,明显地在外科方面具有更多的探索,但在内科、流行疾病、药物、诊治等方面几无进展。

3. 天文

[印]兔日《五大历数全书》、[阿]依布拉希姆·阿尔·法桑里制作观象仪、[埃]伊本·尤努斯《哈吉姆天文表》、[印]作明《历数全书头珠》、萨克洛波斯柯《天球论》、在撒马尔罕建设天文台。

这一阶段西方对宇宙的认识与东方类似,即以地球为中心的宇宙体系。西方认为天体运动的原因——宇宙风有六种类型,地球是靠着自力固定于空中的,地球的七重气不断推动着月球、太阳以及各个星体进行运动。

4. 自然

培根《大著作》、《小著作》、《形象多化论》、乔派卡姆《光学通论》、马利克尔《关于磁石的书信》、德特里希《论虹与光的感应》。

至科技文明第三阶段结束的 1540 年,西方的数学水平相当于 1 世纪的《九章算术》和 263 年的《九章算术注》。相对于东方的中国,西方落后了将近 1300 年。罗马的博伊修斯《几何学》和《算术》作为教会学校的标准课本竟然使用了数百年不变。

比较有亮点的是,培根提出所有科学都需要数学的思想;比较有特点的是,西方在光学方面表现出明显的兴趣或者说关注。丢番图对代数学的发展起了极其重要的作用,对后来的数论学者有很深的影响。丢番图的《算术》介绍数论,它讨论了一次、二次以及个别的三次方程,还有大量的不定方程。对于具有整数系数的不定方程,只考虑其整数解。《算术》引入了未知数,创设未知数的符号、建立方程,并对未知数加以运算。在深受毕达哥拉斯学派影响、兴趣中心在几何、认为只有经过几何论证的命题才是可靠的欧洲,《算术》摆脱了几何的羁绊,实属不易。丢番图在希腊数学中独树一帜,被后人称为"代数学之父",这也仅仅是站在西方的视角观察的结果,忽视了中国古代的代数成就。

对照第三阶段的中国古代数学成就,不难发现以丢番图的《算术》水平,处在中国古代数学的什么层次。其实,中国古代数学是中华文化宝库中一枚灿烂的瑰宝,三上义夫[①]曾说:"以算学之发达,包含于如此文明中而有此久长的历史,世界诸国未尝有也。"

智慧启迪:"东学西渐"的自然科学

滴水穿石,功成不只是最后一滴水珠

16 世纪是激烈的智力活动时期,欧洲人的思想从中世纪的停泊处解开缆绳,在广阔的探索求知的海洋上启航前进了。

---

① 三上义夫(Yosho Mikami,1868—1950),日本数学史家。

如果把近代科学技术比作大海,世界各民族和文化区的科学技术有如江河,江河总要汇合在一起而流归大海。欧洲很幸运,成为各国科学支流汇合在一起的出海口,其中,中国古代科学技术是流入近代科学大海的某些科学支流中的一股巨流。正如当代科学史大家李约瑟博士所说:如果没有中国等其他文化区科学技术的注入,单靠古希腊科学遗产和中世纪欧洲留下的零星资料,欧洲人是构筑不起近代科学大厦的。

"东学西渐"的自然科学

1—15世纪,当欧洲处于所谓黑暗时代时,中国却发出灿烂的科技之光,许多发明和发现为欧洲所望尘莫及。中世纪欧洲本土留给后世的科技遗产十分有限,远不足以为近代科学发展提供必要的基础支持。中国的一些发明和科学思想在文艺复兴前后不断涌入欧洲,为发展近代科学打下基础、提供启发,这一过程一直持续到18—19世纪,其影响甚至延伸至20世纪初。

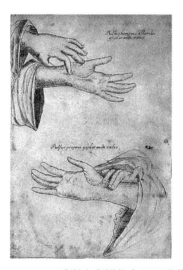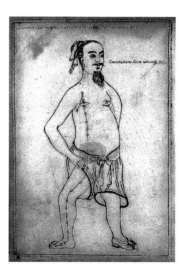

欧洲人翻译的中国医学著作插图(图片源自维基百科)

迢迢数千年而至近代,文明一脉相承的东方古国、勤劳一如初始的智慧民族,在认识自然、工农生产和科学研究的漫长实践中,积累了丰富的科学与技术知识,产生了众多科技人物和典籍。这些科技文明的成就,不仅仅只是"四大发明"。东方古国所拥有的一系列重大发现,最终与欧洲新生文明相结合,在欧洲焕发出全新的生机,加速了人类近代科技文明的发展,改变了当时的世界面貌。

回瞻数百年前,中国在诸多科技领域处于世界领先地位,并无私地将这些最擅长的科技成就向西方传播。例如造纸、印刷、火药与火器、指南针、铸铁、炼钢、有色合金冶炼、深井钻探、丝绢、养蚕、织丝、龙骨水车、铁犁、耧车、双动活塞风箱、造船及航海、瓷器、漆器、中医药、代数学、天文仪器及历法、生物进化思想和炼丹术等。

19世纪初,波珀[①]在《从科学复兴到18世纪的技术史》中,列举4—15世纪欧洲近代科学革命前的科技基础,其中包括养蚕术、丝织机、造纸术、银矿、风磨、水磨、齿轮钟表、航海罗

---

　　① 波珀(Johann Heinrich Morris Poppe,1776—1854),德国技术史家。

盘、水闸、眼镜、炼金术、无机酸(强水)、雕版印刷、活字印刷、有效马挽具、火药和火器、蒸馏术、铸铁、轴转舵、商业汇票、邮局、邮驿、几何学、代数学、托勒密天文学、亚里士多德学说、羽毛笔尖、路灯、罗马建筑等三十项。其中的很多技术或者发明都在培根所说的"来历不明的"之列，并认为都是在中国完成的。1875年，恩格斯[①]研究自然科学史时写的中世纪发明史料，引出与上述相同的发明，认为上述三十项科学技术中至少有一半不是在欧洲完成的，实际上都来自中国。根据英国的科学史学者李约瑟多年的研究，1—15世纪，中国完成的100多项发明和发现在文艺复兴前后不断地传入欧洲，为发展近代科学技术奠定了来自东方的基础。

李约瑟认为，"西方近代科学明显地、毫无疑问地走到了中国科学前面。我们必须记住，在早些时候，中世纪时代，中国在几乎所有的科学技术领域，从制图学到化学炸药都遥遥领先于西方。从我们的文明开始到哥伦布时代，中国的科学技术常常为欧洲人所望尘莫及"；中国古代数千年来积累的科学技术的伟大成就，对世界文明发展做出了巨大贡献，"如果没有这种贡献，就不能有我们西方文明的整个发展历程"。

邂逅在历史的街口

比较中国古代科学与西方近代科学知识的特点，不难发现，两者都追求"巧传则求其故"，即知其然、也力图知其所以然。中国古代的自然科学重于发现和描述，必要时加以实验；探索现象之下的内在规律，但少有数学参与，这是人类科技文明的第一阶段——"定性描述"。西方近代科学基于发现和实验，以数学为手段，试图探索现象中的定量规律，跨入了人类科技文明的第二阶段——"定量描述"。

自明代中期以后，近代科学首先在欧洲兴起，相比之下，中国传统科技变得落伍了。近代科学在17世纪的欧洲诞生之前，中国已经积累了数千年的科学技术知识，包括数学、自然哲学、农学、植物学、医药学、工艺学及地理学等领域，甚至在19世纪末依然保有某种零星的优势。16—19世纪，大量的欧洲传教士来到中国，接触了大量的中国古老的思想、技术、方法，这些知识多为西方所欠缺。西方自变量数学发展之后，也需要快速获得前人所积累的"定性描述"的数学知识；数学与自然哲学相结合萌生出近代科学，也需要快速获得前人所积累的科学技术的认知。中国擅长的这些领域恰好是西方近代科学发展过程中薄弱的环节，包括数学与科技。如果把变量数学比作绣花针、科学技术比作绣花线，缺乏科学技术方面的背景知识，仅仅依靠数学这门工具，就犹如绣花女空有一门手艺，却无足够型号的绣针、匮乏必要的绣线那样的尴尬，至少迟滞科技发展的进程。

中西方文明的双向传播现象特别明显。一方面，古代中国科技著作、实践成果流入西方，流传于欧洲为近代科技研究者提供参考或启发；另一方面，近代西方科学著作涌入中国，转译成汉文后由中国人消化、运用。

对于正在穿越科学蒙昧的近代欧洲而言，中国古代科学成就的西传，对欧洲近代科技进步的影响是实实在在、无可怀疑的；至于这种影响程度和广度，以及对近代科技发展的历史意义，尚有待于史学家们进一步的研究。

中西方科技文明的双向交流，至少涉及四方面的人群，他们为此做出了贡献：①16世

---

① 恩格斯(Friedrich Engels，1820—1895)，德国思想家、哲学家、马克思主义创始人之一。

纪中叶之前的东方商人、学者、西迁民族和西方旅游者；②16 世纪中叶以来的欧洲传教士；③1893—1894 年间的英国百人访华使团；④1834—1911 年间晚清时期的美国传教士。大体上，中西方文明交流的过程可以分为三个阶段：

（1）第一阶段："东学西渐"，以东西方商人和西方旅游者为主，是一种自发的、零星的、无意识的交流，并且这种科技交流是单向的，来自东方的中国的科技成果传向西方。这个过程中也不乏一些西方人有意识地来中国学习，甚至有秘密地、有针对性地获取某项技术的行为。

（2）第二阶段：以"东学西渐"为主，以欧洲传教士和英国访华使团为主力。这一阶段，向西方介绍中国智慧的比例大于向中国介绍西方的近代科学知识，中国的哲学思想、人文著作、科技典籍、实用技术、方法技巧等智慧积累被大量地引介到欧洲，那些勤快地传播知识的欧洲人功不可没。

（3）第三阶段：以"西学东渐"为主，美国传教士唱起主角。19 世纪末的晚清，在内忧外患的时代背景下，中国有识之士呼唤西方先进科技。美国传教士出于美国利益的考量、基于中国国内的这一现实需求在中国开展文化活动，他们在华出版翻译西方科技著作，深深地影响了中国近代政治、文化与科技的发展。

欧洲对中国古代科技的引介

对中国古代科技典籍的翻译

15 世纪中叶，奥斯曼帝国兴起后，占领小亚细亚和巴尔干半岛，控制通往东方的传统商路、对来自东方的商品苛以重税，导致运抵西欧的货物数量骤减、价格奇高。当时的欧洲人尚未掌握远洋航海技术，西欧的商人、贵族们不得不考虑绕过地中海东岸，另辟一条直达中国和印度的新航路。欧洲人沿着海岸线航行，最终绕道非洲南部的好望角寻找到通往东方的新航路，中欧交通及文化交流进入一个新的阶段，欧洲人可以自主地、独立地、主动地与中国交往。之后，大批西欧商人、使节、教士、游客、学者和各色各样的人，相继踏入中土，他们自觉或不自觉地成为中国文化及科技传入欧洲的媒介。

18—19 世纪是中国科学文明在欧洲大规模传播的史无前例的重大历史时期，欧洲人来华旅游、考察、传教等活动中，将其在中国的所见所闻介绍给欧洲、将中国古代科技典籍翻译出版于欧洲。不管出于什么样的动机，欧洲人这样热衷于东方古国的文明传播，客观上产生了一种积极的、意想不到的效果：中国古老的优秀文化，为欧洲先进思想家、科学家瞻望未来提供了恰当的启发，也武装了他们的思想而向旧势力做斗争。

欧洲人收集和翻译中国古代科学典籍的活动，从本质上来看，是不同科技文明之间的文化交流与传播。说它是一种传播活动更为准确，因为有时这种交流活动并无翻译活动的介入。比如，明末清初西方的传教士将中国古代科技发明或思想介绍到自己的国家。从这种意义上讲，传播的概念大于翻译的概念。

从 16 世纪末到 19 世纪末，西方来华的传教士对中国典籍开始译述，并介绍到欧洲。我们罗列部分中国古典科技典籍，这些著作先后被引介到欧洲，有些著作被翻译成多国语言出版，有些著作连续多年不断分册印刷出版。不难想象这个时期的欧洲人对中国科技的好奇和关注。

16—19 世纪末被译介至欧洲的中国古典科技典籍
（不完全列表）

类　别	书　名	原作者	译　者	时　间	翻译语言
医学	本草纲目	李时珍	卜弥格	1647 年	法、英、德、俄
			旺德蒙德	1732 年	
			德梅利等	1896 年	
医学	图注脉诀辨真	张世贤	卜弥格	1682 年	拉丁、法、英、德、俄
			杜阿德	1735 年	
数学	周髀算经	御撰	勒戈比安等	1702 年	法[1]
			宋君荣	1781 年	
			毕瓯	1841 年	
法医	洗冤录	宋慈	布雷蒂耶等	1776 年	法、英、荷[2]
综合	康熙几暇格物编	御撰	韩国英	1787 年	法、英、德、意
生物	群芳谱	王象晋	多马斯当东	1821 年	法
物理	天工开物	宋应星	儒莲	1830 年	法
天文农业	授时通考	御撰	儒莲	1837 年	法、德、英、俄、希、阿
数学	算法统宗	程大位	毕瓯	1835 年	英、法、德、俄
农业	蚕桑合编	陆献等	萧氏	1849 年	英、法、德、俄
综合	梦溪笔谈	沈括	儒莲	1847 年	法
农业	农政全书	徐光启	萧氏	1849 年	英
			安东尼	19 世纪	俄
			安德烈奥奇	1870 年	意
农桑纺织	耕织图	御撰	埃德	1850 年	法、德
药农建筑	通天晓	王缝堂	哈兰	1850 年	英
物理	墨经	墨子	理雅各	1852 年	英
瓷器制造	景德镇陶录	蓝浦	儒莲	1856 年	法
地质	滇南矿厂图略	吴其濬	托马斯	19 世纪	法
综合	山海经	不详	比尔努夫	1875 年	法
医学	医宗金鉴	吴谦	范韦陀	1901 年	英
瓷器制造	陶说	朱琰	卜士礼	1908 年	英

[1]只标注一国语言的,是因为资料所限,并非表示只有该国语言的版本。

[2]1814 年出版最后一册。

　　对于近代欧洲的研究者而言,获得中国的古代科学资料不是一件很难的事情,甚至可以说是很方便的。欧洲图书馆中有成千上万册的中国书籍,还有众多的私人藏书,这是欧洲人从事科学研究的丰富宝藏。例如,英国大英博物馆在 1877 年以前,"收藏"有中国古籍大约 2 万册,其中有中国历代古籍刻本、敦煌写本及绘本等。

　　举一个比较特别且有代表性的例子。达尔文在构思生物进化论的过程中,必定需要阅读大量生物学资料和前人研究成果,必须能够在短时间内获得世界范围内的科学资料和数据,作为支持其学说的历史证据或科学论据。

　　事实上,19 世纪的达尔文做到了,他显然有能力广泛涉猎中国和西方各国的大量文献。在《物种起源》(1859 年)、《动物和植物在家养下的变异》(1868 年)和《人的由来及性选择》(1871 年)三部代表作中,谈到人和各种动植物时引用了不下百种中国资料。他为了利用中国资料,阅读了汉文(借助于译员)、英文、法文、德文和意大利文发表的许多书刊。当他谈到中国和中国事物时,常用美好词句表达他对中国的敬意和好感。

在伦敦的大英博物馆,有关生物学方面的中国古代著作十分丰富:

(1) 李时珍《本草纲目》(1603 年江西本,英德堂本,1655 年张云中本,全套);

(2) 赵学敏《本草纲目拾遗》(1871 年本,10 卷);

(3) 王圻、王思义《三才图会》(1609 年原刻本);

(4) 王象晋《群芳谱》(1621 年本);

(5) 鄂尔泰等《钦定授时通考》(1826 年本,78 卷);

(6) 徐光启《农政全书》(1843 年本,60 卷);

(7) 方以智《通雅》(1666 年本,62 卷);

(8) 师旷《禽经》(1750 年本);

(9) 戴凯之《竹谱》(1750 年本);

(10) 郭璞《尔雅注》(1778 年本);

(11) 陈元龙《格致镜原》(1736 年本,10 卷);

(12) 陈淏子《花镜》;

(13) 陆玑《毛诗草本鸟兽虫鱼疏》(1800 年本,2 卷);

(14) 沈李龙《食物本草会纂》(1783 年及 1691 年本);

(15) 李昉《太平广记》(1086 年本);

(16) 蒋定锡等《钦定古今图书集成》(1726 年本,万卷);

(17) 李中立《本草原始》(1700 年本);

(18) 吴遵程《本草从新》(1767 年,6 卷及 1817 年本);

(19) 王安节等《芥子园画传》(1679—1818 年本);

(20) 唐慎微《大观本草》(1700 年本);

(21) 汪昂《增补详注本草备要》(1694 年本,4 卷);

(22) 无名氏《罗甸遗风,农桑雅化》(1800 年写本);

……

巴黎国民图书馆,根据库朗的《书目》(1903 年)记载,关于生物学方面的中国古代著作有:

(1) 李时珍《本草纲目》(太和堂本,1684 年重刊张朝璘本,1717 年本立堂重刊本,1735 年三乐斋本,1767 年芥子园本);

(2) 王象晋《群芳谱》(毛凤苞序,19 世纪本,116 卷);

(3) 徐光启《农政全书》(冯本,60 卷);

(4) 宋应星《天工开物》(塑本,杨素清本);

(5) 《重刊东鲁王氏农书》(6 卷);

(6) 吴其濬《植物名实图考》(1848 年本,38 卷);

(7) 陆伊湄、沙式庵、魏默深《蚕桑合编》(1708 年本);

(8) 《佩文斋广群芳谱》(1708 年本);

(9) 王好古《汤液本草》(3 卷);

(10) 唐慎微《重修政和经史证类备用本草》(30 卷,明版 15 世纪本);

(11) 徐彦纯《本草发挥》(4 卷,吴本);

（12）汪昂《增订图注本草备要》（4 卷,芥子园本）;

（13）吴仪洛《本草从新》（6 卷,1809 年本）;

（14）李中立《本草原始》（12 卷）;

（15）缪希雍《神农本草经疏》（30 卷）;

（16）鄂尔泰等《授时通考》（78 卷）;

（17）《芥子园画传三、四集》（1701 年及 1188 年本）;

（18）《十竹斋梅谱》;

（19）《十竹斋竹谱》;

（20）《十竹斋兰谱》;

（21）《茶谱》（3 卷,15 世纪）;

（22）张志聪、高世栻《本草崇原》（1767 年本,3 卷）;

……

英国访华使团

1793 年,在中英关系史中发生了一起重大事件,英国国王乔治三世特派大型使团出访中国,英国政府对这次访华特别重视,由权臣国务大臣敦达斯策划,以马戛尔尼伯爵为首,使团的百名成员皆由精干人才组成。

（1）正使:马戛尔尼伯爵,英国皇家科学院院士,也是有声望的外交家、国王的至亲,学识渊博。

（2）副使:斯当东爵士,兼使团秘书,外交家,牛津大学名誉法学博士、皇家科学院院士,堪称饱学之士。

（3）使团重要成员:

培林（东印度公司代表）;

吉兰博士（内科医生、精通化学）;

丁维提博士（机械学家兼装卸科学仪器的指挥）;

巴罗（科学家兼杂物总管）;

哈特纳（副使斯当东的老师,德裔英籍学者,兼任使团的拉丁语翻译）。

（4）使团成员人数:总共一百余人。

1792 年 9 月 26 日,使团船队从"朴次茅斯港"（Portsmouth,笔者认为译为"浦口"更为准确）起程,1793 年 6 月到澳门,沿途北上热河,经舟山、大沽、天津、北京,同年 10 月离京南下,1794 年 3 月离华。

这次出使活动前后持续两年,在华停留 9 个月,经历广东、浙江、江苏、山东、河北、江西等省的城市与乡村,会见了各地官员、学者及各界人士。在中国内地一些省份做了现场考察,与中国人进行面对面交谈,加深了对这个东方大国的全面了解,在中英两国之间开展了史无前例的科学文化交流,这种交流对双方都是有益处的。英国使团在中国获得不少书籍及有关科学技术信息,还有巧妙的工具仪器样品和欧洲少见的植物标本等,带回本国后,可以派上大用场。

使团的正使与副使都是英国皇家科学院院士,有渊博学识和深湛科学素养,使团其他成员也受过科学训练,有些还获得过博士学位。副使斯当东已经意识到,虽然英国在工业和科学上走在中国前面,但对中国素称发达的农业和手工业等特定部门要虚心学习。在这一思想指导下,使团成员在各地注意考察中国工农业技术并敏锐地将其与欧洲对比。凡有可取者必详记之,且绘出图形或索取样品,以便为本国所用。他们之所以如此,乃因中国是发展科技的老牌国家,在中世纪漫长时期内遥遥领先于世界,而且传统中国科学技术对近代科学在西方的兴起做过重大贡献,甚至在 18 世纪,某些中国传统科学技术部门仍保有优势,为西方所欠缺,并非样样都不如洋人。

不妨列举一些实例来说明这一情况。

(1) **龙骨水车**:使团在浙江舟山注意到龙骨水车是一种先进引水农具,斯当东写道:"我们又看到更巧妙、更有效的方法,这就是他们的水车,与英国军舰上所用的改良链式唧筒主要不同之处在于,英国是圆柱形,中国是方的。"他详细介绍了脚踏水车构造和优点,并附有水车结构图。英国使团发现中国灌田用龙骨水车很适于英国农民,因而详加介绍,将其结构以图绘出,意在如法仿制。

龙骨水车在明代科学家宋应星所著《天工开物》(1637 年)中曾绘图说明,其所提供的插图与英使团成员所绘之图一致。17 世纪末—18 世纪,英国海军仿制中国船上的龙骨水车,用于排除军舰底部的积水。龙骨车又由荷兰人霍克盖斯特引入美国,美国的埃文斯于 18 世纪将龙骨水车的链式传送原理用于面粉厂中,促使近代谷物升降机的发明。1938 年,美国重新从中国引入龙骨水车,在犹他州大盐湖用于提取盐卤。

(2) **乌桕油蜡烛**:欧洲人用动物油脂或蜡做蜡烛,昂贵且不好用。英国使团路经苏州府时,望见大片桑树林间种有一些产蜡油的树,这种树的果实,即瑞典生物学家林奈在《自然体系》中所指的大戟科植物乌桕的子实。用乌桕油作蜡烛是中国人的一项发明,《天工开物》详述制乌桕烛的方法,且绘图说明。

"中国人从其中吸取植物油,用来做蜡烛""节约成性的中国人做出这种烛台……可以使蜡烛燃尽而不致有一丝浪费"。英国使节还注意到"产蜡油的树已经移植到美国卡罗来纳州(Caro-lina),成长得也很好"。但英国却没有乌桕树,因此使团内的植物学家在苏州一带采集了乌桕树的植物标本及种子,以便移植到英国或英属殖民地,用中国方法提取油脂并制蜡烛,以取代鲸蜡。

(3) **蓼蓝等植物染料**:18 世纪的英国每年从中国进口大量生丝,在其国内织成绢,用中国所产的植物染料染色后作布料出售。当时欧洲所用红色染料取自茜草科的茜草根[①],蓝色染料取自印度出产的靛蓝,英国本土很少种植植物染料。

英使从北京去长城的路上发现田里种植蓼科植物蓼蓝时喜出望外,于是使团中一位植物园工作者在北直隶(今河北)采得蓼蓝植物标本及种子,带回国试种。英使又从华北取回另一种红色染料红花、黑色染料斛木及黄色染料槐花的植物标本与籽实。他们不但在田里看到正在种植的这些植物,还了解其性能,以便引种回国种植。英使引入欧洲的中国原产植物蓼蓝、红花、槐花,在《天工开物》中均有介绍;1838 年,法国汉学家儒莲将《天工开物》中有关部分译成法文出版,引起欧洲人的普遍注意。

(4) **有色棉花**:使团从中国的访问中,悟出一种新的科学思想:锦葵科草棉通过变异能长出异乎寻常的黄色棉花,再借人工选择育出异常变种,能使之代代遗传下去。这正是生物

---

① 中国古代传统染料,后传入意大利,17 世纪在法国大量种植。

进化论原理的具体运用。

（5）**锌及锌合金**：直至 18 世纪，欧洲长期依赖从中国大量进口黄铜（锌铜合金）及白铜（锌镍合金），用以制造各种器具。白铜银白光泽，黄铜金光闪闪，黄铜、白铜制品作为金银器具的理想代用品很受欧洲人喜欢。他们一直想仿制并做了很多分析化验，以期找到其配方及制造秘诀，但苦无要领。探求白铜制造方法是很多欧洲人的夙愿。

在英国使团快要结束访华活动时，使团中精通化学的内科医生吉兰博士终于得到制造金属锌及其合金的方法。英使访华录写道：

"……经过精确的分析化验，中国白铜里面包含有铜、锌、少量的银、铁和镍。锌是从炉甘石（Calamine）中提炼出来的，制取方法是把含锌的矿石（$ZnCO_3$）研成粉末，同炭末混在一起放在罐内，下面以小火烧之。锌就像一层烟雾似的跑上来，然后使其通过……"

吉兰博士详细记录了制锌方法及白铜成分，以及铜与锌直接炼成黄铜的方法。英、德两国在炼制锌与锌合金方面领先欧洲，与其从中国获得更多科学信息有关，英国访华使团的记载对欧洲人来说是特别重要的信息。

（6）**风扇车**：1700—1720 年，已经由荷兰海员带到欧洲、由耶稣会士带回法国。通过使团的介绍，风扇车在英国农村得到更多的推广，它生产效率高、省力、结构简单，而且可在室内操作，自然还可将它运到田里。后来欧洲工程师对中国风扇车略加改进，又将它与打谷机联用，成为大农业生产的基本农具之一。

（7）**中国铁犁**：中国犁比欧洲同样的犁更为先进、灵巧，可一举实现松土、锄草和起垄，17 世纪初由荷兰水手传入荷兰，后又传入英国。铁犁、风扇车和耧车（多管条播机）这些中国传统农具传入欧洲后，对推动欧洲农业革命和农业近代化起到了关键作用。

（8）**双动活塞风箱**：使团副使斯当东爵士在北京附近去热河的路上发现熔铁炉，重要的是他发现了双动活塞风箱，他记述：

"看到一些熔铁炉，引起我们的注意。……中国风箱是一个大匣子形状，上安一活门，拉时里面产生真空。风箱对面有一开口，由舌门管制，空气即由此开口冲进来。同理，推时，借助人的推力把空气从开口推挤出去。有时在风箱内安一活塞代替活门。空气在活塞和风箱两端之间来回压缩，把风送出去。这种双动风箱或永续风箱和单动风箱使用同样的力气，但作用加倍。我们很难用文字把它形容尽致。为了更好地研究它的构造，我们要了一个实物带回英国。"

中国风箱在 16 世纪后半叶已传入欧洲大陆，但没有得到推广，引入英国的时间也较晚。1716 年，法国人德拉伊尔将中国的双动活塞风箱工作原理用于制造提取液体的泵。欧洲使团的引介，使得既省人力又高效的双动活塞风箱在欧洲得以普及。

值得一提的是，19 世纪末发明的双动活塞蒸汽机的工作原理与中国双活塞风箱工作原理完全一样。中国双动活塞风箱使用两个冲程原理，往复运动的两个冲程吸气、排气；原理和结构上，活塞蒸汽机与双动活塞风箱不仅仅是神似。是巧合还是彼此存在某些联系，有待更进一步的考证。

（9）**帆车（加帆独轮车）**：17 世纪，帆车由中国传入欧洲，荷兰数学家及工程师斯泰芬受此启发，于 1600 年将帆加在马车上，时速达 30 英里（1 英里 ≈ 1609.344 米）。英使介绍的帆车是本来意义上的帆车，而独轮手推车也是中国的发明，后于文艺复兴时传入欧洲。此后，荷兰人霍克盖斯特在《荷兰东印度公司使团晋见乾隆帝纪实》（1798 年）插图中绘出了加帆手推车,将水面运输船上的帆加在陆上或冰上运输工具上,这一中国构思激发了好几代欧洲人的发明灵感,因为这个构思特别奇特。

英国使团访华,给中国来带了欧洲科学技术产品,同时,也将中国科学技术知识和成果带回到欧洲。中国送给欧洲的科学礼物至少有四十项,大大小小的各类发明,此处所列举的不过是一些实例而已。英国使团带回去的中国科技发明,有些在这以前已传入欧洲,欧洲大陆部分国家早已仿制和应用。但是,经英使重加详细介绍或解释,引起欧洲人的重新注意或对中国的发明有了新的认识,使欧洲人知道这些器物的细节,再经仿制并改进后,就可缩小与中国原件的差距,甚至超过它。双动活塞风箱实物运回英国后,一下子就可装备各炼铁厂。

中国精巧的航海罗盘原理一经英国科学仪器厂采用,就将现有远洋船上的笨重罗盘更新换代。英国厂家看到龙骨水车结构图后,也能激起他们的一系列技术灵感,扩大这种机器的应用范围。乌桕油制蜡烛、有色棉花、防水密封隔舱、航海罗盘、大型成架烟火(盒子灯)、多种原料造纸、锌合金冶炼、金箔、盆景工艺、中国产植物染料等,这些成果很快被欧洲付诸实际生产。

值得注意的是,这一次的中英科学交流和对话中,英方人员多是通晓科学技术的人,而且学科较全,准备充分;中方则多为有文化的文武官员,没有科学情报意识,较少有科学家登场。因之在对话中,大部分是英国人向中国人提问有关中国科学技术问题,中国人很少向英国人提出有关西方近代科学技术问题,收获更多的是英国一方。

我们再举几个有代表性的例子,看看英国使团给欧洲的科技发展带去了什么。

(1)防水密封隔舱:英国作为商业国家,有一支庞大的船队航行于世界各地,如果给商船和军舰加上防水密封隔舱,就会大大提高其安全性与可靠性。英使访华后对这一设计鼎力推荐,结束了关于是否值得引入中国这个发明的争论,海军大臣下令按中国的舱结构模式建造军舰,在欧洲带了个头。此后,这一设计逐步成为船舶通用模式,无论军用舰艇还是民用商船、无论是两百年前还是当今,防水密封隔舱都成为船舶的标准结构。

(2)造纸技术:采用多种原料造纸的中国技术思想最先在英、法两国生根,结果使英、法所产的纸性价比大增,得以倾销其他国家,获得很大经济效益。虽然这发生于英使访华以后较长一段时期,但思想源头确是来自中国。

(3)锌合金冶炼:英国产锌水平领先于欧洲,锌合金制品虽仍不及中国,总比别的欧陆国家好,英国因此可减少从中国进口锌所付出的银币,不能不说与他们掌握中国技术有关。

使臣从中国带回的传统科技成果可以说是他们访华的重大收获。这些成果迅速转化为生产力,使得英国工农业、交通运输业和军工业获益。中国传统科学技术与18世纪后半叶完成科学革命及产业革命的英国和欧洲工农业相结合,为西方实现近代化服务。特别是18世纪—19世纪初,欧洲传统工农业实现与中国传统技术的嫁接,逐步地、阶段性地演变为近代大工业和大农业。

"百川归海",这是世界科学发展的总趋势。欧洲成为出海口有其历史的必然。其中,中欧科技交流显然发挥了重大的作用。在这场"东学西渐"的大范围、宽学科、长时间、多批次的科技交流中,传入欧洲的中国古代科技至少有以下几方面:数学与天文历法,物理学(指南针、温度计、湿度计),化学与化工(火药和火器技术、漆器和保漆技术、炼丹术、制瓷技术),

生物学（金鱼家、中国茶、人参），农业（水车、铁犁、耧车、养蚕术、丝织品、丝织术），医药，造纸，印刷，冶金（铸铁、炼钢），机械（深井钻探技术、双动活塞风箱），造船与导航等。

铿锵绵绵：三千年的钢铁音符

没有铸钢技术，何来坚船利炮，何来远征海洋

工具，对于人类文明的发展极为重要。从远古到当今，人类历经了数次工具的进化，每一次工具的进化都带来生产工具、生活工具、科技工具的革新，引发更广领域、更大范围、更深层次的文明进步，包括科技文明的进步，进而推动生产力水平和改造自然界能力的提升。

冶金技术，将人类从石器时代带入了金属时代（青铜时代、铁器时代），即便是近代的蒸汽时代、电气时代乃至当今的信息时代，冶金技术也是必不可少的。从石器时代到青铜时代、从青铜时代到铁器时代，每一次冶金的进步都可以使人类更高效地改造和利用自然，是人类历史上任何一个文明发展进程中不可缺少的，它对文明进步影响的权重系数是相当高的。在金属时代的文明历程中，冶金技术产生不同的金属。黑色金属（如生铁、铸铁、钢、铁合金）的硬度远大于有色金属（铜，铜合金如青铜、黄铜，金，银等），而硬度、韧性等不同，其用途也不同，在科技发展与产业进步方面的作用也不同。从"工具"的角度观察，黑色金属使工具水平发生了更高阶层的提升。

金属时代的偶然与必然

古代所有金属的冶炼中，冶铁的技术含量最高。根据碳含量的不同，铁的种类分为生铁、熟铁和钢，它们都属于铁碳合金。铁的物理性质根据含碳量的多少而改变，若要硬度增强就增加含碳量，若要弹性增强就减少含碳量。生铁和熟铁或是过于脆硬或是过于柔软，并不适合日常所用，钢才是最坚韧的金属材料。

	熟　铁	生　铁	钢
含碳量	小于 0.02%	2.11%～4.3%	0.02%～2.11%
硬度	软	硬	硬
塑性	可塑	脆	韧
冶炼温度	800～1000℃	1200～1400℃	1200～1400℃
冶炼工艺	块铁 （铁块扒炉）	铸铁 高炉铁水铸造	炼钢 （生铁脱碳）
工艺特点	冶炼温度低、化学反应速率慢；需要扒炉取铁，一次性作业，炼炉不能重复使用；产量低、费工多、劳动强度大	气流压力大，穿透炉料内层，节约原料；燃烧强度大，炉温高，提高产量；铁水流出，冶炼过程可以不间断循环作业；可以经过固态脱碳等处理得到性能各异的钢材	生铁柔化的热处理技术，即退火技术

冶铁技术的发展历程大致经过四个阶段：

由于铸铁的性能远高于块铁，所以真正的铁器时代是从铸铁诞生后开始的。社会发展的历史表明，铸铁的出现是社会生产力提高和社会进步的主要标志。经历了从发现块铁过渡到铸铁的过程，中国用了约一个世纪，而西方则是三千多年的漫长时间。正如英国著名科学史家贝尔纳所言，这是世界炼铁史上唯一的例外。中国古代铸铁技术的领先直接带动了生产、军事等相关领域的快速进步。

冶铁与其他金属的冶炼不同，必须要有大熔炉才能冶炼，我国最初使用地坑式熔炉冶炼块铁。这种方法将铁矿石在低温下固态还原，冶炼出的块炼铁属于熟铁，含碳量极低，质地柔软，适于锻造成形。由于块炼铁在锻打前疏松多孔，故也称为"海绵铁"。

公元前6世纪，我国汉代先民发明了高温生产铸铁的高炉冶炼方法，成功地实现了生铁的大规模生产，进而生产出比现代的展性铸铁的性能还要优越的"球墨铸铁"。晋国赵鞅征收的铁，用来铸造刑鼎，便是高炉生产的铸铁。1世纪时，罗马博物学家普林尼在其名著《自然史》中说，就世界范围而言，"虽然铁的种类很多，但没有一种能与中国来的钢相媲美"（笔者注：这里的"中国"指的是当时的中国汉朝）。

大约在公元800年，欧洲开始全面利用铁，最早的专业炼铁炉出现在南欧的加泰罗尼亚和法兰克。欧洲人一般在平地或山麓挖洞穴为炉，混合装入较高品位的铁矿石与木炭，点燃鼓风加热，温度达到1000℃时，氧化铁就可以还原成金属铁。用这种方法冶炼矿石，会有很多没有还原的其他金属氧化物和杂质，依靠熔炼难以除去，只能再由人工锻打挤出，即使如此也仍会有杂质留在铁里。冶炼块铁的化学反应速率慢，再加之取铁块时需要扒炉，不仅产量低，而且费工多、劳动强度大。欧洲人的这种熟铁质地柔软，制造的兵器刃部容易弯曲，不能有效杀伤敌人，需随时将弯曲的部分扳直。

1380年，欧洲的比利时列日①出现高炉，比东方的中国迟了近两千年。1850年，美国建成了两座椭圆形高炉；同一年，英国也建成了一座椭圆形高炉，而后不久，在当时的主要产铁国家瑞典和俄国，椭圆形高炉相继建成。有意思的是，在当时的情况下，仍然被西方当作"新的创造"。

金属时代九千年

技术名称	中　国	西　方	备　注
人工冶炼铜	公元前4700年	公元前7000—前6000年（伊朗） 1689年（英国）	[01]
青铜器	早于公元前2800年	公元前3000年（埃及） 公元前2000年（伊拉克）	[02]

① 列日（Liège），比利时列日省省会，现在的比利时第三大城市，位于默兹河（Meuse）、莱茵河（Rhine）流域。该城市地处欧洲的中心，处于伦敦-布鲁塞尔-柏林之间7条公路支线网的正中心，距荷兰30km，距德国45km，堪称欧洲的十字路口。

续表

技 术 名 称	中　国	西　方	备　注
块炼铁	早于公元前 770 年	公元前 1250 年	[03]
生铁冶铸	早于公元前 6 世纪	1380 年	[04]
煤炭炼钢	公元前 800 年	17 世纪初	[05]
可锻铸铁	早于公元前 5 世纪	1722 年	[06]
合金	公元前 240 年	1751 年	[07]
球墨铸铁	公元前 200 年	1947 年(英国) 1948 年(美国)	[08]
湿法炼铜 (胆铜法)	公元前 2 世纪	17 世纪后期	[09]
炒钢 (生铁炼钢)	西汉后期(公元前 1 世纪)	1784 年	[10]
水排 (水力鼓风机)	早于公元 31 年	1197 年	[11]
铜镍合金	4 世纪	1823 年	[12]
炼钢	550 年	17 世纪初	
炼锌	10 世纪初	1738 年(英国)	[13]
(木扇) 有活门的木风箱	早于 960 年	17 世纪末	[14]
焦炭炼铁	1368—1644 年	1709 年	[15]
活塞式木风箱	早于 1566 年	17 世纪末	[16]

[01] 土耳其南部的查塔尔莹克发现的含有铜粒的炉渣距今已有 8000～9000 年的历史。1689 年英国开始采用反射炉炼铜。公元前 5800—前 4000 年,伊朗留存人工冶炼经铸造、冷加工和退火制成的含砷铜器。1689 年,英国开始采用反射炉炼铜。

[02] 公元前 3000—前 2000 年,伊拉克留存银制品,已有青铜器(锡含量 8%～10%)。约公元前 2800 年,中国甘肃兰州东乡马家窑留存青铜刀(锡含量 6%～10%)。《考工记》记载铸造各类青铜器不同合金成分配比——"六齐"。公元前 21—前 16 世纪,中国龙山文化的黄铜锥,含锌达 20%。

[03] 约公元前 1250 年,赫悌国王哈图斯里三世(Hattusilis Ⅲ)在一封信中谈到铁的生产和贸易。

[04] 公元前 8 世纪(春秋早期)遗址(山西天马曲村遗址),发现的铁器残片符合生铁特性;公元前 6 世纪,湖南长沙杨家山留存白口铁铁鼎,表明已炼出可供浇铸的液态生铁。

[05] 17 世纪初,纽斯鲍姆(J. Nussbaum)在巴伐利亚首次尝试坩埚制钢的工艺,他把熟铁条放入坩埚,其上覆盖炭,然后放入反射炉中加热数天。但由于没有达到使钢熔化的高温,这样生产出的钢仍是渗碳钢,而不是坩埚钢。

[06] 公元前 5—前 3 世纪,河南洛阳留存韧性铸铁(可锻铸铁)制造的铁铲。通过生铁柔化成型、淬火或退火、表面脱碳成钢。1722 年,法国人研制"欧洲式可锻铸铁",1826 年,美国人研制"美洲式可锻铸铁"。方法是用氧化铁包裹铸铁块,放入加热数天,铸铁即脱碳成为可锻铸铁块,放入坩埚加热数天,铸铁即脱碳成为可锻铸铁。

[07] 约公元前 240 年,《吕氏春秋》记载:"金柔锡柔,合两柔则刚",是世界上较早的有关合金强化的叙述。4 世纪,中国工匠利用镍矿炼出了铜和镍的合金——白铜。这种似银的铜合金 17 世纪已输入欧洲,被欧洲人称为"中国银"。1751 年,瑞典矿物学家克隆斯特(A. Crostedt)从钴矿中分离出金属镍。欧洲人把镍矿误作铜矿,想尽办法也无法从中提炼出铜,只好归罪于矿山魔鬼尼克。

[08] 西汉时期,我国用低硅的生铁铸件经柔化退火的方法得到球墨铸铁。1947 年,英国人莫罗(Morrogh)研制出加铈球墨铸铁;1948 年,美国 A. P. Ganganebin 等人研究加镁球墨铸铁。

[09] 公元前 6—7 世纪,我国采用湿法冶金提取铜,西汉初期已观察到铜铁置换反应,唐朝有官办湿法炼铜场,宋代则技术更为成熟。汉代《淮南万毕术》记载:"白青得铁即化为铜"。就是把铁放在硫酸铜(胆矾)溶液中,通过铁与铜离子的置换,将铜从溶液中析出。主要反应式:$Fe + CuSO_4 \longrightarrow FeSO_4 + Cu$。17 世纪后期,西班牙的里奥廷托铜矿才开始采

用湿法取铜,并于 1752 年创造了与淋铜法相似的堆积收铜法。

[10] 英国科特在反射炉中用搅炼法炼钢。

[11]《后汉书》记载:"造作水排,铸为农器,用力少,见功多,百姓便之",这种水排是以水力激动机轮,由机轮的转动带动曲柄、连杆和传动皮带,从而使其鼓风。1197 年,瑞典炼铁用水车。

[12] 英国人汤麦逊和德国人罕·宁格兄弟仿制成功。

[13] 550 年,中国綦母怀文造宿铁刀。"宿铁"炼钢法后发展为"杂炼生""团钢"等技术。1845 年,4 位冶金专家到肯塔基城传授中国炼钢技术,美国企业家凯利由此获得炼钢技术。

[13] 15 世纪,明代中叶,中国已能冶炼金属锌,当时称作"倭铅"。16 世纪后期,中国的锌已向欧洲出口。1738 年,英国钱皮思(W. Champion)在布里斯托尔建起了欧洲第一座炼锌厂,创立了立式蒸馏炉炼锌工艺,并于 1740 年取得技术专利,从而开创了欧洲的炼锌工业。

[14] 1550 年,德国人罗伯辛格发明木风箱,以代替皮风箱,用作炼铁鼓风。17 世纪末,英国赖特(D. Wright)采用反射炉炼铜;同一时期,中国的活塞式木风箱传入欧洲。

[15] 英国人达比用焦炭炼铁成功。

[16] 李约瑟援引《演禽斗数三世相书》两幅插图,认为中国活塞式风箱最晚出现在宋代(960—1127)。17 世纪末,英国赖特(D. Wright)采用反射炉炼铜,同一时期,中国的活塞式木风箱传入欧洲。

卓然不群的中国古代钢铁冶铸技术

高炉：铁器时代的光刻机

在冶金技术发展史中,高炉由于其独特结构和高温性能的优点,可以极大地提高炼铁的质量和效率,使得铁的硬度、韧性品质得到跨越式提升。

高炉是一个竖的圆形炉,上边加入矿石和木炭或焦炭,下边往里吹风。风在下部使木炭燃烧,产生大量 1500~2000℃的一氧化碳高温热气。高温气体在上升过程中将矿石、木炭等加热,并还原铁矿石中的铁。铁汇积到高炉下部,被高温熔化成铁水;当汇积的铁水足够多的时候,便把它从铁口放出来。

高炉冶炼得到的铁,杂质较少,质量优越,铁水能从铁口流出来,不破坏炉体。矿石和木炭或焦炭可以循环投入炉中,高炉连续工作,生产效率极高。用高炉还原得到的铁叫作高炉生铁,这种铁水可以直接铸成所需的形状,所以也叫铸铁。

高炉(Blast Furnace)

(图片源自 Metrosaga 网站文章:《中国对世界冶金业的不为人知的贡献》)

高炉对于冶金的重要性,可以从炼铁过程理解。

炼铁就是在温度作用下熔化铁矿石，利用碳的作用将矿石中的铁还原出来。具体方法有两种，一种叫低温还原法，温度 800～1000℃；另一种叫高温还原法，温度 1200～1400℃。无论是高温还是低温方法，炼铁过程中，非铁杂质都会变成渣子（即炉渣），需要设法将渣与铁分开、排出。

因温度较低，低温还原法得到的铁和渣都是固态的，两者混在一起不能很好地分离。夹带大量炉渣的铁块需要做炉外分离，尽量减少铁中的杂物。将铁块从炉子里掏出，在温度没有降低到铁块完全硬化之前，用铁锤锻打，挤出铁中的渣子，多次回炉加热、反复锤打。这样做费工费力，铁中掺杂很难挤净，铁的质量较差；铁块从炉子里掏出来又要破坏炉子，也就是说，炉子是一次性的，因而生产效率很低。而在欧洲流行了十几个世纪的冶炼方法，就是低温还原法。

因温度较高，高温还原法得到的铁和渣都是液态的，熔化成渣水的渣子较轻，浮在铁水上边，易于分离、排出。中国古代的高炉炼铁就是高温还原法，渣子可以从高炉铁口上边的礁口放出来，分离得干净，并且高炉可以循环使用。

在河南、江苏、北京及新疆等地，均发现有汉代的冶铁高炉遗址。其中结构最先进的一座是河南郑州古荥（xíng）镇一号高炉。它的容积约为 50 立方米，东部、北部残存有 0.54 米高的炉壁，南北长 4 米，东西宽 2.7 米，这样的炉子在当时每天能够生产生铁约 1 吨。古荥的炼铁高炉是椭圆形的。这种椭圆形高炉充分发挥了高炉中心的作用，既增大了炉缸的容积，又能缩短风管和高炉中心区的距离，是炼铁历史上的一项先进技术。汉代时期，中国古人已经掌握了铸铁脱碳处理工艺，将铁变成更加坚韧的钢材，并广泛用于生产工具、生活用具或兵器装备的制造。

中国古代超凡脱俗的高品质炼铁工艺

研究表明，中国的高炉炼铁工艺，具有以下独特而超凡之处：

（1）低硅：低硅含量会使铁具有更高的性能。古荥、渑池的铁中含硅量（0.165%～0.28%）低于现代冶炼生铁（高于 0.5%，一般要求为 1.0%～3.5%），并具有灰口铁的金相组织。这从现代技术角度看是很难达到的，因为含硅量低于 0.5% 会造成"炉冷"事故，使高炉不能正常冶炼，但是古代中国人做到了。

（2）球墨：展性铸铁石墨呈团絮状，从而比灰口铁（石墨呈片状）具有更优的机械性能。对古荥、渑池、生铁沟的铸铁所做的金相检验结果表明，铸铁中的石墨呈分散的小球存在，其性能要比展性铸铁更为理想。20 世纪 40 年代末，西方国家才实现了梦寐以求的"球墨铸铁"生产，采用的是镁合金和金属镁作球化剂[1]。

（3）助熔：巧妙使用一定数量的石灰石作为助熔剂，降低炉渣的碱性和熔化温度（1030～1090℃），提高炉渣的流动性，从而保证炉渣与铁水能够很好地分离并顺利流出炉外，这对于古代炼铁来说是首要的关键。并且，中国古人因地制宜，利用当地条件创造出高

① 1981 年，我国球铁专家对出土的 513 件古汉魏铁器进行研究，通过大量的数据断定汉代我国就出现了球状石墨铸铁。这得益于我国古代的铸铁里含硅量低，由低硅的生铁铸件经柔化退火的方法得到球墨铸铁。这是我国古代铸铁技术的重大成就，也是世界冶金发展的奇迹；西方某些学者曾声称，没有现代科技手段，发明球墨铸铁是不可想象的。1947 年，英国人 Morrogh 发现，在过共晶灰口铸铁中附加铈，使其含量在 0.02% 以上时，石墨呈球状。1948 年，美国 Ganganebin 等人研究认为，在铸铁中添加镁，随后用硅铁孕育，当残余镁量大于 0.04% 时，得到球状石墨。

锰渣生铁冶炼技术,以当地易于开采到的锰矿作为助熔剂替代石灰石。

(4)鼓风:出土的陶质鼓风管直径有19厘米之粗,结合炉子容积和高度来推测,其鼓风能力已经达到相当的水平。椭圆炉的长轴两侧每边至少有两个风口,全炉共四个风口,使炉缸可以工作均匀。

(5)备料:遗址中有大量的铁矿石堆积,这些矿石大都破碎到5厘米左右,最大不超过12厘米,同时有破碎矿石的手工工具。可见中国古代已经在冶炼的长期摸索、积累中形成合乎冶炼要求的原料准备工序,这一备料过程也是现代高炉冶炼的基础工序。

经过脱碳退火处理后的生铁就变成了钢,这种铸铁脱碳钢在中国很多地方都有出土发现,如渑池出土的成批汉魏铁器、郑州东史马出土的东汉铁器、北京郊区大葆台西汉墓出土的铁器中,都先后出现了这种独特的钢种。

中国古代的钢铁冶铸技术长期处于领先的地位,这与我国先祖们掌握了高炉冶铸的方法有着很直接的关系。除此之外,还与以下因素有关:

(1)我国商周时期青铜冶铸业高度发达,形成了一整套冶铸工艺传统,使我国早期的钢铁冶铸业有多方面的技术借鉴。

(2)高温技术的掌握,包括鼓风设备的改良、燃料的更新。战国时期已采用人力压动皮囊鼓风,但风量有限;西汉,代之以牛力、马力,出现牛排、马排;东汉,工匠们发明了利用水力激动木轮,从而带动成排皮囊鼓风的水排,将自然力引入冶铸生产。这一技术的发明,中国比欧洲早了1230年!先进的鼓风技术及煤的使用,大大提高了炼炉温度,为大规模发展钢铁冶铸事业创造了必备的条件。

(3)设备齐全,分工细致。从河南巩义市铁生沟遗址看,当时冶铸有一套完整的生产设备,有藏铁坑、配料池、铸铁坑、淬火坑等,仅其冶铸炉就有炼炉、排炉、反射炉和锻炉(炒钢炉)等20余座;而且有了选矿、配料、入炉、熔铁、出铁、铸造锻打等工序之分。这就使得技术的精益求精成为可能。

中国先进冶金技术的西传

先进钢铁冶铸技术的传播

《汉书·西域传》记载,"自宛以西至安息国……其地皆无丝漆,不知铸铁器。及汉使亡卒降,教铸作它兵器"。公元前36年,西域副校尉陈汤在西域也看见胡兵武器不如汉兵,"矢刃朴钝,弓弩不利"。历史资料表明,早在两千年以前,我国生铁冶炼和加工工艺达到了西方17世纪的炼铁水平,创造了一整套钢铁生产技术体系。

欧洲到14世纪才用生铁,在这以前,一直用块炼铁制作铁器,用块炼铁经渗碳获得钢料。而中国最迟在春秋晚期就已发明生铁冶铸技术,其后两千多年的钢铁生产也以生铁冶铸为基础。如果说西方早期的铁器文化是一种锻铁文化,那么,中国早期的铁器文化则是一种铸铁文化。汉代钢铁冶铸业取得辉煌的成就,促进了农业、手工业、军事等领域的发展,对统一的多民族国家的强大和巩固,起着重要的作用。

如同我国古代的四大发明等技术一样,中国先进的钢铁冶铸技术,以中原为中心向四周扩散传播,直至流传到国外。钢铁冶铸技术向西方传播,对世界文明与人类社会进步起着重要作用。

东汉以后,中国钢铁冶铸技术经朝鲜半岛传入日本九州,再以九州为中心,向东传到日本内地,1961 年,日本奈良县古墓中出土一把钢刀,铭文注明造于东汉中平年间(184—189)。古代印度和中亚地区坩埚钢①的工艺包括多种形式,其中的混合生铁和熟铁冶炼的混熔技术,与中国古代"生熟杂糅"制作钢铁的技术思想一脉相承。印度梵文中的钢,有一名词"Cinaja",意为"秦地生","秦"指中国,显示了中国钢铁对印度的影响。

制造这些兵器所用新材料的技术迅速传到西亚大国波斯的安息王朝(公元前 250—公元 226),波斯从西汉引进铸铁、可锻铸铁及以铸铁脱碳制钢技术后,情况为之一变,用"中国钢"制造的兵器更加坚硬、锋利,绝不弯曲,杀伤力大增。中国钢铁通过安息继续向西,很快引起罗马人注意,罗马学者普利尼(Gaius Plinus Secund)的《博物志》对"中国钢"做了描述。苏联学者罗布卓夫考察了汉代钢铁冶铸技术对西方的影响,他指出:乌兹别克境内的费尔干纳人从中国人那里学会了铸铁技术,后来再传到土耳其和俄国,14 世纪传入欧洲。俄语中将铸铁称为 chugun,仍保有汉语中"铸钢"的音素。

中国古代钢铁冶铸技术的西传,有两个主要途径:

(1)与汉朝使者和逃亡士兵有关,他们将汉代钢铁冶铸技术传授给大宛、康居和安息的铁工。公元前 36 年,威震西域的汉朝名将陈汤在西域看到了一番景象,叹曰当地人已"颇得汉巧",掌握并运用汉代先进的钢铁冶铸技术进行生产了。

(2)蒙古军队西征,于 13 世纪占领了俄罗斯腹地和阿拉伯帝国,蒙古统治者在这些地区驻扎军队,使东西陆上丝绸之路畅通,又从中国内地调来大量学者和工匠参与建设,导致印刷术、火药、火器技术、中国铸铁术及铸铁制钢技术等一系列技术西传。

生产了几千年熟铁的欧洲,在 14—15 世纪之交突然出现了生铁冶炼厂,在弗兰德地区和意大利,欧洲人用中国的技术建起了新型铁厂。据 15 世纪建筑师菲拉雷特所描绘的意大利费里雷炼铁炉,其高炉结构、卧式水轮驱动鼓风等与同时代的波斯高炉类似。意大利高炉鼓风器不以竖式水轮驱动,而是采用卧式水轮,颇具中国特色,与 1313 年元初科学家王祯《农书》中描绘的水排是相同的,而以卧式水轮驱动皮囊鼓风器用于冶铁还可追溯到汉代南阳太守杜诗于公元 31 年所造的水排。

1845 年,美国企业家凯利从中国请走 4 位冶金专家到美国肯塔基城传授中国炼钢技术。1852 年,此技术又扩散到英国,使钢铁大王贝塞麦于 1856 年在转炉中直接由生铁脱碳成钢,对欧洲大批生产钢材起了促进作用。19 世纪中期法国人马丁和德国人西门子合作发明的平炉炼钢法(西门子-马丁法),是以中国早期设备和原理为基础的。由中国传入的炼制生铁和由生铁炼钢的技术,是欧洲钢铁工业发展的关键。可以想象,如果没有钢铁,欧洲资本主义的机械化大生产便无法运转。

有色金属冶炼技术的西传

17、18 世纪,中国和欧洲贸易频繁,许多金属输入欧洲,正处于渐渐复兴状态的欧洲便试图加以仿制。白铜是中国特有的金属,根据其成分可分为镍白铜和砷白铜两种类型。白铜呈银白色,外观似银,具有较强的抗腐蚀性,颇受欧洲人喜爱。探求白铜制造方法是很多欧洲人的夙愿。大约在 16 世纪末,白铜已输入欧洲。18 世纪初,有传教士被派到云南,有机会见到镜白铜的生产过程,因此将其介绍到欧洲,刊登在 1735 年杜赫德的《中华帝国通

---

① 坩埚钢称为"镔铁",在古代主要有两种生产工艺,即流行于印度和斯里兰卡的"乌兹钢"和中亚地区的"布拉特钢"。

志》中。1742 年,有关工艺技术的中文著作传到法国,在博尔蒙的《中国官话》中就有宋应星的《天工开物》^①一书。

1769 年,英国开始试制白铜。1775 年,英国《年度记录》^②报道了英国东印度公司驻广州的货员布莱克(J. B. Blake)的发现,他把云南的白铜寄到伦敦,并详细说明了制造白铜的方法,目的是要在英国从事实验,仿制白铜。1776 年,瑞典化学家发表了有关白铜研制的报告。1832 年,欧洲汉学家儒莲翻译了《景德镇陶录》以及《天工开物》的有关章节,他把"锤锻"章"冶铜"节有关铜制乐器的部分译成法文,其中提到响铜、白铜和黄铜,又根据"五金"章对合金这部分的内容作了补充。1833 年,他以"中国人的冶金术"为题,发表在《化学年鉴》^③上,此文发表后引起了欧洲科学界的重视,分别被译成英文、德文发表。19 世纪 20—30 年代,英国人仿造出镜白铜,不久,德国人也仿制成功,取名"德国银",从此镜白铜在欧洲实现了大量生产。

冶金技术的发展提供了用青铜、铁等金属及各种合金材料制造的生活用具、生产工具和武器,中国高炉铸铁技术向世界的传播,提高了世界范围内的社会生产力,推动了社会进步。中国、印度、北非、西亚、欧美地区冶金技术的进步是与那里的古代文明紧密联系在一起的,相信未来的考古发现和学术研究还将揭示更多的中西科技交流的证据。

冶金与科学邂逅在新航路上

15 世纪,欧洲开始出现早期资本主义,依靠银行家巨额资金支援,欧洲矿冶业在艰难中前行。这一时期的水力风箱、排水机械、水力锻造技术出现,初现大规模机械应用的早期雏形,这些技术革新为未来工业革命中机械化时代的到来打下了基础。

16 世纪以后,生铁冶铸技术向西欧各地传播,开启了以"用煤冶铁"为基础的冶金技术的发展,这一发展后来又和物理、化学、力学的成就相结合,增进了对冶金和金属的了解,逐渐形成了冶金学,进一步促进了近代冶金技术的发展。

有了生铁、熟铁和钢等材料,就可以制造各种工具,在 14 世纪前西方的大型金属器械(如大炮)主要通过锻造完成,直到 15 世纪早期,"让铁水从熔炉里直接浇铸到模子中的技术取得成功"。由于战争因素,欧洲社会对铁和钢的需求不断上升,刺激了冶铁技术的快速发展:炉体不断加高,使用风车或水车驱动风箱鼓风、锻铁和拔丝等。

16—17 世纪,新航路开辟、新世界被发现的社会大背景下,欧洲各个工业部门如火如荼地奋勇前进,无疑加剧了对矿冶业的需求。西方矿冶业的新发展主要集中在机械化应用、理论总结和检验学诞生三方面,这对矿冶来说极其重要,在此时期,理论终于和存在数千年的实践经验开始融合,为以后矿冶业和其他行业的进步打下了坚实基础。

(1)机械生产:为了增加产量,各个矿场纷纷大规模使用机械,矿石粉碎、渗碳和金属板的滚轧也都实现了机械化。

(2)理论总结:为了更科学地采矿、冶炼,西方社会开始总结过去的矿冶技术,欧洲各

---

①　Fourmont E. Linguae Sinarum Mandannicae Hieroglyphicae Grammatica Duplex, Latine, & cum Characteribus Sinensium. Paris,1742.

②　Bonnin A. Tutenag and Paktong: With notes on other alloys in domestic use during the eighteenth century. Oxford University Press,1924,Addenda,P. X.

③　Annales de Chimie,1833. 11。

地的矿冶专家都在总结经验中争先出版著作,然后互相交流,希望从中找到提高矿冶效率的办法。

（3）检验方法：欧洲矿冶业一片火热繁荣之下,催生了制假行业的发展,骗子横行、低贱金属假冒贵重金属,不少商人和市民受害。直到 1739 年,克拉默将"检验者的经验性知识和新兴化学理论相结合",发明了检验学。

这里我们有必要将"理论总结"部分扩展介绍。过去的矿冶技术凭的是经验摸索,通过师傅带徒弟、口耳相传的方式延续下来的。欧洲人总结矿冶技术的第一步是将经验升华到理论高度,从过去经验性质的"应该怎么做",总结上升到"为什么这么做",用新思维分析过去做法的合理性——知其然而又知其所以然,在此基础上,进一步探究"如何做得更好"。其步骤如下：

这三个环节中,从实践经验升华到理论高度,是近代科技的重要特点,它将变量数学、物理学、化学的理论知识与经过反复验证为正确无误的经验相互结合,发展形成科学结论。这个理论可以经得起证伪,必须是正确的理论总结,哪怕是在特定的条件下成立也是可以的,只要理论上设定的条件能够满足或者可以设法满足。最后一步最重要,因为它是理论总结的目的和最终成果——基于总结出来的新的理论,利用数学手段进行理论推演,可以得出进一步的结果,指导实践环节使其做得更好！

本节所介绍的冶金学是近代科技发展的一个典型案例。在"实践-理论-推演"这三个环节的进化过程中,冶金技术得到了提升,极大地推动了近代和现代冶金科技的进步。我们说其"典型",不仅仅是从科学方法的角度审视,也是从科技发展的历史角度审视。

在冶金技术的发展历史中,完成这三个环节的,分别是中国人、欧洲人、世界各国从事现代冶金技术的研究者。

我们常常强调近代科学重在实验,而实验的目的是什么？当然是获得符合自然规律的观察结论。实际生产过程中摸索总结出来的经验,当然也是一种观察结果——符合自然规律的观察结论。金属冶铸技术发展的第一个环节,由中国人完成了,而且是在实际生产中经过了两千多年的反复检验和改进提升。这些实践结果传播到欧洲,由欧洲人利用它们刚刚诞生的变量数学的知识提炼到理论层面。冶金技术的发展历程,就是人类智慧大协作的经典范例,是人类科技文明融合的代表作。

18 世纪,矿冶业进步基本上都围绕着使用蒸汽机和煤展开,蒸汽动力的出现,解决了深井排水问题；蒸汽动力的应用,使原来必须依靠河流才能生产的矿冶场可以选择更经济的厂址,而且蒸汽动力也比水轮驱动力更为方便稳定。因此,采矿场可以向更深处发掘,增加了矿石采矿产量。

蒸汽机提供强大的动力,促进矿冶业风机和锤锻技术的改良,带动煤炭开采技术的进步。恰逢此时欧洲冶金业大发展,木柴极度匮乏,催生了煤炭炼焦技术的发明,加快了煤炭替代木炭的步伐。

帆樯映远:非行久不能知也

大海汪洋,凭借多少科技智慧方能乘风破浪

平静的湖面上泛起阵阵涟漪,一叶独木舟、一片寂静的原野、一双双惴惴不安的眼睛。也许,人类的第一只独木舟在水面漂浮的时刻,人们的心情与当今的科学家们操控载人航天飞船升空一样,期待、紧张、难以言表的心潮⋯⋯

公元前6000年,欧亚非大陆东西两侧的人类,几乎同时期使用独木舟作为水上交通工具,这是从陆地走向水面的一小步,也是人类文明前进的一大步。最终,人类依靠船舶技术的进步征服了浩瀚海洋——这片占地表面积70%的水域,为跨洲际的越洋交流打下了基础。自独木舟之始,水上航行的方式从人力时代到风力时代、再到动力时代,人类历经了8000多年。

中华第一舟,跨湖桥独木舟(公元前6000年)　　　荷兰罗宁根的庇斯独木舟(公元前6315±275年)

利用自然风力推进的帆船,是人类最杰出的智慧结晶之一。欧洲人正是在风力船舶时期,利用帆船,于近代"发现"了新大陆,世界也因此发生了一系列的连锁变化。

约在3100年前,古埃及的木帆船航行于尼罗河和地中海。中国的风帆技术可追溯到商朝(公元前1600—前1046)。据论证,殷商时代有人立桅扬帆、渡海逃亡,于美洲的墨西哥留下商代文化遗迹。中国帆船出现的时间晚于古埃及,但技术发展速度极快,成为中国人从事远洋贸易活动的技术保证。

久远的丝绸之路,杂缯(zēng)而往、赍(jī)金而归、昼夜星驰、重洋通衢的不仅仅是骆驼蹒跚、大漠无际、草原茫茫,也有合浦远洋、云帆高张、涉彼狂澜。汉代,在打开通向中亚、西亚的陆上丝绸之路的同时,也积极拓展新商路,开辟了经南海、印度洋至波斯湾的海上丝绸之路。

古代中国的"凌波四宝"

公元前后到 15 世纪,中国在船舶与航海领域的许多发明创造举世瞩目。这些成就不仅丰富和发展了自己,更使世界各国受益匪浅,极大地促进了世界造船业的发展与航海贸易的进步。在中国古代造船业方面,诞生了许多独特的新技术,它们有的比西方早 400～500 年,有的早 1000多年,有的早 2000 多年。我们不妨择其中四项成就述之。

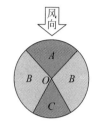

帆船的动力与帆角

图示的船舶航行方向从圆心 O 点指向圆周。相对于风向而言,航向存在三类区域:B 区是最好的航行方向区域,A 区逆风无法产生有效前进力,C 区太顺风,伯努利效应消失,船舶航行稳定性差、速度慢。

船尾舵

船尾舵又称作"中线舵",因其安装于船舶的中线尾部而得名,是使船舶能够灵活改变或稳定保持航向的关键设备。小小的船尾舵能使庞大的船体运转自如,如果船尾舵向左或向右偏转一个角度,水流就在舵面上产生了一股压力,即"舵力"。舵力是形成转向的诱因,其垂直于航向的分力对船舶重心的转矩,驱使船首转向。

在无舵时期,船舶航行在水域上靠两侧的摇桨控制航向,既费力又不灵便,在紧急情况下(战争、暴风、避让等)需急速调转船向时,便无能为力。因此,船体不能造得太大,载重量不能大,航线不能过长。对于帆船而言,船尾舵的作用更为重要,不仅可以充分利用"伯努利效应"高效航行,更可以有效操纵船舶逆风航行。如果帆船不处于有利帆角①,可以利用垂直船尾舵有规律地改变航向,"调戗(qiāng)使斗风","见风使舵"地控制帆船以"之"字形航迹逆风前行。

以往的西方船舶没有使用尾舵,而是在尾部两侧使用两支操纵桨斜插水面,其操船效率低,改变和保持船舶航向的能力有限。这种无尾舵的船舶无法"见风使舵",不能快速、有效地控制船舶航向以适应风向,只能顺着风向前进,无法逆风或者侧风航行。无舵船舶一旦远离海岸,就只能随风漂流,根本没有办法到达预定的目的地。无舵时代的几千年时间里,西方船舶的远航只能利用不稳定的季风碰运气,在近陆海面贴着海岸线航行,一旦遇到风向骤变的天气,立刻靠岸。没有远洋航行的能力,只能局限于近岸或邻近海域活动,无法进入远隔重洋的广大世界海道,这一缺陷严重限制了西方远洋航海的发展。

大一统的秦朝从内陆逐渐走向海洋,中国古人开始扬帆出海,很快就意识到帆船航行时提高操船效率的重要性。汉代以来的有关典籍中可考证,中国船上的操纵工具在这一时期已完成了由艇桨→艇梢→船尾舵的过渡。中国船方首、方尾、平底等众多结构上的有利条件,使得在纪元初的东汉年间就已经发明了悬挂式可升降的船尾舵,迅速提升了远洋航行能力,三国时期,中国船就可以远航东南亚了。

中国的船尾舵在其问世后一千多年的漫长岁月中,不断创新,由不平衡舵(东汉)发展到平衡舵(北宋),再发展到多孔舵(明代)。在欧洲,直到 18 世纪末,平衡舵才开始被视为一项新颖的舵形;而多孔舵直到钢铁轮船时代才被采用。

---

① "帆角"是指帆面与船舶首向的夹角,帆角不能小于 20°,否则帆船将停滞不前。

密封隔舱

或许是受到竹竿"空心多节"结构的启发,中国古人创造出密封隔舱的独特船体结构。船体由若干水密隔舱相连,就像竹节的横膈加劲肋那样保证局部稳定、整体轻巧;另外,因水密舱壁所隔,即使一舱受损进水也不致危及整艘船。与"统舱结构"的船只相比,船舶的可靠性、安全性得到极大提高。

1275—1292 年,意大利马可·波罗在中国时,看到他从未见过的这种独特的密封隔舱结构,惊诧之余不免大加赞赏,并介绍说,中国海船常发生这样的情况,当某航船上发现某舱进水时,船长即下令把舱内货物移往它舱,然后堵漏或停靠一处赶修,修复后再把货物返回原舱,全船仍安然无恙地继续航行。

船史学界专家学者普遍认为,设置水密舱壁年代至少在公元 400 年左右的晋代——"卢循新造八槽舰九枚,起四层,高十余丈"(欧阳询《艺术类聚》)。受到木结构连接工艺水平的限制,直到中国唐代(618—907)才出现了水密舱壁,这可由江苏如皋出土的唐代古船得以证明。由于水密舱壁的问世,中国船就越造越大,航程越走越远,开始进入印度洋,并以坚固、抗风力强、安全性好而著称于世。当时的阿拉伯航海者均爱乘中国船,以策海上安全。

橹

"橹",听起来很不起眼,但是,其中蕴含着学问,得之不易。

船舶诞生之初,其航行动力来自于桨,从短桨(古称"楫",jí)发展到长桨(古称"棹",zhào),已经是春秋战国、秦汉两朝。为了减少划桨的劳动强度,搁棹于船侧叉架,依靠支点用力。划桨是一种间隙式用力的动作,依靠水的反作用产生推动力;入水时做实功,出水时做虚功,推进效率不高。

由于船越造越大,产生高效率推进力的需求成为一种现实。西汉年间,中国船匠通过长期的努力,最终别具匠心地发明了可在水中连续划水的橹,橹的运动可以不出水,在水中进行连续往复的搅动,大大提高了桨的推进效率。

轻橹摇溢翠,春船载绮罗

相对于桨,橹的水下前端流线弯曲、尺寸加宽,向上逐步缩小尺寸至橹柄宽度,船侧或者船尾设置球形头(橹人头),橹柄顶端用橹担绳牵引固定于甲板在桨颈部、即在操橹把手(又称稽手或橹柄)下与其下端的甲板间连一粗绳(又称绰),橹把手与一般划桨手之胸部齐高(亦可由橹担绳调节),便于使用人之臂力,使之便于在水下很省力地改变划水角。

由于橹柄距橹人头较远,利用杠杆原理,只要在橹柄处施加不大的力,就可摇动水下橹叶,四两拨千斤,一支橹可以代替几对桨。所谓"轻橹健于马""一橹三桨",概如斯也。

由于橹叶在水中来回连续划水,且能较均匀地使用臂力,故这类划桨动作称为摇橹。摇橹者一手把住橹手把上端,用手腕掌握橹叶在水中的角度,另一手握绳,两手来回搓动,船就能行进、转向自如。当摇橹来回速度均匀时,船就直进,当摇橹来回速度不均匀,且单向加大橹叶的入水角时,船就转向。摇橹实现了船舶推进与操纵的一体化,用一支尾橹就能同时实现两种功能。

国外不少学者称橹为自引流推进器,明确刻画出了它的功能特征。时至今日,在中国大部分的河道中的小木船上,不无例外地都是只使用一支长长的尾橹,别无其他操船工具。古代世界还没有另一种船舶操纵或推进工具能同时实现这两项功能,即使是现代发明的定螺距螺旋桨也没能做到这一点。

令人赞叹的是,橹及摇橹附件的名称和用途早就出现在扬雄的著作《方言》中(成书于公元前 15 年),可见摇橹在中国实际使用的时间则更长。

航海罗盘

古代航海,可以通过观察天象,以太阳、星斗位置来测定自己的船位。但是,在一望无际的大海中航行,遇到阴晦天气,无日月星斗可观察时,就很容易迷失方向而偏航。

文艺复兴之前,人类关于磁学的知识都集中于中国。磁石的指极性是中国人首先发现并用于测定方向的,并最早将指南针安在船上。5 世纪,在《晋宫阁记》中记载了西晋宫苑有一灵芝池,湖中有五种船舶,其中"灵芝池有鸣鹤舟,指南舟,……"记载。720 年,中国人发现了磁偏角;900 年,磁罗盘用于航海导航;1088 年,沈括及其同时代人描述了磁针、磁感应和磁偏角,1099—1102 年,更为准确的磁罗盘导航技术应用于航海。

船舶技术的西向传播

中国在航海相关技术方面有一些独特之处,它们对于远洋航海是相当重要的。西方国家在这几个方面的发展相对要迟一些,至于西方是否仿制中国的技术,或者至少受到中国这些技术的启发,有待更充实的历史资料考证。

防水密封隔舱

1793 年 7 月,当英国使团途经天津时,使团中机械学家丁维提博士(Dr. Tinwiddie)考察了中国船的构造,根据他的考察,副使写道:"中国各地的船,所有船舱都是分隔成舱。可能他们的经验认为这样分开更方便……一个间隔漏进水来,不致流到其他间隔……无论如何,反对间隔开来的原因对于军舰来说是完全不适用的,因为军舰的目的并不是装载大量货物的"。

英使回国两年后,应英国海军大臣的要求,英国造船专家本瑟姆爵士设计并指挥制造了六艘具有防水密封隔舱的帆船军舰。本瑟姆长期担任英国海军部总工程师及总造船师，1782 年到中国学习造船技术。他一度建议将皇家海军现有舰只按中国造船方式改造，遭到反对，理由是耗费资金且不一定适用。1795 年英国使团访华后，安德逊的《英使访华录》出版，其中发表了丁维提对中国船结构的考察报告及评估。此后，海军大臣下定决心接受本瑟姆工程师的意见，建造中国式的密封舱战舰。从那以后，全世界的商船和军舰都采用了防水密封船舱的结构。远洋航行中，安全毕竟是压倒一切的头等要素，欧洲人参照中国的船舱结构，改变了流行已久的设计习惯。

当西方近代造船科学诞生后，船舶结构原理以及"不沉性理论"证明，这种结构最为科学和合理，进而建立了一舱或多舱不沉的理论，为近代船舶设计原理奠定了基础。中国古代木船上的水密舱壁结构，已被世界各国引用至今，即便是现代远洋运输船、各类战舰，也无一例外。

航海罗盘

李约翰将导航方法的历史分为三个时期：原始导航时期、定量导航时期、数学导航时期，我们不妨称之为天文导航、地文导航、数学导航。天文导航是利用星体和太阳来推测航向，受气象条件影响极大，测定精度低；地文导航则是使用磁罗盘（测定方位）和沙漏（测定时间），不受气象状态干扰，测定精度高。

磁罗盘导航的核心技术是指南针和磁偏角等知识，这些都是中国人率先掌握的，欧洲的磁罗盘可能来源于中国。12 世纪之前，欧洲人对磁的认识仅仅停留在磁石可以吸引铁。1190 年，英国人尼卡姆（Alexander Neckam）使用磁罗盘横渡英吉利海峡。15 世纪，欧洲人（有书籍记载是 1492 年的哥伦布）认识到磁偏角并用磁感应制成有指极性的磁铁①。在这些知识的支撑下，意大利学者托斯卡内里（1397—1482）等人才有资格谈论在未航行过的大洋中西行的可能性，以便寻找地球另一端的中国。1511 年，罗马的哈特曼（G. Hartman）观察并测量出磁偏角；1576 年，诺曼（R. Norman）再次观测了磁倾角，并测出伦敦的磁倾角为 71°51′。

磁罗盘在导航技术上引起了一场真正的革命，它通过方位盘的准确读数，在阴云或风暴的白天和夜晚都能够预知前方的航路。大约从 1300 年之后，三角学这门新的学科（对欧洲来说是新的）给航海者提供了多套折航表，用这些折航表可以很容易地计算出在一定时间之后，船向预定航线的方向已经走了多远，以及回到预定航线还要航行多远。郑和时代的中国航海家除使用罗盘定向外，还知道测定并沿纬度航行的方法。

经过科学革命和产业革命后，欧洲的磁罗盘仍不及中国的好用。1793 年 7 月，英国使团从浙江北行到黄海海面时，由两名中国领航员领航，两人都自备一只小的航海罗盘。使团中的科学家巴罗对中国罗盘做了仔细研究，并将其与欧洲罗盘做了对比。根据他的报告，副使斯当东写道："中国人航海普遍都使用罗盘，……磁针悬摆得非常玄妙，稍微移动一下罗盘盒子，它就要跟着向东或向西摆动。……中国罗盘的准确性是通过一种特殊设计而保证

---

① 一说 13 世纪的数学家、磁学家、医生和炼金术师派勒格令尼（P. Peregrinus）在 1269 年 8 月 8 日给他朋友的信《论磁体的信》中，描绘了磁石的磁偏角。

的，……"。然后用大段文字详细描述了中国罗盘的内、外部结构和每一个细节。

巴罗又指出，欧洲人认为磁针指向北极，中国人认为受到南方吸引，把罗盘标记放在南极，定名为"指南针"或"司南"。他们"了解磁针并不永远指向正北或正南，磁针的偏差角度各国不相同，甚至在同一地点也并不永远都一致"。通过中西罗盘对比，18世纪末的英使团中的科学家认为：中国航海罗盘比欧洲的优越，值得欧洲效法。对中国罗盘结构的详细描述，足以使有心人依法仿制了。

船尾舵

大约在10世纪，船尾舵已经传至阿拉伯文化区；1180年左右，船尾舵与中国的航海罗盘一起传入欧洲，14世纪前半叶，北欧船上已普遍地装上了船尾舵。研究认为，最大的可能是在十字军东征期间，于12—13世纪之交从阿拉伯地区引进欧洲。12世纪的汉萨（Hansa）同盟①柯克（Cog）船上即安装了船尾舵，柯克船的船名有"圆钝船"的意思，因为它的外形与以往的西方船首尾高翘不同，那样的尾部线型几乎没有安装船尾舵的条件。而柯克船为安装船尾舵，把尾柱拉成斜直线，尾柱为了装舵，也是垂直的。那时候船帆已有了转帆索，加上首拉索，便于在横风时调整帆的角度，适应了在当地海域以及风向不定情况下航行的要求。李约瑟认为："尾舵与航海罗盘一样，也是大船实现远洋航海的一个必不可少的先决条件。没有尾舵，第二期的计量航海和第三期的数学航海的发展不是完全被抑制，就是被长期推迟。不过在西方，尾舵的历史作用很晚才开始为人们所理解"。不少西方船匠在很长时期内由于习惯于使用尾部两支操纵桨，并未意识到船尾舵有很高的操船效率。

根据现代力学原理，平衡舵和多孔舵都是为了减小转舵力矩而采取的有效措施，但是这些道理却被中国船匠直观地接受了。可是在古代，欧洲人对于这些新生事物的吸收却似乎总是比较慢，他们在见到中国船上使用的某些属具时先是感到惊奇，似不明其理，几乎要过了几个世纪后才予以模仿采用。不过，一经采用，总是有进一步的改进和创新。

中线舵是中国船匠在世界造船史上的一项杰出发明，其在世界航海史上的贡献不亚于航海罗盘。船舵至今仍是现代船舶的主要操纵工具，显示了极强的生命力，世界上还没有一种工具像舵那样能使用这样长的时间。

14世纪末，地中海沿岸出现一种三桅帆船，使用船尾舵、船头尾瞭望台，被称作卡拉克船，这是欧洲最早的重要的远洋船。葡萄牙人和西班牙人的第一次远航就使用这种船。1492年，哥伦布航海船队到达美洲，他的旗舰"圣玛丽亚号"也是一艘卡拉克船。

螺旋桨

在西方，直到近代，橹才出现在一些小船上。18世纪，英国海军的船舶设计人员用理论进行试验研究，明确了橹的效用。就划水功能而言，橹就是一具变螺距的单叶正反转螺旋桨。根据其连续划水的轨迹，引发人们去研究能够在水中连续击水的推进工具。船用螺旋桨的诞生是否受到橹的启发，尚无史料考证。

1752年，瑞士物理学家伯努利第一次提出了螺旋桨推进器更优越的报告，他设计了具

① 14—17世纪德国北部诸城市结成的商业和政治同盟。

有双导程螺旋的推进器，安装在船尾舵的前方。1764年，瑞士数学家欧拉研究了能代替帆的其他推进器，如桨轮（明轮），也包括了螺旋桨。1836年，英国的"阿基米德号"使用了木质的螺旋推进器，造船工程师史密斯以每小时4海里的航速进行航行试验。试验中的意外启发了螺旋推进器的改进，从长螺杆改成短螺杆，短螺杆又改成叶片状，螺旋桨就这样诞生了。

日以衰兮，海禁下的中国航海

越洋渡海并非是一件容易的事情，没有良好的技术装备作保障，光靠丰富的经验、足够的胆识是不够的。这就犹如不谙水性的人，只敢顺着游泳池边趟水，很难下决心纵身一跃；没有充足技术保障的船队，只敢顺着岸边航行，绝不敢轻易地驶向深邃而黑暗的大海深处。在欧洲的地理"大发现"序幕没有拉开之前，1405—1433年，中国明朝的航海家郑和率领庞大舰队远渡重洋，穿越南海、孟加拉海、阿拉伯海、印度洋，经过了东南亚、中南半岛、南亚次大陆、非洲，远及非洲南部的桑给巴尔岛。

从科学发展史的角度审视，郑和下西洋体现出中国近代之前的造船与航海科技，其发展水平及成熟程度遥遥领先于西方国家。但是，特别遗憾的是，明清两朝种种禁令，严重阻碍了中国海洋帆船技术的发展。而此时的欧洲，大航海时代悄然而至，世界格局在渐渐地发生着不可逆转的变化。

明代初年，中国沿海开始受到倭寇的骚扰。明太祖朱元璋为防止内地海商出海勾结倭寇为患，诏令"濒海民不得私自出海"，遂开中国实施海禁国策之先例。

明成祖朱棣是一位有进取精神的封建皇帝，由他倡导的郑和下西洋（1405—1433）的伟大事业冲破了明初由朱元璋的海上禁令。他采取海上开放的国策，在世界范围内开创了向海洋进军的先河，曾使中国成为世界第一造船大国和海军强国。

朱棣之后的明廷，一反开海国策，斥郑和下西洋为弊政，采取禁海、闭关的国策，致使中国的海洋帆船从其发展巅峰跌落下来。到了明代中叶的嘉靖年间（1522—1566），禁海尤烈。"一切违禁大船，尽数毁之"，凡"沿海军民，私与贼市，其邻舍不举者连坐"。

嘉靖倭患促使明朝不少官吏认识到"市通则寇转为商，市禁则商转为寇"的道理，意识到开放海禁的重要性。1567年，取消海禁，准贩东西二洋。于是，成批的中国双桅贸易船活跃在中日航线，中国的海上贸易开始苏醒。当时中国海船的吨位、性能、船队规模及海上航程，较之明初郑和下西洋时均呈明显的衰退趋势，具有成百艘大型远洋帆船队的郑和时代已经一去不复返了。

清王朝立国后，为防止东南沿海居民及明末遗臣像郑成功那样以海外基地为桥头堡，反攻大陆，危及王朝的生存，于1655年效法明朝又重下"片板不许下海"的禁海令；直至1684年，康熙皇帝收复台湾并从郑氏那里了解到开展海上贸易的诸多好处，遂于1685年颁布"展海令"，允许国人外出经商。

开展海外贸易之利和海商集团内外勾结危及朝廷统治之弊，始终是明清两朝统治者制定国策时考虑的相互矛盾的两方面，且常以后者为主要考量。海禁政策时松时紧，即使在清廷实施"展海令"期间，常寓禁海于开海之中，对出海帆船的大小和桅数均严加限制。中国海洋帆船性能在清朝150年所谓"开海"时期内竟无所长进且裹足不前。

大地坤厚：深究方知其载万物仁心

深井钻探技术为人类开辟了丰富的资源之路

人不可周余不进水、月余不进食、长期不进盐。当人体缺少盐分时，体液浓度降低、电解质紊乱，若造成低钠血症，严重时会出现呼吸衰竭甚至死亡。解决水、食、盐等基本生活资料的供应问题，是关系各民族生存的头等大事。

从古代至 16 世纪的漫长时间里，欧洲所用食盐绝大多数以海盐为主，欧洲内陆国家或地区所需的盐，一般由盐商以马车从沿海盐场辗转运入。

幅员辽阔、人口众多的中国，内地距离海洋遥远，不可能长期依赖于从沿海地区运输食盐到内陆。因此，古代中国人在全国境内探索盐的不同来源，并开发出至少七种途径：海盐、井盐、岩盐、池盐、土盐、砂盐和树盐等①。其中，井盐多产于离海较远的四川、云南内陆地区，通过钻井技术打深井取盐。"凿山如碗大，深者数十丈……则咸泉自上"（译文："山地钻井，直径碗口大小、深度多达百米，盐水自动流出"，苏轼《蜀盐说》）。

《天工开物》记载：这项技术采用"冲击式顿钻法"，以圜刃为工具，用类似舂米工具的足踏杠杆"碓架"，凿成小口深井，以扇泥筒输送泥水与卤水，整个流程包括钻井、汲卤、晒卤、滤卤、煎盐几个步骤。

中国的深井钻探比西方先进近两千年，该技术被西方引进之后，在盐井钻探，以及现代天然气、石油钻探技术中发挥了重大作用。

领先世界数百年的深井钻探

千年前的技术与当代无异

早在公元前 3 世纪，中国人就探寻出凿井开采的技术，逐步改进升级，逐步从大口浅井发展到深井钻探，形成一整套设备、工具、辅件、工艺流程等。发展出了人类最早的小口径钻井技术，最深可钻探至地下千米。

明代马骥的《盐井图说》对我国古代冲击钻钻井工作程序做了详细的描述和划分，整个过程有六道工序。

(1) 相井地(选井位)；

(2) 立石圈；

(3) 凿大窍(钻大口径孔段)；

(4) 搯扇泥(捞岩屑)；

---

① 北宋人掌禹锡等撰《图经本草》(1061 年)对食盐有相关记载，基本上全人类所能观察和使用的一切可食用盐都有了。6700 万年—2.3 亿年前，川、滇内陆地区还是海湾，海退作用而成内陆，故某些地区地下存在含丰富盐水和岩盐的资源。

技术类别	技术名称	年　代	水　平	方　法	备　注
凿井	大口浅井	公元前 256—1041 年	井径 2～9 米,井深 20～250 米	人力挖掘方法	
钻井	小口深井[1]	1041—1815 年	井径 30 厘米左右,井深 100 ～800 米	铁制钻头借绳式冲击钻进法[2]	兼采天然气和石油
	深井钻探	1815—1910 年	井径 30 ～32 厘米,井深 800～1200 米	绳式冲钻方法	兼采天然气井

[1] 又称"卓筒井"。钻好井后,汲卤筒入井取盐。竹筒去中节、开底口,底部安放熟牛皮皮钱,构成单向阀门。入井后,卤水冲开皮钱进入筒内;提升时,水柱自身压力将阀门关闭。将汲卤筒提升至井外,以人力顶开阀门,即得卤水。

[2] 明代发明的"撞子钎"(震击器),钻进深度达到 1000 米以上,可钻至地下岩层。

(5) 下木竹(套管);

(6) 凿小窍(钻小眼)。

通过这套较为完整的钻探工序,循序渐进地进行,可完成一口新井施工的全过程。与现代钻井相比,我国古代钻井技术,除设备器材的材质以及施工工艺技术有所不同外,其实质与效果几乎没有很大差别。

实践真知、领先世界

通过长期的实践,我国发展了一整套完善的、全系列装备,以确保深井钻探的高效、安全、可靠。

(1) 设备:井架(天车)、足踏硾架、绞盘、大车(绞车、牛车、地车)、传动系统(旧称"花滚")、靠井架("楼架")。

(2) 钻具:鱼尾锉、财神锉、银锭锉、单马蹄锉、双马蹄锉、蒲扇锉、活偏尖、八愣子、桐梓银锭锉、羊蹄子、空心滚龙锬子、扇泥筒、吊脚提须、针鼻子转槽子、梭皮(蛇皮)。

(3) 打捞工具:四愣子、五股须、撞子钎①、平头提须、抱爪、柳穿鱼(提须刀)、提须子、铁五爪、霸王鞭、扫镰、搅镰、系子、搜子、木龙、独脚棒等。

(4) 关键组件:转槽子②(震击器)、篾索。

由于中国有先进的钢铁工业,当时就已经能使用铸铁钻头了。将铸铁的钻头落下砸到岩石上,用这种方法每天能钻 0.3～0.9 米深。用钻头连续钻打几次之后,产生的碎屑用端头有皮阀门的中空竹管移出。

清代时期,随着深钻井技术的完善,1835 年,我国成功地钻成了世界上第一口超千米的燊(shēn)海井,井深 1001.42 米。燊海井的钻成、延续与发展,被联合国教科文组织《博物馆》刊物称为"世界油气盐井钻井之父"。这项奇迹的产生,不仅依赖于先进的深井钻探设备与钻井工艺,还要有配套的若干项重要方法与技术,才促使深井的钻成。这些配套技术已达到相当高的、独特奇巧的水平,其中若干配套石膏工具的工作原理和程序,至现代仍然在发

---

① "撞子钎"是清代"挺子"和"转槽子"的前身,也是现代钻井所用"活环"的雏形。

② 14—15 世纪(明初),古人发明的震击器(转槽子),安装在篾绳与钻具之间,能对钻头撞击后产生一种反弹力,使钻头不致陷入岩层中,起到自动解卡作用,故旧称"撞子钎"。震击器是井下作业不可缺少的活动部件,起着垂吊、扶正、指示、震击、保护和解卡等作用,19 世纪 30 年代在美国和德国最先出现的 Jars 或 Wechselsttick 等不同名目的震击器,也具备了中国古代震击器的全部功能。

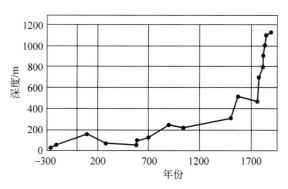

19 世纪之前中国深井钻探深度

挥作用。

世界最早的天然气和石油钻探

随后的 1855 年,在燊海井西部附近,钻成了一口最大的天然气井——磨子井。当井深钻至约 1000 米、进入嘉三段主气层时,井内的天然气突然腾空而起。点燃的火舌高出地面几十米,宛如火山爆发一样。据推算,磨子井初期日获天然气 100 万立方米,是我国近代高产的大型气井。被誉为"古今第一大火井",素有"火井王"之称。

之后不久,我国发展出独特的天然气开采技术——炕盆采气,这是中国古代天然气开采技术的精粹,也是当时世界上绝无仅有的天然气开采技术。形成了成熟的采气输气工艺:采气设备由炕盆完成,采集井内天然气并与一定量的空气混合,然后从炕盆笕输出。输气系统由一系列过渡设备组成,出山桶→汇桶→马门桶→腰马门桶→腰桶→小气桶,过渡设备之间以输气沟道(笕)相互贯通,整体输气通道向上倾角 6°～9°。

现代研究者对这项古代采气技术进行研究和分析,使用现代科学理论和计算模拟,处理了上万个数据,惊讶地发现,炕盆采气这一套装置的机理非常符合现代科学原理。

在钻探井盐、天然气、石油方面,我国古代总结出了一套判别方法,根据不同地层钻探取样特征,分析地下资源类型。清代李榕的《自流井记》记载:"钻井时须审地中之岩,钻头初下时见红岩,其次为瓦灰岩,次黄姜岩,见石油。其次见草白岩,次黄砂岩,见草皮火(薄的天然气层)。次青砂岩、次绿豆岩,见黑水(浓盐水层)。钻井时不一定见所有岩,但必得有黄姜岩和绿豆岩。"

冲击钻探技术西传欧洲

幸未错过的高技术信息

在远离海洋的内陆"钻井汲盐",这一中国技术思想在欧洲本土是前所未闻的,欧洲人长期不知道地下深层蕴藏丰富的岩盐和盐水。虽然古希腊、罗马时代以来欧洲人知道凿井,但主要是大口径的水井,从未想到钻深井取盐。

中国古代钻井技术的信息很早就传递到了欧洲。意大利旅行商人马可波罗在其游记中谈道:1280 年,他奉命从大都(今北京)至四川过金沙江至云南行省首府大理,亲眼所见一项不可思议的技术——在远离海洋的崇山峻岭之中,钻井从地下汲盐。

"此国内有很多盐井,国人从其中取得食盐,且皆赖此盐以谋生,而国王亦从贩盐中得到很大一笔收入。"

14—16世纪期间,《马可·波罗游记》发行了众多语言版本,如法文、意大利文、拉丁文和德文等版本流行于世,大多数欧洲人能看懂。

离海很远的东欧、中欧内陆国家或地区,迫切需要新的盐源。正当欧洲内陆地区想自主发展盐业、摆脱对进口盐的依赖而苦无良策时,得知"凿井"取盐的信息如久旱逢甘雨,迅即付诸实践。16世纪前后,在东欧三个地方①出现了实际运作的第一批盐井。

"凿井"(well digging)与"钻井"(well drilling),这是两种完全不同的技术,后者可以打得很深,从而得到浓度更高的高纯度盐。但是,欧洲人凿井深度不够,得不到浓盐水和岩盐,使井盐进一步发展受到限制。

在这种情况下,欧洲的传教士出场了,与马可·波罗不同的是,他们多在大学受过科学教育、精通汉语。他们能够深入中国内地与中国人直接交流,在传教的同时,以收集中国科技信息为重要目的。

1640年,意大利耶稣会士利类思(Ludovico Buglio)在四川成都创建传教区,设有教堂。此后,不断有来自欧洲不同国家(包括法国海外传教团)的传教士,来到成都、重庆等地,住院传教,深入四川各地寻访。

永不消逝的科技情报

关于中国的"钻井"取盐的信息,不断地从中国传来。

1665—1657年,荷兰东印度公司派往清朝的使团成员倪贺夫(Nieuhof)到四川访问后著文,于1690年报道:"使人感到特别惊奇的是他们在四川发现有盐井,……这些盐井深达百步,……盐井的井口或井孔几乎不到四拃宽②,人们用一种很重的铁臂挖掘。"他还介绍了四川井盐生产的简况,包括钻井、汲卤和制盐。这位荷兰大使是最早向欧洲详细介绍四川盐井钻采的。

1694—1699年,菲古耶用法文出版《别致的游历》;1704年,塔不拉斯卡主教用法文发表在《启示书信集》③中的一封信,……他们分别从不同角度介绍中国的盐井技术细节。

部分欧洲人开始尝试中国的钻井技术,他们采用"钻杆直接连接钻头"的方式,取得了初步的成功。但是,随着钻孔的加深,欧洲人采用的方式遇到问题了。因为,钻杆长度和重量随着孔深也相应增加,每次撞击中钻具容易卡进地下被撞物或者损坏。欧洲人又不能有效打捞破损的钻杆和钻头,导致很多盐井打了一半不得不因此报废,几个人1~3年的时间遂告白费。

其实,中国早在15世纪前就已经解决了这个问题,明代时广泛采用的方法是,用"转槽

---

① 即喀尔巴阡山脉西麓的波兰南部、工商业城市克拉科夫附近的维耶利奇卡、博赫尼亚,以及山南坡匈牙利境内的苏沃尔。

② 一拃(zhǎ):指张开手掌后,大拇指和小指两端的距离,约200毫米(A4打印纸短边的尺寸210毫米)。但是,从纽霍夫所介绍的井径、井深等数据分析,有人怀疑,倪贺夫对四川盐井的描述,是来自《天工开物》一书。

③ 《启示书信集》全名《海外传教团某些耶稣会传教士所写的启示与珍奇书信集》,汇编了在华传教士所写的有关中国的考察或研究报告,共34集,每集相当于一卷,编著者是巴黎耶稣会士杜阿德(Jean Baptiste du Halde)及勒·戈比安(Charles le Go-bien),1703—1776年连续刊发。这套书与《中华帝国通志》(1735年)及《中国论考》(1776—1814)并称为有关中国的三大丛书,在欧洲有广泛而深远的影响。研究报告中关于四川盐井的考察,应是1701年来华的法国耶稣会士杜德美(Pierre Jartoux)根据四川教友见闻起草的。

子"过渡,避免竹篾或钻杆与钻头直接连接,二者之间设一活动装置。这个专门为解决这一问题而设计的灵巧装置,也是保证深钻成功的关键。

此活动装置的机关奥妙,表面看来并不起眼,在 17—18 世纪中国钻井术西传的第一阶段中,这部分没有被介绍过去了,因而欧美国家由此产生的隐患存在了一百多年,一直找不出根治方法。虽然 18 世纪末欧洲人做了各种改进尝试,都没有很好地解决问题。

锲而不舍的科技情报

正当西方人束手无措时,19 世纪初,有关中国钻井术的信息第三次传入欧洲,这次在钻具内部设置活动机关的技术被介绍过去了。传递这一技术信息的是法国遣使英伯特[①]。英伯特将其考察报告用法文发表在里昂出版的《传信协会年鉴》[②]上,这是他写给法国海外传教团神学院院长朗格卢瓦(Langlois)的信中"关于盐井的考察"的内容。英伯特作为天主教传教士派往四川,担任牧师 19 年之久,他去过自贡的自流井和乐山的五通桥,实地参观、调研盐井生产过程。他在报告中对中国四川的钻井技术做了完整、详细的记述。

当地有盐井一千多口,井深 490～585 米,以 130～180 千克的铁制钻具钻出,钻头上有伞体形状的部件,由藤索悬之,有井上人在踏板上有节奏地跳动,以保证钻井动作协调。盐水在长竹筒中被提起,再用煤或井中放出的天然气煮之。

英伯特所介绍的"钻头上有伞体形状的部件",实际上就是钻头与钻杆之间的缓冲装置、深井钻探的关键部件——撞子钎或转槽子。英伯特叙述四川盐井深钻技术的报道发表后,引起非议,当时法国钻井专家埃里卡尔·德蒂里怀疑中国盐井能否钻到 585 米那样深。法国科学学会于 1829 年专门开会讨论了英伯特的记述,仍然持怀疑态度。因为已经在科学技术方面开窍的西方国家,所凿的井从未达到这个深度。

欧洲采矿专家和钻井工程师仿效中国冲击钻井法,进行的系列试验都没有达到预期的效果。欧洲著名钻井专家金德(Carl Gotthelf Kind)试验结论认为,合理深度只能钻到 50～60 米。有的西方专家认为,绳式冲击钻井法无法保证井身垂直;也有人认为,冲击钻井法需要严格的地质条件限制,不能应用在水平岩层或软质和硬质岩层中钻进。

他们不知道其实中国四川所钻盐井,18 世纪初就已达千米深度了。在欧洲人看来,小口径、如此深度的井,是不可能钻出来的,580 米应算是技术奇迹了。

为了打消德蒂里之辈的怀疑,英伯特又去四川叙州府富顺县盐井区,再次做详细的现场考察。1829 年,他向法国海外传教团神学院的朗格卢瓦报告,随后该报告发表在《传信协会年鉴》(卷 4,414—418,1830),进一步详细地介绍了深井钻探情况。他坚持说用竹缆是完全能够打出很深的井的,中国的钻具由藤条拧成的缆绳悬挂,在井中向下冲击钻进。

"一位轻装强壮而又熟练的工人登上钻井架,整个上午脚踩杠杆。这样通过杠杆把钻头提升二英尺(1 英尺=0.3048 米),然后又让钻头落下,如此钻井。"

汲卤的轮车周长 12 米、绳索缠在上面有 42～50 匝,说明盐井深度确实达到了 610 米;

---

① 弗朗索瓦·英伯特(Francois Imbert,1800—1870),法国遣使、教会会士。

② 《传信协会年鉴》(Annales de l'Association de la Propagation de la Foi),卷三,361-368,1828。

另外,四川的天然气井的深度更深,达到 854 米。

英伯特对四川井盐技术的报道,对西方采矿界产生了巨大的影响。他明确向西方国家展示了中国正宗的绳式冲击钻井技术及其所用工具,而这正是当时西方最急需的,因此迅即引起欧美相关人士的注意。

欧洲终于前进了

因为太不可思议、太超出自己的认知水平,人们往往选择怀疑并忽视。但总有一些人没有拘于既成观念,勇于走出第一步。

在争议中慢慢前行

传教士们不断从中国传向欧洲的信息,成为欧洲人改进已有钻探技术和工具的依据。欧洲各国纷纷开始仿效中国钻井技术,并进行了一系列的试验,很快结出硕果,特别是欧洲版的撞子钎研制成功。

欧洲第一个仿效中国钻井方法进行试验的是荷兰人乔巴德(J. B. A. M. Jobard)。他是布鲁塞尔博物馆(工业)的管理员,看了英伯特发表的有关中国钻井技术的情报后,在距布鲁塞尔不远的马林堡附近,仿效中国钻井技术做试验。1828 年,他钻出了 25 米深的小口井。他认为:中国人的绳式冲击钻井法比欧洲人原来使用的悬杆法好得多,并声称在绳索和钻头之间装置一个重 100～200 千克的长筒形铸铁器具,可以保持井孔的垂直,并建议用一种麻心的钢丝缆来替代绳索。

中国与西方钻井技术比较

对 比 项 目	中国卓筒井 (小口径冲击钻)	西方早期 (绳式冲击钻探)
发明时间	早于 1041 年	晚于 1838 年
钻进方式	冲击	冲击
绳索材质	竹篾	钢绳
动力	人工踏蹬	人工踏蹬
井身结构	石圈、木、竹套管	木、钢套管
钻具缓冲机构	转槽	活环
钻头结构	横刃配圆刃	一字形凿
排泥器	竹扇泥器带牛皮阀	捞砂筒带球阀
开采物	卤水	卤水
发明地点	中国四川	美国宾夕法尼亚

很快,中国的绳式冲击钻井技术吸引了很多欧洲人的注意,欧洲采矿专家纷纷仿效中国绳式冲击钻井技术,进行一系列试验。1829—1912 年,勒米特尔(Cardre)、洛茨基(Lhotsky)、塞缕(Sello)、乔巴德(Jobard)、琪森(Bansen)等先后发表了若干专著,分析研究中国的深钻井技术,对中国的自流井、气井、绳钻法、钻具等做了多角度的研究。这些著作无疑对公众了解掌握中国盐井和气井的工艺技术提供了帮助,为欧洲人进行钻井试验提供了必要的技术支持。

此后,欧美人进一步学会并设计了打捞井内损坏设备的各种工具、革新了护井套管(以

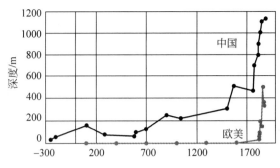

19 世纪前中西方深井钻探深度

铁管代替木石套管）、引入注水钻井法、改用离心泵、以蒸汽机为钻探动力。模仿中国的篾绳和震击器，发明了麻心钢丝绳和钢制震击器(Jar)，极大地促进了钻井深度，终于赶上了四川的深钻井技术。欧洲将这种钻井方法取名为"欧洲绳索冲击钻井法"。

1859 年，在美国宾夕法尼亚州的石油湾，德里克(E. H. Drake)上校用中国的竹缆方法钻出了一口油井(21.64 米深)[①]。这口井出的油就像中国更早一些时候的情况一样被用作燃料。德里克以及美国的其他石油钻探者可能不是从法国得到钻探技术知识，而是在美国修筑铁路的中国契约劳工那里得到的。

1860 年，德国萨克森境内的舍宁根(Schoningen)利用美国卡纳瓦盐厂的做法，以蒸汽机为钻探动力，代替人力或马拉绞盘，钻出 580 米以上的盐井。

中国钻井技术的历史价值

人类能源的利用大致可分为三个阶段：草木燃料、煤炭燃料和石油(天然气)燃料。石油的发现和开采利用，应归功于钻探技术的发明创造。没有深井钻探方法，蕴藏在地下深处的石油、天然气能源就不可能被开采利用。

中国发明了深井钻探方法，这项技术被西方引进模仿，再加以改进，为人类的地下资源利用贡献了力量。其历史意义和重要贡献表现在：

（1）它昭示着人类依靠钻探手段，能将蕴藏于地下深处的矿产资源开采出来，为人类所利用。日本著名学者岛恭彦教授将中国古代钻井技术说成是人类前期科学技术顶峰的成就。

（2）钻井技术的发明，导致了 19 世纪中叶后，世界工业先进的国家竞相大规模地进行勘探和开发石油和天然气，引起了一场意义深远的世界性能源结构大变革，使人类社会进入了以石油、天然气为主要燃料的时代。

直到当今，石油(天然气)仍为人类社会的最重要的能源之一。石油(天然气)的勘探和开发，仍然依靠钻探技术，而且它依然是今天人类利用地球深处所蕴藏的油气资源的唯一方法。

"黑色金子""工业血液"，这是人们对石油的经济价值和社会价值的形象比喻。当今时代，石油资源对于发展国民经济、推动社会进步仍然极其重要，在工业生产、农业耕作、商业

---

① 1848 年，俄国人谢苗诺夫开凿出了世界上第一口现代油井，苏联时代的百科全书把谢苗诺夫称作"石油工业之父"。

贸易、军事装备、日常生活的各个领域,无一没有石油产品及其副产品的身影。

回首 20 世纪,石油的工业发展与广泛应用,几乎影响了这个世纪的工业、国家战略和全球政治的基本格局。前瞻 21 世纪,争夺最后的油气资源的斗争,很可能依然还是 21 世纪地缘政治的主题[①]。

莫忘先祖,泱泱大国的科技贡献

记忆,是为了更稳健地前行

中国,作为历史上的科技强国、经济大国、礼义之国,在科学技术领域的多方面曾经居于世界领先地位。本书末尾的附录以表格的形式列出了东西方科技发展的大事记,时间跨度近两万七千年。长达数千年之久,中国在科技领域的很多方面都创造了世界第一的纪录。从表格中不难看出,在近代科技革命到来之前,中国的天文、数学、科技、医学、农业、工程等领域高度发达、成绩斐然;我们也可以从时间和空间两个维度观察,梳理出中国科学技术向西方传播的线索。

但是,随着时间的推移,无论是在东方还是在西方,越来越少的人关心现代科学成就的真正来源,而知道中华文明在世界科技文明发展中做出杰出贡献的人就更少了。在此,我们列出其中 100 项当时领先世界的科技成果,以表对中华民族先辈们的敬仰。

农业(5 项)

分行栽培与精细锄地,铁犁,马挽具,旋转式风扇车,楼车(近代多管条播机)。

天文学和制图学(5 项)

对太阳黑子现象的认识,定量制图学,太阳风的发现,麦卡托投影,赤道式天文仪器。

工程技术(18 项)

涌水钵和驻波,铸铁,双动活塞风箱,曲柄摇把,卡丹环(平衡环),从生铁炼钢,深井钻探,传动带,水力,龙骨车,吊桥,第一台自动控制机,蒸汽机的原理,魔镜,"西门子式"炼钢法,弓形拱桥,链式传动装置,水下打捞技术。

家庭用品和工业技术(21 项)

漆——最早的塑性物质,烈性啤酒(米酒),天然燃料,纸,独轮车,滑动测径器,神灯,钓鱼竿上的绕线轮,马镫,瓷器,害虫的生物防治,伞,火柴,象棋,白兰地与威士忌,机械钟,印刷术,纸牌,纸币,长明灯,纺车。

医学和卫生(7 项)

血液循环,人体内的昼夜节律,内分泌科学,营养缺乏症,糖尿病,甲状腺激素的应用,免

---

① 美国能源及国际关系问题专家保罗·罗伯茨预言。

疫学。

数学(8 项)

十进制记数法,零的位置,负数,求高次方根和高次数字方程的解,十进制小数,代数几何学,圆周率的精确值,帕斯卡三角。

磁学(4 项)

指南针(磁罗盘),指针式标度盘装置,地球磁场的磁偏角,剩磁和磁感应。

物理学(7 项)

地植物勘探,第一运动定律,雪花的六角形结构,地动仪,自燃现象,近代地质学,磷光画。

交通运输(13 项)

风筝,载人风筝,最早的立体地图,第一条等高线运河,降落伞,微型热气球,船尾舵,桅杆和航海,船内的水密舱,直升机的水平旋翼和螺旋桨,桨轮船,陆地航行,运河船闸。

声音和音乐(5 项)

大定音钟,定音鼓,密封实验室,对音色的最早认识,音乐中的平均律。

武器装备(7 项)

化学战、毒气、烟雾弹和催泪弹,弩,火药,火焰喷射器,照明弹、焰火、炸弹、手榴弹、地雷和水雷,火箭和多级火箭,枪、炮、迫击炮和连发炮。

第十章

生态斐然成章　科技卓然可观

　　"智慧垄断"的专利制度调动了社会创造力，"发展知识"的华丽转型增强了大学创新力；近代欧洲营造出良好的科技创新生态环境，科技与产业密切结合，激发出巨大的创新活力。

　　第一次工业革命生发于煤炭出口带来的经济繁荣，以工匠革新为主要创造力量、以市场现实需求为主要创造原动力，从解决原煤开采、运输为起点，掀起了以机械化为代表的工业革命。

　　第二次工业革命生发于高等教育兴起，新技术、新发明以科学理论成果为基础，层出不穷、蓬勃兴起，人类进入电气时代。

专利制度：为科技创新保驾护航

大海是公共的，我钓的鱼是我的；知识是共享的，科技是我专享的

专利制度吹响了工业革命的号角

工业革命首先是技术革命，技术革命以科学发现为后盾。科学和技术是两个具有不同内涵的概念，人们常常把两者合在一起，统称为"科技"。科学（Science）主要是思想、理论、原理、方法，是一种关于自然现象内在规律的发现，或者是发现的新的自然现象；技术（Technology）是基于科学原理的、面向应用的延伸，解决现实中的某个具体问题。如果从产生利益或价值的角度来看，技术更接近实用，距离产生商业价值更近；科学同样也会产生价值，但是距离产生商业价值要远很多。一项科技成果，我们通常评价"具有理论意义和实用价值"，表述的就是这两个层面的含义。

但是，无论是科学还是技术，它的诞生必定有研究者的付出，是研究者的脑力劳动的成果。专利制度是保护脑力劳动成果的一种法律制度，是人类科技文明的一项重要创举。这项创举之于科技进步和近代科技革命的重要性，怎么说都不为过。

威尼斯的技术垄断制度

技术垄断制度实施的背景

约公元 500 年，默默无闻的威尼斯建立。它是意大利北部威尼斯人的城邦，其中心威尼斯位于亚得里亚海北岸，被称作"亚得里亚海明珠"。其地理位置优越，便于从事东西方中转贸易，商业逐渐发展壮大。10 世纪发展成为当时欧洲最主要的航运枢纽，欧洲战乱时期吸引了大量内陆居民向威尼斯迁移，快速地发展成为富庶的商业国。

大约 1000—1500 年，威尼斯共和国成为地中海地区的海上统治力量。在十字军东征时期，威尼斯人通过与撒拉逊人的交易确立了贸易权利和殖民地；与法国人联手占领了拜占庭帝国；在与热那亚的血腥战争中保存了它的大部分巨额财富；最终占领了意大利北部大量富饶的平原和城镇。1400 年左右，威尼斯几乎垄断了欧洲与东方世界之间的贸易。

但是，一条新的通往东方的航线被发现之后，欧洲人可以顺着非洲大陆西岸航行、绕道好望角直接与远东国家通航、通商，威尼斯开始慢慢没落。随着美洲殖民化的兴起，关于威尼斯的记忆被大西洋的滔滔巨浪和金银船的烁烁金光深深地湮没了。

在整个中世纪，威尼斯的大部分商业和技术都是由行会（Guild）控制的。"商人行会"[①]是行业商人组织的封建垄断联盟，为了利益最大化，它们固守行业的小圈子，排斥行业外的

[①]　"商人行会"是 9 世纪出现的商人联盟，是欧洲最早的行会，由各自行业保持垄断地位的雇主们组成，包含贸易和生产制作业的成员。它们防止成员之间的竞争，对外追求本行业的垄断地位、排斥行业外的力量。16 世纪中叶，因商品经济进一步发展，手工工场出现，行会逐渐瓦解。

力量。威尼斯政府试图通过许多方式来促进技术发展,包括鼓励外国人的进入,而行会极力排斥外国人进入他们的市场,因此政府经常与行会发生尖锐的冲突。

中世纪晚期的欧洲,经济开始复苏。当时的经济形态主要为农业经济,依赖的是土地、气候等自然条件以及劳动力,并不存在对技术的社会需求和内在动力,技术对经济的价值和作用力有限。以重商主义发家的威尼斯,技术发展主要集中于军事和工程等公共部门,知识认知基础薄弱,技术发展缓慢。

中世纪末期,西欧的技术潮流兴起,威尼斯在从事海外贸易市场的过程中,能够接触当时中西方最为先进的技术。随着对技术认知的扩展,自然资源贫乏、但精明灵活的威尼斯人开始重视技术的作用,将技术应用到若干具体的原始工业部门中(包括造船、玻璃加工、纺织、印刷和出版等),取得了非常显著的效果。威尼斯各产业行会也渐渐地有了"技术具有商业价值"的观念,并要求政府制定相关规定来保护行会的集体财产。

技术垄断制度的实施

1297年,威尼斯议会颁布法令规定:药剂师基于自己设想的秘方所研制的药物,如果能够保证使用最好的药材,那么该药方就属于该行会所有,并且所有的行会成员都应该对其保密。在作为专业术语出现之前,"知识产权"已经以行会对技术的团体所有权的形式存在了。

威尼斯政府实行开放的经济政策,鼓励工商业发展、支持外国人投资、吸引先进人才。作为政府引进技术人才的一种制度,威尼斯还设立了技术发明资助和奖励制度。例如1332年,威尼斯政府向一个名叫巴特罗梅尔·沃德的人资助了一笔费用,用于建造一个风磨,因为他可能是唯一一会制造风车的人,而政府希望传播和促进这种技术的应用。

1298—1382年,威尼斯与热那亚两个共和国连续发生了四次海战,最终击败了这一贸易竞争对手,成为地中海地区的强国,进入全盛时期。威尼斯疆土几乎覆盖亚得里亚海东海岸,以及克里特岛、伯罗奔尼撒西南部和爱琴海上的许多岛屿。海上贸易的霸主地位促进着威尼斯商业资本主义的快速发展,威尼斯商人紧紧地掌握着胡椒、香料、叙利亚棉花、小麦、葡萄酒和食盐等海上大宗商品贸易。

为了刺激商业贸易继续繁荣,1400—1432年,威尼斯元老院颁布法令,对提高织绸速度和改进织绸方法的人,授予10年内使用其机器和方法的专有权。例如,科学家伽利略为他的扬水灌溉机的发明取得了20年的专有权。专有权法令极大地调动了本国人民的积极性,也吸引着不少外国人前来尝试,其中就包括英国人。

1453年,威尼斯颁布了一项综合性的法律,规定:"如果任何人提出了制作新发明的方法,并且这一方法被证明在我们的领域内是可行的,那么任何其他人如果要使用该方法都必须向其支付费用,并且他有权监督该发明的制作并获得议会给予的充分报酬。"

1474年,当时的威尼斯共和国颁布《威尼斯专利法》,条文规定:"在本城市制造了前所未有的、新而精巧的机械装置者,一旦趋于完善至能够使用,应向市政机关登记","除发明者之外的任何人在十年之内,在本城市共和国的领土范围之内,未经发明人的同意或许可,不得制造相同或相似的物品"。否则"责令侵权人向发明人偿付100杜卡托(DUCAT,威尼斯古金币名),并立即销毁仿造品"。法律条文明确了时间年限、侵权、处罚等事项,保护对象仅限于机械装置。威尼斯政府颁布《威尼斯专利法》,其目的是更大范围地充分利用民间的技术秘密,这些技术秘密为私人所拥有,曾经长期散落民间、秘而不宣。

　　威尼斯给新技术发明人或引进者授予垄断权的做法相当普遍。据统计,为了促进印刷业的发展,威尼斯在 1490—1600 年的 110 年里,授予了 1600 项特权,其中 1/4 是给予新发明的专利。除了印刷技术外,威尼斯的专利还涉及其他行业的发明。例如,1507 年,为了引进一项保密的镜子制造方法,授予了一项专利;1555 年,给一项马车的发明授予了专利权。伽利略在就其引水灌溉机向威尼斯总督提出的专利申请中,介绍了自己的技术,提出了申请的理由。1594 年,该专利由威尼斯总督以命令的形式发出。

英国的专利法

　　1624 年,英国颁布《垄断法》,该法授予发明人享有 14 年的专利和特权:

　　"在此期间,任何人不得使用这项发明";

　　"前述的任何宣示不应扩大及于今后对任何新产品的第一个发明人授予在本国独占实施或者制造该产品的专利证书和特权,为期 14 年或以下,在授予专利证书和特权时其他人不得使用。授予此证书不得违反法律,也不得抬高物价以损害国家、破坏贸易或者造成一般的不方便。上述 14 年自今后授予第一个专利证书或者特权之日起计算,该证书或者特权具有本法制定以前所应有的效力"。

专利制度实施的背景

　　英国是由盎格鲁-撒克逊族人建立的。5 世纪,盎格鲁-撒克逊人武力入侵英伦岛,建立封建王朝。尽管地处欧洲大陆之外,但是小小的英吉利海峡并不能让这个王朝独善其身。欧洲大陆的每一点变化,基本上都会快速地飞越海峡、映射到英伦岛,包括文化、宗教、战争、科技、思想、制度等,这一现象同样也体现在商业团体制度上,例如行会制度。

　　英国行会势力庞大,它们为了保护自己的利益,拒绝接受从大陆带来的新技术和新发明,由此阻碍了英国经济的发展。英国王室清楚地知道,仅仅依靠鼓励各种形式的海盗行为来增加财富是不够的,为了尽快赶上富裕的欧洲大陆国家,英国王室不得不调整政策,以专利的形式授予商人海外某些区域经商的垄断权,以及对从外国带来先进技术的工匠授予垄断经营和制造权。

　　1236 年,亨利三世授予波尔多一位市民制作有色花布 15 年的垄断权。

　　1324 年,爱德华二世对一些日耳曼矿工授予技术保护。

　　1331 年,爱德华三世对佛兰德斯人约翰·肯普的纺织、漂洗和染色技术授予保护。

　　1367 年,英王特许两名外国工匠来英国经营钟表业等。

　　14 世纪,实施的技术保护措施,吸引了外国先进技术在英国扎根,引进国外新型工业技术,缩小了英国与欧洲其他各国的差距。英国重视技术的引进与应用,这些技术与技巧一旦被引入,英国就为它们创造前所未有的发展空间:厂房高大宽敞,工人数量达到几十乃至几百人,投资相对膨胀,动辄以几千英镑计,而当时工人的年工资只有 5 英镑。

　　在这些专利特权政策的刺激下,国外新技术的引进取得了巨大成功。从 14 世纪末起,英国的对外贸易中技术含量逐渐增加。例如,羊毛出口量急剧减少,而羊毛加工制成的技术含量高的呢布的出口则迅速增加。同时,随着商业和呢布工业的持续发展,14 世纪在英国呢布工业中出现了资本主义的萌芽。

　　16 世纪,都铎王朝为了加强专制统治,削弱旧贵族的势力,进行宗教改革、实行有利于工商业发展的政策。英国社会发生了深刻的变化,进入了重要的转型期。人们不再把土地视为政治功能和职权的基础,而只是产生利润的各类资本中的一种。纺织工业采用一系列机器代替人工,例如珍妮纺纱机,使手工工场建立和发展加快。

专利制度的实施

宗教的改革使英国全国上下各色人等的思想得到了解放,"合理谋利"的思想促成了资产阶级的产生和发展,带来了社会翻天覆地的变化。因此,宗教的改革使物质利益的追逐和财富的积累具有了伦理基础,而这样的变化又促进了人文社会科学思想的革新和科学理论的进步。以洛克、亚当·斯密等为代表的思想家和理论家诞生,以牛顿、瓦特为代表的科学家和发明家在英国出现。很多商人家庭,不论出身高贵还是卑微,都在新教思想影响下,开始努力创造财富,追求利润,他们都希望以现实的成就与上帝沟通,证明自己是上帝的选民。在《垄断法案》颁布之前,随着社会经济发展的需要,当时英国对新技术、新行业的保护和奖励就已经如火如荼地实施了,那时在宗教信仰的支持下,几乎所有人都陷入了一种对新技术、新发明的狂热崇拜之中。

1540—1640 年,英国出现了强劲有力的工业飞跃,在九年内战爆发之前,英国一跃成为欧洲第一工业强国。

1337 年,英国议会执行了爱德华三世发布的公告,其主要内容为:"在国王权力范围内的英格兰、爱尔兰、威尔士和苏格兰,任何国家的服装工匠的来到都应该是安然无恙的,受到国王给予的保护和安全通行权,并且住在我们的土地上;基于此目的,我们的国王会赋予其所能给予的一切垄断特权,服装工匠应更愿意在我国定居。"不久,德国的兵器制造工匠、意大利的造船和玻璃工匠、法国的铁匠都到英国寻求皇室保护并建立新的产业。

在英国专利法演进的过程中,专利权最初是一种皇室特权而非英国议会立法的产物,因此英国议会的作用经常被忽略。为了改变这种局面,英国上议院提出了《垄断法令》。1624 年,英国《垄断法》颁布,它极大地刺激了工业的发展,使得英国建立了一系列崭新的工业。

1624 年的《垄断法》成为王室司法官对专利申请进行判断的标准。1624—1852 年,专利制度在立法上基本没有发生什么变化,但是实践中的专利制度却随社会的变化而不断改变、不断完善。现在,人们称这部法为"现代专利法之始""发明人权利的大宪章",它的很多条款为许多国家专利法所借鉴。这部法律达到了限制王权目的,也真正地保护了劳动者发明创造的成果,引导英国进入 17、18 世纪发明创造的疯狂时代。

1680—1689 年,专利登记数:53 项;

1690—1699 年,专利登记数:102 项;

1700—1759 年,专利登记数:379 项。

维贝尔在《世界经济通史》中指出:"英国若无 1624 年《专利法》,那么对 18 世纪纺织工业中资本主义发展具有决定性的那些发明就未必有可能(诞生)。"专利法的颁布直接促进了科技的提升,快速弥合了内战、对外战争中的严重创伤,迅速提高了经济,摆脱了 17 世纪危机。在此后的很长一段时期里,利用法律授予的独占经营权的诱惑,促使当时的英国工业在纺织、冶炼、采矿、机械加工、交通运输等领域中取得了各种巨大的创新成就。随着科学技术和市场经济的发展,英国在工业革命中抢占先机,英国的专利法颁布约 50 年后,第一次工业革命在英国最先爆发。

第一次工业革命开始的近 20 年之后,主要欧美国家开始注意到专利法的力量,陆续开始颁布各自国家的专利法。

1790 年,美国制定了一部专利法,"为发展科学和实用技术,国会有权保障作者和发明人在有限的时间内对其作品和发明享有独占权"。

1791 年,法国有了第一部专利法(在《拿破仑法典》中规定了有关工业产权的内容),认为每一项发明都是发明人的财产,法律保证发明人有权完全地和无限制地享有这种财产,这是发明人的自然权利。

随后,各欧洲国家相继制定了专利法,荷兰(1809 年)、奥地利(1810 年)、俄罗斯(1812 年)、巴伐利亚(1812 年)、普鲁士(1815 年)、瑞典(1819 年)、西班牙(1826 年)、意大利(1859 年撒丁岛,1860—1870 年,意大利统一,专利法在意大利全境推广)、德国(1877 年)。

蒸汽机推动第一次工业革命

犹如跨越时空的桥,蒸汽机连接着古老的历史智慧、现实的产业需求

蒸汽机的发明,推动了西方的第一次工业革命。

这一发明首先是一个技术发展过程,而技术发展到一定阶段,科学解决了关键瓶颈。所以,蒸汽机的发展,是技术和科学相结合的产物。

蒸汽机本质上是能量转换问题,将热能转换成机械能,我们可以从三条线索了解这段历史,即蒸汽机的技术发明、热力学研究、高效率蒸汽机。

蒸汽机的技术发明

能量转换问题,人类很早就知道并加以应用了。例如中国西汉(公元前 40—公元 32)就记载的水碾、水磨、水碓、水车等。1 世纪,古希腊的希罗①发明了一种汽转球,利用蒸汽实现机械做功。

汽转球

汽转球由两部分组成:一个空心球和一个密闭锅。空心球和密闭锅之间由两根连接管相连,将密闭锅内的水蒸气输送给空心球,同时,这两根管子也起到将空心球支撑起来的作用,并且,空心球以两根管子为支点可以转动。

空心球连有两个喷汽口,汽口的朝向相反。当用火将密闭锅的水烧开时,水蒸气经连接管进入空心球,继而从两个汽口喷出。在水蒸气的反作用力下,空心球就转了起来。但汽转球只是一种玩具,并没有什么实用价值。

---

①　希罗(Hero of Alexanderia,10—75),古希腊力学家。

帕平：蒸汽机基本原理的研究

1679 年,丹尼斯·帕平[①]发明了一种高压烹饪工具——蒸煮器,也称为"帕平锅"。这是一种可以用蒸汽米烹饪食物的密闭容器,在密闭容器(高压锅)内,用蒸汽烹饪食物。由于蒸汽压力大于大气压,可以在短时间内把骨头煮得烂熟,因此能够缩短食物的烹饪时间、节约能源。高压锅内的蒸汽需要释放出去,否则压力会不断增大直到发生爆炸;但是又不能让蒸汽一直泄漏,否则锅内的压力上不去。所以,帕平设计了一种压力调节装置(杠杆式安全阀),利用杠杆的原理调节高压锅内的蒸汽压力。杠杆式安全阀类似于中国的杆秤,有三个点 A、B、C。A 点是支撑点,B 点安装一个重物,C 点是一个活动的支撑点,放在很重的锅盖上。在蒸煮过程中,随着高压锅内蒸汽压力的增加,气压就推动锅盖向上移动,直到处于某个点时,高压锅内的蒸汽就释放出来。蒸汽释放,锅内的气压下降,B 点的重物压着锅盖回到原点。利用杠杆平衡原理,选择适当重量的重物,可以调节 C 处受到的压力,从而达到调节高压锅中压力的目的。

帕平锅

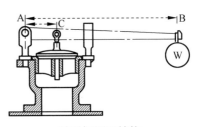

帕平锅原理结构

1681 年之后,帕平开始研究利用蒸汽产生机械动力的机器。作为英国皇家学会会员、德国马尔堡大学的数学教授,帕平一直坚持不懈地发明。通过大量试验,研究出了气体发动机的原型机,1690 年,他在 *De novis quibusdam machinis* 发表论文介绍"气体发动机"的原理:

蒸汽输送进入活塞内,活塞内的气压大于空气中的大气压,推动活塞运动;随后,设法使活塞内的蒸汽冷凝,蒸汽迅速变成水流出活塞,活塞内的气压小于空气中的大气压,大气压推动活塞反方向运动。注意:**利用蒸汽的动力,形成来回往复的机械运动**,是这篇论文描述的气体发动机的基本原理。后来的所有蒸汽机都是基于这个原理制造的。

帕平研究气体发动机的目的是向卡塞尔(Kassel)和卡尔沙文(Karlshaven)之间的河道输水,也可以泵水到屋顶的水箱里供地面喷泉之用。

帕平利用这个原理制成了一只气体发动机,用它推动小船移动,不幸在德国富尔达河上试验时被驳船撞坏。帕平把一生精力和收入都用来进行气体发动机的研究,终生勤俭、贫困,试验机器被撞坏导致帕平破产。他希望能得到英国皇家学会的支持,却因为塞维利的阻挠而没有获得资助。在失望、贫困和默默无闻中,帕平带着遗憾离开了人间,终年 66 岁。帕平受到自己设计的"蒸煮器"中安全阀工作原理的启发,发明了活塞式蒸汽机。帕平对原理进行了研究,虽然没有制造出实用的蒸汽机,但是,他的工作却开创了蒸汽机的发明之路。

---

① 丹尼斯·帕平(Denis Papin,1647—1712),法国物理学家、数学家。

塞维利：蒸汽机的商业化开发

阻挠帕平的塞维利是一位英国的工程师，根本原因还是商业利益。因为塞维利发现了一个巨大的商机，这个商机会给他带来无穷无尽的财富：来自煤矿开采的一个迫切需求。

这个故事要从煤炭开采说起。

煤，这种地球上的天然燃烧材料，早在公元前5世纪中国就发现了，《山海经·五藏山经》说，"女床之山""女几之山""多石涅"，讲的就是煤（多石涅）。315年，欧洲开始出现关于煤的历史记载。1275年，马可·波罗在中国旅行，亲眼见到中国煤炭之丰富、用煤之普遍。他在《东方见闻录》中特别介绍了中国用煤情况："整个契丹省到处都发现有一种黑色的石块，它掘自矿山，在地下呈脉状延伸。一经点燃，效力和木炭一样，而它火焰却比木炭更旺，可以燃烧到天明仍不会熄灭。这种石块除非先将小块点燃，否则平时并不着火。若一见到火，就会发出巨大的热量"，引起了欧洲人的注意。

16世纪之后，为满足生产、生活之需，欧洲的树木被大量砍伐，森林覆盖率骤降至10%左右。到1600年，英国南部的森林几乎被砍光了。没有燃料，欧洲的冬天无法取暖，没法生活，因此英国的木材价格上涨50倍之多！

17世纪，随着欧洲手工业的蓬勃发展，森林资源基本耗尽，煤炭逐步成为主要的燃料，酿酒、漂洗、制盐等行业已经用煤炭替代木柴，1551—1560年，英国的主要矿区煤炭产量约为21万吨；1681—1691年达到298.2万吨，采煤工人达到2万多人。从18世纪开始，煤炭成为欧洲的主要工业能源。

塞维利所处的时代，煤炭开采行业发达，增长迅速。不过，煤炭开采会产生大量的矿井水，需要抽到地面上排出。依靠人工抽水，是十分低效、缓慢的，不能满足煤矿生产的需要。

塞维利想要制造一种机器，给矿井抽水，这可是非常大胆的想法，而且一旦研制成功，商机巨大。他对帕平的论文作了仔细研究，觉得在当时的工艺条件下难以制造出密闭性好的活塞，于是对帕平的蒸汽机方案加以改进。他设计的结构由两部分组成：锅炉、工作容器，锅炉和工作容器之间用管道相连，管道中间有一个活动的阀门，用于控制蒸汽的进入。工作过程很简单：

（1）水在锅炉中加热后产生蒸汽，通过管道充满工作容器，容器内蒸汽的气压大于空气的大气压，蒸汽推动容器的盖子上升；

（2）使工作容器中的水蒸气冷凝，容器内气压下降，小于空气的大气压，空气推动容器的盖子下降。

将该容器的盖子与矿井的抽水管相连，当盖子上下往复运动时，就可以把井下9m左右的水"吸"到地面。这种蒸汽抽水机被命名为"矿山之友"，并申请了世界上第一个蒸汽机专利。

塞维利蒸汽机效率很低，为了维持机器的运转需要烧很多的煤。当塞维利请英国皇家学会会员帕平对

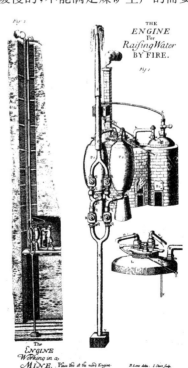

塞维利的矿井之友

他的蒸汽机做鉴定时,很内行的帕平看出了这个不足,好心提出了改进意见,但被塞维利拒绝。

1705年,铁匠纽科曼建造了一种发动机——大气蒸汽机,并申请了一项专利,他综合了帕平的汽缸活塞和塞维利靠冷凝水蒸气形成真空抽水的优点,采用汽缸和锅炉的形式。1711年,这套机器安装在沃尔弗汉普顿(Wolverhampton)作提水用,标志着纽科曼蒸汽机的问世。纽科曼蒸汽机非常成功,得到了广泛应用,连续使用了60多年。

帕平的汽缸蒸汽机

纽科曼蒸汽机

瓦特:蒸汽机的性能改进

瓦特[①]是学徒出身,出师后,他在格拉斯哥大学校园里开设了一间工厂,以维持生计,从此幸运之神开始降临到这位善良、勤快、好学、机灵的小伙子身上。他先后认识了几位教授,他的每一步成长都离不开这几位教授的热情帮助,比如接触蒸汽机、做蒸汽机实验、熟悉蒸汽机的结构和原理等,直到他开始设计自己的蒸汽机,还得到了一位教授的资金资助,"潜热"的发现者布拉克博士辅导他学习等。

瓦特为学校修理教学用的纽科曼模型机,同时对其工作原理、热机效率、制造工艺等一系列问题进行深入思考,认为纽科曼蒸汽机的效率实在很低。瓦特经过大量实验,找出低效率的原因:就是前文讲到的蒸汽机工作过程的第二步,"使工作容器中水蒸气冷凝,容器内气压下降,小于空气的大气压,空气推动容器的盖子下降"。汽缸里的蒸汽冷凝过程中,容器壁的温度也降下来了;下一次蒸汽进入容器时,蒸汽的绝大部分热量被容器壁耗费掉了。

1769年,瓦特设计了带有分离式冷凝器的蒸汽机,并申请了专利,成为他的第1项专利。瓦特的方案是采用分离的冷凝装置,不需要使汽缸的温度降到常温再重新加热,这样就可以提高热机效率,使蒸汽机的效率提高3倍。

瓦特蒸汽机

1773年,瓦特与合伙人博尔顿合作成立了公司,将分离式冷凝蒸汽机投入生产,公司的盈利也保证了蒸汽机的研究经费。

1781年,瓦特公司的雇员威廉·默多克发明了一种称为"太阳与行星"的曲柄齿轮传动系统,将往复运动转换成旋转运动。瓦特又发明了双向汽缸,

---

① 詹姆斯·瓦特(James Watt,1736—1819),英国发明家、企业家。

在活塞两侧进气,进而制造出双动活塞蒸汽机,大大提高了热机效率。

1784 年,发明了平行四连杆机构,以保证双向汽缸的控制问题。

1785 年以后,瓦特改进的联协式蒸汽机增加了一种自动调节蒸汽机速率的装置,使它能适用于各种机械的运动,在纺织业、采矿业、冶金业、造纸业等工业部门得到推广。

瓦特的公司没有停止新技术的研制,1788 年发明了离心式调速器、1790 年发明了蒸汽机汽缸示工器[①]。在博尔顿的经营下,到 1824 年就生产了 1165 台蒸汽机,公司的盈利使瓦特很快成了富翁,也保证了蒸汽机的不断创新。

科学介入:高效率蒸汽机诞生

由于材料和结构制造水平低下,初期蒸汽机的蒸汽压力仅为 0.11～0.13MPa,瓦特蒸汽机属于低压蒸汽机,动力不足致其应用范围不广。蒸汽压力低的原因是蒸汽机效率低,纽科曼蒸汽机效率约为 0.5%,瓦特初期连续运转的蒸汽机按燃料热值计总效率不超过 3%,瓦特蒸汽机发明后的 70 年内,蒸汽机总效率只达到 8%。蒸汽机遇到了效率瓶颈问题。

热力学的研究

蒸汽机的本质是将热能转换成运动的机械能,将“热”和“运动”建立联系的包括笛卡儿、阿蒙顿、波义耳、弗朗西斯·培根、胡克和牛顿,他们都把热看作运动的一种形式,但只有很初步的认识。例如波义耳以铁锤敲打钉子导致钉子发热,说明发热是由于运动被阻止的结果,这是运动转换为热的实例,17、18 世纪,关于热的认识是不足的。

1800 年,道尔顿教授发表论文《论以空气的机械压缩和稀疏产生热和冷》。法国枪炮厂的一位工人做了实验,用空气压缩法可以点燃火绒,道尔顿基于此实验结果做了进一步的研究,分别用凝聚和稀疏可以使气体发热和变冷。

傅里叶对热在固体中的传播进行了数学研究,他在 1822 年发表了一篇题为《热的分析理论》的著作,这是数学物理学历史上的划时代著作,而且还激起了众多研究者的实验研究验证。

1824 年,卡诺[②]发表论文《关于火的动力的研究》,试图从数学上判定蒸汽机能做出多大的功。卡诺引用了对循环操作的考虑,并提出“可逆性原理”,根据这个原理,热可以从冷凝器中取出并以耗费相等的功为条件还回热源。假定永恒运动是不可能的,他断定没有一种动力机会比可逆机有更大的效率。卡诺由此开启了热力学的学术领域,这对蒸汽机变革的重要性是非同寻常的。

卡诺循环的一系列热力学证明,最终的推导结论是:热机效率与高温热源温度(T_h)和低温热源温度(T_c)有关,并且,两个温度之间的差值越大,热机效率越高。

接着在克劳修斯(Clausius)、格拉斯哥的工程力学教授兰金(Rankine)、威廉·汤姆逊的共同努力下,完善了热力学第二定律,并用方程式推导这一定律,即“热量可以自发地从温度高的物体传递到较冷的物体,但不可能自发地从温度低的物体传递到温度高的物体”。这个定律听起来很正确、也很简单,但是直觉需要通过证明才能确定为定律。

---

①　以图形方式指示汽缸内压力变化的仪器。

②　卡诺 (Nicolas Léonard Sadi Carnot,1796—1832),法国工程师。

Heat is exchanged in the isothermal portions:

$$Q_h = \Delta E_{int} - W_{AB} = nRT_h \ln(V_B / V_A)$$
$$Q_c = nRT_c \ln(V_C / V_D)$$

So entropy is also changed:

$$\Delta S = \pm Q_h / T_h - Q_c / T_c$$
$$= R \ln \{(V_B D_D) / (V_A V_C)\}$$

For the adiabatic portions:

$$\left. \begin{array}{l} T_h V_B^{\gamma-1} = T_c V_C^{\gamma-1} \\ T_h V_A^{\gamma-1} = T_c V_D^{\gamma-1} \end{array} \right\} \Rightarrow \frac{V_B}{V_A} = \frac{V_C}{V_D}$$

Therefore:

$$\ln\left(\frac{V_B V_D}{V_A V_C}\right) = 0$$

So $\Delta S = 0$ as expected for a reversible cycle.

卡诺循环

焦耳[1]是英国曼彻斯特一家啤酒厂的主人,终生当着酿酒商,也终生投入科学研究,他是一位潜伏在商界的物理学家。他在研究电、化学和机械作用之间的联系过程中,发现了一个伟大的成果——热力学第一定律(能量守恒定律)。1843 年,焦耳在英国科学协会的会议上宣读了一篇论文,提出了热功当量值的概念;1847 年,在曼彻斯特的一个通俗讲演中,首次对热力学第一定律作了充分和明确的阐述。但是,几乎所有媒体都对他的观点不感兴趣,只有《曼彻斯特信使报》全文发表了他的演说。两个月后,这个论题又提呈英国科学协会的牛津会议上。大会主席建议焦耳作个简要的报告,不必进行讨论。结果这篇论文引起了很大的轰动,焦耳吸引了科学界的注意,一位啤酒商提出的理论就这样被科学界接受了。

提出热力学第一定律最初思想的还有德国的罗伯特·迈尔[2]。与焦耳一样,他也是一位潜伏的物理学家,一位对行医不感兴趣、喜欢做科学研究的医生。另外,还有其他很多研究者对热力学第一定律有贡献,例如卡诺认为"动力是自然界的一个不变量,即动力既不能创造也不能消灭"(这是能量守恒原理的雏形)。

高效蒸汽机的诞生

根据热力学两个定律和卡诺循环等一系列理论,我们很容易发现以下结论:

(1) 在常温情况下,高温热源温度越高,热机效率越高;

(2) 在同等体积情况下,提高蒸汽压力,可得到较高的温度。

理论为蒸汽机的发展提出了一个努力的方向,即提高蒸汽压力。这引导人们去研究高压蒸汽机,从而提高蒸汽机的工作效率。

科学理论有了,接下来就是技术研发的任务啦!

1800 年,当瓦特的几项专利到期之后,高压蒸汽机开始了它的征程。英国的特里维希克[3]

---

① 焦耳(James Prescott Joule,1818—1889),英国商人、物理学家。

② 罗伯特·迈尔(Robert Mayer,1814—1878),德国医生、物理学家。

③ 特里维希克(Richard Trevithick,1771—1833),英国工程师、发明家。

发明了高压蒸汽机,并用它牵引轮轨蒸汽机车,他的蒸汽机车在结构上初步具备了早期蒸汽机车的雏形,例如,机车由锅炉、烟囱、汽缸、动轮、摇杆、连杆、飞轮等部件组成,并实验了载客和货运功能。

1801年,埃文思[①]制造出了真正意义上的高压蒸汽机;1807年,富尔顿[②]发明了以蒸汽机为动力的轮船;1825年,斯蒂文森[③]制造了可以在轨道上行驶的蒸汽机车。

在卡诺循环理论没有发现之前,尽管人们做了多种创新改进,但热机效率几乎没有什么提高,直到卡诺循环理论提出,基于卡诺热机原理的蒸汽机的效率得到了快速提高;到20世纪,蒸汽机最高效率超过20%。经过不到100年的时间,蒸汽机得到飞速推广,仅仅在英国就有75000台蒸汽机在使用,广泛应用于火车、轮船等运输领域,以及需要动力的工业、民用领域,极大地提高了生产效率、降低了社会整体生产成本,开创了以机器代替手工劳动的时代,轰轰烈烈地引领了欧洲的第一次工业革命,引发了欧洲乃至世界的一场深刻的社会变革。

在第一次工业革命时期,许多技术发明都来源于工匠的实践经验,理论和技术尚未真正紧密结合。熟悉技术的工匠才是蒸汽机浪潮的冲浪者,理论成果只是在蒸汽机的效率方面起到了推波助澜的作用,但显而易见,它的助力作用是巨大的。

为什么是英国

第一次工业革命从英国开始,不仅仅是生产力发展水平的原因。因为当时英国使用的新技术还多是从外国来的。德意志、尼德兰、意大利和法国等地都拥有在当时处于先进地位的工匠和技巧。根据布罗代尔的考察,16世纪中叶,不列颠群岛在工业上还"远远"落后于意大利、西班牙、尼德兰、德意志和法国。一个世纪后,形势奇迹般地完全颠倒过来,其变化速度之快,只有18世纪末和19世纪初工业革命高潮时期可与之比肩。英国在1642年的内战之前已成为欧洲第一工业强国,而且这一地位保持了很长时间。

1. 技术变革与资本积累相遇

工业总是从商业推动而来的。英国早在"光荣革命"以前,贵族的商业化便已非常普遍了,到革命爆发时,市场已经相当繁荣了。特别是东印度公司的业务从17世纪初成立以来,海外殖民贸易给英国带来了持续增长的商业利益。在一些争夺海上霸权和殖民地的战争中,英国先后战胜了西班牙、葡萄牙、荷兰等早期殖民主义者,促成了英国的"统治"地位。随着殖民地的一再扩大,18世纪英国的经济已经在世界上遥遥领先。

工业化的发展与商业的发展是互相促进的。商业扩张需要新技术的支持,新技术的发展反过来又推动了商业扩张。发明了蒸汽机的瓦特不仅是有创造精神的发明家,同时还是一个富有"商业头脑"的人,他在发明了蒸汽机以后即于1773年成为马修·博耳顿公司的合伙人。与瓦特同时代的还有许多技术改造的发明家,也都是与商人结合起来的,他们的技能和发明能够立即用于改进商品,增加商品产量。于是,"对技术发明的采用,与发明本身一样,构成了产业革命的社会史"。

工业革命发生之前,英国在本土以外打了两场对英国的国运具有重大意义的战争,即"七年战争"(1756—1763)和美洲战争(美国的独立战争,1775—1783)。"七年战争"结束后,

---

①　埃文思(Oliver Evens,1755—1819),美国发明家。
②　富尔顿(Robert Fulton,1765—1815),美国工程师、发明家、艺术家。
③　斯蒂文森(George Stephenson,1781—1848),英国工程师、发明家。

签订了《巴黎和约》，英国得到了法属北美殖民地并加强了在印度的影响。"北美战争"中，英国虽然战败了，于1783年宣告承认美国独立；但是，这场战争并没有损害英国的商业利益，英国"放弃"了过大的"军事胜利"，以求保全和扩大它的市场，维护它的经济发展和优势。18世纪80年代英国工业产量猛增的同时，英国人向独立的美国所出售的货物之多超过了"老殖民体系下"的殖民时代。1782年，英国向美国出口总值为1250万英镑，到1790年为2000万英镑。

2. 圈地运动

"工业革命"的重要内容之一是对农业的改造，也就是以农业为主的经济转到工业经济上来。15世纪开始，圈地运动悄悄地在改变着农业以及农业人口，一方面对农民进行残酷剥夺，被圈地的农民流离失所、衣食无着；另一方面，又是政府通过数以千计的圈地法案和羊毛纺织业工商业者的一种"联合行动"。土地从农民手里集中起来，从种植农作物变为放牧羊群，渐渐地使土地问题与资本企业挂钩，土地所有者成为与城市工商业联手的农业资本家。这种情况一方面造成了英国本土农业的凋敝，大量农产品必须依靠进口；另一方面则加速了土地的资本化。这是英国的农民与欧洲大陆、特别是法国的农民在历史发展上的不同，也是英国"工业革命"走在前面的一个不容忽视的原因。

华丽转身：迈向现代大学

天下之物莫不有理，理有未穷，大学成为科技继承与引领的先锋

从传输教义到传承知识

从中世纪大学向现代大学过渡的趋势出现于文艺复兴与宗教改革的数百年间。14世纪开始的文艺复兴，冲破了大学经院主义神学的壁垒，将人文主义纳入授课内容，并为大学引入自然科学、确立科学研究的职能创造了条件。始于1517年的宗教改革，远比文艺复兴更为深刻地影响了大学的发展，因为它本身就起源于大学。德国维滕堡大学教授马丁·路德正是本着"学者有权讲他认为是真理的东西"的精神，向罗马教皇的权威发起挑战。当然，这种精神的影响已远远超出了大学的范围，导致了基督教的分裂和新教的产生，引发了一场西欧全面的社会改革运动，同时也带来了成批新教大学的创办。

但在当时新教与天主教的对垒中，各教派之间无休止的争论和宗教迫害，极大地损害了大学原有的"学术自由"。这一时期每一教派的大学都是不容"异端"的，宗教法庭、禁书目录、书籍检查制度更是使学者们噤若寒蝉。然而，这种高压或迫害又萌生了追求"学术自由"的种子。当长达150年的宗教纷争与战争无法确定新教或天主教"谁是胜利者"，也无法重新实现宗教统一时，"宽容"便成为时代的口号。人们开始懂得：只有"宽容"不同的声音，"真理"才能越辩越明。正是这种"宽容"精神，才又一次给大学带来了"思想自由"的空气，也正是在这种空气中，理性的启蒙才成为可能。

18世纪的启蒙运动使大学从教会主义转向了现世主义,从神学和古典学科转向了科学,从教会操纵的机构转向了世俗化的机构。与此同时,大学的职能也开始由传授知识向科学研究的方向转化,从而带来了理性精神的强烈张扬。这些变化最为鲜明地体现在那些信奉加尔文教和路德教的新教大学身上。这些大学尽管都是从强调新教神学研究开始起步的,但这种新教神学已是"近代意义上的神学"了,它废除了罗马教皇的神性,否定了教会统治合法性的基础,区分了人间与天国,因而能为近代科学和大学的发展提供强大的推动力。

信奉加尔文教的大学最早在自然科学领域取得成就。作为"欧洲第一所新教大学"的荷兰莱顿大学,到1709年已成为具有国际影响的自然科学和医学中心,并建立起"欧洲最好的医学院"、化学实验室和植物园。而爱丁堡大学、格拉斯哥大学则开创了学科和教学专门化的先河,并在18世纪中叶发起了"苏格兰启蒙运动",为不列颠岛提供了最好的高等教育。

信奉路德教的德意志新教大学最早在哲学领域取得突破。在普鲁士的哈勒大学,先是虔信教派神学家弗兰克突破了路德教正统的神学观念,创建了虔信主义学派;后是德国"启蒙运动之父"托马修斯废弃了经院主义课程,使哲学脱离神学而独立;继而是启蒙哲学大师沃尔弗突破虔信主义神学的垄断地位,并在数学和自然科学的基础上创立了"现代哲学体系"。这种学术上的轮番突破,使哈勒大学成了德意志最先倡导"学术自由"和"创造性科学研究"的大学。

以哈勒大学为榜样,汉诺威的哥廷根大学,在校长闵希豪森的领导下,很快成为中欧主要的学术中心。在这所大学里,神学已丧失了凌驾于其他学科之上的特权,哲学学科的分量得到进一步加强,历史、语言和数学等基础学科获得长足发展,当时中欧最好的科学实验室、天文台、解剖示范室、植物园、博物馆和大学医院、"世界上最好的大学图书馆"以及最早的自然科学和医学研究所也建立起来。

从哲学时代到科学时代

19世纪初,欧洲出现了两种崭新的大学模式——法国模式和德国模式,并开启了对传统大学的根本性变革。首先,以专门学院为代表的法国模式,纪律严明,常带有军事性质、组织严密,并由一套开明的专制制度来统辖课程设置、学位授予,并要求其观点与官方学说保持一致,甚至个人的习惯都受到严格的管理。其次,与洪堡大学相联系的德国模式,大学的职能不是像一些学校或学院那样传授已知、直接可用的知识,而是要展现这些知识是如何被发现的,激发学生们的科学观念,鼓励他们运用科学的基本法则进行思考。

1. "发展知识"

1910年,柏林大学(洪堡大学的前身)在教育改革的社会声浪中正式开学。那时候的普鲁士,与第一次工业革命提振下欣欣向荣的英国相比,远远处于落后的状态,政治落后、经济不振,并且军阀割据、邦国林立。在1806年的普法战争中失败的普鲁士涌现出一批挽救民族危亡的有识之士,立志建立"新的政府,新的军队,新的教育"。柏林大学由洪堡[①]负责筹建,洪堡等人认为,大学重在"发展"知识而不在"传授"学问,教师的首要任务是自由地追求

---

① 威廉·冯·洪堡(Wilhelm von Humboldt,1767—1835),普鲁士王国内务部文教总管,著名的教育改革者、语言学者及外交官。

"创造性的学问",学生则应至少在"日益增大的知识金庙上置放一块砖石",即大学应该成为"学术研究中心"。洪堡提出大学应当追求纯粹的知识:一方面通过科学研究的途径;另一方面通过教学与科学研究相结合的方法。以柏林大学的改革为转折点,大学转变成为一个"学者的集合体",科学研究第一次成为大学的职能。由于以新知识发展为中心的科研功能的引入,以及相应发生的大学制度变革,大学教师更多地成为某一专门领域的精深专家和研究者。大学的学科组织分类越来越细致,几乎没有教师可以就人类的全部知识获得发言权与裁判权,这种知识权威的分散强化了教师在本专业的知识地位。大学发生了根本性的变化,面貌由此焕然一新。

（1）教师队伍:以科学研究为中心的教师聘用制度,评价教师的标准演变为教师创新知识的能力,而不是同行个人的好恶、社会交往能力或口才好坏,也不单纯是书写或口头表达能力高低。

（2）教学制度:以科学研究为中心,纯粹的科学如果要获得发展,就必须承认知识本身就是知识的目的这一原则,知识的探索不追求任何外在的政治、经济和社会目标,亦不能被任何外在因素所制约和干预。

（3）隶属关系:明确了大学与国家之间的制度关系,大学认可自己的公立机构性质,经费开支由国家拨款,教授由政府雇用。教授属于国家公务员,从国家领取薪资。大学在享有物质和财政保障的同时,独立于国家的官僚管理系统,大学活动不能纳入政府的行为系统。

2."传授学问"

19世纪中叶,英国学者纽曼认为,大学在于"传授"学问而不在于"发展"知识,大学应该是一个"教学机构"和"心灵训练"的场所,其目的在于培养具有"自由、公平、沉着、稳健和智能"生活习惯的绅士。基于这一理想,英国的大学中,传授"学问"是重要功能,至于职业教育和技术教育不属于大学的职能和使命,社会职业需要是由技术学院等非大学机构来满足的。大学继续紧密地与新兴的社会力量——资产阶级相联系,为他们提供古典文化和科学知识的训练,并建立其应具有的价值观,从而就像过去与贵族的联系一样,建立了一种社会阶层的培养和再生系统。

从中世纪大学完成向现代大学的过渡,是以1810年柏林大学的创办为标志的。1806年,拿破仑的法国以武力征服了"德意志民族的神圣罗马帝国",普鲁士被迫走上了一条"自上而下"的改革道路。在"国兴科教"战略指引下,著名教育学家洪堡临危受命,承担了创办柏林大学的重任,创造了著名的"柏林大学模式"。"柏林大学模式"的现代性在于,彻底剔除了大学的宗教性,张扬了"科学、理性、自由"的精神。被誉为"现代大学之父"的洪堡,第一次明确地将"大学自治""学术自由""教学与科研相统一"作为现代大学的"三原则"写进了章程。洪堡这样定义"科学"和"大学":"科学是某种还没有被完全发现、完全找到的东西,它取决于对真理和知识永无止境的探求过程,取决于研究、创造性以及自我行动原则上的不断反思",而"大学是对世界进行新解释,粉碎宗教迷信的世俗化中心,它的生存条件是'孤寂'与'自由'。国家必须保护这种科学的自由,在科学中永无权威可言"。

自"柏林大学模式"开创以来,"为科学而生活"成为学者们的座右铭,"追求科学真理"成为学者们最高的人生目标。从此,大学成为"研究者的共同体",并开创了严格的"科学成就原则":唯有研究的独立性、独创性和成果,才能决定大学教授岗位的占有。这就要求学者们"必须献身于科学""必须敢向已形成的舆论挑战,必须敢冒与他人在学术上冲突的危险,必须要有科学研究上的真正突破"。"柏林大学模式"还最先做出了这样的规定："任何一名大学毕业生不能直接留校任教,任何一名大学教师的升等,必须换一所大学才能进行"。这项"扫除门户之见,防止近亲繁殖和裙带关系"的现代化措施,成为现代大学人事体制的基本原则。

　　柏林大学将精神引入校园,教学、学习和研究自由结合,建立科学实验室和研究机构,对博士论文的科学内容提出要求,开办专业的科学杂志和学会,举办按学科召开的国内和国际学术会议。柏林大学拒绝法国的专门学院模式,摆脱政府对学术自由的干预。但更加引人注目的是,科学精神在日益增长的大学自治和公共权威的关系中所扮演的角色。

　　自 1810 年以来,"柏林大学模式"成为世界大学的样板。无论是欧洲各国,还是远隔重洋的美国、日本都纷纷仿效。正是由于这种模式最为集中地反映了启蒙运动以来欧洲大学改革的总趋势,柏林大学才成为世界公认的"第一所现代大学",德意志的教育现代化才取得了世界性的辉煌成就,德国才在 19 世纪末 20 世纪初成为"世界科学文化中心"。

　　到中世纪末期,由于西欧商业城市的兴起,大学的数量达到 75 所之多。据西方教育史家统计,至 16 世纪宗教改革前夕,全欧共有 81 所大学。

　　1830 年后,德国已经成为比巴黎更为重要的医学和科学研究的重镇。到 19 世纪中叶,在自然科学方面德国已经超过了法国,这种成功的超越仅靠德国研究者的聪明才智是无法实现的。在其他国家也出现了自然科学和医学的重大发现,但是,德国的大学系统使得科学研究成为专业的、组织严密的活动。实际上,到 19 世纪中叶,所有活跃于德国的自然科学和医学的研究者要么是研究所或大学实验室的负责人,要么是其合作者;而在不列颠和法国,这些领域的研究仍停留在业余爱好者或大学外的个体学者或机构的兴趣上。

发电机点亮第二次工业革命

人类从无意识进入有意识的以科技为核心的发展模式

　　电力的发现,推动了西方的第二次工业革命,它是一场由科技引领、技术先行、市场跟进的科技革命,它将近代的科技发展和产业进步推向了又一个新的高度,同时也是现代科技发展的典范。

电磁感应现象的发现

法拉第之梦

　　小圆木棒上,两只相同的螺旋线圈,终于绕制好了,足足用了 100 多米的绝缘铜线。

　　最后测试一下吧。法拉第把线圈和电流计连接、再串联到电池组上,当线圈的另一根电线接触电池正极的瞬间,面前的电流计的指针急速地跳动,非常的微弱。法拉第以为自己的眼睛花了,应该有一个持续的大电流输出啊。他准备重新再接一次,当把电线的一端脱离电池的一瞬间,电流计又微弱地急速跳动了一下。反复连接、断开,电流计都有着相同的反应,很奇怪的现象啊。

法拉第检查接线时,发现原来他把下方线圈的两根电线连接到电流计上,上方的两根电线与电池组相接了。哦,手忙脚乱的,真是忙中出错呀。法拉第笑了笑,然后把下方的线圈从电流计上摘下来,单独接到电池组上,一切正常。啊,总算可以了。

法拉第没有意识到,一个伟大的科学发现悄然走到了他的面前。

伦敦皇家研究所的一间实验室里,法拉第辛苦一夜绕制出两只线圈,准备简单测试一下就回家,亲爱的撒拉还在家里等着他呢。结婚已经十年了,法拉第改变了婚前的生活习惯,每天都准时回家。昨夜的情况实在太特殊了,否则法拉第怎么舍得离开生命中唯一的牵挂整整一个晚上。与亲爱的撒拉在一起的每一个日子,都是淡淡的喜悦;每一个时刻,都是丝丝的甜美。

法拉第觉得可能是自己有些累了,毕竟40岁的人了嘛。他推开窗户,清新的略带凉意的空气扑面而来、直沁心扉。东方的天空刚刚露出鱼肚白,天已经亮了,窗外栗树上的两只黑乌鸦惊叫了几声,倏然而去。

法拉第的眼睛渐渐地模糊起来,确实很辛苦,一个白天加一个晚上几乎没有眨眼睛。戴维教授明天要去作一个报告,需要补充一下实验数据,今天上午就要出来结果。

法拉第坐回椅子上,稍微休息一下,等教授上班时交给他。院子里的两只黄胸鹀在啾啾、唧唧地低声而清脆地鸣叫,多变而悦耳,犹如刚刚醒来的情侣窃窃私语。慢慢地,法拉第进入了梦乡。

……

黄胸鹀从沙棘丛中飞落到窗户边,对着法拉第喜悦地唱着歌。

13岁的小法拉第抬头瞅了瞅小鸟,说了一声"早上好",然后又继续埋头读书。小法拉第在订书店过夜、看店,今天的新报纸也还没有到。等老板来了,法拉第就可以继续去卖报了。

虽然因为家境贫困只读了两年小学就辍学了,但是法拉第对学习有着特别浓厚的兴趣。他在书商兼订书匠的家里当学徒,订书店里书籍堆积如山,法拉第如饥似渴地阅读各类书籍,汲取了许多自然科学方面的知识。对于13岁的孩子而言,这些知识几乎是不可能理解的。但是法拉第真是一个电学的天才,关于电学的文章,他不仅能读懂,而且深深地吸引着他。

关于电的探索历程

"电力""电吸引""磁极"这些概念是吉尔伯特提出来的,他把琥珀这类具有吸引力的物体称为"带电体",把金属和其他一些物体称为"不带电体",因为不能用摩擦的方法使它们具有吸引的能力。而且,地球就是一个巨大磁体,所以磁针总是倾向北极的方向,又有一定的磁偏角。这一点,中国早在先秦时代就发现了,还研制出了指南针。

波义耳观察到干毛发很容易通过摩擦起电的现象,而且这种电的吸引通过真空也能发生[①]。马德堡的盖里克以他的手按着转动的硫磺球而产生电。

摩擦能够产生电!法拉第用双手摩挲几下头发,除了把青铜色的头发弄得纷乱之外,好

---

① 关于摩擦起电的现象,西周末年已有"玳瑁吸褡"的记载。玳瑁是一种海生爬行动物,外形似龟,甲壳黄褐色,是一种绝缘体,故摩擦能生电。

像没有任何异样的情况出现。

斯蒂芬·格雷是英国卡尔特养老院领取年金过活的人,他发现材料电传导性取决于构成物体的物质,例如,金属丝能导电,蚕丝不能导电,而人体是导体。

18世纪中期,欧洲人像着了魔一样喜欢上了"电",几乎每一个国家都有一大批人以进行电的实验和表演而获得生计。他们总是不停地琢磨电的问题,然后搞出一个意想不到的新花样,街头经常会有人做公开的电学表演。大教堂的副主教冯·克莱斯特、物理学家穆欣布罗克、莱比锡的温克勒、威滕贝尔格的博瑟教授,都曾用"莱顿瓶"做过各种表演,例如把一字排开的严肃的修道士们瞬间全部放倒,放电杀死鸟和其他动物,使针磁化、熔化金属细丝等。

遥远的美洲还有一位狂人富兰克林,他根本不相信法国人所说的"闪电"是带电的。所以,他决定做一个实验,跟他的儿子一起,把一只风筝放进云层内部。如果有电,细电线会把闪电引下来。在电闪雷鸣过程中,他突然发现绳索松开的纤维直立了,他把一指节靠近风筝线上的钥匙,一股强烈的电火花瞬间爆发,闪电居然真的是一种电现象!他的儿子一把把他拉走,远离风筝线。他还研制出避雷针,1760年,在费城一座大楼上立起一根避雷针。他提出了"双流说",认为存在"正电""负电"的概念。

法国工程师库仑(Coulomb)是"双流说"的支持者,他用实验证明了电磁的吸引和排斥作用与电量的乘积呈正比,电荷存在于导体的表面。

1800年,伦敦皇家学会会员伏特发明了一种电堆,后来人们称之为"伏打电堆",他把两种不一样的金属板(如锌板和铜板)接触放置,在接触点上盖一片被水或盐水弄湿的法兰绒或者吸墨纸,构成"金属板偶"。多个金属板偶相互连接,中间都被潮湿的导体隔开。金属板偶组成的这种电堆,能够数倍地增加单个板偶的作用。伏打电堆就这样诞生了。这个成果发表在《哲学会报》上,1801年拿破仑请伏特到巴黎的学会上表演他的电堆实验,并授予他金质奖章。

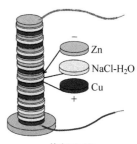

伏打电堆

黄胸鹀飞到法拉第的肩膀上,不停飞起、落下,叽叽喳喳地叫着,似乎要引法拉第出去。看书有些疲惫了,出去走走吧,法拉第放下手中的《大英百科全书》,起身跟着黄胸鹀上了大街。

今天的大街雾蒙蒙的,没有一个人,可能是太早的缘故吧。法拉第跟着黄胸鹀在雾中穿行,转个弯没有走几步,眼前忽然一亮。

电磁特性的研究

瑞典皇家科学院的演讲大厅热闹非凡,惊叫声、掌声此起彼伏。

哥本哈根大学奥斯特(Oersted)教授正在讲台上演示着他的实验,"我的报告是基于我的论文《关于磁针的电流撞击实验》的后续研究结果。让我们试着再做一次演示,导线和磁针还是平行放置,不过,我把电流的方向掉转一下,看看能发生什么。理查德先生,请!"当奥斯特的助手理查德接通电流后,磁针发生了极大的振动,旋转了180°,涂红色标记的一端指向了相反的方向。

"实验和我的理论是一致的,这说明电流可以产生感应磁场,所以磁针顺着感应磁场的方向偏转。"奥斯特教授高声地说,"大家有问题吗?"

观众席上一位 50 岁左右的中年男子举手,他是美国奥尔巴尼学院的数学教授、丹麦人亨利(Joseph Henry)。奥斯特并不认识亨利,但学术交流场合人人都可以提问,"请,这位先生!"

亨利起身,缓缓地说:"我叫亨利,非常感谢奥斯特教授的演讲。这是一个很有趣的理论,更感到高兴的是,我们对共同的课题感兴趣。我在 1825 年做过类似的实验,我用软铁弯成马蹄形,在软铁表面涂以清漆,以便使它绝缘,然后把铜导线绕着软铁稀疏地缠了 18 圈。"亨利双手做着手势,右手做着绕线圈的动作,一副小心翼翼的样子,就像他正在绕制着他的线圈。"接通电流时,这块马蹄形铁能提起 39.7N(牛)的重物,约为软铁本身重量的 20 倍。"

哇哦～～,听众们发出一阵惊讶。奥斯特脸上也掠过一丝不易察觉的微笑。"因为缠在软铁上的线圈通电后产生了磁场。亨利先生把导线直接连接电池,会产生很大的电流",奥斯特扫视了一下观众席,然后停在欧姆身上:"这一点,埃尔朗根大学的乔治·西蒙·欧姆教授很清楚,欧姆先生,您说呢?"

"是这样的,奥斯特教授。导体中的电流大小,与导体的电阻呈反比,电阻越小,电流越大。导线的长度越长、电阻越大;截面积越小、电阻越大。而且,金属的电阻率很小。所以,是这样的,您说的是正确的,电流很大。"欧姆的语速很快,毕竟是他研究的结论,很熟悉。

"是的,我拜读过欧姆先生的大作《电路,数学研究》。我昨天晚上还遇见了一位年轻人,名叫查尔斯·惠斯通。惠斯通先生特别敬仰您,他说他正在研究一种电路,有可能可以测量电阻器的阻值。"

亨利边说边试图找到惠斯通,听众席坐满了人,也许这位不到 20 岁的腼腆年轻人坐在后面的位置吧。"他把这个电路称作'电桥',很有趣的名称。"

亨利的眼光又回到欧姆那个方向,"他把你提出的公式,叫作'欧姆公式',这种叫法蛮合适的,欧姆先生。根据欧姆公式,我们知道,线圈的电流很大,所以会产生很强的磁场。"

"所以,我们的研究方向是一样的,很高兴认识你,亨利先生。"奥斯特向亨利的方向挥一挥手,流露出喜悦的心情。

"谢谢奥斯特先生的耐心,我占用的时间已经很长了。我今天之所以站起来发言,是因为刚刚有个灵感:既然大电流能够产生磁场,那么相反的,强磁场会不会产生电流呢?我认为这是一个值得研究的问题。谢谢!"说完,亨利坐回自己的座位。

"真是一个有趣的问题!谢谢亨利先生!"

奥斯特话音刚落,听众席第一排中间的一位看上去 50 多岁的先生边举手边清了清嗓子。转身向亨利方向看去,蓬松金发、大波浪卷曲着披到肩膀,随着他身体的转动而像弹簧一样跳动着。哇!他是法兰西学院实验物理学教授,著名的法国物理学家、化学家和数学家,被誉为"伟大的安培"的安德烈·玛丽·安培(André-Marie Ampère)先生,他是这次学术交流会的大会主席。

"电流能够产生磁场是没有问题的,电流计就是采用这样的原理,施魏格教授发明的电流计正是在用这样的原理。那么,亨利的问题,很好,值得研究。不过,我的观点,嗯……,仅供大家参考啊,我认为是可以的,因为一个电流对另一个电流是有相互作用的:相同方向的平行电流彼此吸引,相反方向的平行电流彼此相斥。我的研究证明电流和磁场倾向于彼此环绕,所以磁场应当是可以产生电流的……"。

"安培先生,很抱歉我打断了你。"坐在安培邻座的一位头发稀薄的老先生,略微抬高手掌,五指轻轻地敲了两下桌面,"你的理论是电流使磁体偏斜,并且提出了判别定则。不过我坚持认为电流可以看成是磁的作用。阿拉哥曾经问过,两把钥匙的每一把都吸引磁体,那么,你认为它们也彼此能相互吸引吗?"

"这是另一个问题,塞贝克先生。我们都知道,您的温差电动势是一项了不起的发现。磁化一个磁体可促使所有这些假想的分子电流在同一方向上流动,而且我认为地球磁场也是来源于绕着地球的电流。"

安培转身朝向讲台,"奥斯特先生的发现可以叫作'电流磁效应',我认为,奥斯特先生……已经永远把他的名字和一个新纪元联系在一起了。让我们感谢奥斯特先生的精彩报告!"

掌声响起……

一项重大的发现——电磁感应现象

忽然有人拍打法拉第的肩膀,法拉第回头一看,是他的小伙伴安东尼,还有好几位朋友。他们建立了一个学习小组,常常在一起讨论问题、交换思想,将书本知识付诸实践。安东尼告诉他,他们在伦敦国王学院的一间废旧仓库里找到了几小股特别细的导线。

"太好了,我们走!做库仑扭转静电计去。"法拉第和朋友们跑向大街,边走边聊。在他们身后,黄胸鹀跟着他们边飞边欢快地歌唱着。

"本涅特的金箔验电计也可以测量电容。"

"我认为,其实卡文迪许的静电起电机也是不错的东西,我们可以试一试。"

"迈克尔,听说你跟戴维教授到欧洲大陆考察,公开身份是仆人?那时你已经 22 岁了啊!"安东尼转移话题,这也是他为铁哥们法拉第愤愤不平的地方。

"是的,其实……,不要计较身份啦。那是绝佳的学习机会,我见到了许多著名的科学家,刚刚会场上的那几位教授,我都见到了。大大地开阔了眼界,增长了见识,真的。"

"嗯,倒也是啊,戴维教授真器重你!"安东尼内心的感觉要好一些了。

"还是迈克尔勤奋好学,工作努力的结果吧。迈克尔的哥哥一定很高兴,他一直资助迈克尔做科研呢,还鼓励迈克尔加入塔特姆领导的伦敦城哲学会……"

"法拉第先生,早上好!线圈做好了吗?"忽然,有人在法拉第背后喊道,声音由远而近。

"做好了!"法拉第激灵了一下,醒了,原来戴维教授到了实验室外边,正在叫他呢。

法拉第睁开眼睛,看到桌子上静静地躺着的两只线圈,他忽然想起梦中亨利的那个问题,"强磁场会不会产生电流呢?"法拉第从椅子上跳起来,激动地失声尖叫:"我知道了!我知道了!戴维先生,我知道了!"

法拉第

窗台上的黄胸鹀急促地叫了几声,飞向洒满绚丽朝霞的天空,顷刻无影。

1831 年 10 月 1 日,历史铭记这一时刻,法拉第给人类带来了一项重大发现:电磁感应现象。

闭合电路的一部分导体在磁场中做切割磁力线运动,导体中就会产生电流。

——法拉第

电磁感应现象

发电机推动第二次工业革命

　　法拉第通过自学获得了深厚的理论功底,从小喜爱亲手制作各种实验装置,锻炼了极强的动手能力,他是一位理论知识扎实、实践能力超强的科学家。对科学研究的热爱,让他乐此不疲、从不懈怠;专心致志、细致入微的素养,让他不遗漏对任何现象的观察、不放过对任何疑问的思考。随后通过进一步研究,法拉第从理论上推导出电流与磁场相互感应的数学关系——电磁感应定律。

电磁感应定律

　　然后,法拉第马不停蹄地继续研究,取得了一系列伟大的成就。

　　1831 年 10 月 17 日,他把永磁铁插进导线圈的过程中,产生了同样的电磁感应效应,而且发现感应效应也不是连续的而是瞬时的。

　　1831 年 10 月 28 日,法拉第发明了圆盘发电机,这是法拉第第二项重大的电发明。这个圆盘发电机,结构虽然简单,但它却是人类创造出的第一个发电机。

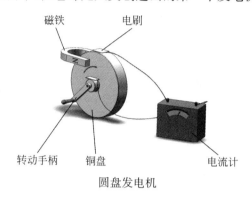

圆盘发电机

　　人类从此将进入电气时代,第二次工业革命的帷幕从这里慢慢拉开!

　　法拉第发现电磁感应理论之后,人们开始各种尝试,在技术上研制出理想的实用化发电机。从 1832 年法国人皮克希的旋转的 U 形磁铁发电机,到 1866 年皮克希发明发电机,30 多年间,人们不懈地努力,终于有了重大的技术突破。在发电机上不用永久磁铁,而用电磁铁,可以使磁力增强,从而产生强大的电流输出。

　　1856 年,柏林的西门子[①]用导线圈缠绕在带槽的铁心上,改进了梭式电枢,使磁力线集中在磁极间的强磁场上。

　　1860 年,意大利物理学家巴齐诺蒂提出了环形电枢的设想,但未能引起人们的注意。

　　1861 年,巴齐诺蒂发明了铁环轴向线圈发电机,使得发电机的性能有了一定程度的提高。

　　1865 年,巴齐诺蒂发明了环状发电机电枢,他又在一本杂志上发表了这一独创性的见解,仍未得到社会的公认。这种电枢是在铁环上绕线圈,而不是在铁心棒上绕制线圈,从而提高了发电机的效率。

　　1866 年,西门子对发电机提出了重大改进,用电磁铁替代永久磁铁,可使磁力增强,产生强大的电流。

　　1868 年,比利时学者古拉姆"在巴黎独立地"发明了与巴齐诺蒂相似的铁环轴向线圈发电机。由于古拉姆的努力,这种电枢得到广泛的应用。

　　1870 年,古拉姆在巴黎研究电学时,看到了巴齐诺蒂发表的文章,认为这一发明有其优越性。于是,他根据巴齐诺蒂的设计方案,并采纳西门子的电磁铁式发电机原理进行研制,制成了性能优良的发电机。古拉姆发电机的性能好,销路很广,他不仅发了财,而且被人们誉为"发电机之父"。

　　1872 年,西门子公司的工程师阿特涅吸收了古拉姆和巴齐诺蒂转子的优点,发明了线

---

　　①　西门子(Ernst Werner von Siemens),德国发明家、企业家、物理学家、电气工程师。

圈绕线的新方式,即鼓形转子,意思是像鼓一样的形状。鼓形转子简化了制造工艺、降低了生产成本,发电机的外观和功能也得到改善,西门子公司因这项发明而越发驰名。德国政府大力支持各种发电机及相关科技的研制,从而使电力工业得到了迅速的发展。

1885年,费拉里斯在都灵(Turin)他的实验室中制造出双相电动机,他用了两个独立的同周期的交流电流,但相位不同,因而产生了旋转磁场。只有这位理论物理学家考虑电动机需要两条以上的线路,此外没有任何人会对这个考虑感兴趣。

1888年,匹兹堡(Pittsburgh)的特斯拉根据费拉里斯发表的成果,几个月后制造出商用电动机,从此产生了许多这种形式的电动机,并且在欧洲和美国日益得到广泛的应用。

科学发现先行探索,技术研发迅速跟进,与工业化生产紧密地结合起来。社会及时地关注科学研究的新成果,并且探索发现在全社会成为一种风尚,科学家以及他们的成果成为受公众关注的对象,整个社会氛围对于科技空前关注,同时也促使科学在推动生产力发展方面发挥着更为重要的作用。一场新的工业革命几乎在西欧国家同时发生,规模之广泛在历史上是绝无仅有的,国家之间的科技与工业关系良性发展、相互支持、相互促进,工业发展速度非常迅捷。

19世纪70年代,在第二次工业革命的推动下,资本主义经济开始发生重大变化,推动企业间竞争的加剧,少数采用新技术的企业挤垮了大量技术落后的企业,促进了生产和资本的集中,进而产生了垄断企业和垄断组织。大量的社会财富也日益集中在少数大资本家手里,到19世纪晚期,主要资本主义国家都出现了垄断组织。垄断组织使企业的规模进一步扩大,劳动生产率进一步提高。托拉斯等高级形式的垄断组织,更有利于改善企业经营管理,降低成本,提高劳动生产率。同时,控制垄断组织的大资本家为了攫取更多的利润,越来越多地干预国家的经济、政治生活,资本主义国家逐渐成为垄断组织利益的代表者。垄断组织还跨出国界,形成国际垄断集团,要求从经济上瓜分世界,促使各资本主义国家加紧了对外侵略扩张的步伐。19世纪末20世纪初,各主要资本主义国家美、德、英、法、日、俄等相继进入帝国主义阶段。

(本节中法拉第小传的内容,系以史料为基础的艺术化叙述)

第四篇

大国兴衰

第十一章

海外殖民掠夺 列国潮起潮落

1498 年是欧洲的分水岭,航海"大发现"使欧洲从落后奔向发达。

中世纪的欧洲,像极了早于它近两千年的中国春秋战国时期,封土建邦、群雄争霸。至第一次世界大战的 1400 多年内,连年战争、风雷激荡的欧洲逐渐演变为几个独立而敌对的国家。

商业化浪潮给欧洲带来了一系列的变革,欧洲的资本主义呼之欲出;同时,也创造了武装殖民获得巨大商业利益的示范。航海"大发现"后,海外殖民扩大到全球,使欧洲飞速完成了资本积累,抵消了中国两千多年外贸积累的优势,欧洲领先地位从此有了稳固的根基。

古今山海多少事
浪花如故拍岸头

这一章,我们标注一个时间点——公元 1500 年。

欧洲历史学家将欧洲划分为古典时代、中世纪、近代等三个阶段,这是站在欧洲历史发展的角度做出的时间段划分。"中世纪"始于 476 年(西罗马帝国灭亡),终于 1453 年(东罗马帝国灭亡)。罗马帝国的确曾经深深地影响着欧洲的社会生态,但是,当它走向彻底消亡时,欧洲社会受它影响的程度已今非昔比。对于欧洲人来说,决定其命运转折的时间点是在 1500 年前后,即地理"大发现"的那个"伟大"的时刻。

本章我们将首先回顾 1500 年之前欧洲发生了什么,再了解 1500 年之后欧洲发生了什么。

引发商业化变革,开创殖民化示范

商业主义开启"前殖民时代"、催发近代欧洲资本主义的萌芽

时间轴：1500 年之前

近代西方著名的商业革命,一开始就带有明显的暴力化商业殖民扩张的特征,我们不妨称之为"前殖民时代"。尽管其殖民范围不大,但是,却为不久后欧洲的全球殖民扩张做了一个示范。

商业主义革命的前期社会背景

用"主义"来叙述欧洲的商业革命,显得有点言过其实了,因为这场变革主要是一些欧洲城市特别是商人们在追逐个人利益的过程中形成的,并没有多少思想理论的指导。

在中古时期,欧洲城市自治和城市联盟逐渐发展起来,给欧洲商人带来了无与伦比的社会地位和权力,这在欧亚大陆是独一无二的。要知道,在同期的欧洲之外,商人根本没有机会上升到当权者的地位。

城市争取自治的斗争是城市居民争取自由解放的斗争,开始于 11 世纪,至 13 世纪时遍及西欧各地。其斗争的原因有以下方面：①由于中古西欧王权软弱,政治分裂,城市都建立在封建领主的领地上,国王和封建领主根据领主权对城市实行统治、征收捐税、摊派劳役等。城市为摆脱领主的压迫和众多的苛捐杂税,一方面使用金钱赎买自由,建立自治城市；另一方面通过武装斗争的方式获得自由或自治权力。②自治城市为了摆脱领主的控制与剥削,争取拥有自由贸易权。有的城市还取得城市立法权,依法选举市议会为城市的最高行政机关,成为自治城市。因此,这种自由和自治城市就成为广大农奴争取自由的生活空间,犹如德意志的谚语所说："城市的空气使人自由"。

罗马帝国的自治城市原本是主教的驻地城市,这些城市中的一部分在 13—14 世纪完全摆脱了它们的主教的管辖。名义上它们依然是主教的领地,向主教纳税和提供军队,但实际上它们不受领主的控制了,也不向皇帝交税和提供军队。城市的自治力量影响着法律和宗教、文学和艺术,促进了各个阶层的教育和交流,在它们的极盛时期,商业明显活跃起来,一

些商人在从英格兰到中国的整个欧亚大陆上有做生意的自由。

商人不太在乎赞誉而在乎自治,不太在乎安全而在乎机会。

商人都知道商业是一种危险的冒险,资本和劳动不得不承担经过计算的相同的风险,这种风险可能来源于战争也可能来源于贸易。在欧洲那个分裂、战端迭起的社会里,他们熟练地调整自己以适应所处的社会。商人通常在追求财富的过程中更专一、更专业,可以说,商人是欧洲商业革命时代的催化剂。

从10世纪中期到14世纪中期,欧洲的瘟疫消失、良好的气候变化、缓慢的人口增长等一系列因素的变化,打破了曾经缓慢的低生产和低消费的恶性循环局面,开始了连续四百年的农业增长,而农业是绝大部分人口的职业和收入的来源。生产得以恢复后的欧洲,特别是南欧的经济生活出现了一个巨大而不可逆转的浪潮,把人均生活水平提高到超过罗马顶峰时期,财富分配也较以前更为平等。在最低的社会阶层,本国的基督教奴隶得以解放,也给予了农奴政治上的权利。

这种转变已经酝酿良久并伴随着上层商人阶级(包括少部分下层阶级)在政治地位和社会地位方面实质性的改变。为了换取特权,他们总是保持对更高权威的效忠。尽管如此,他们仍然无法渗透进封建和教会的等级制中;那些阶层需要商人的服务,却不愿意放弃对商人的偏见。

13世纪早期,商人们的夙愿最终得以实现,他们成为了自己城市的主人,并使城市成为主权国家的中心、使农业从属于贸易。这种新的变革出现在地中海北部,包括意大利境内的阿尔卑斯山到台伯河之间的大片区域,以及法兰西至加泰罗尼亚的海岸地区。商业的推进首先从意大利的本土贸易开始,随后扩展到意大利之外的陆上贸易和海上贸易。在本土竞争中通过恶性争斗抢夺商业空间,在海外贸易中通过暴力和殖民掠夺财富。

本土商业的发展

有三股力量推动着商业活动的扩展,大贵族家庭、低等级的贵族家庭、一般出身的商人。

(1)大贵族家庭:这些家庭的祖上一般都遗留了很大的资产,主要是土地。这些贵族家庭一般由长子继承遗产,独得所有的土地。但也有一些家庭以多位子嗣分割祖辈遗产的方式"无限细分"祖先遗传下来的地产,从而形成了大量没有土地或者只有极少土地的骑士。中世纪的这些"骑士",总想着拥有更多的土地。内心充斥的对土地的强烈渴望和追求,驱使他们热衷于通过军事冒险来夺取域外土地。他们扩大了天主教在欧洲的商业边界,开辟了新的贸易基础,但仅仅是为了得到土地,对直接从事商业活动不感兴趣。

(2)低等级的贵族家庭:大量繁衍的等级更低的贵族家庭,他们住在城镇或郊区,拥有的地产并不足以维持体面的封建贵族生活。他们联合起来在11、12世纪为城市赢得了政治自由和经济机会,在意大利-拜占庭城市的商业活动中起到了重要的作用,在他们的领导下这些城市逐步获得独立,然后征收过路税。这是低等级的贵族家庭对商业感兴趣的地方,也仅仅只是如此。

(3)一般出身的商人:11—13世纪,非贵族的商人形成了自治城邦赖以建立的各个层次的私人联盟,以垄断的形式巧妙利用自治城邦的政策获取商业利益。他们以强有力的关系纽带组成集团,通常以家庭为单元为了共同的政治和商业利益紧紧地联系在一起;或者通常是聚合在某些党派下的家族联合,如教皇或皇帝党,在自治城邦创立商人行会。

商业活动吸引了越来越多的阶层加入,渐渐的财富的多寡开始成为阶级划分的主要基础,而出身仅仅是一种象征了。商业革命也能不断地为每个人创造机会,使他们可以从一个阶级爬升到另一个阶级。在意大利北部、中部和海滨城市等越来越商业化的地区,贵族和商人的明显界限虽然没有消除,但是人们心目中对"贵族"的概念变得越来越淡薄。贵族仅成为一种社会划分,它只能继承某些间接的经济权利而不是任何形式的法律特权,曾经的贵族、爵位渐渐地不再是特权的代名词。甚至佛罗伦萨自治城邦自由地授予富裕商人和店主以爵位,这些人在受封后也模仿旧贵族在农村添置地产、在城市建立豪宅。贵族和中产阶级合流,成为一个阶级,他们通过剥削的手段使农民们屈居其下。

随着商业化的推进,市场在扩大,城市也随之扩大。在农村人口不断增加的同时,也会有大量人口迁移至城市;12、13 世纪意大利城市居民的姓名表明,约 2/3 的城市居民起源于农村。

商业革命带来了城市之间激烈的恶性竞争,为了争夺主导权或仅是为了生存空间,自治城邦相互之间开始争斗。国家内部的、城市之间的市场争夺,其目的不外乎是在有限的市场空间中为自己争取更大的生存空间,当然也必然地压缩了对手的生存空间。在激烈的竞争中,有些城市的地位上升,有一些城市沦为二线城市。强烈的竞争意识和生存危机,时刻在意大利的城市中膨胀;意大利的商业城市中,正在积蓄着一股巨大的力量,等待的只是一个释放的机会。

市场扩展,是商业竞争的不二法门。

扩展、扩展,哪里还有机会,……

终于,机会来了～

初尝禁果——武力拓展海外市场

暴力拓展市场

十字军东征,意大利商人们很快发现,机会来了!

对于意大利人而言,战争是商业扩展的手段之一。意大利人特别是热那亚人和比萨人组织联军参与东征,喊着"为上帝、荣誉和黄金而奋战"的口号,实际上为的是取得商业的利益,最终取得了绝对的海上霸权和横跨地中海的长期贸易阵地。他们参与一系列的军事冒险,每个人都能得到一些分赃,每个人都通过战争变成了或大或小的资本家。他们抢劫敌人资金、抢夺商业特权,使得热那亚和比萨发展到商业的极盛时期。

联军参战的最初目的只是想捣毁穆斯林势力的老巢,这些势力不仅使这两座海滨城市的土地荒芜,有时还袭击他们的城市。但是,穆斯林势力在科西嘉和撒丁岛最后的据点被清除之后,联军并没有停手,而是迅速地把战争扩展到整个西地中海甚至更远。

他们利用战争赃物积累原始资本,同时拓展他们的商业范围。随后,他们又逐渐把注意力从抢劫转向获得税收的减免,并在他们的海外自治点和永久定居点建立传统的商业体系。例如他们袭击穆斯林在北非的据点阿马赫迪耶,把它交还给当地的统治者,换得了一笔赎金并免除基督教商人的所有通行税。他们围攻和劫掠巴勒斯坦人的海港城市恺撒里亚,取得了耶路撒冷王国的酬谢,得到了恺撒里亚的 1/3 区域,并完全免除了各种过路费。

至此,热那亚人和比萨人将他们的市场拓展到整个地中海地区,并展开连续性的贸易活动,逐渐迎来他们的黄金时代。在 12 世纪中期以前,热那亚和比萨超过了除威尼斯之外所有的意大利-拜占庭海港;12 世纪末,热那亚超过了比萨,追上了威尼斯。

泛地中海的商业殖民

12、13 世纪,意大利的威尼斯人、热那亚人和比萨人在沿地中海岸建立起广泛的贸易据点,他们开始零星地往海外派遣移民。13 世纪晚期至 14 世纪早期,意大利的海外移民达到了顶峰,并形成了一个完整的系统。

意大利逐渐转向了殖民帝国主义。在拜占庭帝国,意大利殖民地也迅速扩展到更大的地区,到 12 世纪晚期,有大约 1 万名威尼斯人在君士坦丁堡定居;13、14 世纪,意大利自治城邦、意大利"殖民地建设者"们、加泰罗尼亚军事冒险者们,他们通过征服或接受"赐予"的方式获得大片的土地,其中包括田地、矿井,并使用当地的农奴或雇用劳力为其创造价值。

意大利人垄断了地中海的货运和客运,从穆斯林和拜占庭人手中接管了所有的跨地中海的贸易,在北非和黎凡特殖民贸易中的份额不断增加。不断扩展的商业、金融和航海活动强劲地刺激了欧洲新生的手工业和近东传统的手工业发展,在某些转手贸易的商品需求极大的情况下,巨大的利益驱使意大利人转而在本地进行大规模生产。例如,12、13 世纪,意大利转手贸易的东方毛料和一些叙利亚亚麻产品,不断扩大的需求使得叙利亚人转向大规模生产;意大利人"山寨"了中国的丝绸,并最终成为欧洲的主要供应者,到 14、15 世纪,在黎凡特的意大利丝织物甚至可以与东方丝绸相媲美。

在与殖民地紧邻的内地进行的贸易中,出口大于进口的趋势在继续增长。意大利人在参加穆斯林和拜占庭世界的地方贸易时,在航运和商业方面的利润情况也是如此[1]。

14 世纪早期,在热那亚的郊区比拉完成的贸易量大约超过拜占庭首都的 15 倍。君士坦丁堡挤满了来自天主教小型中心的商人,马赛、蒙波利埃、纳邦纳,巴塞罗那、安科纳、佛罗伦萨和拉古撒都在君士坦丁堡建立了殖民地,有些商人甚至来自西班牙、英格兰、德意志。黑海海滨星罗棋布着热那亚和威尼斯的殖民地。

通过战争尝到巨大甜头的意大利人更加积极地参与十字军东征,通过战争掠夺更多的土地、赃物、扩展商业范围、取得更有利的商业政策。例如,第四次东征,威尼斯在爱琴海获得了最宝贵的海岛,在每个重要海港获得了重要的城区,并且促使黑海对这些拉丁商人开放;第五次东征,攻陷埃及的海港城市达米埃塔(Damietta),意大利商人立即涌入达米埃塔这座埃及第二大繁荣城市。

1277 年,热那亚商人首次穿过直布罗陀海峡并沿大西洋海岸线进入了北海区域的布鲁日,1290 年经常性的海上贸易在热那亚和布鲁日之间建立,从而打通了大西洋商路,新兴港口城市布鲁日在意大利商人的扶持下成为新的贸易中心。

1274—1293 年,热那亚的海上贸易有 4 倍以上的增长。在向弗兰德尔和英国的航行途中,一些热那亚人定居在葡萄牙的里斯本和西班牙的安达卢西亚地区,与这里的贵族通婚,并推动雪利酒、金枪鱼、橄榄油和水银等商品的贸易。热那亚人到达伊比利亚半岛以后,还冒险前往非洲去寻找苏丹的黄金,那些定居下来的人还大量参与了葡萄牙和西班牙的航海和探险事业。

---

① 意大利的这些商业盈余不能完全平衡另一个方向的商业债务,这些债务来自对香料、生丝、毛皮和其他的东方、非洲和东北欧的产品不断增加的进口需求。

通往东方的商业扩展

可以想象出这样的景象,在泛地中海地区存在着两类商业集团:意大利商人和中国商人。来自中国的商人从中国进货,将货物送达地中海附近;意大利商人接手中国的货物,向欧洲内陆和其他地区分散销售。中国的商品在欧洲很受欢迎,但是价格也是高企不下。例如,中国丝绸在意大利的售价是在中国进价的3倍。

1261年十字军拉丁王国的覆亡,摧毁了威尼斯对黑海贸易的垄断,但热那亚随后帮助拜占庭复国,获得黑海的商业垄断和通过特权,建立了一系列商业网点。特别是在克里米亚半岛南端的卡法,从1281年起除了短暂中断以外一直由热那亚人垄断贸易,被称作"另一个热那亚"。14世纪,这里与欧洲内陆的商业往来特别是奴隶贸易尤其繁盛。

威尼斯被驱逐出黑海贸易后,致力于向南发展。1260年后马穆鲁克①替代了萨拉丁在埃及的统治,威尼斯加强了与这一新兴强国的联系。1291年马穆鲁克占领了海港城市阿卡,驱赶走十字军,打通了连接地中海西北岸、阿拉伯、非洲的通道。威尼斯则与这一新国家结盟垄断了通过红海和埃及的东方贸易。至此,欧洲通过意大利商人被卷入这样一个体系中。香槟集市和巴格达、君士坦丁堡都衰落了,而布鲁日、热那亚和开罗都正繁荣,中国的扩张也进入一个新的阶段,威尼斯通过开罗与东方的贸易进入繁盛时期。

13世纪蒙古建立了统一帝国,1241年金帐汗国征服了俄罗斯、波兰和匈牙利,占领俄罗斯南部和安纳托利亚东部,控制了波斯、伊拉克、印度和阿富汗北部,在近东地区则征服了巴格达。使欧洲首次与东方帝国有了直接的疆域接触,促进了欧洲与东方贸易和外交的发展。中亚道路完全开通,从匈牙利边境一直到日本海,帝国建立了有效的军队、道路、驿站、纳贡中心。至此,在地中海东西两面都开辟了新航路,西部连通地中海与西北欧,东部是东方贸易道路,形成了相互依赖的世界贸易交通体系。

在与殖民地紧邻的内地进行的贸易中,意大利人的出口大于进口的趋势在继续增长。但是,这些盈余不能完全平衡东方、非洲和东北欧的产品进口所产生的债务,而香料、生丝、毛皮、丝绸、瓷器等在欧洲实在太受欢迎了。显然,最好的弥补进口价格企高的办法就是直接从中国进货,东方的财富和贸易似乎使西地中海的直布罗陀海峡以外的商业机会相形见绌。

当时的意大利人认为前往中国的海路是走不通的,因为热那亚的维拉尔蒂兄弟于1291年经由海路前往东方,再也没有回来(事实上,他们从直布罗陀海峡"向西"航行,到达了印度,不知道什么原因没有返回)。他们的命运似乎刺激了其他的意大利人决心取道陆路到中亚、印度和中国。热那亚和威尼斯商人经常把大量资本投放于中亚、印度和中国的往来贸易,有些人在那里还建立了定居地,这就使东方成为意大利的一个崭新的有前途的边界。

意大利"重商主义"的成功,为当时欧洲国家找到了一条致富的道路。如何才能走出贫困、实现一夜暴富,意大利人为欧洲人打了个样;"大量储备贵金属、扩大对外贸易"被认为是财富的唯一源泉,寻找海外市场、扩大市场范围成为"有抱负"的君王的追求。商业与战争

---

① 阿拉伯语中,"马穆鲁克"是奴隶的意思。9世纪始,阿拉伯人从小亚细亚和高加索地区购买奴隶,经过严格训练,组建成骑兵部队。马穆鲁克士兵作战勇敢、不惧生死,深得主人器重,待遇优厚,收入颇丰,马穆鲁克将领还能够进入政坛高层担任职务。十字军东征的战争中,马穆鲁克在萨拉丁的指挥下作为一个独立的军事集团出现于阿拉伯的政治舞台上,战功卓著,最终在埃及建立了自己的王朝,延续了三百多年。

相结合,通过暴力和殖民的方式掠夺海外财富成为欧洲人心中行之有效、令人向往的致富途径。而这一切美好的渴望,直到哥伦布"发现新大陆"之后才真正实现。一位西方学者不无戏谑地说道:"哥伦布在卢西塔尼亚和安达卢西亚的经历,只是更富于戏剧性地重演了他的许多同胞的经历而已"。

怀揣"东方梦想",面对纷争现实

群雄并起、列国争霸,乱世战火绵绵不断,欧洲出路在哪里?

时间轴:公元 1500 年之前。

欧洲人的"东方梦"

遥远的东方,有一个"遍地黄金,香料盈野"的美丽国度,千百年来从那里络绎不绝输入欧洲的五彩丝绸、精美瓷器、幽香茶叶、名贵香料等各种商品、奢侈品,给欧洲人带来无尽的遐想和美妙的憧憬。

以丝绸为例。在丝绸没有输入西方之前,爱琴海的科斯岛上曾经生产一种薄纱(Bombycina),优美透明,是裁制夏天服装的精品布料,罗马帝国的不同阶层的女性都极为喜爱。但是,自从中国的丝绸输入之后,受到罗马人的极大追捧。即使价格极其昂贵(161—180 年,每镑丝绸 12 两黄金),奢侈成风的罗马人依然趋之若鹜,至 1 世纪,中国丝绸完全取代了科斯岛薄纱而流行于罗马社会。

自西汉以来,中国人便开始了向西方的商品输出,生产过剩的中国通过丝路向西方单向销售大量商品,奇迹般地保持着长期的贸易顺差。这种单向销售的贸易不对等状况并非有意为之,因为如果东西两个方向都能够满载货物,双向销售将会大大降低物流成本;而且,很浅显的道理,通过双向货物销售,商人自然赚取的盈利也会更多。但是,当时的欧洲实在太落后了,没有什么像样的商品能够入中国人的法眼,所以中国的商人们没有办法在返回中国的旅途中顺便向东方带货。生产不出东方人想要的商品,又需要东方人提供的商品,欧洲人只能以双方认可的财富标志物(例如白银)购买东方商品。

遥遥万里之旅,陆上狂沙蔽日、海上恶浪滔天,风雨暑寒之中,中国人就是这样勤劳地用双手打造着琳琅满目的商品,用双脚、双桨丈量着山陬海澨的财富。

你可以想象出"丝绸之路"上的景象:向西方向,源源不断的货物流通至欧洲、中东等,这是一条物流之路;向东方向,源源不断的白银流向中国,这是一条财富之路。这一单向的贸易过程,造成东方对西方的大量贸易出超。"丝绸之路"中"十船九空,一船实之白银",即去西方的路上十船满载商品,回来的路上九船空载而归,只有一船满载白银。这种现象的背后,就是一种长期贸易顺差状态的形象体现。姚宝猷(yóu)认为,在罗马帝国时期,这种大规模的长期贸易逆差,导致罗马帝国财政陷于极度穷困的境地,甚至成为罗马帝国最终崩溃的诱因之一。

在地理"大发现"之前,欧洲每年要用 6.5 万公斤白银去购买东方的胡椒和香料。到了 15 世纪末,由于商品经济的发展,欧洲的货币需求量更是大大增加。所以,西方学者称此时的欧洲是"贵金属奇缺的欧洲",欧洲各国的王室、贵族和商人们,纷纷投入到一场"黄金狂热"中。

"丝绸之路"输出商品的同时,也使欧洲人对这些货物来源地充满了好奇。能够产出如此精美物品的"赛里斯"①,简直就是一个美丽的神话。斯特拉波②在《地理书》中描述:"某些树枝上生长出了羊毛",赛里斯人"利用这种羊毛纺织成漂亮而纤细的织物"。而此后的几个世纪中,中国与西方的交往主要通过阿拉伯世界来传递,中国形象也停留在了那个虚无缥缈的神话传说中。

这种美好的充满景仰的崇拜之情持续了 1400 多年,在 14 世纪初达到高潮。《马可·波罗游记》问世,自称到过中国、在扬州做过"总督"的马可·波罗为欧洲人描绘了一个超乎想象的东方奇幻梦境——一个同样是由人类创造的美好世界:东方神秘之国拥有无穷无尽的宝藏和财富,那里有巨大的商业城市、华丽的宫殿建筑、富庶的人民、高贵的王室、发达的科技、领先的文明,商贾云集、货物如山、富庶繁华、美妙绝伦。这位名叫马可·波罗的欧洲商人的见闻,向欧洲人展现了一个富裕强大、文明昌盛的奇异世界,一种优越、迷人、发达的民族文化。这幅全新的"中国图像"完全打破了欧洲人对于世界的认知,他们曾经愚昧地以为在基督教文明以外不会再有更高级的人类文明了。

这一切都激发了欧洲人对东方世界的向往,为黑暗时代的欧洲人打开了一扇明亮的窗户,也激起了欧洲人极大的好奇心和商业欲望,他们发疯似的追求着黄金、白银、香料、丝绸,以好奇与焦虑的心情向往着传说中充满财富的东方。同时,一些有抱负和志向的欧洲年轻人也被深深地吸引,他们心怀遐想、渴望追求,希望用自己的力量到达东方那块富饶的国土,猎取那无尽的宝藏——实现自己的"东方梦"。上层贵族阶层同样对东方抱有巨大的热情,他们不惜花费金钱和精力,支持冒险远航,以获取东方的黄金和香料③。意大利的哥伦布,葡萄牙的达·伽马、鄂本笃,英国的卡伯特、安东尼·詹金森、约翰逊、马丁·罗比歇等众多年轻人,纷纷出发,探索寻访前往中国的道路。希望有一天到达"皇帝的宫墙、房壁和天花板上都涂满了金银"的中国。

世界就在这些欲望的驱使中悄然发生着变化。

风云巨变前的气象

中世纪后半期的 500 年时间里(1000—1500 年),欧洲分裂为许多独立的公国、侯国、(多少带点民主色彩或寡头政治性的)城邦以及教皇控制下的国家。这些政治单位之间不断发生战争,耗尽了人民的精力。11 世纪末开始的十字军东征,糟蹋了数目难以想象的生命;14 世纪下半叶的黑死病席卷整个欧洲,短短几年时间夺走了 2500 万欧洲人的性命,占当时

---

① 古罗马对中国的称谓,意为"产丝之国"。
② 斯特拉波(Strabon,公元前 64—21),罗马地理学家。
③ 香料是指胡椒、丁香、肉桂、豆蔻、甘松香、樟脑、苦艾、姜和辣椒,其中主要包括四大香料:丁香、胡椒、肉桂和肉豆蔻,它们主要产自印度和亚洲的南洋诸岛。香料主要用于调味品和香水、药品的制作,以及宗教仪式。自罗马时代起,香料就成为欧洲人生活中不可缺少的物品。

欧洲总人口的 1/3,使整个文明倒退回去。

不过,西欧的经济却奇迹般地出现了复苏的景象。特别是 15 世纪,摆脱了黑死病之灾、度过年馑之困的欧洲,人口得到恢复,土地治荒复垦,城镇得以兴起,商业开始繁荣。

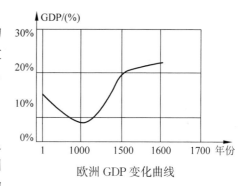

欧洲 GDP 变化曲线

1. 经济

西欧农业生产、金融、海运保险获得了长足的进步,人均 GDP 几乎翻了一番。而同期中国的人均 GDP 只增加了 1/3,亚洲其他国家的人均GDP 增加得更少,非洲的人均 GDP 反而减少了。在许多地区,尤其是在荷兰、德国北部和波罗的海沿岸,农村定居地扩大,逐步采用的新技术提高了土地的生产率。经济增长使得欧洲能够养活日益增多的人口,欧洲的人口增长比世界上其他任何地方都要快。

2. 产业

欧洲人对水和风车的利用水平得到提高,为工业加工尤其是制糖和造纸这类新型工业增加了动力。当时在羊毛业中已经存在专业化的国际分工,即英国的羊毛出口到佛兰德斯生产服装,然后再将服装销售到整个欧洲。东方的各种技术的引入,提高了欧洲的生产水平。例如,丝绸工业在 12 世纪引入欧洲,到 16 世纪在南欧得到相当规模的发展,纺织品的质量、花色品种和设计都有了重大改进;生铁冶铸技术的引入提升了欧洲冶金水平,使得欧洲的武器生产得到改进和发展;11—15 世纪船舶和航海技术的进步,成为地中海、波罗的海、大西洋群岛和非洲西北海岸之间贸易增长的基础;印刷技术的引入,降低了信息交流成本、提高了知识传播的速度。

3. 文化

大学的建立和发展使知识分子的生活质量得到提高,欧洲人的学识水平也有了增长。

4. 政治

期间,政治秩序也发生了重要变化。

西欧北部:来自北欧斯堪的纳维亚半岛(今天的挪威、瑞典所在地)的维京海盗最终变成了商人,并在斯堪的纳维亚、英格兰、诺曼底和西西里建立了有效的管理制度,一个民族国家体系开始崭露头角,曾是中世纪特征的政治权力分割得到了遏制。

西欧中部:英国和法国之间的百年战争(1337—1453 年)结束后,两国的国家身份得到了更明确的确认。

南部欧洲:在 15 世纪末,通过再征服确立了现代西班牙的身份。

金钱、金钱,还是金钱

中世纪的欧洲,像极了比它早两千年的中国西周时期(公元前 1000 年),欧洲由许许多多的封建王国组成,他们相互之间在外交策略上联合或分化,军事争夺上联盟或碾压。分封制的封建社会制度下,也孕育着城市独立和自治的萌芽。公元 1000 年之后的中世纪后半期,尽管欧洲经济在复苏,但是这里的战争还是像以前一样频繁。

特别是在商业革命后期,例如公元 1300 年之后,高强度、长时间的战争肆虐着欧洲大地。有些战争绵延持续 50 年以上,真是"传闻一战百神愁、两岸强兵过未休",兵荒马乱、生灵涂炭。

"十字军东征":断续 195 年。自 1096 年开始,西方基督教世界在教皇的号召下,以从东方异教徒手中夺回圣地为借口,对地中海东部的中、近东地区进行了前后间断或持续性的 9 次战争,于 1291 年结束。

百年战争:持续 117 年。1338 年,绯力六世把英属领地基恩收归法国,引起英法爆发领土争夺的"百年战争"。英格兰和法兰西经历 4 个阶段的连年战争,最终于 1453 年以法国的全胜而结束。

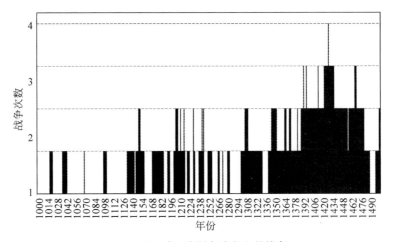

1000—1500 年,欧洲大陆发生的战争

意大利战争:持续 66 年。1494 年,查理八世率兵越过阿尔卑斯山脉向那不勒斯开进,与西班牙开始了领土扩张战争,标志着意大利战争的开始。1559 年,法国停止对意大利的争夺,以西班牙获得对意的控制权而告终,法国向南扩张的美梦破灭了。

除此之外,还有大大小小的战争不计其数:连续打了 10～50 年的战争有 14 场,例如,勃固与阿瓦争霸的战争(1385—1425 年)连续打了 40 年,英格兰约克家族与兰开斯特家族的战争(1455—1485 年)连续打了 30 年。

中世纪晚期,复苏的欧洲出现了严重的钱荒,15 世纪 60 年代达到顶点,而且截至当时,欧洲经济由于缺乏流通手段已经紧缩达 30 年,白银的缺乏已经持续了一个多世纪。金银荒导致物价飞涨,社会矛盾空前激烈。基础设施建设、贵族生活享受、社会统治维持、战争资源消耗都需要资金,而为数不多的贵金属在香料和奢侈品的贸易中又大量流向东方。1460—1530 年,欧洲的白银产量增加了 4 倍,仍然不能满足日益增长的货币流通的需求。白银是换取商品的重要工具,而欧洲白银不够用,怎么办? 没有办法,只有抢,"白银战争"由此爆发。

这种社会背景下,获取大量的黄金和贵重金属成为全欧洲各阶层最渴望的事业。不像国王贵族们那样热衷于争夺视线所及范围内的土地,一些年轻人不断尝试着从海上寻找东方世界,轰轰烈烈地为自己圆一场梦。无论哥伦布、达·伽马还是麦哲伦,他们远航的目的都包括寻找金银。据史料记载,哥伦布在大西洋航行不到 100 天的日记里,曾有 65 次提到过黄金。

大航海"发现"新大陆恰逢其时，它迅速地调动起欧洲人追求贵金属的新欲望。他们把这种追求化作探险和战争的冲动，通过暴力的方法去发现、去索取、去抢夺，其中，在西方人看来最精彩的则是两个大手笔："海外征服"和"三角贸易"。

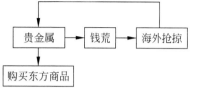

海外市场的开辟，从物流的角度看，不外乎两条道路：陆路与海航。或许是因为欧洲大陆千百年来战争的惯性，欧洲人延续着他们祖先的行事方式。在全世界范围内，还是那一套做派——遇到不服的，抢起大棒就打，一次打不服就再来一次，还是不服？那就换更粗的大棒，再打！

就这样，欧洲人把他们在欧洲大陆的"丛林法则"、用实力说话的"优秀品质"带向了全世界，用炮舰在全世界掀起一场世界性的豪赌。

欧洲人开辟了两条全新的海上商贸之路：

（1）大西洋航路：这条海上通道很便捷，向西跨越大西洋，到达美洲大陆。1492 年，希望探索前往东方的新途径的哥伦布，到达加勒比海地区，首次寻找到这块美洲"新大陆"。1610 年，试图寻找新的通往东方"新大陆"的哈德逊，在历经三次远航无功而返之后终于发现了冰岛、格陵兰岛直至北美洲（今加拿大东岸），打通了大西洋西北航道。

（2）印太航路：沿着非洲大陆西岸南下，绕过好望角后北上，再向东至南亚次大陆、东南亚、东亚，历经印度洋、太平洋。这条航线最先由葡萄牙人探索，1431 年航抵北大西洋东中部的亚速尔群岛；1498 年达·伽马开启了欧洲人的"亚洲伽马时代"。1914 年，千百万印度、印度尼西亚、中南半岛以及其他地方的亚洲人已被桎梏在欧洲殖民者的枷锁之下。

航海技术、冶金技术、火药等新技术的引进和升级，给欧洲人创造了强大的征服力量，一个由海盗们开创的大航海时代到来了。欧洲各国都毫不忌讳地重用海盗或有海盗背景的人，充当自己对外扩张的先行军，基德船长、"黑胡子"蒂奇、"黑色准男爵"罗伯茨、"勋爵"弗朗西斯·德雷克等，被认为是属于国家海上武装力量的一部分。国家颁发私掠许可证，授权个人攻击或劫掠他国船只。在实战中，也培养了一大批表面上"清白"的海盗商人。受到政府支持的欧洲各路海盗，创造了欧美几百年的辉煌历史。

欲望驱使下的欧洲悄然发生着变化。

从路西法到撒旦

倘若"己所不欲、勿施于人"成为普世价值，哪有此般世界劫难

时间轴：公元 1500 年之后。

我们首先回顾西欧主要帝国的兴衰历史。

现在，我们把时间维度的考察集中到公元 1500 年之后，从西方的大航海时期开始考察，

这是近代全球格局出现重大变化的时间起始点。从这个起点开始,出现全球财富的大分流,巨量财富以极快的速度向欧洲转移。不到三百年的时间里,世界的科技创新、经济发展的中心从中国转向欧洲。

那时候的中国处于明朝中期,综合国力相对处于全球领先地位。在这之前,欧洲进行了一场商业革命,这场商业革命是可圈可点的,它使得欧洲的商业路径得到扩展、商业模式实现变革。14世纪,伴随着十字军东征,意大利商业向前推进。军事力量横扫过后,便是商业力量长期占据。意大利的商业范围和商业边界得以扩大,覆盖到泛地中海地区和中东,为欧洲创造了一个活生生的、近在眼前的致富之路的成功范本——军事开道、商业跟进、财源滚滚、富足安康。

大幕即将拉开

14—16世纪的欧洲社会仍然处于政教合一的统治之下,正在如火如荼地向东方的华夏文明学习,如饥似渴。在东方文明的光辉照耀下,欧洲经历了两次思想大解放——基督教改革和文艺复兴运动。伴随着航海"大发现",欧洲的军事力量与商业力量开始向海外扩张,达到非洲、美洲、亚洲、大洋洲等。这一扩张过程,与当年意大利的商业扩张极其相似,但是手段更加残忍。

1500年之后,也就是航海"大发现"之后,整个世界被欧洲强行推入殖民的纷乱时代,全球无一处幸免。殖民时期,欧洲决非铁板一块;相反,他们互不相让,铁拳相向、争相上位。近代主要殖民巨头的兴衰,具有时代意义。三百年左右的时间里,欧洲各国你方唱罢我登场,此起彼伏,蔚为壮观。

这场巨变的始作俑者是西班牙。

西班牙地处欧洲大陆南部的伊比利亚半岛,东临地中海、西滨大西洋、隔直布罗陀海峡南望非洲大陆。最高峰达4800米的比利牛斯山脉将半岛与欧洲大陆生生地隔开,阻隔了这个半岛与欧洲大陆的交流。

自711年起,信仰伊斯兰教的摩尔人统治了半岛八百多年,西班牙人被挤压在伊比利亚半岛西北一隅。直到科尔多瓦哈里发帝国因内部矛盾而分裂成若干个王国,给了西班牙人一个绝佳的历史机遇。他们趁机反抗,并最终于1492年攻陷摩尔人的首都格拉纳达,西班牙光复运动宣告完成。

不像北欧的维京海盗那样热衷于在周边海域干些拦路抢劫的营生,西班牙人和葡萄牙人脚踏实地地休养生息百余年,逐渐积累了一些财富。但是比利牛斯山脉阻隔了他们向欧洲大陆发展商贸,他们迫切地寻找新的商业对象,以便把产量丰足的货物销售出去。

欧洲大陆向东,便是西亚和中东陆地。从南欧国家的角度看,陆地向东的路线已经被比利牛斯山脉北面的国家控制了;所以,要想去东方,不得不寻找新的通商路线。令人意外的是,这两个国家不是想着如何翻越重山,而是琢磨如何远渡重洋——他们把眼光投向了海洋。

历史就是这样戏剧性地巧合,西班牙人求雨得雨,他们的运气太好了,因为新大陆被他们"发现"了。从此,南欧以及随后的整个欧洲开启了长达几个世纪的扩张之路,欧洲的命运也从此改变,世界的秩序从此重建,世界科技的历史也从此转变。

葡萄牙和西班牙作为始作俑者,领导了海外扩张的新潮流,世界殖民历史由此拉开序幕。欧洲人犹如忽然找到了遥远东方大海中的俄斐(Ophir)①,他们把这些地方视作无主之地,将那里的财富视作无主的宝库,欧洲各国开始各行其是,各显神通。

第一个远洋冒险者——葡萄牙

以航海著称的亨利王子(1394—1460),是西欧航海事业中推进组织活动的第一人,对葡萄牙航海技艺和海上拓展做出了突出贡献。从1415年起,他组织了多次深入大西洋和南下非洲海岸的一系列探险活动,在南下探险中,先后发现了休达城(1415年)、加那利群岛(1416年)、马德拉群岛(1419年)、亚速尔群岛(1427—1432年)、佛得角群岛(1456年)。

通过一系列连续的探险活动,葡萄牙人建立了深入大西洋的前哨阵地。海外开拓已由数人的自发性行动,演变成在一定权力支持下有组织的持续不断的运动,初步形成了各阶层联合扩张的格局。尤其重要的是,随着海外探险活动的推进,经济联系也不断扩展。葡萄牙人在加那利、马德拉、亚速尔从事最初的殖民活动,购买那里的蔗糖、酒和谷物,直接经济联系甚至扩展到撒哈拉沙漠以南的非洲。葡萄牙商船定期在大西洋航行,带回廉价的非洲奴隶和丰富的非洲产品——黄金、象牙和辣椒。直至15世纪末,西班牙、葡萄牙两国终于掀起了打通世界航线的航海高潮。

1487年,葡萄牙武装舰队沿非洲西岸南下;次年,他们越过好望角、穿过印度洋,抵达印度西海岸。就这样,葡萄牙人不懈地顺着非洲大陆海岸,沿岸摸索探险,寻找商机,结果登上了南亚次大陆。随后,葡萄牙人干了四件大事,件件都让他们富得流油:

(1) 用舰炮轰开了南亚次大陆的大门,将大量质量低劣的产品倾销印度;

(2) 切断印度商人与西亚、东南亚、北非、东非的海上贸易线,收取过路费;

(3) 用压价收购、直接掠取等手段取得印度的马拉巴尔海岸的胡椒及其他地区的棉布,输往欧洲转卖,获取暴利;

(4) 向亚洲国家输出印度的棉织品及其他产品。

葡萄牙人随后强化对印度洋和东方贸易的武装控制,建立了以控制印度洋海权为基础的东方贸易殖民帝国。他们在东非、印度次大陆、东南亚等印度洋沿岸和近海岛屿的地理要塞修建军事堡垒作为支撑点,形成珍珠链式的战略控制线,葡萄牙总共约100艘各种型号的船舰分布在这条漫长珍珠链上的40个要塞。军事扩张和贸易垄断完全打破了长期形成的印度洋贸易利益平衡,葡萄牙迅即卷入与沿途商业强国的战争。这种军事扩张是残酷无情的。例如,葡萄牙人东方殖民的第一步就是入侵莫桑比克,他们洗劫抵抗他们的斯瓦希里城镇后,在基尔瓦、索法拉和莫桑比克这些南部口岸修筑了石建要塞,将要塞周围视线所能看到的建筑全部清除。

从葡萄牙开辟新航路的那一天起,葡萄牙人的目的就是垄断东西方向的香料贸易。据估计,1503年,葡萄牙从东方运回大约1500吨的香料,为葡萄牙国王赚取了巨额利润。

第一个日不落帝国——西班牙

比利牛斯山脉南部的半岛上,有兄弟俩——葡萄牙和西班牙。

---

① 俄斐(Ophir),《圣经》中盛产黄金和宝石的岛屿,出产所罗门王宝藏的富饶古城。

　　葡萄牙的暴富深深地刺激着它的邻居西班牙,但是,西班牙在与葡萄牙的海权争夺过程中明显处于劣势,绕非洲大陆通往东方的海路被葡萄牙人垄断[①],穿地中海通向东方的海陆被欧洲人拦截了,由中东通向东方的陆路也被穆斯林封锁。为了扩张领土,同时也为了效仿葡萄牙在东方殖民,西班牙一直希望另辟一条通往东方的道路。

　　那时候,人们已经猜想地球是圆的,想以航海探险翻身暴富的哥伦布坚信向西一直航行一定能到达东方的印度。他奔走于欧洲各家王室,到处介绍自己的航海计划,但是他提出的利益交换条件太过苛刻,所以被葡萄牙、法国和英格兰等君主拒绝,直到遇见西班牙女王伊莎贝拉一世。

　　另辟蹊径到印度?这个想法与内心压抑、十分憋屈的西班牙人不谋而合。因为已知的去东方的陆路和海路都走不了,如果向西的海路能够到达东方大陆,岂不是太妙了?

　　经过三个月谈判,双方签订了《圣达菲协议》:如果发现了大陆,哥伦布将被任命为发现地的统帅,可以获得发现地所得的一切财富和商品的十分之一且一概免税。

　　1492年夏天,内心充满着财富梦想的哥伦布从巴罗斯港出航,横渡大西洋,终于发现了"东方的印度"[②]!从此打开了西班牙人以及其他欧洲人的财富之门,也为热情好客、招待哥伦布的美洲原住民招来了"十二恶灵"[③]。

　　海盗出身的"西印度群岛"总督哥伦布本人就是一个恶魔,他对当地土著居民巧取豪夺,14岁以上的人必须将身上的黄金上缴;他不断派兵抢劫印第安村庄,在一次战斗中就屠杀了上千人,其余人则被俘成为奴隶;胆敢反抗的印第安人,剁掉双手,然后拴住脖子示众。短短的3个月内,就有7万名古巴婴儿被饿死或遭到毒手。从1494年起,他开始将大量印第安人运回国内当奴隶,其中有三分之一的人途中丧命,他们的尸体立刻被抛入大海。哥伦布的一名手下甚至残忍地说:"我们回国不需要指南针,只要顺着海上漂浮的印第安人的尸体航行就可以了。"

　　不久之后,灭顶之灾随着欧洲人欢呼狂啸的声浪从天而降,美洲原住民人口呈现指数下降。由于欧洲人的屠杀以及欧洲人带去的病菌,在不到50年的时间里,加勒比海地区几乎所有的土著部落居民被扫荡殆尽;1492—1650年的150多年里,美洲原住民人口从5000万～6000万,骤然下降到1000万左右;随着时间的推移,在美洲的大部分地区,原住民人口下降了80%～90%。

　　大西洋的新航路开通之后,西班牙人、葡萄牙人通过殖民征服战争占领了世界其他国家的大量土地,使得亚、非、拉的许多落后国家和地区沦为他们的殖民地。西班牙、葡萄牙宗主国把殖民地视为财富的源泉,对殖民地人民进行剥削压榨,肆无忌惮地攫取殖民地的宝贵财

---

　　①　沿着非洲大陆西海岸,依次向南有四大群岛:马德拉群岛、加那利、佛得角和亚速尔,西班牙只取得其中一座,即加那利群岛。在当时欧洲各国相互拆台、明里暗里相互攻击、唯恐对方不死的恶劣环境下,西班牙绕道非洲大陆西海岸通往东方的航路安全保障比较低。

　　②　哥伦布坚称那块土地就是"亚洲",以后又三次西航(1493年、1498年、1502年),到达中美、南美洲大陆沿岸地带。哥伦布最初发现的那个群岛,其实是加勒比海东向的群岛,后来被人们称为"西印度群岛",用来区分东方的印度。有意思的是,在哥伦布第三次去美洲的同时,一个叫亚美利哥·韦斯普契(Amerigo Vespucci)的意大利人也到达了这片土地,他确定这块土地并不是"中国"或"印度",而是一个欧洲人所未知的新大陆。最终,新大陆以亚美利哥的名字被命名,称为"亚美利加洲"(America),中国人将其翻译成了一个好听的名字"美洲"。后来,殖民者成立了一个国家,中国人多少富有情感地翻译成"美利坚",简称"美国"。

　　③　《圣经》中被逐出天庭的十二位天使,堕落成为最凶狠的恶魔。

富。当时在大西洋上航行的西班牙货船,满载着从殖民地掠夺来的金银贵金属和价格昂贵的农牧产品,源源不断地运回伊比利亚半岛。这些"财宝船"令英、法、荷等国非常羡慕,垂涎三尺,但是苦于没有足够的实力与西班牙、葡萄牙这两个庞大的殖民帝国公开抗衡,他们只能继续干老本行——采取海盗手段沿途抢劫或袭劫港口。

据统计,鼎盛时期,西班牙的殖民地的面积是其本土面积的 60 多倍。1545 年和 1548 年西班牙殖民者相继在波托西和萨卡特卡斯发现特大型银矿,仅 1545—1560 年,西班牙从海外运回的黄金多达百吨,白银多达万吨。这一过程,直观地呈现在西班牙综合国力曲线图中,自 1500 年起,这条曲线极速上升,直至 1530 年放缓、1560 年达到顶峰后下降。从殖民地运回来的财富极大地膨胀了西班牙人的自信心,16 世纪的西班牙帝国幅员辽阔,殖民地遍布全球。查理五世曾自豪地宣称:"在朕的领土上,太阳永不落下"。1580 年,查理五世之子菲利普二世,借葡萄牙王室绝嗣之机,吞并了葡萄牙王国及其殖民地,将拉丁美洲全部置于西班牙掌控下,西班牙帝国达到顶峰。

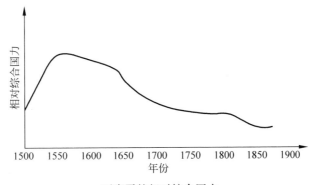

西班牙的相对综合国力

雄霸天下的西班牙帝国在欧洲的势力范围相当可观,辖属着尼德兰、南意大利、奥地利、匈牙利、德意志等国的大部分领土,一度吞并了葡萄牙成为世界霸主。为称霸欧洲,西班牙把从殖民地掠夺来的财富毫不吝啬地挥霍于发动战争。先后与法国、奥斯曼、荷兰、瑞典及普鲁士连年不断地轮番交战,冈布莱战争、荷兰独立战争、英西战争、"三十年战争"、法西战争……几乎欧洲各国都被西班牙揍了一遍,1519—1659 年的 140 年时间里,西班牙只有两年没有打仗,17 世纪打了 99 年的战争。

西班牙民族工业的极端不发达,严重地阻碍了它有效利用地理"大发现"所带来的有利条件。西班牙人发现,买外国货更加合算,没有必要发展产业,大量金银流入欧洲其他国家。

据统计,1492—1595 年,西班牙人从美洲运回的金银 98% 用于购买进口商品,导致本国的产业凋零,经济越来越薄弱。1558 年,塞维利亚有 16000 台纺织机,40 年之后只剩下了400 台;安达卢西亚出产的绵羊由 700 万头减少到 200 万头。

在西班牙强盛的初期也曾出现过一些城市,工业有了一定发展,但是它依然是一个农业国,工业主要集中在造船、武器生产和丝织业等几个部门。因此,西班牙从殖民地源源不断运回的金银,没有解决其本土经济凋敝的问题,更没有促进本土经济转型。

另外,无休止的战争消耗了国库的大量资金,导致财政破产,不得不依靠借债过日子。随着欧洲领土丢失、殖民地被抢走、家门口的交通被封锁,西班牙一蹶不振,争霸欧洲的雄心终于破灭。

如今,曾经穷奢极侈、野心爆棚的西班牙在世界舞台上存在感很低,"六郎已恨蓬山远,更隔蓬山一万重",西班牙是否有此等感觉,也未可知。

海上马车夫——荷兰帝国

阿尔卑斯山脉和喀尔巴阡山脉形成了众多的河流,它们裹挟着大量的泥沙流向北海,在西欧平原的北部形成一片面积可观的冲积平原——荷比平原。这里地势极低,平均海拔仅为300m,很多土地海拔不到1m,甚至低于海平面。欧洲人把这个地方称作"Netherland"(尼德兰,即"低洼之地"),它包括莱茵河、马斯河、斯海尔德河下游及北海沿岸一带地区,相当于现在的荷兰、比利时、卢森堡和法国东北部的一部分。

16世纪初叶后,尼德兰这片土地是西班牙王国的属地,经济上受到西班牙统治者的搜刮压榨,精神上受到信奉天主教的西班牙王朝的迫害折磨,因为尼德兰人信奉新教,被天主教徒视为异教徒。1568年,尼德兰人忍无可忍,起义造反。1581年,尼德兰联省共和国宣布成立。经过长达80年的荷兰独立战争,荷兰最终摆脱西班牙的封建统治,成为独立的国家。

西班牙人将"新大陆"的财富、黄金、白银等运往欧洲,引起了荷兰人的妒忌。独立后的荷兰,继承了西班牙的秉性,重视商业贸易和殖民扩张。荷兰海军上将彼得·翰(Piet Heyn)打劫西班牙的运银船队,这一"壮举"被荷兰人称赞歌颂,学生们一直唱到了20世纪。

1602年,荷兰建立了东印度公司①,在东方排挤了西班牙和葡萄牙的商业势力;先后把爪哇、锡兰②变为殖民地,侵占中国台湾,在印度、澳大利亚等地建立了一系列殖民据点,占领了通往东方最有价值的战略据点毛里求斯和开普敦,夺取了东方的贸易垄断权。在南美洲、北美洲、加勒比海,荷兰先后占据了一定数量的殖民地。

荷兰几乎独占了东印度的贸易以及欧洲西南部和东北部之间的商业往来,其渔业、海运业和工场手工业,都胜过任何国家。阿姆斯特丹迅速发展成为世界上最大的金融中心,它拥有的资本几乎可以使欧洲半数国王的空虚国库充实起来。当时的荷兰是手工工场最发达的国家,呢绒加工和染色首屈一指,造船业更是名列欧洲前茅。

1620年左右,即中国的明朝末年,荷兰的综合国力超越中国,成为世界上综合国力最强大的国家。到17世纪中叶,荷兰不仅一跃成为世界性殖民大国,其综合国力也达到顶峰。荷兰拥有世界上最庞大的船队,其规模空前强大。"任何一支可靠的海上武装力量,都需要以大洋贸易为基础,东印度进行远洋贸易促使荷兰海军的建立。海军为商船保驾护航,而商船缴纳的税收反过来也支撑海军舰队的建设和维持"。浩浩荡荡的荷兰商船队和护航舰队,号称"海上马车夫",繁忙地穿梭于大西洋、太平洋、印度洋以及地中海和波罗的海,确保着国民经济命脉的有序运转。

欲戴王冠,必承其重。广泛的殖民掠夺和对外贸易,使得社会经济急剧发展,荷兰富甲全球、雄霸欧洲,整个欧洲为之惊骇,各种羡慕嫉妒恨。原以为繁花似锦,哪料得一切皆为优

---

① "荷兰东印度公司"于1602年成立,得到国会授权,可以直接对商务地区的主权者签约、驻军、筑城、铸币以及任命地方行政长官和法官,实际上成为拥有各种权力的政治大本营,以便更有效地实施对东方的控制。例如东印度公司在印尼爪哇岛的巴达维亚(今雅加达)设有远东分公司,巴达维亚分公司全面指挥侵占中国台湾的战争。

② 爪哇(Java):今印度尼西亚的岛屿,爪哇岛西部是印尼首都——雅加达。锡兰,即斯里兰卡(SriLanka),位于印度洋的热带岛屿,中国古代称其为狮子国、师子国、僧伽罗。

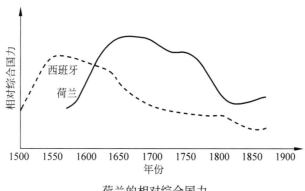

荷兰的相对综合国力

钵昙花。荷兰缺乏陆地面积,面临着发展后劲不足的内部问题和周边国家虎视眈眈的外部环境。

　　黑暗之中,一双幽幽深邃的眼睛,在大洋深处注视着荷兰,已经很久了。

海盗营生与殖民梦想——大英帝国

　　英吉利海峡两岸,东面的荷兰热火朝天地致富、国力鼎盛,西边的大不列颠孤岛则是热火朝天地内战,保皇派和议会派打得不可开交、一片混乱。这场被称作"英国内战"的武装冲突及政治斗争,从1642年下半年开始,打了整整九年。

　　英国这个并不孤立的岛国,原本依靠国家海盗从"财宝船"上揩一点油花、捞一些小利。英国国王为了鼓励贵族、资产阶级向海外掠夺,规定贵族将世袭家业献给政府,便可换得一支船队,到海外掠夺金银,三分之一归国王。英国女王伊丽莎白一世也积极参与海盗活动,女王个人出资支持海盗抢劫财宝船。在伊丽莎白统治晚期,英国的"海盗产业"兴旺发达,每年都有一二百艘私人海盗船出航,能带回15万~30万英镑的财富。英国海盗仅在伊丽莎白统治时期,带回英国的财富多达1200万英镑,成为名副其实的"海盗国家"。但是,英国人也梦想着能够殖民全球,从这些财富的源泉那里源源不断地搜刮资产回来。

　　尽管很穷,但是梦想总是要有的,不是还有"万一"嘛!

　　结果,英国人真的梦想成真了!

　　16世纪,英国的资本主义处于萌芽阶段,工业的发展迫切需要扩展境外市场,当然海外市场是最为理想的。但是,西班牙自然不允许其他国家抢他的生意、分占他的殖民地既得利益。英西两国利益的不可调和,终于引发激烈的海上冲突。1588年,两国舰队在英吉利海峡展开了厮杀,出人意料的是力量明显不足的英国舰队居然全歼了占据绝对优势的西班牙"无敌舰队"。自此,西班牙消沉,英国雄起。英国的专制王朝顺势放手海外扩张,建立大英帝国。1600年,英国东印度公司成立,它是一个典型的殖民机构。由英国国王授权,东印度公司享有对印度贸易的垄断权,而且还享有建立军事武装、宣战、议和、设立法庭、委派官吏、征收赋税的政治特权。但是,正在雄心勃勃之际,内战打断了英国的振兴之路。

　　荷兰帝国的兴起,对英国是一个极大的鼓舞。在资产阶级学者的大声疾呼下,英国开始更积极地推行重商主义政策。都铎王朝时期,英国继续开启海外扩张之路,历代王朝统治者都不约而同地对海洋表现出了极大的热情。

内战结束后,英国发现荷兰头顶上的皇冠更加璀璨炫目了。这一次,英国不再仅仅是用一双黑色的眼睛注视荷兰了,而是再次拾起暴力扩张手段,大力发展海军,拦截荷兰海上贸易线,挑起了两国的三次贸易战争。

1652 年,为了商业利益争夺的英荷战争开始。战争一直持续到 1674 年,历时 22 年之久。虽然整个战争中双方互有胜负,但战争结果却对英国有利:战后英国海军军舰数量达到 200 艘,海军实力进一步提升;荷兰则损失了约 1700 艘商船,以及北美的殖民地。

1588 年,英西海战中,英国共纠集了包括海盗船在内的各种舰船 140 艘,由海盗头子德雷克和霍金斯任副司令指挥作战,最终取得了胜利,夺得了大西洋上的部分制海权。

1600 年,英国成立殖民企业——英属东印度公司,作为英国殖民者侵略印度的工具。东印度公司对印度掠夺的第一项手段就是直接抢劫,比如,在征服孟加拉之后,英军从孟加拉的国库中掠走的金银珠宝总价值达 3700 万英镑,东印度公司的职员们装入个人腰包的"利润"也多达 2100 万英镑。

自从 16 世纪末叶战胜西班牙之后,英国便以新兴海上强国的姿态,向荷兰发起了挑战。1652—1674 年,英荷之间共爆发了三次战争。最终,荷兰战败,不得不承认其在欧洲以外地区夺得的领地归英国所有。1672 年后,荷兰还陷入了与法国旷日持久的陆上战争,无力与英国争夺海上霸权①。在整个战争中,英国海军的战略意图简单而明确——控制英吉利海峡和荷兰海岸,切断荷兰的贸易线。制海权的概念再一次被英国人应用,并成为英国海军的永久战略。"英国打破了荷兰的商业垄断地位,为自身海上强权的崛起奠定了基础"。

在长达 20 多年的英荷海上争霸战中,英国占据了最终优势,夺得了荷兰在经济、贸易、海运方面的整体特权。英国取代荷兰,成为海上霸主,建立了一个非常庞大的殖民帝国。英国东印度公司功不可没,它在当时的印度被称为"国中之国""国上之国",是英国资产阶级进行资本原始积累的重要工具。中国人对这家公司的记忆非常深刻,它曾以武装侵略的方式向中国输出大量鸦片,给中国人民造成了巨大灾难。

字母 C 代表殖民地

我们理所当然很自豪

历数世界各大国

大英帝国最为多

摘自《儿童 ABC 字母表》(英国)

从这首小学生识字歌谣中,不难看出英国人实现殖民梦想之后的心态。

英国早期的航海战略与葡萄牙、西班牙和荷兰相似,随着资产阶级改良以及自然科学、社会科学的成就竞相涌现,英国不断完善全球治理体系和海运强国模式,逐步形成了殖民地扩张与海权控制模式。英国所统治的殖民地面积达到 3550 万平方千米,是俄罗斯面积的 2.1 倍,英国本土面积的 145 倍,资本原始积累的过程十分迅速。1755 年左右,英国综合国力超过荷兰;18 世纪 60 年代,英国率先在欧洲开始工业革命,经过近百年的发展,成为世界上第一个完成工业革命的国家。自 1540 年开始,英国综合国力持续上升了三百多年,直至

---

① 第三次英荷战争中,英国联合法国夹击荷兰。1661 年,法国国王路易十四亲政后,励精图治,希望称霸欧洲。1667 年对西班牙发动"遗产战争",他刚占领大片领土、打算向东北占领尼德兰南部(今比利时),却被荷兰横加干涉,被迫要停手。路易十四对荷兰的积怨由此形成。

1867 年,综合国力达到顶峰,随后形势逆转,开始俯冲式下降。

强大之祸,常以王人为意也。

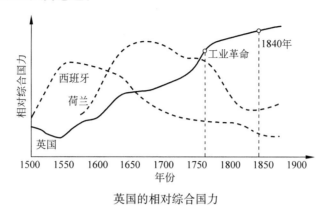

英国的相对综合国力

从"一穷二白"到"富甲天下"

要是可以的话,我会吞并所有星球

时间轴:公元 1500 年之后。

躁动的欧洲列国

公元 1500 年之后,群雄并起的欧洲在各种意图和目的驱使下,各封建王朝、城邦国家通过战争逐渐成为一个个独立的国家。若干个独立的互为寇雠(chóu)的国家逐渐建立,这种势均力敌、相互制约的格局不仅从未实现过真正的安定,而且导致了连绵不断的战争。这是近代欧洲历史的特点,也与中国周朝时期的诸侯争霸时代慢慢过渡到战国时代极其相像。所以,公元 1500 年之后的二三百年内,西方的欧洲像极了公元前 700 年的东方中国。所不同的是,两千多年之后,科技的发展已经使欧洲人具备了越洋投放武装力量的能力,所以欧洲"战国"的烽火扩散到全球。

地理"大发现"之后,西班牙和葡萄牙开始了新世界的征服,荷兰、英国、法国、德国等西欧国家也没有闲着,新大陆被发现后就马上成为西欧各国争夺的角斗场,他们以不同的方式加入到这场全球掠夺的饕餮盛宴之中。凡是成功地通过殖民实现财富搜刮的欧洲国家,其综合国力都得到了显著提升。

法国渔民在北美大陆收购到的海狸毛皮很受欧洲人欢迎,巨大的利益驱使着法国大批商人登上北美大陆,沿着圣劳伦斯河寻找海狸。他们从河口区域开始,逆流而上,拓展自己的商路。毛皮生意越做越好,法国国王亨利四世见有利可图,于 1602 年派出一队商人在北美的圣劳伦斯河的下游沿岸建立了商贸中心,法国在北美洲殖民的历史由此开始。

法国和英国这对隔着海峡相望的老冤家,经常相互"你瞅啥,瞅你咋地!",一言不合就打成一片。1338—1453年,两国爆发了"英法百年战争",相互撕咬、彼此不服。

在后来的争夺奥属领地的西里西亚战争(1740—1748年)、殖民争霸的英法七年战争(1756—1763年)、美国独立战争(1775—1783年)、拿破仑战争(1799—1815年)中,英法兵刃相见、双雄对决。法国在与英国的争夺中,综合国力持续下降,倒是英国越战越勇,综合国力迅速上升,浪漫的法国人一点脾气也没有了。

1870年前,德国领土上分布着多个邦国,各邦国有独立的政治体制和外交政策。1871年,德国成为一个统一国家,当它试图向外扩张时,却发现世界各大洲的土地早已被其他欧洲列强分割完毕。殖民地划分也带来各帝国主义国家之间的经济发展不平衡、秩序划分不对等,新旧殖民主义的矛盾激化。只有诉诸武力、打乱秩序平衡、凭借武装实力争夺殖民地,德国这个新殖民主义国家才能梦想成真,重新瓜分世界和争夺全球霸权的势头呼之欲出。1914年,德国谋划发动了第一次世界大战,直到1918年结束,持续打了4年半。战争从德国扩张势力范围开始,以德国丧失全部殖民地结束。战争的另一个结果是,一直持续上升的德国综合国力开始下降。原本想通过战争玩一票大的,结果不仅竹篮打水一场空,而且偷鸡不成蚀把米。

航海"大发现"犹如解开了欧洲十二恶灵封印,激起了欧洲人对全球利益争夺的战争,也激起了欧洲内部的利益冲突的战争。或许是意大利曾经的海外殖民的示范作用,让欧洲人看到了从海外掠夺所带来的巨大利益;或许受到西班牙全球殖民所取得的"辉煌"战果的鼓舞,坚定了欧洲其他国家殖民海外的决心。它们通过战争强占殖民地,通过战争打开别国市场。随后,列强之间抢夺殖民地、镇压殖民地反抗等的战争频发。

在几大文明的共同作用下,欧洲率先取得了近代科学的钥匙。但是,原本可以为人类带来文明曙光的西方人,却像路西法一样过高地估计了自己的历史地位和力量,生生地把自己变成撒旦。他们把科技的力量转变成更大的破坏力,在全球范围内持续发动更多的、毁坏力更大的战争。据不完全统计,1500—1900年,欧洲国家发起或者参与的战争共计296场,持续10年以上的战争近50场;欧洲人发动或者参战的战争,平均每年6.71场,有的年份多达16场。长达四百年的时间里,没有任何一年消停过,战火烧遍全球。它们通过暴力攫取利益,使得自己快速实现近代科技的发展和工业革命的进步;同时,给被殖民国家带来难以磨灭的创伤,甚至有意埋下诸多隐患,影响至今。而站在宇宙的视角审视,地球上的这些战争,仅仅是为了多抢夺一些利益、毫无意义地消耗了巨量的地球资源。

其中,甚至有些战争绵绵百年,无休无止:

(1)易洛魁-法国战争:征服易洛魁人并控制海狸毛皮贸易是战争动因之一,战争断续88年。1609年,法国人伙同休伦族印第安人枪杀了一些易洛魁族印第安人,引发易洛魁人对法国人的强烈抵抗;1696年,在新法兰西总督弗隆特纳克伯爵的长期攻击下,易洛魁人最终被制服。

(2)第二次百年战争:"光荣革命"之后,英国走上了世界海权争霸之路,1689年开始,英国和法国分别纠集两大阵营对战,先后打了7次大规模战争,断续127年之久,最终英国彻底打败法国,成为世界霸主。

(3)印第安人战争:欧洲白种人和美洲原住民印第安人族群之间爆发的一系列冲突,

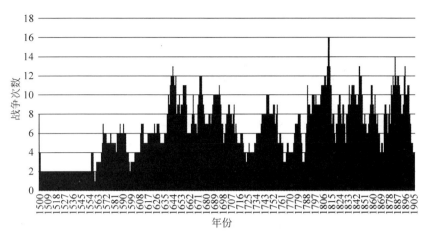

与欧美国家有关的战争(1500 年—八国联军侵华)

从 1622 年詹姆斯敦之战开始,至 1890 年年底翁迪德尼之战终止。269 年间,大大小小的战争 21 场,血腥残酷。美国人公然悬赏购买印第安人的头皮,制造种族灭绝。这些战争被希特勒大加夸赞,并视为自己对犹太人及吉普赛人实行灭绝政策的榜样。

(4)摩洛战争:西班牙殖民者对菲律宾南部穆斯林进行的殖民战争。西班牙侵占菲律宾北部后,从 1578 年开始对菲律宾南部穆斯林居住区发动侵略战争,遭到各穆斯林苏丹国和部落的英勇抵抗。战争先后打了 320 年,直至 1896 年菲律宾北部爆发资产阶级革命,西班牙殖民者被迫从南部撤军。但"摩洛战争"严重阻碍了菲律宾南部经济和文化的发展,人为地造成南北发展的不平衡和南北居民的隔阂,成为菲律宾政治和社会生活中一个重大问题,至今依然影响着菲律宾。

欧洲资本积累 300 年

财富迁移的世界图景

殖民掠夺和炮舰打开的海外市场,进一步开辟了世界范围内的市场资源,给欧洲带来了源源了不断的财富。1540—1580 年的 40 年间,欧洲的银库储备增长了一倍,1540—1700 年的 160 年间,大约有 5 万吨白银从美洲运到了欧洲。

例如,16 世纪内,葡萄牙从非洲掠夺黄金 270 吨以上;在统治巴西的 300 年里,葡萄牙共掠夺价值 6 亿美元的黄金、3 亿美元的钻石。16 世纪上半叶,西班牙每年从美洲运回本土 2900 公斤黄金,3 万多公斤白银。在占领拉美的 300 年间,西班牙共掠夺数百万公斤黄金,上亿公斤白银。1757 年起,不到 60 年时间里,英国东印度公司从印度攫取的财富达 10 亿英镑。请读者回顾本章"欧洲人的东方梦"中的数据,可见欧洲人瞬间变得多么的富有。

我们可以想象出 16—18 世纪的世界图景:一边是财富掠夺,一边是东方的商品输出。来自亚洲的商品如香料、纺织品、蓝靛、蔗糖、烟草、珍珠、咖啡、瓷器和其他奢侈品或生活必需品是欧洲人的向往,引得欧洲人垂涎。在当时的欧洲人眼里,中国是鼎盛的强大帝国,就像现在的发展中国家仰望美国一样。当时欧洲人无法生产亚洲人所需求的产品来进行交换,尽管贫穷又身经百战的欧洲人习惯于用拳头说话,但是面对敬畏了数百年的庞然大物,唯一能够获得中国产品的途径只能是花钱买。在新大陆的开采使这一做法成为可能,从美洲获得的金银矿砂与其他贵重金属,被欧洲人用于收购亚洲的产品。这种贸易制度一直延续到19世纪,称为"黄金换商品"的贸易。

黑三角贸易,是欧洲殖民扩张和快速实现资本原始积累的一大"杰作",它是伴随海外扩张的进程而发明的一条高效率、低成本的致富之路。欧洲人从非洲贩卖黑人奴隶到殖民地,充实人力资源,提高生产能力,从而加速自然资源掠夺速度。1500—1870年,数量惊人的非洲人被抢掠并当成奴隶贩卖。其中,被贩卖到亚洲的奴隶多达300万,被贩卖到美洲的奴隶多达数千万(例如,巴西365万人、加勒比海地区379万人、西班牙殖民地155万人、美国40万人)。

殖民给欧洲带来的利益

1. 美洲宝库的海量白银

根据Barrett Ward的统计[1],如果不考虑不同时间的波动情况,欧洲人登陆美洲之后,美洲的白银产量迅速增长。拉丁美洲约占全球白银产量的80%,剩余的20%基本上由日本产出[2]。来自美洲的这些白银,约25%存入公共账户,约75%存入私人账户。16—18世纪,欧洲殖民者从美洲掠夺了13.3万吨白银,其中绝大部分直接运往欧洲,又拿出其中的一部分从欧洲运往亚洲,购买亚洲生产的产品。

16—18世纪美洲所产白银统计数据

	总产量/吨	折合白银/两	平均年产量/两
16世纪	1.7万	4.56亿	460万
17世纪	4.2万	11.26亿	1130万
18世纪	7.4万	19.83亿	1983万
合计	13.3万	35.65亿	

我们把白银计量单位(吨)与中国古代(明清时期)的货币单位(两)做个换算,即每吨白银≈2.680万两白银[3]。这三个世纪,欧洲人在美洲攫取的白银多达35.65亿两。

2. 欧洲本土工业大发展

大航海以后,英国的工业生产产值也在稳步提高,英国新旧呢绒布的出口总体呈上升趋势,16世纪较14、15世纪猛增了3倍以上。很久以来,煤炭一直是英国热能的一个重要来源。英国人很早就使用煤,但并不广泛。后来,森林遭到大量砍伐,能源短缺,燃料价格上涨,人们才逐渐转向煤。因此,煤炭作为当时工业生产、居民生活的主要能源,可以间接反映当地经济的状态。不难看出,15世纪之后,英国的煤炭产量稳步上升,1800年之后大幅提高。

---

① 　Barrett Ward. World Bullion Flows,1450—1800年。
② 　16—18世纪,南美洲白银产量约占世界总产量的80%。同时期,日本白银矿藏量也极大,约占世界白银产量的20%,所以,日本被欧洲人誉为"银岛"。
③ 　明朝时期,1吨白银约合明制白银2.680万两。

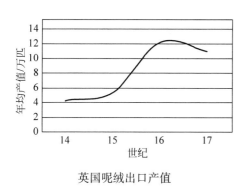

英国呢绒出口产值

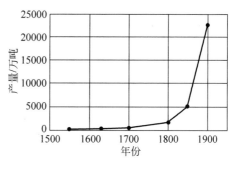

英国煤炭产量

工业兴旺发达的另一个表现是政府的财政收入(税收状况)增加。1685 年起,英国的年均人均税收稳步增加,1800—1810 年,财政收入开始直线上升。而蒸汽机发明(1814 年)、以蒸汽机车为动力的火车发明(1824 年)之后,蒸汽机技术在整个经济建设中发挥的作用应当更为强劲,但是,英国的财政收入反而提升乏力。

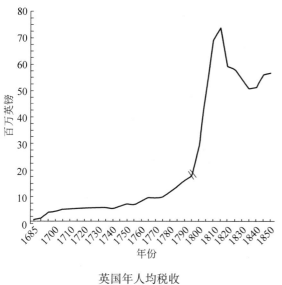

英国年人均税收

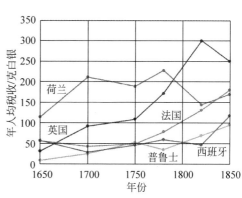

欧洲部分国家年人均税收

3. 快速完成城市化建设

从 1500 年起,欧洲的城市发展极其迅速,用了不到三百年的时间,整个欧洲实现了城市化。例如,1 万人以上的城市,1500 年为 154 座,1800 年达到 364 座;1850 年、1900 年,1 万人以上的城市分别上升到 1160 座和 2289 座,其中百万人以上的城市分别发展了 6 座。同时,城市化建设速度加快,城市人口快速增加。1500 年,欧洲城市总人口335 万人,1800 年上升到 1221.8 万人;1850 年、1900 年,城市总人口分别极速上升到4058.7 万人和 8879.3 万人。如此惊人的速度,相当于把整个欧洲翻天覆地地建设了一遍。

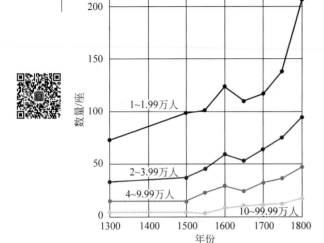

欧洲城市发展速度

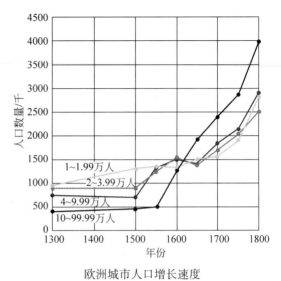

欧洲城市人口增长速度

从"中国梦想"到"欧洲中心论"

殖民掠夺,快速实现财富积累；心态嬗变,重塑欧洲历史形象

时间轴:公元 1500 年之后。

历史上的世界中心——中国

经济、科技、军事等综合数据反映出,17 世纪之前的至少千年的时间里,世界的中心在中国。

大航海时代,欧洲忙忙碌碌的,商船、战舰在大西洋、印度洋、太平洋乘风破浪,最终在地球上绘制了这样一幅财富流动地图。

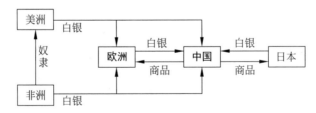

货币周游世界、推动世界旋转

16—18 世纪,美洲生产了 13.3 万吨白银,绝大部分白银直接运回欧洲,支持欧洲的经济建设、教育科技发展；一部分白银通过购买中国商品而从欧洲流入中国,另一部分通过海盗走私进入中国的白银难以估计。同一时期,日本生产了 0.9 万吨白银。

当时,在世界经济中,最"核心"的两个地区是印度和中国。这种核心地位主要依赖它们在制造业方面拥有的绝对的、无与伦比的生产力。在印度,制造业主要是称雄世界市场的棉纺织业,其次是丝织业,尤其是印度生产力最发达的孟加拉的丝织业。制造业的这种竞争力也依赖农业、运输业和商业的生产力,它们提供工业所需要的原料、食品、运输和贸易。

另一个更为"核心"的经济体是中国。这种更为核心的地位,基于中国在工业、农业、(水路)运输和贸易方面拥有的更强大的生产力。中国在世界经济体中最大的生产力、竞争力及中心地位,表现为在贸易中保持着最大的顺差。这种贸易顺差不仅仅基于丝绸和瓷器这些传统的出口商品,在世界经济中占重要或主导地位的中国出口商品品类繁多。

(1) 出口

纺织产品:生丝、丝线(绢、帛、锦缎、五色茸等)、绸缎、服装、袭衣、金带、鞍马、戎器、冠带……

手工制品:铜镜、铜剑、铁器、黄金、铜钱、漆器、釉陶、纸、瓷器……

农业产品:茶叶、豆类、植物油、蛋类、生姜、谷子、高粱、肉桂……

生产原料:棉籽、亚麻籽、肥皂原料、棉花、皮货、羊毛……

日杂用品:金银饰品、伞、木梳、席子、药材……

文化用品:书籍、纸、墨、笔……

(2) 进口

珠宝、琉璃、象牙、犀角、沙金、牛角、水晶、紫矿、玳瑁;金器、银器、铜器、水银、名马、人参、硫黄、沙金;藤席、木材、板材;胡椒、香料、蔗糖、白砂糖、万岁枣、牛筋、水果;鹿茸、茯苓、丁香、龙脑、苏木、药材……

中国的这些出口商品深受境外欢迎,反过来使中国成为世界白银的终极"秘窖"。1597年,菲律宾总督在一封信中说:"所有的银币都流到中国去,一年又一年地留在那里,而且事实上长期留在那里。"1630年,一位长期生活在菲律宾的西班牙传教士写道:"中国可以说是世界上最强盛的国家,我们甚至可以称它为全世界的宝藏,因为银子流到那里以后便不再流出,有如永久被监禁在牢狱中那样。"全世界的白银流向中国,以平衡中国几乎永远保持着的出口顺差。当然,中国完全有能力满足自身对白银的无厌"需求",因为对于世界经济中其他地区始终需求的进口商品,中国也有一个永不枯竭的供给来源。

17世纪之前,亚洲经济圈占据着世界相对分量和绝对支配地位,这种以中国为中心的全球多边贸易,构成了以中国为中心的世界经济秩序。很显然,17世纪之前的世界中心在亚洲,亚洲的中心在中国。

18世纪,世界的经济体划分可以看成两个大的经济圈,从中国为核心的经济圈(印太经济圈)和以欧洲为核心的经济圈(大西洋经济圈)。印太经济圈以中国为中心,向外层是中国与东南亚(中国沿海地区、南中国海、朝鲜、日本、中南半岛和琉球),再外一圈将整个东南亚、南亚次大陆、中亚划分进去。以中国为中心的经济圈依旧是当时世界上最大也是最核心的经济圈。

数据显示,自公元550年(南北朝)开始,长达1000多年的时间里,中国的综合国力一直处于世界的前列,甚至占据绝对的领先地位。千年的时间里,中国国内几经朝代更迭,综合国力随之起伏。但是,相对于世界而言,中国的综合国力的压倒性优势地位不因为中国朝代更迭而变化。西方国家如阿拉伯、法国、西班牙、荷兰、英国、美国次第振兴,但至少在1650年之前,中国是世界上唯一的科技发达、经济繁荣、军事强大的超级大国,这一点是毋庸置疑的。

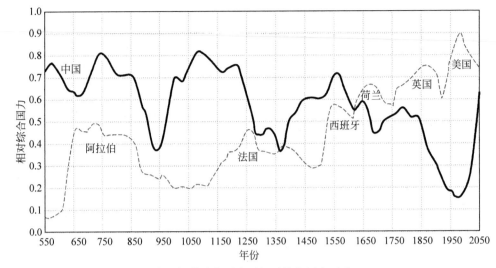

中国与世界主要大国相对综合国力对比

暴富的欧洲足以买下明清两朝

明清时期的白银收入回顾

1. 明朝的白银开采数量

《明实录》完整地记录了明朝每年开采银矿的收入,1390—1520 年,明朝总计开采的银矿为 1139.6 万两,也就是说,130 年的时间里,明朝总共开采约 425.21 吨白银(42.52 万千克)。1506—1620 年,明朝总计开采白银 1155.46 万两,或者说,114 年的时间里,明朝总共开采约 431.13 吨白银(43.11 万千克)。而同一时期的 16 世纪,欧洲人每年从美洲开采白银 170 吨。

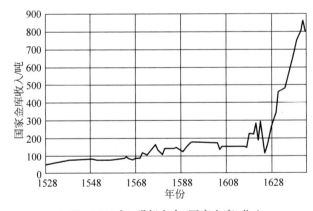

1528—1643 年,明朝太仓(国家金库)收入

太仓(国家金库)是 15、16 世纪明朝中央政府岁入白银的实收机构,太仓实收白银数字的不稳定和上下波动,不仅说明国家财政状况,也反映出白银在国民经济和货币制度中所起作用的变化。1571 年、1631 年分别有两次白银收入增长,这两个时间点分别对应西班牙和

荷兰成为殖民霸主的时间。

2. 清朝的常规性税收

大清王朝的康熙、乾隆，勇创伟业、励精图治，终于使大清帝国达到了全盛。1662—1800年，近 140 年间，清朝的常规性税收收入为 61.2 吨白银。鼎盛时期的乾隆年间[①]，平叛拓疆、勤耕恤商、举贤任能、德政勤廉，盛世六十载，其财政收入为 16.8 吨白银，即 45 万两白银。同一时期的欧洲殖民者，每天在美洲可以开采 2 吨多白银，他们喝着咖啡、抽着雪茄，招呼黑奴矿工们开工两周，就有了乾隆六十年的财政收入！！

3. 明清两代的海外贸易收入

关于明清两代的海外贸易的白银收入，不同的资料源有不同的数据，综合各类数据，我们可以大致估算出明代流入中国的白银约为 3 亿两，整个明清时期，1368—1911 年的 543 年的时间里，中国人通过海外贸易取得的白银为 6 亿两。

4. 前近代中国国内生产总值

1400—1840 年，主要是明初至清末，是鸦片战争前的四个半世纪。有研究者对这 400多年间的中国经济状态做了分析和估算，考虑实际 GDP（国民生产总值），从明朝初期开始，经济平稳上升。两朝交替期间（明末清初），经济状况下降严重。清朝之后，经济状况稳步上升，直至 1840 年。

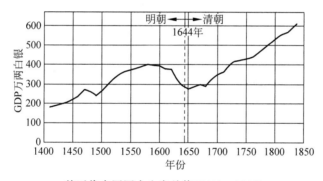

前近代中国国内生产总值（1600—1840）

美洲的血水与中国的汗水

美洲的血水与中国的汗水，是欧洲近代高速增长的这台发动机的混合燃料。

16—18 世纪，以劳工的生命为代价，美洲总共开采 13.3 万吨白银（折合明制白银 35.64亿两）[②]。其中，贡献近 3 万吨白银的南美洲波托西银矿[②]，吞噬了 800 万劳工的生命。

1528—1643 年，115 年间明朝的国库收入共计 1.11 万吨。也就是说，欧洲人在 250 年内从美洲掠夺的白银数量，相当于明朝国库 1042 年才能积蓄的数量！

1368—1911 年的 543 年内，中国人通过海外贸易取得的白银数量为 2.25 万吨。在 250年内，欧洲人从美洲掠夺的白银数量，约为中国人"丝绸之路"等外贸 543 年收入的 6 倍，相当于中国经营外贸 3210 年才能达到的白银数量！

---

① 乾隆年间（1711—1799），亲政时间为 1736—1796 年。

② 1545 年，西班牙殖民者在南美洲玻利维亚的波托西发现银矿，1550 年之后开采形成产值。

日本学者百濑弘指出,西班牙人不可能凭借其他物资,只能凭借新大陆丰富的白银来发展对华贸易,因此,向中国流出的白银逐年增加。实际上,除了西班牙之外,欧洲的其他国家何尝不是如此,都是以白银来发展对华贸易的。这背后的场景不难想象:美洲原住民家破人亡,非洲黑奴、华人劳工付出生命,开采出大量银矿运往欧洲,其中一小部分运往中国购物;中国大地上,老百姓挥洒汗水日夜劳作,生产出各种商品输送到欧洲。从这个意义上讲,欧洲人仅仅凭借在美洲挖银矿的分外之财,就足以抵消中国人自"丝绸之路"开通后的两千多年里的所有外贸收入,而且还绰绰有余;中国人几千年的劳动积累的相对经济优势,就这样轻松地被欧洲人赶超。

数据分析可见,美洲殖民给欧洲带来了什么。美洲运回欧洲的不仅仅是白银,我们没有统计欧洲殖民者运往欧洲的黄金的数量以及非贵重金属的价值,也没有评估欧洲在世界其他殖民地的资源掠夺的价值,例如南亚、东南亚、大洋洲、非洲等。这些数据实在过于发散和庞大,大到难以估量。

但是,对待东方的中国,欧洲人的胃口远远不止于此。

一场没有设防的围剿

重商主义经典的零和博弈策略意味着,如果一个国家不控制好一块特定的区域,其他国家就会取而代之。显然,考虑到由此产生的所有不利影响,每一个国家都应该采取行动,保护自己的商业主权和优势领域。

整个欧洲,重商主义思想已经深入人心,根深蒂固。但是,欧洲人没办法在欧洲本地从事贸易、促进本国经济发展、最终走向持续繁荣——尽管拥有很多白银。原因有二:

(1)群体重商:重商主义者当然总是在寻找市场,但在欧洲要开辟市场实在难上加难;因为几乎所有欧洲国家都施行重商主义政策,力图实现出口最大化和进口最小化。

(2)炮舰贸易:至于攻占大片领土,强迫那里的居民成为屈从的贸易伙伴,也不是一件容易的事情。欧洲所有国家都高度军事化,各国的军事实力从来不会在长时间内保持巨大的差异。

所以,欧洲国家就有了到别处碰碰运气的理由,期盼能借助自身在国内所积累的财富和在欧洲连年战争中的丰富经验而受益。由于欧洲各国都心知肚明这是一个明智的策略,于是欧洲国家体系之间的暴力竞争模式毫不费力地扩散到了世界的其他角落。

你看看,世界这么大! 走,去干一票大买卖!

很不幸,中国,首先被大英帝国盯上了,它小小地尝试了一次,居然成功了! 欧洲人很快发现,在欧洲无法通行的两个约束因素(群体重商、炮舰贸易),在中国完全不存在——大清帝国重农而非重商,军事上居然不堪一击。随后,欧洲各国的兴趣集中到了东方——那个曾经被数不清的年代、无数的欧洲人景仰的超级大国。

中国的国门被炮舰轰开之后,一场针对中国民族经济的杀戮开始了!

英日美等国在华投资的外资企业,其产品主要是在中国市场销售,在争夺中国市场的过程中展开了空前激烈的竞争。用现代的经济学理论和国际贸易观点来看,当时外国政府和企业在华施行的贸易措施,极具不正当竞争的特点。政府补贴、倾销、收购、垄断等,各种手段齐上阵,而大清朝廷对此听之任之,任由萌芽初生的中国企业单枪匹马地遭遇庞然大物、对抗这场经济与工业的大劫杀。

　　"对华贸易的外国公司的数目增加,比贸易本身增加更快。商人们在竞争中都习惯以国界的观点来对待自己了。一种越来越高涨的感觉是,政府应该对他们的在华商人的成功予以直接支持"。各国商人纷纷在通商口岸组织商会,以国籍划分的集团竞争代替个别商行间的竞争。

　　例如,1906 年,以三井财团为首的五家大纺织企业联合成立卡特尔组织——"日本棉布输出组合",日本政府下令正金银行给予该组合金融上的援助,满铁会社给予运费上的优惠。日本采取一系列措施扩大日纱输华,与日本油船会社商定,降运费并享有优先承运权;实行输出奖金和津贴制度;1898—1908 年,连续三次提高补贴金额,从每包纱 2 日元逐渐提高到 5 日元。在类似的政策鼓励下,日货"并力锐进",疯狂地在中国市场倾销,市场占有率一路攀升。

　　瑞典在中国的火柴市场曾一度被日本抢占,因为日本运费低、劳动力便宜。20 世纪后,瑞典为了夺回中国火柴市场,一方面在中国市场上实行大规模倾销政策,以低于成本 50％的价格在中国出售火柴;另一方面又大肆收购中国境内火柴生产企业,最终击败了日本,重新占领了中国火柴市场。

　　自 19 世纪 60 年代以来,在西方资本主义的刺激下,中国试图建立起自己的近代工业。但在西方列强的碾轧下,中国民族工业得不到正常发展。特别是"甲午战争"后,外资企业的普遍设立及洋货的猛烈冲击,更使中国民族工业发展步履维艰。华资企业产品在国内市场所占份额有限,出口的商品数量更是微乎其微。因此,在中国出口商品构成中,依然是以农矿原料性商品及手工业品为主,1910 年两项合计为 81.2％,其中农矿原料性产品在出口中的比重还呈现出不断增加的态势。

　　1840 年"鸦片战争"之后,英国垄断了中西贸易往来的航路,实现了其工业产品对中国的倾销,打破了中国对外贸易的长期优势,使中国从长久保持的出超国变成入超国。中国进出口商品结构为:进口以工业制成品,尤其是生活消费品为主,出口以农矿原料及手工业品为主,表明中国被迫按照资本主义列强对中国倾销商品、掠夺原料的需要而行事。

　　1894 年"甲午战争"之后,中国出口商品构成中,半制成品和制成品比重下降,农矿产品比重上升,即从附加值相对较高的产品变为附加值相对低的产品,中国在国际贸易和国际分工中逐渐处于更加不利的地位。这一时期,中国工业制成品在出口总额中所占比重极小,主要产品是棉纺织品,且大部分来自在华外资企业。

年　份	原料/%		半成品/%		制成品/%	
	农产品	矿产品	手工	机制	手工	机制
1893	15.6	—	28.4	0.1	53.4	2.5
1903	26.8	0.4	17.2	14.7	32.9	8.0
1910	39.1	0.7	13.1	11.9	28.3	6.8

　　用血腥手段积累原始资本,再用掠夺与剥削的办法扩大资本,接下来是工业革命、科技进步,西欧国家就这样迅速强大起来。此时他们再面对曾经景仰的中国时,内心充满了自信,一种缺乏教养和文化积淀的暴发户式的自信。很快,这种自信变成了不可一世的傲慢和张狂,好斗、用拳头说话的秉性在他们的内心涌动,中国(当时的清朝)就这样悲剧了。

　　从欧洲的角度看,英国的这一次多少有些战战兢兢的尝试,取得了意想不到的历史性结果,它打破了东方大国不可战胜的神话,也激起了欧洲各国的强烈兴奋。西方列强蜂拥而至,瓜分积贫积弱的中国。从此,在西方的胁迫之下,国门洞开、无可设防,中国开始丧失独立自主的地位,小农经济被迫解体。

从"吞金神兽"到血本无归

自 16 世纪 40 年代起至清末,通过世界贸易,全世界白银中相当大的一部分向中国流动,许多历史学家把中国比喻成吸收全世界白银的"吞金神兽"。大量白银的流入,促进了中国的市场经济的繁荣、提高了政府的效率。与此同时,大量白银的短时间流入,使中国产生了对外国白银的某种依赖性,政局的稳定和经济发展受到世界白银输入量波动的影响程度增加。

18 世纪末,美洲银矿逐渐枯竭,19 世纪初,西属美洲爆发了独立战争,摧毁了很多银矿,美洲白银产量大为减少。白银的短缺甚至使其他欧洲国家逐渐退出了对华贸易,将地盘留给英国人和美国人,而英国人及美国人开始以鸦片取代白银,致使白银流入中国的数量不断减少,直至出现了白银外流。这一"出超"转"入超"①的逆转,动摇了中国的经济体系,引发了"鸦片战争",使清朝走向衰败。王朝的灭亡并非仅仅因为这个时期白银进口的锐减,但白银减少必定加重了它的困难,动摇了它的稳定。对于明清两朝都是如此,它们的灭亡和 19 世纪后中国的衰落也与当时中国白银输入的减少甚至外流有直接的关系。

19 世纪 70 年代以后,清朝国门洞开,西方列强在中国肆无忌惮地占领市场,朝廷对此完全失去了控制,实际上成为无政府状态下的完全"自由贸易"。清朝的对外贸易陷入了持续的"入超",出现了持续性白银外流。

西方列强对中国发动的每一次战争,最终都以清政府赔款割地而告终。1842—1901 年,清朝签订了 8 项不平等条约,共计赔款白银 2.76 万吨(折合明制白银 7.4 亿两)。清末对欧洲列强和日本的战争赔款,也足以抵消明清两代的对外贸易收入的总和(明制白银 6 亿两)。

清末历次赔款条约基本情况表

时　间	条　约	赔　款	折算关银[4]	赔偿对象国
1842 年	南京条约	2100 万两[1]	1921.00	英国
1860 年	北京条约	1600 万两	1600.00	英、法、俄
1874 年	中日北京专条	50 万两	50.00	日本
1875 年	烟台条约	20 万两	20.00	英国
1879 年	伊犁条约	900 万卢布	583.40	沙俄
1890 年	中英藏印条约	50 万英镑	333.33	英国
1895 年	马关条约	2 亿两[2]	22776.48	日本
1901 年	辛丑条约	4.5 亿两[3]	46688.67	英、美、法、德、俄、日、意、奥匈
合　　计			73972.62	

[1] 另外,广州赎城 600 万两;

[2] 另外,赎辽东驻军军费 3000 万两;

[3] 另外,地方赔偿 1689 万两;

[4] 单位:万两。

————————————

① "入超"即贸易逆差,对外贸易过程中卖的少、买的多,总体上白银只出不进,亏空的白银越来越多;"出超"即贸易顺差,对外贸易过程中卖的多、买的少,总体上白银只进不出,赚取的白银越来越多。

自 1840 年之后,中国人至今依然没有完全建立起民族自信、文化自信,崇洋媚外、跪而不起、乱找原因、寡学菲薄的现象依然存在。

从欧洲文明发展史的视角来看,地理"大发现"为欧洲历史划了一条分期线,把欧洲引向一个新的时期。从哥伦布等人迈出海外的第一步起,中世纪形成的封闭状态下的欧洲大开眼界。大航海时代,暴力淘金、经济开发和宗教传播结合在一起,撞开了通向海外的财富大门,间接地促进了近代科技的迅猛发展,成为欧洲近代快速发达的一种经典范式。渐渐地,欧洲开始萌生起"自我意识"的新角度,酝酿着对自我世界地位的再塑造;欧洲人傲视全球的优越感油然而生,至今犹在。

"天命理论"引导欧洲文明形象的塑造

"我们是世界上最优等的种族,具有正义、自由与和平的最高理想。我们占领世界越多的地方对人类越有益处。"

——一位英国殖民主义者的妄言

欧洲人的心态变了

驱使海外欧洲人疯狂扩张的那种宗教狂热和人性贪婪在中国是非常罕见的,所以,自汉朝开始,中国对西方的贸易往来从来没有想过以武力的方式掠夺。

相反的,欧洲人梦寐以求的财富在东方,中国遥遥领先的科学技术、精美绝伦的产品等,刺激着欧洲人世世代代对中国的美好想象、神秘向往和精神追求。面对中国,欧洲几乎没有什么优势,即便是号称海洋国家的欧洲沿海国家,其航海货船能力也远远低于中国货轮的1500 吨以上的运载能力,这样的吨位比欧洲货船要大得多,更何况是远洋运输。在达·伽马顺着海岸绕过好望角向东方航行时,郑和率领的庞大舰队可以直接驶入远离海岸的大海、抵达东非海岸。

美洲殖民带给欧洲飞速发展,直至 18 世纪在英国爆发第一次工业革命,西欧各国逐渐兴起,随之而来的是更大规模的海外殖民扩张。19 世纪,欧洲已凭借其雄厚的经济实力和强大的军事力量奠定了世界霸权地位,对各殖民地的资源掠夺也慢慢变成了全面性的占领。

一种气吞宇宙的气概弥漫在一些欧洲人的心中,他们认为欧洲的成功是因为人种优势所致、文明优越所致。一种基于民族优越感,以欧洲为中心的历史观逐渐成形,重塑欧洲历史的风潮在欧洲出现。对于他们而言,"提问历史学能否客观,这是一个无意义的问题:除非已经有某些历史编纂是客观的,否则我们就不可能知道这个问题意味着什么"。

这种历史观是以西欧的历史进程作为标杆,并认为世界不同民族和国家,在迈向现代化的过程中,都必须经历与遵循这个模式。尽管这种历史规律,后来被抨击得体无完肤,但是在那个时代,这种主张的确在人类的社会、经济、文化、政治等各个领域,产生了深远的影响。

恰逢其时,达尔文的"物竞天择"的观点在科学界掀起了物种进化的争论,并很快被 19

世纪的欧洲思想家们应用到人类文明进程之中，为欧洲中心论的思想体系提供了多层面的立论基础。他们认为：文化差异是造成欧洲与非欧地区发展（进化）程度不同的主要原因；文化差异来自于人种的差异，所以非欧地区的落后是命定的，是不可逆的，因为人种的优劣是无法改变的；战争是优胜劣汰的方式，是近代早期欧洲的军事扩张的合理途径。在这种优越感的作祟下，对非欧地区的轻视与嘲笑就成为正常且可以理解的。

欧洲中心论的代表人物

"欧洲中心论"者试图要塑造一个"天命理论"，宣扬欧洲种族和文化的天生优越性，否定人类文明的多元性，其代表人物有黑格尔、斯密、韦伯、布罗代尔、罗斯托、奇波拉、诺思、麦克尼尔、沃勒斯坦、兰克、孔德、爱默生等西方社会理论和历史理论家。

1. 黑格尔

黑格尔[①]，欧洲中心论的标杆学者之一。

他在《历史哲学》中宣称，世界历史虽然开始于亚洲，但是"旧世界的中央和终极"却是欧洲；而欧洲的"中心"，"主要的各国是法兰西、德意志和英格兰"。历史运动的终点在欧洲，特别是落在普鲁士的君主立宪制度之中。它真正的历史兴趣始终落在欧洲，东方社会仅仅是世界历史发展的插曲和陪衬。

他把中国和印度说成没有生气、停滞和缺乏内在动力的国家：中国有"一种终古如此的固定的东西代替了一种真正的历史的东西。中国和印度可以说还在世界历史的局外，而只是等待着若干因素的结合，然后才能够得到活泼生动的进步"。

黑格尔的上述观点在西方学术界有很大影响。有些学者（包括马克思）虽然并不同意把东方国家看成"还在世界历史的局外"，但多少接受了东方社会长期停滞的观点。

2. 兰克

兰克[②]无视欧洲以外地区的存在，单纯地将欧洲的历史发展过程视为全球历史发展的主体。他认为世界的发展是以欧洲为主体的，拉丁民族和条顿民族[③]是这个主体的两个主角；人类历史发展的过程基本上就是这两个民族相互斗争与融合的过程。由于武断地认为世界历史的演进与这两个民族的发展进程一致，兰克更直言："印度和中国根本就没有历史，只有自然史；所以世界历史就是西方的历史。"

3. 孔德

孔德[④]认为："我们的历史研究几乎只应该以人类的精华或先锋队（包括白色种族的大部分，即欧洲诸民族）为对象；为了研究得更精确，特别是近代部分，甚至只应该以西欧各国人民为限"。孔德对于非欧人种的排除，明确地彰显出欧洲中心论的霸权心态。

4. 爱默生

爱默生[⑤]曾经对中国进行了卑劣的污蔑和攻击。1824 年，他在笔记中写道："中华帝国

---

① 黑格尔(Georg Wilhelm Friedrich Hegel，1770—1831)，德国哲学家。

② 利奥波德·冯·兰克(Leopoldvon Ranke，1795—1886)，德国历史学家。

③ "条顿"是十字军东征中由古日耳曼人的一支（条顿人）组建的骑士团，是德国的奠基者，泛指日耳曼（德意志）人及其后裔。

④ 奥古斯特·孔德(Auguste Comte，1798—1857)，法国哲学家。

⑤ 拉尔夫·沃尔多·爱默生(Ralph Waldo Emerson，1803—1882)，美国诗人。

所享有的声誉是木乃伊的声誉,把世界上最丑恶的形貌一丝不变地保存了三四千年。中国,那令人敬仰的单调,那古老的痴呆,在各国群集的会议上,所能说的最多只是:我揉制了茶叶。"

5. 韦伯

韦伯[1],被称为"最精心致力于欧洲中心论的集大成者",写了许多专著来宣扬欧洲的独特性。他不仅认为"理性的"资本主义的企业和制度只有在新教伦理的西方国家才能产生,而且"一系列具有普遍意义和普遍价值"的文化现象都只有在西方才显现出来。甚至"国家本身,如果指的是一个拥有理性的成文宪法和理性制定的法律、并具有一个受理性的规章法律所约束、由训练有素的行政人员所管理的政府这样一种政治联合体,那么具备所有这些基本性质的国家就只是在西方才有,尽管用所有其他的方式也可以组成国家"。"理性"本来是一个多义性和多层次的文明概念,它的内涵是随着社会进步而不断得到丰富和提升的。

人类文明的发展是多元的,世界历史在不同的时空环境中曾形成过若干具有巨大影响力的中心。他们对地区、对世界都有过不同程度的影响。"欧洲中心论"认为特殊地理环境和白种人所创造的文化天生优越,只有欧洲才注定成为世界历史的中心,这两个理论基础已经被历史所证明,是不成立的。近代欧洲,是从东方的中国人手里接过了人类文明长跑的火炬,继续前行。

即使是"欧洲中心论"的代表人物黑格尔,也同样无法回避他的思想观念受到中国古代哲学思想的影响。黑格尔把他的辩证逻辑学源头归功于古希腊辩证法,认为古希腊是辩证逻辑学的故乡,认为芝诺最早提出了辩证法的思想。而古希腊哲学家芝诺流传下来的言论中最重要的思想——"芝诺悖论",却与中国古代哲学家惠施的哲学思想几乎一模一样[2]。黑格尔对于中国哲学的否定和对古希腊哲学的推崇,两者之间的逻辑关系显然是相互矛盾的。有研究认为,黑格尔的哲学观点大量吸收了中国哲学思想,特别是中国老子的核心思想,取其渊奥、缉其粹媺。虽然不能说黑格尔全部抄袭了《道德经》,但至少是雷同了老子《道德经》的核心思想。而另一方面,黑格尔又不遗余力地贬低、全面批判与否定老子的思想,甚至高度鄙视中国哲学,认为中国古代没有哲学、只有伦理学。从黑格尔的自相矛盾的表现来看,要么是他完全不了解实情却信口否定中国古代哲学,要么就是很了解中国古代哲学但出于"欧洲中心论"的需要而贬低和否定中国古代的贡献。

不幸的是,"天命理论"并没有终结,20世纪初之后,欧洲至上的观念逐渐普及,并成为全球主要思潮。笔者将此形容为西方"思想殖民"的始祖,这是继欧洲近代殖民风潮之后的又一次殖民运动。这场思想殖民运动迄今依然还在继续,无处不在。哪怕是西方历史著作也隐晦地存在,有意地忽视其他民族的早已存在的对全球文明的贡献。

---

[1]　马克斯·韦伯(Max Weber,1864—1920),德国社会学家。
[2]　公元前4世纪,名家学派创始人惠施(后人尊称为"惠子")提出:"一尺之棰,日取其半,万世不竭";公元前5世纪,古希腊哲学家芝诺认为:"从起点走到终点,要先走完路程的1/2,再走完剩下总路程的1/2,再走完剩下的1/2……"如此循环下去,永远不能到终点。惠施提出:"飞鸟之影,未尝动也";芝诺提出"飞矢不动"的悖论。令人震惊的是,据考证,古希腊时期,西方并没有弓箭! 芝诺又怎么能够以"飞矢"为例?

　　"公元1500年是人类历史上的一个重要转折点，……因为它标志着地区自治和全球统一之间冲突的开端。在这以前，不存在任何冲突，因为根本就没有全球的联系，遑论全球统一。……由于欧洲人在这一全球历史运动中处于领先地位，所以正是他们支配了这个刚刚联成一体的世界。"

——斯塔夫里阿诺斯《全球通史》

第十二章

大国兴衰治忽　迎接民族复兴

历史数据表明,世界大国的兴衰有着惊人相似的周期变化,从兴起发展、走向鼎盛、最终趋于凋零。

以史为鉴,可明兴替。国者,败于暴虐、贫于懒惰、兴于勤俭、和于情爱。

与西方殖民掠夺的资本积累方式不同,中华民族历来依靠自己的辛勤劳作、用汗水换得财富的增长,总是能够通过自己的双手慢慢地获得经济复苏、社会稳定、民族繁荣,总是能够再一次回到国泰民安的富足状态。大国兴衰的走势曲线预示着大变局时代的到来,中华文明史、世界发展史的一场历史大戏,帷幕正在拉开。

远观檐牙高处,浪拥云浮……

金三棱锥：近代科学体系的核心构架

在黑暗中摸索到一把钥匙，欧洲人中了大彩

科技三棱锥：近代科技发展的核心构架

数学、物理、人才，以符号语言为桥梁，三者相互影响、相辅相成，共同推动着近代科技的发展。同时，三大要素也有影响各自发生转折变化的因素，在这些因素的促进之下，各自才有了突飞猛进的进步。

以符号语言为纲、纲举目张

近代科技的发展，关键的要素是数学、物理和人才这三者的有机结合。以这三者为基础，三棱锥的上方是符号语言。通过符号语言相互关联，四者之间，形若三棱锥，构成一个相互促进的整体，开启自然哲学新的思维方式，促进近代科学的飞速发展。

符号语言引入数学中，用来替代自然语言的叙述，使得数学克服了因自然语言描述而混沌不清的缺陷。它犹如一种通用语言，成为连接物理与数学的桥梁，进而成为所有学科之间的最佳沟通方式。基于符号的数学语言犹如一种"通用语言"，构建起相应的"符号推理演算"流程，实现"逻辑的数学化"。反映人们的思维推理过程的，是计算公式及其步骤，而不是一连串冗繁的文字。

在人类认知革命阶段的3万年前，智人有了抽象认知，能够创造并相信虚构的事物和故事，从而演变成为有别于其他动物的群体，能够更大范围地相互认同、更大规模地灵活合作，由此具备了统治地球的能力。与此相对应的，具备了统治地球能力的人类，渐渐地便将自己设定到了一种特殊的地位，即地球甚至宇宙中只有两种存在：人类与人类之外的其他存在。自然而然地，人类开始探索自然界中的各种现象、规律，目的是更好地统治地球。从无意识到有意识，人类在探索自然的过程中创造了符号语言并将其应用于数学和自然哲学的描述，标志着人类对自然认知的进化开启了第一次"认知革命"——人类对自然的认识从朴素描述阶段进入变量描述阶段。

1. 朴素描述阶段

观察自然现象，试图总结其中的规律，用自然语言描述所认知的自然规律。无论是对基本概念、现象还是内在规律，都是如此朴素无华，这也是人类的本能的表现。

自然语言是人类的第一语言，它在人类之间的交流中发挥了极大的作用。但是，地球上存在的 4000～6000 种自然语言，无一例外地都只是"个体交流"的介质。也就是说，如果我们将每一个人作为一个独立的行为单元看待（"行为"，例如科研、生活、运动、消费、娱乐等），自然语言就是各个行为单元之间的交流工具。从"行为单元"的角度而言，自然语言是一种"外部语言"。可以将自然语言类比成通信节点之间的通信协议，通过不同的方式发送给对方（口语或者文字）。

人这个行为单元，显然不是依靠自然语言作为其内部的思维语言。自然语言不能作为人类"心智计算"的介质，英语、汉语、拉丁语、阿拉伯语等都是如此。大脑在思考、记录或者组织一句话的过程中，使用的是"心语"（mentalese）。心语才是思维语言，是用于思维的表征，它是行为单元内部的语言。可以将思维语言类比成通信节点内部的算法语言，通过不同的逻辑构架形成特定的运算结果。

阅读采用自然语言描述的文字，读者首先将这一串串文字翻译为思维语言。而自然语言与思维语言之间，是一道深邃的沟壑，阻碍着人类对知识的传承，更不利于对知识的思考和创新。

2. 变量描述阶段

观察自然现象，试图总结其中的规律，并且找到它们之间的代数关系，以符号的形式描述这些自然现象。尝试用符号表述数学或者自然哲学，这是人类探索自然的一次飞跃。用"认知革命"来评价这次飞跃，一点也不为过。

心智计算理论（computational theory of mind）认为"心智是计算系统，思考是符号操作"。语言是人类的本能，符号语言则是人类思维的一种表征。思维语言或许与世界上的所有语言都有类似之处，它想必也是用符号来表示概念，并通过符号之间的排列结构来对应一些具体的语句。

数学的符号语言恰恰是基于极简符号构成的，例如"功能符号"（运算符号、关系符号、结合符号、省略符号、性质符号、推理符号，如：$+$、$-$、$\times$、$\div$、$\surd$、$\log$、$=$、$\{\ \}$、$\sin$、$\triangle$、$|\ |$等）和"变量符号"（数量符号、特殊符号，例如：x、y、z、v、a、m、E、F、π 等），通过功能符号与变量符号的逻辑连接，构成简短而明确的语句。

尽管自然语言的文字本身可以看作是一种符号，但是用于表述一种规律和相互关系时，自然语言的文字显得太过冗长。相对于自然语言，符号语言所能包含的信息量更大、更直观，更能够在人类个体的注意力保持集中的时间容限内传递大量信息。从思维功能的角度而言，符号语言因为更接近于"心语"，所以能够更简练地描述数量或空间关系，更有利于抽象的逻辑思维。

数学是以某种形式来表示量的关系，这里的"量"用一种符号表示，它并非指某一项具体的事物，而是一个抽象的"量"。例如关系式：

$$y=kx$$

其中的变量 y、k、x 是从具体的事物中抽象出来的、具有共同属性的变量，表示 y 随着 x 的变化而发生相应的变化。

如果 k 是一个常数，我们知道 y 随着 x 呈正比，即 x 增大一定的值，y 也随之增大相同比例的值（$y=kx$）；如果 k 是一个变数，我们知道 y 随着 x 的变化相对复杂，即 x 增大一定的值, y 也随之变化一定的值($y=kx$), y 的变化值的比例随着 k 值的不同而有所不同。

近代欧洲的自然哲学研究者们几乎都是学习和研究数学出身的,他们很顺利地运用符号语言描述自然现象。而此时的符号所体现的则是毫不含糊的个别的、具象的事物。

例如,表达一条力学现象的规律,通过实验表明,与三个变量有关,即力、质量、加速度。研究者用 F、m、a 分别表示上述三个变量,并且通过实验寻找出三者之间的关系:

$$F=ma$$

其中,质量 m 为常数; F、a 为变量,它们指的是具体的事物,是具有独立属性的变量。该公式表示 F 随着 a 的变化而发生相应的变化。并且,由于 m 是一个常数,我们知道 F 随着 a 呈正比,即 a 增大一定的值, F 也随之增大相同比例的值($F=ma$)。

$y=kx$ 与 $F=ma$,两者在形式上完全相同,逻辑关系也是完全相同的。正因为如此, $F=ma$ 这个关系式就可以使用数学的逻辑加以演绎。由此,物理与数学,通过符号语言实现驳接和对话。

符号语言的易识别性,给人们带来另一项益处:使得知识的传承效率大为提高,人类参与对自然规律的认识和探索的门槛也大为降低,人才队伍因此得以迅速壮大。

科学研究的发展范式

天文学研究范式

应用对象特点:变化参数循环往复、几何结构相对稳定

在近代欧洲的科技发展之前,包括中国、印度、古希腊等文明区块,数学与自然哲学的结合主要表现在天文学方面。因应天文观测的需要而发展数学,新的数学成果再促进天文学的发展。

天文学的发展过程遵循"观测验证→天体模型→观测验证→天体模型→……"的递进发展过程。这一过程可以简单地分解成两部分:

(1)"观测验证→天体模型":从观测数据到天体模型的过渡过程,需要借助数学完成。根据观测数据,通过数学的手段对数据进行分析、支撑天体模型的假设或者修正天体模型,最终再以新的观测数据佐证天体模型的正确性。

(2)"天体模型→观测验证":这一过程的发生,意味着一个新的循环开始。新的循环开始之前,必定是数学方法、实践结果、实验手段、约束条件四方面出现了新的变化,至少其中之一出现了变化,促使天文学研究需要进入新一轮循环。

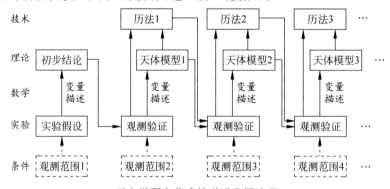

天文学研究范式的递进发展流程

（1）新的数学理论的出现，或者新的数学理论解决了前一阶段循环中的数学知识的不足而带来的缺陷。

（2）历法实践中有了新的发现，这些发现是当前天体模型无法解释的。

（3）原有的约束条件被打破，使得约束条件放宽，比如人类在陆地上活动范围扩大、观测区域扩展了。

（4）有了新的手段注入，比如新的观测仪器，拉远了观测距离、能看到更微弱的星星、测量得更加准确。

在"观测验证→天体模型→观测验证→天体模型→……"的循环递进过程中，约束条件会随着人类的活动范围、科技发展水平而不断改变，例如观测的区域越来越大、观测的精度越来越高。每一次循环，总是会派生出新的历法（天文学成果），这是整个循环递进的目的。

实验科学研究范式

应用对象特点：变化参数不多，或者参数忽略不会影响对象特征

近代物理学研究者的初衷依然是从天文学的需要出发，对物体的运动开展研究；出于运动研究的需要进而研究力学，这一过程中始终是在数学的帮助下展开定量研究的，即用变量方式描述运动和力学问题。

以近代力学为代表的物理学的发展过程遵循"实验→理论→实验→理论→……"的递进发展过程。这一研究范式最初在物理学中得到应用，并逐渐地扩展到更多的研究领域，成为实验科学研究范式。这一过程可以简单地分解成两部分：

（1）"实验→理论"，即"实验验证→科学结论"的过程。根据实验数据，分析各种物理量之间的关系，试图找出它们之间的相互关系。将物理量用符号表示，给出一个参数化的描述，这个过程就是现在我们常说的"数学建模"。通过"建模"得出一个数学模型或者公式（例如物理公式、化学方程式等），最终再以新的实验数据佐证数学模型的正确性。实验数据到模型的过渡过程，需要借助数学的手段完成。其实，数据分析本身就是数学过程。

（2）"理论→实验"，即"科学结论→实验验证"的过程。与天文学发展一样，新的循环开始之前，必定是数学方法、实践结果、实验手段、约束条件四方面出现了新的变化，至少其中之一出现了变化，促使科学研究需要进入新一轮循环。

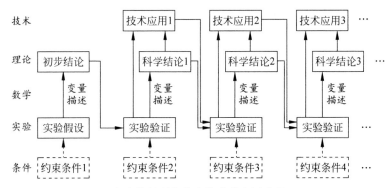

实验科学研究范式的递进发展流程

例如光学的研究，最初的约束条件是对光束的观察尺度是宏观的，因此，将光线的直线传播作为先决条件，研究光线的各种规律，从而形成了几何光学的一系列科学理论（光的折

射、反射、透射的定量描述、像差理论）；基于这些几何光学的理论，进一步发展了各种技术应用（工程光学系统），如望远镜、显微镜等。

但是，随着实验手段的发展，光的实验尺度更小了（例如小孔或者狭缝的制作、单色光的获得等），从而观察到了光的衍射和干涉现象。这些新的观测结果的注入，是几何光学理论无法解释的，所以新一轮循环开始。在新的约束条件（观测尺度）下，研究光的各种规律，这一轮循环形成了波动光学的一系列理论（光的衍射理论、干涉理论、波动学说），进一步发展了各种技术应用（波动光学系统），如干涉测量仪、全息成像系统等。

通过分析我们知道，从历史的角度看，实验科学研究范式是天文学研究范式的扩展，或者说天文学研究范式是实验科学研究范式的一个特例。

实践科学研究范式

应用对象特点：变化参数众多、不能通过参数忽略而简化

并非所有的技术都需要通过数学模型的建立。对实验结果加以总结，借助变量数学定量的描述自然现象的过程，只是科学研究的一种方式。事实上，近代科学没有发展之前，人类对自然界的认识通常是以实践为基础，以技术规范作为科学研究的成果形式。

实践科学研究范式遵循"实验→规范→实验→规范→……"的递进发展过程。这一过程与实验科学研究范式相似，因此，不再将这一过程分解成两部分加以介绍。我们需要关注它与实验科学研究范式的不同之处：

（1）"经验总结"替代"数学"：它并不完全排斥数学，但是，在没有数学的情况下，或者简单的数学模型无法准确描述的情况下，递进循环的发展过程仍然是畅通的。

（2）"实施规范"替代"科学结论"：以操作规范为结论，多以文字描述的方式形成成果，有时也会以数学模型加以辅助。

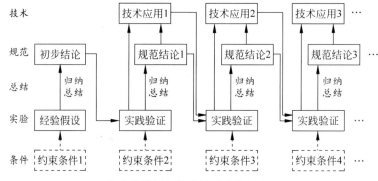

实践科学研究范式的递进发展流程

实践科学研究范式，通常可以适用于以下几种情况：

（1）研究对象过于复杂，数学模型不能完整描述对象的特性和规律。

（2）研究对象不适合施以约束条件，或者说不能对研究对象加以简化，以便减少影响对象变化的参数、用少数的变量来描述。

（3）还没有完全掌握恰当的数学知识。

由于上述原因，不能定量化描述那些与研究对象关联的各种变量的相互关系，但是，可以将研究对象视作"黑匣子"，通过反复实验，得出"输入量"与"输出量"的关联。使用这样的规范,可以得出想要的结果,至于这个过程中发生了什么,目前不知道。但不影响实践科学的结果,也不影响实践科学的递进发展。

古代如医学、冶金技术、农业生产等,这些研究对象不像天体那样相对固定,变化因素少,而是存在太多的关联因素,无法用简单的模型对其建模。因此依靠经验总结而形成代代相传的实践科学(或经验技术),这种发展范式在人类的科技进步中曾经发挥着非常积极的作用。

现代科学技术的发展过程中,并没有完全摒弃实践科学研究范式,例如人工智能技术的发展,既有自然科学研究范式、也有实践科学研究范式,特别是模仿人的大脑的类脑智能技术。通过学习机的"学习"过程,寻找与研究对象关联的众多变量的关系,有些结论无法用简单的公式加以描述,甚至根本无需数学表达式加以描述。

复合式研究范式

应用对象特点：有"实践科学"的结论、满足"实验科学"的对象特点

这个研究范式是"实验科学"与"实践科学"两种范式的结合。也就是说,实践科学经过了若干轮的发展,取得了完全可信的结论,但是,没有数学的参与,因此没有形成数学模型。在此基础上,将规范结论、技术应用的相关数据归纳,通过数学的手段加以总结,形成变量化的数学表达。通过这样的数学建模过程,取得数学模型,从而将实践科学过渡到实验科学。

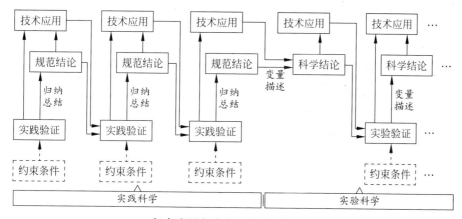

复合式研究范式的递进发展流程

近代科技发展过程中,绝大部分科技进步是遵循复合递进发展范式的,例如引发第一次工业革命的蒸汽动力的发展,它的发展经历了两个阶段。

(1)"实践科学"的范式阶段：首先是来自古代的蒸汽动力的玩具的原理,进一步沿着这样的轨迹发展：从"蒸汽玩具→蒸汽压力锅→蒸汽抽水机→瓦特蒸汽机"。

(2)"实验科学"的范式阶段："瓦特蒸汽机→卡诺循环理论→内燃机→热力学→……"。

李约瑟有一个著名的论断：蒸汽机等于水排加上风箱。确实,从技术发展本身环节来说,水排解决了往复运动和圆周运动转换问题,而风箱的阀门是蒸汽机必备的技术设备。我们知道,水排和风箱均是我国古代最先发明的,但在中国,水排和风箱并没有诞生蒸汽机。蒸汽机的发明需要技术本身的改造和进步,而这种改造和进步却要仰仗"技术-科学-技术"(即"实验→理论→实验")的循环。

复合式研究范式的例子还有很多,例如基于铸铁技术而发展的冶金学、基于深井钻探技

术的油气钻探科学、基于火药技术的爆炸物化学等,都是在"实践科学"成果的基础上总结而形成近代和现代科学技术的。近代的西方人比较重视对世界特别是中国古代科技成果的收集整理,并在此基础上,进一步发展形成具有理论支撑的实验科学。是否因为西方近代科技发展的过程中,他们从中悟出了实践科学成果的重要性,有待于进一步的史料研究。

实践科学是在长期的生产、生活实践中通过反复的总结、验证而形成的智慧结晶,是极为宝贵的科技财富。在实践科学的基础上进一步过渡到实验科学,用数学建模的方式总结归纳,其实就是站在巨人的肩膀上的睿智之举。技逊于人状态下谦逊好学的态度,推动着欧洲人成功地践行了复合式研究范式,使得近代欧洲以极短的时间,快速地实现了科技腾飞。

永无止境的真理长河

没有终结的科学理论

科学研究的过程可以大致分为三个环节,即规律总结、理论构造、推理演绎。前两个环节是从特殊事例中寻找一般的规律,最后一个环节是将所得到的一般规律应用于某些特殊对象。

(1)"规律总结"是为理论构造做准备:围绕个别对象,需要广泛收集数据。"广泛的材料数据对于建立成功的理论是必不可少的","材料本身并不是一个演绎性理论的出发点,但是,它有助于找到一个普遍原理,这个原理是逻辑演绎的出发点"[①]。多数情况下,对象所处的自然环境是复杂的,影响其规律变化的因素(变量)是未知的、无法穷尽的。面对如此复杂的毫无头绪的研究对象,西方近代科技研究者们认为,简单才是最好的,"大自然喜欢简约""真理总是在简单的、而不是多重的和混乱的状态中被发现"[②]。基于这一认知,他们找到了一条捷径——追求简单化的数学描述。为此,基于观察结果和经验判断,挑选出关联度大的因素,忽略关联度小的因素;或者加以约束,限定外部条件,将复杂问题简单化、冗繁描述简约化。

(2)"理论构造"的任务是刻画本质规律:这是一个从特殊到一般的推理过程,通常用符号、关系式、程序、图形等抽象化实际对象的本质属性。为了简洁刻画某小对象的规律,通常将待考察的变化量[③]称为"输出参数",并赋予其一个符号;将影响这个输出的因素称为"输入参数"(或者"变量")。建立的模型是对实际对象的数学化描述,也就是找出输出与输入之间的定量关系,其结论通常被认为是"科学理论"。为了描述复杂对象,可以选择多个输出参数,将它们相对应的描述并列。如果无法用数学关系式表达,采用图形、表格等方式也是可行的;如果定量描述存在困难,定性描述也是可以的;当然,也可以是自然语言描述。

(3)"推理演绎"是科学理论的应用过程:它将科学理论视作一般性规律,作为推理的

---

① 爱因斯坦,《特殊和一般、直觉和逻辑》。
② 牛顿,《自然科学的数学方法》。
③ 不仅仅是物理量,也可以是化学量、生物量等。

大前提。由一般到特殊的推理过程,从一般性的前提出发,通过推导即"演绎",得出具体陈述或个别结论的过程。自然规律具有一种数学简单性,可以运用数学简单性原则构造一种未知的科学。所有这些构造和它们联系起来的定律,都能由寻求数学上最简单的概念和它们之间的关系这一原则来得到。

至简之美与科学局限

奥卡姆剃刀定律①(Occam's Razor)又称为"简约法则"或"朴素原则",主张"简单就是有效",这种原则与中国古代的"大智在所不虑""大道至简"的哲学思想如出一辙。这一原则被欧洲近代许多科学家广泛接受,在揭示自然规律的过程中得到了很好的应用。他们深信简单性原则是客观的,简单性产生于客观事物本身。例如,牛顿认为"如果某一原因既真又足以解释自然事物的特性,则我们不应当接受比这更多的原因";莱布尼茨认为"逻辑总是能被无情地简化";爱因斯坦认为"逻辑简单的东西,当然不一定是物理上真实的东西,但是物理上真实的东西一定是逻辑上简单的东西"。马赫②认为"科学既要全面地摹写事实,把事实中最重要的那些方面摹写出来,又要用最简单的方法和最经济的思维"。

"大道至简"这一思想对近代包括现代自然科学的研究和发展产生了积极的影响,为科学理论的建立减少了不必要的纷繁芜杂。近代以来,科学家们将复杂的对象剃成最简单的对象,再着手解决问题,用单纯的演绎法建立新的科学体系。科学沿着这一思想原则和思维方式之路前进,经过一代又一代的迭代,科技成果似潮汐般奔腾翻卷,人类科技文明的历史迎来了科技大爆炸的时代。

科学理论的表达当然是追求"全称判断"。但是,绝大多数情况下,全称陈述是很难做到的。这是因为在理论构造的前一个阶段,即规律总结阶段,我们不可能穷举所有的事例,也不可能不采用条件设定从而"简化"关联因素。"条件"与"简化"注定了实验及其结果不是"全称陈述",而是"特称"或"单称"陈述,正因为如此,科学理论注定是有条件的、相对正确的模型。

人类对自然现象的观测,有着明显的时间维度、空间维度、研究手段、认知层次的强相关性,它表现在两方面:①人类永远只能观测一定时间长度、一定的空间范围的事例,即使没有忽略每一个细节,也永远是片面的事例。②人类无法使用终极完美的手段来穷尽研究对象所处的自然环境、关联条件、事例细节,简化对象的决策也仅仅只是某一认知阶段的迁就之举。

正因为如此,科学注定是绝对真理长河中的相对真理,一项科学结论,只有在其给定的条件和范围内才是成立的,离开预设的条件或者环境,科学结论不一定成立。所有的科学结论都存在着一个共同的属性:**没有绝对正确的科学结论!**

对待自然规律的研究方法,立言唯慎的中国先贤们似乎有另一个层面的认知,他们认为:世界万物都有其客观规律,但是"客观规律是深奥且微妙的,不是人类的力量所能够完全洞察的"。他们更倾向于顺其自然、顺势而为:对于变化因素较少的简单系统可以究其量化关系,例如宇宙系统模型的建立,小孔的光学成像等;变化因素太多的复杂系统,"我们只要知道其外在结果如此,不强求一定要从其内在原理入手",例如人体系统的活动和疾病变

---

① 14世纪奥卡姆提出,奥卡姆(William of Occam,约1285—1349),英国逻辑学家。
② 马赫(Eranst Mach,1838—1916),奥地利物理学家、哲学家。

化的内在"微观"规律。只有这样,得出来的结论才能"永远不会有大的纰漏"[①]。由此窥见,中国先贤们似乎更倾向于追求自然规律的"全称判断",尽管这是一个履践致远的艰难历程。

以中医学为例。

在古代,没有物理化学手段,用还原论的白箱方法还原人体整体或细胞的结构和功能是不可能的。事实上,由于观测手段、认知水平等的限制,彻底还原人体是遥遥无期的。我们对自然界的认知水平达到什么层次,对人体的认知也会达到相应的层次。这个认知过程没有尽头,因为科学本来就不可能终结。

在无法穷尽人类生命体系的情况下,中医学将生命体视作一个开放的自然生态信息系统,采用整体论的方法,运用望闻问切的诊断手段,在肉眼可见的层次观察人体的整体分布秩序。用实践科学的方法,关注人体的输入与输出信息的关系,对疾病的阴阳表里寒热虚实证型属性进行对应的治疗,形成了"辨证论治"体系[②]。在实践过程中,中医探索出了一条治疗各种生理病变和心身疾病的"脏腑经络"体系的途径——从中枢神经系统入手,根据人体的整体水平观察阴阳表型变化,调节表型的神经-内分泌系统功能。当然,中医治疗过程对临床医生要求极高,需要他们具有丰富的临床经验、洞察秋毫的观察能力、高超的综合能力和分析能力,从而完成"诊、断、医、治"的全过程。

青衿岁始、其修远兮

自然界的规律与我们近在咫尺,等待揭示的真理与我们邈若山河。在人类的久远过去和迢迢未来的时间画卷中,近代与现代的几千年乃至远古数十万年的时间实在是太过短暂,倘若把当今人类比作年少,未来还很长很长。人类对大自然、对宇宙、对自我的认识,只是刚过青涩懵懂、方辨南北西东。

在古代和中世纪前半期,古希腊人把研究自然现象的学问归纳到哲学的范畴,称之为"自然哲学"。在东方,古代中国人把研究自然规律与法则的学问称作"道""格物"。"道法自然""格物致知",揭示整个宇宙的特性,囊括了天地间所有事物的属性。无论是"自然哲学"、还是"格物",都是探索自然的奥秘。近代之后,特别是17世纪下叶,人类掌握了符号语言之后,学会了以变量描述自然,进而形成了近代物理,科学不再寄生于哲学,而逐渐获得了独立的身份。

数学、符号语言的诞生和广泛应用,使人类进入了认识自然的新阶段,对自然的认识速度、深度和广度都上升了若干数量级。以至于科学界不得不将科学的天地进行人为的划分甚至细分,分成若干不同的学科,例如数学、力学、物理学、化学、天文学、地球科学、生物学等,并进一步分化出更多的层次,形成一级学科、二级学科、三级学科。

例如:根据国家标准(GB/T 13745—2008),学科可以划分为数学、力学、物理学、化学、天文学……电子与通信技术、计算机科学技术、化学工程……管理学、哲学、文学、法学等若干一级学科。一级学科再进一步划分,例如,一级学科天文学(160),分为15个二级学科、61

---

① 此段落内的三句引文出自阮元《畴人传》卷46,原文分别是:"天道渊微,非人力所能窥测""故但言其所然,而不复强求其所以然""终古无弊"。

② "证"是指对疾病过程中一定阶段的病因、病位、病性、病势等病机本质的概括,其所对应的反应状态即为"证候"。"辨证"即辨明其证,通过望闻问切综合分析,明确证的状态(原因、部位、性质、趋势)。"论治"是指根据辨证结果立治疗方案,由证候确立治疗法则,由法则选择对证处方,由处方实施治疗手段。

个三级学科。

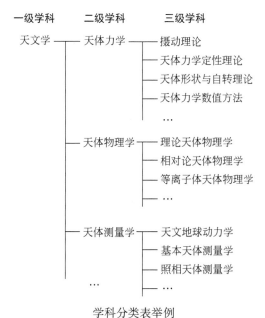

学科分类表举例

（中华人民共和国国家标准学科分类与代码表）（GB/T 13745—2008）

　　学科划分是在人类对自然界的认识还不够全面、认识能力不足的情况下而人为设置的界限，是一种权宜之计。科学研究的深度与广度发展到今天，人们发现：还有许许多多的问题并不属于任何一个学科的问题，是学科划分所不及的；本学科的问题已经挖得够深、够广了，需要在学科边界甚至学科交叉区域寻找问题；必须要采用多学科交叉的手段解决所遇到的问题。

　　因此，交叉学科将成为今后科学界越来越广泛重视的趋势，也是能够发现重大问题、解决重大问题、取得重大成果的新的开垦地。在人类认知的现阶段，不同学科之间交流的唯一途径就是数学。只要相同的符号代表相同的自然变量，不同学科之间的链接就可以形成。

　　欧洲不同国家的"科学"一词都源自拉丁文 Scientia，这个单词的含义很简单："知识、经验"；"科学"，这项人类对自然现象及其规律的研究活动，目的是获得"知识"，一种关于自然界的认知。科学的任务是揭示自然规律、探索真理，不过科学永远只是更接近真理。因此，一些科学的理论难免存在不足甚至错误，但是，当今的人们依然视其为科学成果。例如牛顿的经典力学思想，并不是放之四海皆准的理论，量子力学和相对论的出现剑指牛顿力学的局限性。因为，宏观粒子与微观粒子、低速运动与高速运动，完全是不同的力学和运动状态。但是，这不妨碍牛顿力学依然是科学的普遍认知。经典力学得出的结论，是基于它的特定实验条件的，在那样的实验条件下，可以得出那样的结果；一旦条件发生变化，结果发生变化也是十分自然的事情。所以，所有的科学结论，一定是建立在"特定的物理条件""特定的数学假设"的基础之上的；一旦"条件"和"假设"不满足，这个科学的结论就必然需要怀疑。由此可见，人类对自然规律的探索是永无止境的，因为"条件"和"假设"永远不可穷尽。

　　站在时间的维度，我们眺望未来，也许在千年之后，我们现在的"科学"研究成果会被未来的人类视为幼稚可笑、甚至发现一些成果是不正确的；但是，在人类所处的当今年代，我们所认识的科学正在为人类文明的发展贡献着巨大的力量。

站在时间的维度，我们回眸过往，显然在千年之前，人类过去的研究成果在现在人类看来觉得太幼稚可笑、并且明显一些成果是不正确的；但是，在人类所处的遥远的既往年代，我们祖先的研究成果同样推动着当时的人类文明进步。

"科学"犹如一颗洋葱，人类的科学史就是一代一代的人们不断地剥着这颗洋葱的一层又一层外皮的历程，一步一步地接近真理的核心。科学探索的全程之所以总是泪流满面，不仅仅是因为探索未知的艰辛，也是慨叹过往的祖先们的不容易、慨叹未来何处才是真理的核心。显然，人类发展到了变量描述阶段，形成了近代科学；但是，我们不能因此而否定近代之前的朴素描述阶段的成果，更不能认为那个阶段的成果不是"科学"。认可前人的研究，是因为他们为我们剥去了第一层洋葱皮，使得今天的我们更靠近真理的核心。

"赛先生"并不神奇

中国人千呼万唤，赛先生其实很平易近人

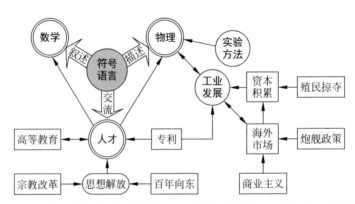

"人才"与"物理"两个维度分别对应着高等教育、专利、解放思想、工业发展、实验方法，并且各自都具有多层次的激励因素相对应

熟谙音韵训诂，推崇科学思想

物理是近代科学技术发展历史上的先锋。物理的发展一方面得益于实验方法的诞生，另一方面受到工业发展的需求刺激。

实验方法又可以分为定性实验、定量实验和结构分析实验方法等，定性实验 是为了鉴定某因素的作用是否存在，某些因素之间是否有关联、是什么样的关系等。定量实验是具体测定某一研究对象的数值，或求出某些因素间的逻辑关系，进而取得经验公式、定律等。

原始状态的自然界是十分复杂的，各种事物、各种现象相互作用、相互影响，各种因素错综复杂地在起作用。实验方法帮助人们在认识自然规律过程中具有更大的主动性，在人为控制的条件下,简化自然现象,把复杂的现象分解开来,排除各种偶然的、次要的因素的作用,从而使事物或现象变化的过程以比较简单的状态出现,同时也大大简化了因素之间的复杂关系,便于我们较好地发现和揭示自然现象的本质和规律。

(1)通过实验与观看分析,基于直观认识判断影响观察对象的主要因素,并用数学符号表示这些因素,以便为建立定量关系做好概念的准备。

(2)用数学方法推论出观察对象与主要因素之间的关系,并用关系式表达。

(3)通过实验来证实它们的数量关系,验证关系式的正确性。

实验方法取代了人们通过感性的经验知识和直观的知觉认识,探索自然规律的方法,通过实验观察而不是逻辑推理,排除主观的、心理的因素,以一种更客观的途径揭示自然现象的本质和规律。

让我们重阅任鸿隽发表在《科学》杂志上的《说中国之无科学的原因》:科学的重要本质不在物质而在于方法,今天的物质与数千年前的物质之间没有差别,而如今有科学、数千年前没有,是因为如今有了研究方法罢了。倘若明白了其中的方法,那么我们看见的事情无一不是科学;否则,只是学习传播他人已经得到的知识,犹如邯郸学步,终身跟在他人后面亦步亦趋。怎么能够有独立进步的时日呢?[①]

任鸿隽
1924 年担任国立东南大学(原中央大学、现南京大学前身)副校长,1932 年拒绝中央大学校长一职的委任,1935 年担任四川大学校长

一百多年前任鸿隽先生的断言,我们现在看来依然是正确的,科学的本质不在物质,而在方法。自然的规律一直都在那里,而方法是近代才有的,合适的方法用来探索得到自然的规律,于是便有了近代科学以及随后的现代科学。

一百多年前,陈独秀创办《青年杂志》,发表文章抨击尊孔复古,他认定,只有"赛先生"(科学)可以救治中国学术上的一切黑暗。其实,他只说对了一半,科学的关键就是"方法之有无耳",与中国传统文化和哲学思想并不相左。而当我们掌握了方法,先辈们念兹在兹的"赛先生"就不再那么遥远了。百年来中华民族在科学领域的实践和成就,足以说明科学已经在我们的身边,我们正走在科技发展的正确轨道上,并且,我们理所当然地同样可以策马扬鞭、驰骋万里。

高等教育:铸就思想、点亮人生

高等教育与人才培养

中国的管子曾说:"一年之计,莫如树谷;十年之计,莫如树木;终身之计,莫如树人",人才是知识相传与创造的关键主体,古今中外,概莫如是。欧洲特定的宗教和社会背景下,产生了教育体系和高等教育机构;也在特定的社会背景下进行了一次重大的思想解放——

---

① 要知科学之本质不在物质,而在方法。今之物质与数千年前之物质无异也,而今有科学,数千年前无科学,则方法之有无为之耳。诚得其方法,则所见之事实无非科学者。不然,虽尽贩他人之所有,亦所谓邯郸学步,终身为人厮隶,安能有独立进步之日耶,笃学之士可以知所从事矣。

宗教改革。

（1）高等教育：欧洲世俗大学的建立，特别是柏林大学的办学模式，起到了知识传播和知识创造的摇篮作用。欧洲建立高等教育的初衷尽管并非为了促进数学或物理的进步，但是，在它们的发展过程中，大学无意之中充当了近代科技发展的重要历史角色。

（2）思想解放：欧洲人长期困顿于宗教统治之下，思想禁锢、知识弱化。当时的"百年向东"运动，大量引进东方哲学思想，使人们的思想逐渐开化，特别是当时的社会精英阶层在汲取东方思想的过程中幡然顿悟；另外，宗教改革打破了教会的思想樊笼，人们在信仰方面出现了新的认识。文艺复兴便是在这样的社会背景下发生的，而文艺复兴对欧洲人的思想冲击不可小觑。

促进人才发展的另一个因素是专利，这种具有个人智慧垄断性质的制度大大地激发了人们的创造激情，调动了全社会可以调动的智慧。人才队伍的快速积累，直接影响了物理和数学的发展，形成了对物理、数学发展的强烈的正反馈。

科学和应用工程技术相结合，面向应用开展科学研究成为技术进步的重要基础之一，并构成科学与技术之间的循环加速机制。从18世纪中叶，欧洲专利发明数量突飞猛进，伴随着大批新技术发明的诞生，工业革命随之到来。机器取代了人力，"借助于机器能够使自然力产生某些明确的运动"（勒洛，Reuleaux，1875年）；引入新的原动力，工业革命的核心标志蒸汽机克服了风力和水力的时间或地域的局限性。亚当·斯密认为，这些进步不仅是实践工程师的智慧成果，而是由"那些善于思考的人们的创造力产生的，他们的任务不是去做任何事情，而是去观察一切事物；因此，常常能把关系最为遥远的全然不同的事物的力量结合在一起"。

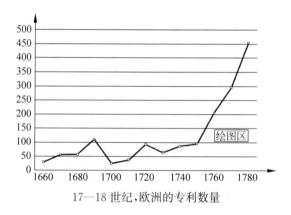

17—18世纪，欧洲的专利数量

西方的大学，尤其是世俗大学在科技进步中发挥着重要的作用。

中世纪初期，古希腊文化遭到日耳曼族人严酷无情的扫荡，然后，再有取舍地、按其所需从古代、外域吸取文化财富，为其所用。直到13世纪初，这种停滞状态才慢慢开始消减，再经过漫长的几个世纪，开启了智慧复兴时期。

欧洲高等学校的建立对知识的传播起着极重要的作用，13世纪的欧洲已经有了大部分希腊学术名著的拉丁文译本。而在科学和数学的园地里，复兴的迹象较其他方面更为显著。

教会是一个极其庞大的组织，对帝国内部实施社会治理，对外域世界施行宗教传播。教会大学成为宗教与管理人才输出的主要机构，并且独霸教育领域，世俗文化被视为异端。但是，8世纪之后，这种局面渐渐地发生了变化，世俗大学兴起：

（1）随着生产技术的逐渐发展，社会生活的需要日益复杂，旧的教育内容的框框一再被冲破。社会生产力逐步回升，自治城市逐渐发展起来，城市的富裕为创办大学奠定了经济基础。

（2）十字军东征战役过程中，西方人接触到了灿烂的东方文化，并迅速传遍欧洲，欧洲哲学研究出现了新气象。这些被称作"世俗"的文化促成了欧洲社会时尚的转变，崇尚文化的风气为大学运动的兴起提供了适宜的社会心理背景。

（3）中世纪的历史也是一部教会与皇族的冲突史，教权与皇权的斗争不断而且日益激烈，在漫长的一千年里，欧洲几乎从未真正统一过，小国林立，领主间的冲突不断。

经济发展、文化传入、教育权争夺，这些社会因素造就了欧洲世俗大学的兴起，当时欧洲各国都以拥有自己的大学为荣，竞相创办大学；自治城市也纷纷兴办大学；王公贵族、富商巨贾亦纷纷捐资于大学。

中世纪大学的前身是民间的文化教育机构，一种是原有的 studium generalea，即对所有人的教育中心或研究所；另一种是原有的主教学校，它一般拥有神学和哲学方面最有名望的学者、教授。

最早的大学建立于 12 世纪的意大利、法国和英国。14 世纪，意大利有大学 18 所，法国有大学 16 所，整个欧洲共计有 47 所大学。16 世纪，全欧洲境内，大学已增加到 80 余所。

世俗大学与教会大学最大的区别在于：①以职业训练为目的，把世俗科学引进学校。②怀疑基督教教义，反对单纯信仰，尊崇理性，重视思考。

大学的转型

近代的欧洲，社会环境发生了变化，政治力量、经济约束、法律限制和功能设定等都迫使大学随之而调整。大学在与政府、社会和个人越来越密切的相互作用和相互影响的过程中，对以自治权为核心的大学制度架构产生了重大影响。一方面，增加与改变了大学管理和大学学术的内容，从而拓展了大学自治与学术自由的空间；另一方面，双方相互作用过程中形成的制约关系使大学的权力受到越来越多的限制，这些限制，规定了大学权力的限度和边界。同时，这两方面的内容，使得大学在不同的历史时期，其使命和职责也有所不同。

中世纪晚期，欧洲的大学开始了职能转变的改革，基本上可以归纳为两个改革方向：19 世纪初德国的"发展知识"，以及 19 世纪中叶英国的"传授知识"。前者是一种教学科研并重型的发展模式，后者则是以教学为中心的发展模式。

欧洲的一部分大学选择了英国模式，以"传授知识"为目标。它纪律严明，常带有军事性质、组织严密，并用一套开明的专制制度来统辖课程的开设、学位的授予，并要求其观点与官方学说保持一致，甚至个人的习惯都受到严格的管束。

欧洲更多的大学选择了德国模式，以"发展知识"为导向。大学的职能不仅仅只是传授已知、直接可用的知识，而是要展现这些知识是如何被发现的。激发学生们的科学观念，鼓励他们运用科学的基本法则、进一步深入思考。"发展知识"模式的大学转型，使得欧洲培养出一代又一代热爱科学、心系学问、喜欢科研的人才。

工业发展激发科学进步

经济状态与科技发展

促进物理学进步的另一个因素是工业发展。

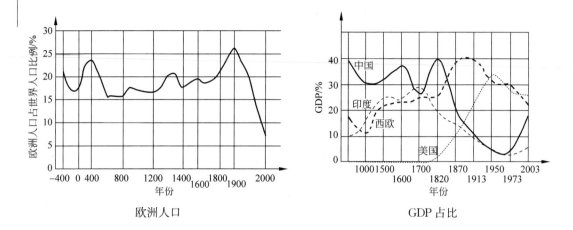

欧洲人口   GDP 占比

回顾近 1000 年的西欧经济历史,不难看出,西欧的经济有两次高速增长。第一次增长是 1000—1600 年,西欧的 GDP 总值约占全球总值的 1/5。1600 年之后,人口远少于中印的西欧,其人均 GDP 翘翘错薪。经典物理学正是诞生在这段时期:

开普勒总结出行星运动的三大定律(1609 年)、伽利略抽象出适用整个宇宙运动的数学模型的伽利略动力学(1609 年)、斯涅耳总结出几何光学的折射定律(1621 年)、牛顿建立了以三大定律和万有引力定律为基础的经典力学体系(1687 年)、惠更斯提出光的波动学说(1690 年)、莱布尼茨以微积分解决了物理学中很多的数学问题(1700 年),泊松提出静电场方程(1813 年)。

第二次高速增长是 1820—1900 年。这一阶段的 1820 年左右,中国的清朝经济达到顶峰而转而滑入下降通道时,西欧的经济开始进入第二次高速增长时期,这段长达一个世纪的高速增长,在 1890 年左右达到顶峰。经过高速增长,西欧的 GDP 总值占全球总值的约 1/3,持续了 100 年直至 20 世纪 30 年代。近代物理学的很多理论诞生于这段时期:

电流磁效应(1820 年,奥斯特)、电磁感应理论(1821 年,安培)、磁场环路定理(1826 年,安培)、欧姆定律(1827 年,欧姆)、电磁感应定律(1831 年,法拉第)、高斯定理(1839 年)、热力学三大定律(1841 年,迈尔)、电磁场理论(1865 年,麦克斯韦)、统计力学(1871 年,玻尔兹曼)、X 射线(1895 年,伦琴)、狭义相对论(1905 年,爱因斯坦)、广义相对论(1907 年,爱因斯坦)、中微子假说(1930 年,泡利)、核裂变(1938 年,迈特纳)。

工业发展得益于专利制度、资本积累、海外市场三个主要方面的刺激,它们分别对应高技术产品的设计(专利技术)、产品的大批量规模化生产的组织(资本积累)、投入资金的及时回笼(市场)。其中资本积累是组织生产的关键,它是将技术成果转变为产品不可或缺的环节。

欧洲的资本积累方式

正常情况下的资本积累有着相对稳定的轨迹,即:"包括资金、技术在内的资源开拓,并将其转化为产业;产业建设带来能够匹配市场需要的产品的大量生产,并推向市场、为市场所接受"。从"资源开拓"到"覆盖市场"这条链路,完成了资源到市场的全过程,这个过程的完成,必然带来财富的回报,构成"资金—产品—市场—资金"的闭环。一个良性的循环显然是市场回报的资金大于投入的资金,通过这样周而复始的循环,慢慢地完成资本的积累。积累的资本当然可以用于扩大再生产,或者投入新技术研发、为市场创造更适用的新产品。

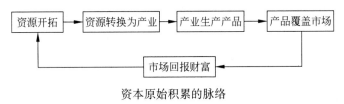

资本原始积累的脉络

产业的发展以资本为基础,这个过程在世界任何地方都发生过,其产业发展的资本原始积累过程是漫长的、非暴力的、互惠互利的。这样的点滴积累,长时间的持续下来,财富在逐渐增长,国家的经济、科技、军事等也随之逐渐发展。

与中国人不同的是,欧洲人则是通过殖民掠夺的方式快速"致富"。大航海时代,欧洲人创造了另外一条全新的资本积累的方式。他们以海外殖民为途径施行资源掠夺,掠夺白银、物资、原材料等,直接形成了资本积累,也就是"资源掠夺→资本积累"的直接的方式。不需要通过"资源开拓→发展产业→生产产品→覆盖市场"的艰苦历程,通过对外扩展的殖民掠夺使欧洲部分国家的财富快速聚集和持续增长,带动了整个欧洲社会的高速发展,无意之中刺激了近代科技的进步。

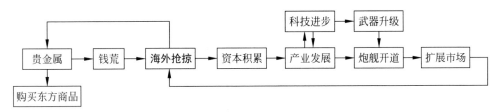

近代的欧洲人走出了这样一条奇葩的路线:以"海外掠夺"为起点,本意是向图示中左侧的路线,解决钱荒和商品交换问题。但是,海外的财富实在是太多了,从而大大刺激了欧洲的教育、产业发展,而教育和产业的发展带动了科学技术的进步。

殖民带动欧洲工业的飞速发展

芝加哥大学历史系教授、汉学家彭慕兰,分析比较了前工业时代的 18 世纪的欧洲与中国:

(1)在农业、运输、牲畜资本、寿命、生活质量、生育控制、资本积累、技术发明和传播、劳动力市场、土地市场、发明市场等方面,欧洲与亚洲之间不但没有出现巨大的差异,相反,还存在着许多的共性;欧洲相较于中国并没有绝对的优势,甚至在某些方面逊色于中国的江南地区。

(2)就市场而言,中国甚至比欧洲更符合市场经济体制,欧洲市场经济的神话根本不存在。斯密式市场经济理论在解决当时欧洲的生态问题方面,所发挥的作用并不像人们想象得那么好。

(3)新大陆的资源输入更多的是解决了欧洲大陆的生态危机,同时避免了集约化的生产方式,为资本主义发展和工业化提供了直接的资源储备和间接的闲置资源;新大陆的资源直接用于扩大再生产,是工业化的直接动力。

欧洲与中国在18世纪产生的"大分流"取决于两方面的因素：其一是美洲殖民地的开发，其二是矿产资源的地理位置优势。而殖民地开发解除了欧洲经济发展受到的环境制约，大力促进了工业革命的发展。

1800年之后，欧洲绝大多数国家，特别是西欧的几个殖民大国快速崛起，一跃成为世界领先的发达国家。

逻辑与公理：欧洲人的另一把钥匙

科学的特质，中国人其实并不陌生

数学与物理的双向促进

欧洲次生文明如古希腊文明的数学知识积淀，对欧洲的近代数学发展起到了一定的作用；而对天文现象的观察、对大地丈量的需求，为数学的发展提供了原始的动力。自然科学家期待数学家取得新的发现，数学家则依赖自然科学家为他们提出问题、提供数据。中世纪晚期的绝大多数研究者对自然科学和数学同时感兴趣，那时候的数学和自然科学本身都处在发展的初期，所以同一个人既可以拥有寻找和开辟新高地的能力，也具有实验、发现并归纳整理自然现象的能力。而现在的数学和自然科学，已经发展壮大，一个人的专业素养只能熟悉他所熟悉的学科，很难既通晓数学又精专从事的科学专业。为此，当你的问题需要运用数学去归纳或者解决时，与数学家合作，应当是科学研究较为有远见的途径。

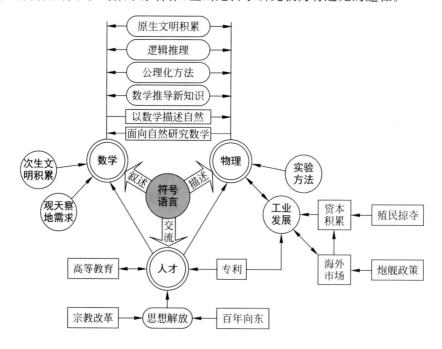

　　数学与物理,近代之前相互独立、互相平行发展,少有交叉;近代之后,数学与物理两者成了不可分割的整体。多种因素相互促进,最终带动了欧洲近代数学与物理的质的飞跃。我们不妨简单总结这一过程。

　　当数学与物理结合,用数学方法描述物理现象或规律,并以公式的方式加以表达,我们就可以将这种以公式表达的自然现象或规律抽象到数学的层面,运用数学的演绎推导。基于已知的知识(公式),通过数学逻辑推理出新的知识,就成了符合逻辑的过程。

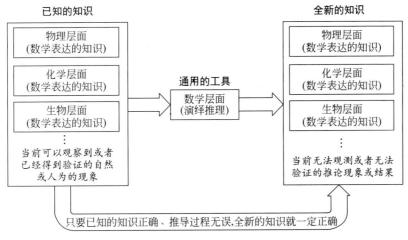

知识是可以推理出来的

　　从人类认知自然的历史角度来看,基于符号语言的认知革命具有划时代的意义。甫一及笄,她便使得数学与自然哲学相互贯通、融为一体。这种融通的结果是:人类学会了用数学语言描述自然规律,再用数学的逻辑演绎能力来完成一种极其拉风的事情——**基于已知的自然规律推导或预测未知的自然规律**,从而能够用已知的得到验证的知识"推导"出全新的知识,并且通过实验验证极有可能是正确的,只要数学假设条件得到满足、推导过程符合逻辑。

　　通过这样的物理数学化、数学逻辑化的过程,在知识领域内实现了"三段论产生科学知识"的哲学愿景。

逻辑与公理化方法

　　逻辑中的公理化方法(或公理方法),就是依照某门科学所提供的理论知识从尽可能少的无定义的原始概念(基本概念)和一组不证自明的命题(基本公理)出发,利用逻辑规则演绎出其他一系列命题,构成理论系统。运用公理化方法构造起来的演绎体系,称为公理系统。符号化的公理系统又称为形式公理系统(formal axiomatic system)。

1. 实体公理方法

　　古希腊在数学上的最大贡献可能就是公理化方法,柏拉图学派的这一思想在公元前300年达到顶峰,那就是欧几里得的《几何原本》。最早的公理化系统可以追溯到亚里士多德的三段论(syllogistic)以及随后的欧几里得几何学。

　　我们不妨举例,说明三段论的逻辑结构:

　　第1句:乌鸦是黑色的(也就是说:"乌鸦的颜色是黑色");

第 2 句：这只鸟是乌鸦(也就是说："这鸟是乌鸦")；

第 3 句：这只鸟是黑色的(也就是说："这鸟的颜色也是黑色的")。

欧几里得之前的三百年时间里，由于土地和建筑的需要，人们积累了关于各种几何图形的计算规则。欧几里得选取了少数不加定义的原始概念(23 条)和不需证明的几何命题作为公理、公设，各 5 条①。这些定义、公理、公设成为全部几何学的出发点和原始前提，然后应用演绎逻辑，推演出一系列的几何定理，从而把关于几何的知识整理为一个严谨的几何学理论体系。

定义、公理、公设并不是多么深不可测的概念，它们不过是对正确知识的提炼。它们的意义不在于其本身的内涵，而在于逻辑思维的脉络和方法。比如，我们可以套用三段论的逻辑：

第 1 句：从任意一点到任意一点可作直线；(《几何原本》的公设 1)

第 2 句：A 和 B 点是两个任意的点；

第 3 句：从 A 到 B 点可作直线。

这个过程就是从"公设"推演出"从 A 到 B 点可作直线"的结论，因为公设 1 是成立的，逻辑演绎过程是正确的，因此，结论(从 A 到 B 点可作直线)就是正确的。

《几何原本》是实体公理化的经典之作。在这一阶段的公理化方法着重于对具象的描述，例如某个"角度"、某个"长度"、某个"形状"等，称为实体化公理方法。中国古代数学典籍中，同样也运用了实体化公理方法，例如有关勾股定律的证明就是一个三段论的逻辑推理过程，《周髀算经》《测圆海镜》等著作更是构成了完整的公理化体系。

2. 形式公理方法

19 世纪初，罗巴切夫斯基(N. I. Lobachevskii)和鲍耶(J. Bolyai)各自独立地对欧氏几何的平行公理做批判性的研究，创立了非欧几何学，由此促进了公理化方法的进一步发展。他们认为第五公设不能以其余的公理作为定理来证明，因此引入与第五公设相反的公理替代第五公设，从而构造了一个全新的几何系统——"非欧几何"。包括黎曼(Riemann)在内的 19 世纪的数学家们开始关注构建数学理论的演绎方式，将公理方法的概念与形式公理的数学理论建立联系。公理化思想就是公理学内容在科学认识活动中的思维反映和运用，因而带有更大的普遍性。1899 年，希尔伯特在《几何学基础》一书中，给出了欧氏几何的形式公理系统，并且解决了公理化方法的一系列逻辑理论问题，公理化方法被推向了形式公理化阶段，也进入了数学的其他各个分支。

形式公理化系统是一种符号化系统。它把一切具象的意义都抽象掉，以符号表达概念；把逻辑过程抽象化，以公式描述命题。由此，符号逻辑成为逻辑推导的形式，逻辑推导过程都成了公式的变化过程。符号语言与符号逻辑相结合，具有重要的科学方法论意义，称为"演绎科学方法论"。

第 1 句：A 的属性是 B；

第 2 句：C 是 A；

第 3 句：C 的属性是 B。

科学是一种系统的知识，科学理论则是按逻辑原则构建的知识系统。当某一门科学积

---

① 详细内容见本节结尾的部分。

累了大量的经验数据和理论知识之后,逐渐具备了一定数量的范畴、原理和规律,研究者就可以通过整理这些已有的且正确的知识,以构成这门学科的系统的理论。

公理系统的精确性和严密性,使我们能够把现有的科学知识构造成精密的理论体系;公理系统的推演能力,使我们能够基于这一理论体系、对未知的对象做出合乎逻辑的预言和猜测。在现有的知识框架和体系范围内,通过公理化系统和逻辑推演,可以从深度、广度两方面对理论做进一步的探索和完善,进而发展新的知识。

数学与物理的结合

数学与物理相结合,这是原生文明本身的一种发展生态。例如,天文的研究,离不开数学的进步和数学的帮助;为了解决天文观测问题而研究数学,从而发现新的数学知识,这也是古代常有的事情。以数学描述自然规律,这是一种哲学追求;面向物理探索的需要而研究数学问题,这是一种实用化的、"被迫"之举。在这两方面,欧洲人做了一项特别有价值的事情:用符号语言将数学与物理联系在一起,这一点,本章的第一节已经做了详细分析。

1687年,牛顿在《自然哲学的数学原理》中,第一次系统地运用公理化方法表达了经典力学的体系,成为科学史上第一个把公理化方法运用于实践科学领域的典范。他总结性概括了以往的力学成就,对"质量""动量""惯性"等做了定义后,提出了著名的力学三大定律。由此,公理化方法不仅仅停留在数学逻辑中,也在自然哲学领域得以应用。

数学与物理的有机结合,无论从什么角度讲,其意义都是相当重大的。

《几何原本》那些事

《几何原本》全书共分13卷,近千页,是欧洲数学的基础,被广泛地认为是历史上最成功的教科书。据西方史学著作介绍,作者欧几里得被称为"几何之父",除了著有《几何原本》外,还著有《已知数》《纠错集》《圆锥曲线论》《曲面轨迹》《观测天文学》等。

《几何原本》的最经典之处在于它使用了公理化的方法,并且这一方法后来成了建立任何知识体系的典范,在差不多二千年间,被奉为必须遵守的严密思维的范例。这部著作是"欧氏几何"的基础。

令人好奇的是,《几何原本》包含如此大量的数学知识,其知识基础来自于何处。从时间的维度观察,欧几里得的知识基础应当来自于毕达哥拉斯、希庇亚斯[1]、希波克拉底[2]、柏拉图、铁塔斯[3]、欧泽克瑟斯[4]、亚里士多德前期探索的积累,不过,这些积累相对于《几何原本》的丰富知识而言是比较渺小的,那么欧几里得是如何在几何学、数论等知识上做到阶跃式升级的呢?西方的科学史学家并没有梳理清楚《几何原本》相关的脉络。当然,这不是本书探讨的话题。

《几何原本》中的定义、公理、公设

****

《几何原本》的二十三条定义:

---

① 希庇亚斯(公元前460年),主要成就:割圆曲线。
② 希波克拉底(公元前430年),主要成就:相似三角形、比例理论。
③ 铁塔斯(公元前480年),主要成就:五种正立方体。
④ 欧泽克瑟斯(公元前408—前355),主要成就:比例理论、无理数。

定义 1. 点不可以再分割为部分。

定义 2. 线是无宽度的长度。

定义 3. 线的两端是点。

定义 4. 直线是点沿着一定方向及其相反方向无限平铺。

定义 5. 面只有长度和宽度。

定义 6. 面的边是线。

定义 7. 平面是直线自身的均匀分布。

定义 8. 平面角是两条线在一个平面内相交所形成的倾斜度。

定义 9. 含有角的两条线成一条直线时,其角称为直线角(现代称为平角)。

定义 10. 一条直线与另一条直线相交所形成的两邻角彼此相等,两角皆称为直角,其中一条称为另一条的垂线。

定义 11. 大于直角的角称为钝角。

定义 12. 小于直角的角称为锐角。

定义 13. 边界是物体的边缘。

定义 14. 图形是一个边界或者几个边界所围成的。

定义 15. 圆是由一条线包围着的平面图形,其内有一点与这条线上任何一个点所连成的线段都相等。

定义 16. 这个点(指定义 15 中提到的那个点)叫作圆心。

定义 17. 直径是穿过圆心端点在圆上的任意线段。该线段把圆二等分。

定义 18. 半圆是直径与被它切割的圆弧所围成的图形,半圆的圆心与原圆心相同。

定义 19. 直线图形是由直线首尾顺序相接围成的。三边形是由三条直线围成的,四边形是由四条直线围成的,多边形是由四条以上直线围成的。

定义 20. 在三边形中,三条边相等的叫作等边三角形;只有两条边相等的叫作等腰三角形;各边不等的叫作不等边三角形。

定义 21. 在三边形中,有一个角是直角的叫作直角三角形;有一个角是钝角的叫作钝角三角形;三个角都是锐角的叫作锐角三角形。

定义 22. 在四边形中,四边相等且四个角是直角的叫作正方形;角是直角,但四边不全相等的叫作长方形;四边相等,但角不是直角的叫作菱形;对角相等且对边相等,但边不全相等且角不是直角的,叫作平行四边形;一组对边平行,另一组对边不平行的叫作梯形。其余的四边形叫作不规则四边形。

定义 23. 平行直线是在同一个平面内向两端无限延长不能相交的直线。

《几何原本》的五条公理:

公理 1. 等于同量的量彼此相等。

公理 2. 等量加等量,其和仍相等。

公理 3. 等量减等量,其差仍相等。

公理 4. 彼此能够重合的物体是全等的。

公理 5. 整体大于部分。

《几何原本》的五条公设:

公设 1. 从任意一点到任意一点可作直线。

公设 2. 一条有限直线可以继续延长。

公设 3. 以任意点为圆心和任意的距离为半径可以画圆。

公设 4. 凡直角都相等。

公设 5. 同平面内,一条直线和另外两条直线相交,若在某一侧的两个内角之和小于两直角,则这两直线经无线延长后在这一侧相交。

原生文明的积累

原生文明在数学、自然哲学(天文、物理等)方面的积累,原本就有着各自独立发展又相互融合的过程,我们在以前的篇章中有详细的介绍。欧洲次生文明的数学与自然哲学的发展,首先得益于原生文明的积累:①中国古代数学、自然哲学成果的西传;②印度、阿拉伯数学、自然哲学成果的西传。

中国的数学等古代、近代文明成果,向西传播直到欧洲,为欧洲学者所吸纳,这个过程是显而易见存在的。这是一个很值得研究的文明历史学话题,我国的一些学者已经有了一些新发现,这是相当难能可贵的,在此向从事"东学西渐"方向研究的海内外学者表示由衷的敬意! 近代科学中的中国历史元素,宛如散落在海滩上的珍珠,需要被一一找寻、串连起来,渐渐地合并成一个相对完整的东西科技文明融合的全像。动态视角、双向审视、多重视域可以帮助我们打开更多的理论维度,相信还有更多的历史定格在那里,静静地等待着我们去发现。

从历史的动态视角观察,近代科技的诞生与发展,是人类文明大协作的结果。从东方到西方,从远古到近代,人类群体在不同的时空平行发展,进而相互交流。以各自的速度和方式传承和发展,各大文明板块之间的科技发展速度各有不同,某个时代的领先并不意味着永远领先,某个时代的落后也不意味着永远落后,只要文明之间相互融合,终究会促进人类的新的进步。在文艺复兴运动之前,中世纪晚期和近代的相当长的一段时间里,欧洲在数学、文化方面开始出现新的气象,其中大量科学的知识源头来自中国。欧洲人对中华文明仰之弥高、钻之弥坚,以中为师、儒学汉风塑造西方人精神世界的时代持续了几个世纪。西方的大量成就是在中国的科技成果的基础上建立的,直至"鸦片战争"之后,英国人依然重视从中国收集科技成果、为其所用。欧洲人敬仰中国、崇拜中国、向往中国,他们虚心向中国学习哲学、数学、医学、科技等知识,但是不盲目追从、不顶礼膜拜、不主张"东化",保持着自己的民族特征和自信。近代科学的诞生和发展,欧洲人功不可没,中华文明的贡献同样不可磨灭。

站在宇宙的视角审视地球上所发生的一切,不难得出这样的结论:地球上的任何一个文明,不要因为一时的发展超前而傲慢张狂、目空天下,甚至以为自己的一切都是先进的、正确的、代表进步方向的;也不必因为一时的滞后而自视卑贱、盲目崇拜,以为自己的一切都是落后的、愚昧的、代表腐朽方向的。丧失自信、盲目追随、自我否定一切,这样的心态,永远只会"邯郸学步""东施效颦",永远不可能进步。个人如此、民族如此、国家如此,而人类何尝不也是如此——如果未来发现了其他的更先进的星外文明的话。

从时间的维度审视地球的人类文明发展,可以形成这样一个动态的景象:

十万年前,直至更久远的时间,地球上星星点点地散落着群居的人类,从旧石器时代到中石器时代,人类处于求生存的时期。这个阶段的人类与地球上其他动物的区别并不大,直到人类学会了使用工具、掌握了语言交流。

旧石器

数万年前,或者更近的时间,地球上散落的群居人类逐步壮大,从中石器时代蹒跚至新石器时代,他们各自独立发展,独立面对大自然,独立思考和探索大自然的奥秘。尽管各自所生活的微观环境不同,但同样的地球、同样的天空之下,人类文明的探索方向大致一致、文明的发展程度有所不同。

新石器

数千年前,从新石器时代进入青铜时代,人类文明不断进步,人类迁徙的范围越来越大,不同文明之间的接触开始出现。地球上不同区域的人类之间开始了不同形式的交流,不同文明之间有冲突也有融合。在这种相互交流的过程中,各自汲取对方之长、弥补自身之短,相互融合是人类文明的一个进化过程,大大地促进了人类文明的发展速度和广度。可以说,这是一种无意之间的人类大协作,赓续绵延、蓬勃葳蕤,共同开创了更先进的近代文明。

青铜

当今时代,信息交流速度加快、交流范围扩大到几乎覆盖整个地球,不同文明之间相互连接形成一个巨大的网络,全球范围内的文明交流与融合已经成为常态。从人类文明发展的区域性来看,人类的文明发展已经从百万年前的"散落村"走向了"地球村"。

人类文明的发展是在不同文明之间相互融合的结果;需要不同的文明之间的相互融合,而不是冲突、对抗;不同文明的各自发展,并非一定以冲突为代价来达成融合,近代欧洲吸收华夏的人文、科技文明成就的过程就是平等交流的过程,平等交流也是融合的另一条成功道路。世界上并没有哪个民族更至上、哪种意识形态更高明,近代之后发达起来的西方人、特别是欧美人需要学会尊重其他国家的文明发展生态;人类文明的发展并没有终结,科技文明的发展同样也没有终结,人类总是在不断探索新的文明形态,不断发展新的意识形态。

如果世界各国和各民族能更深入地相互了解,使东西方的思想隔阂得以消除,那就好了。东方人和西方人毕竟在好几百年间在共建一个世界文明的事业中一直是亲密伙伴。今日的技术世界是东西方文明相结合的产物,其结合的紧密程度至今还令人难以想象。

甲子定律：国家兴衰国力消长的魔咒

兴于有限争霸,衰于无限扩张

国家综合国力评价

综合国力的量化

"综合国力"(Comprehensive National Power)是衡量一个国家基本国情和基本资源最重要的指标,也是衡量一个国家的经济、政治、军事、文化、科技、教育、人力资源等实力的综合性指标。影响国家综合国力的关联因素当然是有很多的,常态化因素和突发性因素的作用各有不同,我们更多地分析常态化因素,同时将战争、天灾等因素纳入分析的范围。在众多的因素中,不妨先选择几项权重系数高的指标,用以计算国家综合国力[1]。以下 8 项指标是比较重要的：

(1) 教育(education)

(2) 竞争力(competitiveness)

(3) 科技(technology)

(4) 经济产出(economic output)

(5) 国际贸易份额(share of world trade)

(6) 军事实力(military strength)

---

[1]　达利欧(Ray Dalio)是全球最大对冲基金"桥水基金"的创始人,他的一份报告 *The Changing World Order：Why Nations Succeed and Fail*(2020 Simon & Schuster, Inc.)目前尚未出版,或许正在出版流程中。该报告试图研究世界几大帝国的兴衰历史规律,找到其中的影响因素。达利欧在 Linkedin 个人网页上发布了每一章的内容简介,尽管只是简介,其数据还是很有参考价值的。本节数据主要来自达利欧的作品。

（7）金融中心实力（financial center strength）

（8）货币储备（reserve currency）

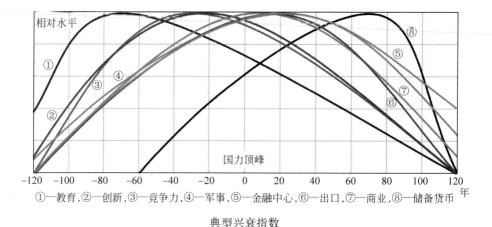

①—教育，②—创新，③—竞争力，④—军事，⑤—金融中心，⑥—出口，⑦—商业，⑧—储备货币

典型兴衰指数

从这个图表中可以看出8项影响综合国力兴衰的因素，它们的开始产生影响的时间是有一定规律的。以综合国力顶峰时间点（0＝Empire Peak，见插图）为基准，前后120～150年间，这些因素陆续发生。

（1）教育首当其冲，教育的良好发展带动一系列因素的相继发生，例如科技创新、竞争能力、军事水平这些与教育相关的因素，在教育走强后的50年时间内，这三大因素依次走强。

（2）随着教育科技的进步，国民经济也随之被带动起来，经济产出、国际贸易、金融中心这三项衡量经济实力的因素便开始稳步上升，并且与综合国力顶峰的时间点几乎神重合。最后，高度发达的这个国家可能会向全球相对贫穷的国家借贷，与教育的这条曲线形成一对镜像。

从逻辑上讲，教育、竞争力、经济产出、世界贸易份额等方面的优势和劣势，导致其他方面的优势或劣势。它们的变动次序广泛地反映了帝国兴衰的过程。例如，教育质量一直是其他因素的长期领先指标，而储备货币地位一直是长期滞后指标。这是因为良好的教育在大多数领域都能带来优势，包括创造出世界上最通用的货币。这种通用的货币，就像世界上的通用语言一样，倾向于保留下来。因为使用通用货币的习惯，其持续时间要长于促使它成为通用货币的实力所持续的时间。

帝国兴衰的微观因素

我们从微观的角度分析国家兴衰的历史原因，分别通过殖民掠夺、战争冒险、西方民主制度、工业科技四个微观因素呈现，在时间轴上标注四类微观因素。

（1）重大历史事件：以"○"型符号标注，例如宗教、战争、重大发现等。

（2）专利制度：以"▲"符号标注。

（3）工业革命：以"◇"符号标注。

（4）民主制度改革：以"■"符号标注，西方各国实施西方民主制度并没有一个统一的标准，因此，时间的评判也是不一而终的，我们以现有资料的时间为参考。

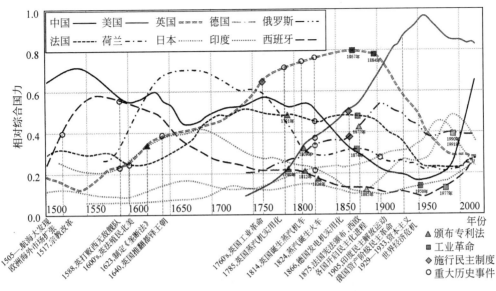

国力兴衰的微观因素

（1）殖民掠夺：在前面的章节中,我们选择了西班牙、荷兰、英国这三个西欧国家,对其发达历史做了简单回顾。自新大陆发现之后,欧洲各国的视野忽然开阔,就犹如发现了藏宝乐园。

就像生活在大雾之中的一座村落,某一天忽然大雾消散,发现自家篱笆外边还有一座隔壁的村落,那里堆积着太多的宝藏,他们的第一反应就是蜂拥而至,哄抢财宝。"发现"新大陆不久,席卷欧洲大地的风潮便是殖民,围绕着殖民的话题,包括土地强占、资源掠夺、商路开拓、人口贩卖等的争夺在西欧各国展开。这些国家的综合国力的提升,随着它们在这场殖民运动中所占据的利益份额的丰寡而此消彼长。

（2）战争冒险：涉及利益的问题就是你死我活的问题,这似乎是近代西欧各国的生存之道,和平共赢是不可能存在的事情。在西欧国家几千年来连续不断的战争过程中,欧洲人深深地体会到战争的作用。所以,在殖民运动过程中,战争是解决一切分赃不均问题的唯一途径,没有其二。

哄抢财宝并非一帆风顺,因为财宝是有主人的,抢夺者是贪婪的。抢着抢着就打起来了,跟篱笆外面的人打,篱笆里面的人也相互打,目的就是为了自己抢的更多。西方列强对待被殖民土地上的原住民,毫不客气、毫不犹豫地展开屠杀。不听话？杀！听话？还是要杀！只要你挡了我的发财之路,格杀勿论。他们对待自己的西欧邻居也同样如此,为了争夺殖民利益、垄断发财之路,列强之间的矛盾不可调和,同样是以战争的方式决定胜负。但是,每一场战争必然带来失败者的衰落,而胜利者也不见得能够赢得多少发达机会,至少地球上的自然资源和大量生命牺牲在这种战争消耗之中。

（3）工业科技：西欧的近代工业革命从 18 世纪 60 年代开始,第一次工业革命以蒸汽机为标志,时间点为 1785 年；第二次工业革命以发电机为标志,时间点为 1866 年。西欧的工业革命、科技进步都是在资本积累发展到一定高度之后出现的。1824 年,蒸汽火车出现,交通运输效率大幅度提高,19 世纪 30 年代,英、法、德、俄同时完成了工业革命,尽管后三者的表现没有英国突出,但是综合国力还是得到了一定的提高。特别是法国,它在与英国连年大战中元气大伤,工业革命为它换来了半个世纪的持续增长。

第一次工业革命的蒸汽时代,消灭了历史久远的农耕生产方式,人类社会进入了工业化生产的历史新阶段,从农业文明走向工业文明;资本主义和资产阶级得到快速发展,社会财富再分配孕育着社会权力的再分配的诉求,山雨欲来。

第二次工业革命的电气时代,改变了工业驱动力,高效率的电和石油替代了低效率的人、畜、风、水、煤,带动了生产力迅猛提高,促进了资本主义经济的高速发展。有历史学家认为,第二次工业革命促进了垄断与垄断组织的形成,资本主义国家进入帝国主义阶段。

(4)民主制度:这是一个非常有意思的话题。

"民主",多少年来一直被认为是人类现行的"最高级、最完美"的社会制度,中国也曾在百年前的清朝末年试图引进"德先生",并且一直以来走在民主化的探索道路上。但是,历史的数据显示,西欧列强,自实现西方民主制度之日起,综合国力开始下降。至少,以综合国力的数据为基础,不难发现这个现象。

在本节"国力兴衰的微观因素"的图中,用方形小块标注了西方各国实现西方民主制度的时间点,英国在1867—1884年开始西方式民主化政治进程,随后综合国力出现断崖式下滑;瑞士、法国分别于1874年、1875年实行西方式民主化政治制度,这个时间点之后国力持续下滑。统一后的德国、苏联解体后的俄罗斯分别在1990年、1991年间全境实现西方民主制度,综合国力再也没有上升。只有西班牙、印度、美国是个例外。

从近代西方的发展历史线索来看,不难看出它的时间脉络:殖民—工业革命—西方民主制度。

(1)殖民:带来综合国力的急速上升,所有的殖民帝国都有如此表现,西班牙、荷兰、英国,其国力曲线上升之快是极其惊人的。殖民促进了西欧各国的经济飞速发展,商业化、城市化、工业化加快,为该地区后期工业革命奠定了基础。

(2)工业革命:工业生产的发展呼唤更高效率的生产方式,纺织和煤矿发达的英国尤为如此。最初的动力就是为了解决纺织和煤矿高效率生产的问题,在不经意间,意外地触发了第一次工业革命,一个以蒸汽机为动力的时代由此而被开启。

不可忽视的是,专利法的实施为科技创新奠定了法律基础,激发了发明人的积极性,打开了智力释放的闸门;专利法也为企业的科技创新提供了有力的法律保障,为企业指明了一条获得更丰厚、更持久利益的光明前途,极大地提高了企业参与科技创新的积极性。

西欧的专利法应该是两次工业革命的隐性动因,是最为成功的制度保障。专利法及其成功的、严格的实施,促进了近代欧洲科技进步与工业革命,为西欧发展成为发达国家奠定了良好的基础。

(3)民主制度:近代的西方民主制度是科技发展、生产进步、经济发达之后的产物,而不是先实现西方民主制度再出现科技进步和经济发达。欧洲的工业发展形成了大量的资产阶级群体,其中少部分人掌握着大部分的社会财富;随着经济实力的增加,资产阶级群体开始关注自己的社会影响力,需要在社会治理中寻求更高的权利。作为一个新生的阶级,资本家们的这种有更多社会话语权的要求,与历史遗留的封建贵族阶级产生了巨大的矛盾,资产阶级革命由此爆发。最终,各方利益阶层形成了一种平衡的、相互调和的体制,这就是西方民主制度。

历史数据静静地定格在那里,分析这些历史数据,或许至少可以得出这样的结论:西方民主制度与国家综合国力的提升,两者之间不具有相关性。西方民主制度不是国家富强、国力上升的必然因素和充要条件,甚至大概率会导致综合国力的快速下降。至少从历史上的几家曾经鼎盛的大国来看,他们没有在西方式民主化制度中获得国力上升的益处。这是一个需要再认识的问题,值得人们深入研究。

甲子定律——国家兴衰的"周期律"

每一个列强的综合国力鼎盛时间,基本上为两个甲子,其一甲子上升至顶峰,其二甲子自顶峰回落,笔者将这个规律称作"甲子定律"。

历史上的中国,除了近代之外,绝大部分时期的综合国力都处于世界领先的高度。每每朝代更迭,便是综合国力曲线的低谷,唐宋元明清概莫能外。

从这张图中可以看出综合国力的惊人相似的周期变化,其本质上是一个朝代的末期政权疲敝、国力衰落、政局不稳、民怨迭起,一个朝代从发展、走向鼎盛、最终进入凋零。但是,中华民族总是能够通过自己的双手慢慢地获得经济复苏、社会稳定,总是能够再一次回到国泰民安的富足状态。

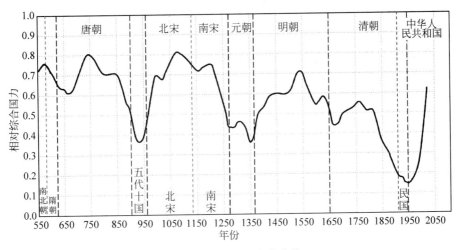

中国历朝相对国力变化曲线

与近代西欧国家兴盛方式的最大不同点在于,中华民族不依靠对外扩张掠夺,而是与境外保持平等的商业往来,和而不同、美美与共,用汗水一分一分地挣着辛苦钱,以此谋求经济的振兴。两千年的漫长时间里,自汉以来,唐宋元明清概莫能外。

在过去 500 年的时间里,历史上分别出现四大帝国,它们在世界范围内交替处于综合国力遥遥领先的时代。它们依次是明朝时期的中华帝国、殖民时期的荷兰帝国、殖民时期的大英帝国、第二次世界大战之后的美国,分别各领风骚两个甲子年(120 年),前一个甲子年以上升的势头领先,从发展到鼎盛;后一个甲子年以下降的势头领先,从鼎盛到衰落。

在世界范围内的大国竞争、地位更迭和霸权转移,总是伴随着战争的冲击。从荷兰到英国,长达 20 多年的英荷海上争霸战,三次贸易战争确定了英国的霸主地位。

从英国到美国,独立不久的美国就主动挑起了一场与前宗主国大英帝国的战争——"美英战争"。直到 19 世纪末,美国在国力上超越了英国成为世界第一。成全英美霸权转移的

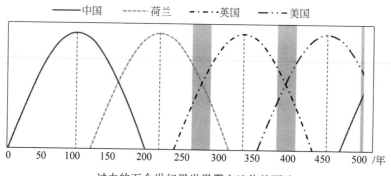

过去的五个世纪里世界霸主地位的更迭

重要因素有二。

（1）科技进步：第二次工业革命的技术进步源自德国,技术的二次开发和应用则是在美国。尽管美国不是第二次工业革命相关技术的原创国家,但是美国在19世纪末牢牢把握住了第二次工业革命的机遇。与此同时,英国却没能再次引领科技潮流,也失去了科技推动产业进步的机遇。

（2）第一次世界大战：因"分赃不均",1914—1917年,欧洲爆发了一场残酷的战争。战争导致参战国的经济发展严重倒退,作为战胜国的英法也不能幸免。与此同时,美国在"中立"的名义下广开财路,与欧洲各参战国做生意,仅仅军火的巨额利润就赚得盆满钵满。"一战"期间,美国对欧商品输出额激增了3倍,极大地刺激了美国国内的工业生产,引发一系列连锁的良性反应。战后,美国的发电量相当于整个欧洲的总和,钢产量占全世界产量的一半以上。

别了,爱因斯坦式偏见

19世纪的爱因斯坦是世界科学史上著名的物理学家之一。1922年,爱因斯坦来中国上海游览,并在《亚洲日记》中详细记录了他对中国人的印象：中国人缺乏逻辑思考能力,没有数学天赋,勤劳但是迟钝。此外,还有其他歧视性的词汇。

在爱因斯坦之前,许多我们熟悉的西方哲学家等名人,例如宣扬"欧洲中心论"的18世纪的黑格尔、孟德斯鸠等,他们已经开始站在西方和东方对立的角度评价中国人,极为负面。爱因斯坦之后,西方人对于中国的偏见依旧,不仅存在于在信息交流不畅通的过去,还存在于信息交流极其发达的当今。事实上,如今的中国很明显正在走向创新大国的道路上,事实证明了爱因斯坦式的偏见是可笑的、狭隘的,历史也正在证明黑格尔式的"欧洲中心论"是没有依据的、空洞的想象。

我们不妨从一组数据中观察当今中国的发展状态。

数据显示,两次世界大战期间,美国出口飙升、同时英国出口骤降,美国变为最大的出口创收国。第一次世界大战前,英国是美国最大的债权国,后者的欠款达到8.3亿美元。战争结束后,美国从一个负债累累的债务国摇身一变,成为世界上最大的债权国,美元的国际地位上升,国际金融中心由伦敦转移到纽约。英美之间的这一次霸权转移,完全是英国自己作的结果。

不难看出,1900年,英国的出口收入占比开始持续下降,从占总数约30％下降到不足5％;120年的时间里,"大英帝国"一直走在衰落的道路上,国家富裕程度持续下降,大英的

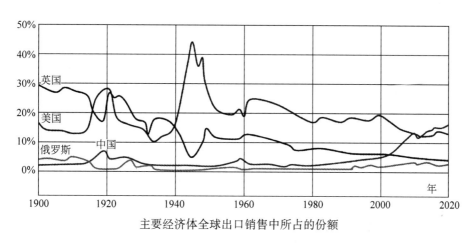

主要经济体全球出口销售中所占的份额

太阳已经落山很久了。"二战"后至今,美国出口收入相对稳定在 20%～25%,但自 20 世纪 60 年代初,出现了总体下降的趋势,直至下降到 14% 左右。

　　自 20 世纪 80 年代开始,中国的出口收入占比呈现持续上升的趋势,并且从约 5% 上升到目前的约 15%;2000 年之后超过美国,成为当前世界上最大的出口国,富裕程度上升。

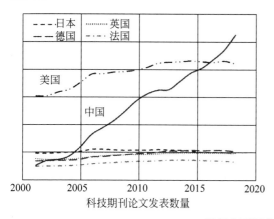

科技期刊论文发表数量

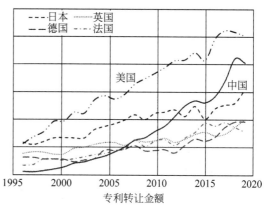

专利转让金额

世界主要国家科技数据比较

　　据世界银行的数据显示,2000 年我国的期刊论文发表数量快速增加,至 2018 年超过美国。20 世纪末开始,我国的专利转让金额逐年上升,2013 年超过日本,直追美国。

　　从经济角度观察,2013 年,中国的制造业生产总值超过欧盟;2016 年,超过美国。在制造业生产总值中,高科技产品占了相当的比例。2008 年,我国高技术产品出口总额首次超过美国,远超欧盟和日本,并自始至终保持着领先的地位至今。

　　我国的科研经费投入也逐年上升,2016 年超过欧盟,成为全球第三大规模的科研经费投入的国家。我国的科研创新生态在持续改善,衣食无忧是科学研究的基本保障,社会对科学家予以更多的包容(性格包容、失败包容、处事不成熟的包容)、更多的尊重、更宽松的科研环境(学术自由、经费保障、充分信任、交流氛围),这一切,正慢慢地成为中国的广泛社会认知。这是一个非常良性的社会生态发展趋势,对于科技的发展是十分必要、也是有利的。

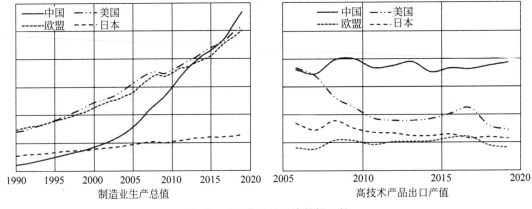

中、美、日及欧盟的经济数据比较

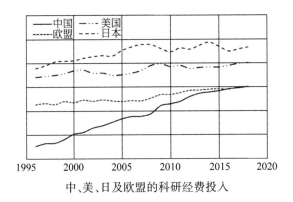

中、美、日及欧盟的科研经费投入

　　有趣的是,自中华人民共和国成立之后的朝鲜战争开始,美国正好处于一个甲子的转折点,从那时候起中国的综合国力开始持续上升,而美国的综合国力开始持续下降。历史的周期性曲线似乎又在重现,是否预示着世界上任何一个国家的政权都会经历兴衰治乱,逃不出周而复始的规律?

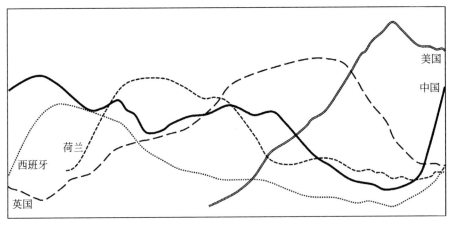

综合国力变化的周期性

泱泱华夏,赫赫文明;巍巍中华,浩浩其行。

本书撰写的这个时刻,正是中华民族再次腾飞的历史关键点,让我们:

筚路蓝缕,

协心勠力;

禹、汤罪己,其兴也悖焉;

桀、纣罪人,其亡也忽焉。

我们拭目以待,

期待人类历史上另一场新的奇迹在"历史周期律"中再度出现。

2021 年 2 月 6 日(庚子年腊月二十五),搁笔

参考文献

请扫描下方二维码,查阅参考文献。

参考文献

附 录

请扫描下方二维码,查阅东西方科技发展年表(旧石器时代晚期—公元 1800 年)。

东西方科技发展年表